现代微型计算机原理与接口技术教程

（第3版）

杨文显　杨晶鑫　编著

U0362223

清华大学出版社

北京

内 容 简 介

本书首先从 16 位微型计算机入手，介绍了 8086 微处理器和微处理器子系统、内存储器、80x86 汇编语言程序设计、微型计算机接口原理、微型计算机的中断系统、DMA 传输原理、可编程接口芯片以及数模转换与模数转换。在掌握微型计算机基本体系的基础上，进一步介绍了包括 Intel 第 10 代酷睿处理器在内的 32/64 位微处理器，现代微型计算机的体系结构，微型计算机总线原理和 PCI/PCI-Express，USB 3.0 总线技术。

本书内容新颖全面，既有对微型计算机原理的系统论述，又有最新一代微型计算机技术的详细介绍。全书语言流畅，示例丰富，大多数示例均很完整，许多示例直接来自作者的科研实践。

本书可以作为大学计算机类、电子信息类各专业以及大多数理工类专业学生开设"微型计算机原理与接口技术"课程的教材，同时也是科技人员学习微型计算机技术很好的自学教材和参考书。

图书在版编目（CIP）数据

现代微型计算机原理与接口技术教程/杨文显，杨晶鑫编著. —3 版. —北京：清华大学出版社，2023.12

ISBN 978-7-302-58896-2

Ⅰ. ①现… Ⅱ. ①杨… ②杨… Ⅲ. ①微型计算机－理论－教材 ②微型计算机－接口技术－教材 Ⅳ. ①TP36

中国版本图书馆 CIP 数据核字(2021)第 159612 号

责任编辑：汪汉友
封面设计：何凤霞
责任校对：李建庄
责任印制：沈　露

出版发行：清华大学出版社
网　　　址：https://www.tup.com.cn，https://www.wqxuetang.com
地　　　址：北京清华大学学研大厦 A 座　　　　　　　　　　邮　　编：100084
社　总　机：010-83470000　　　　　　　　　　　　　　　邮　　购：010-62786544
投稿与读者服务：010-62776969，c-service@tup.tsinghua.edu.cn
质量反馈：010-62772015，zhiliang@tup.tsinghua.edu.cn
课件下载：https://www.tup.com.cn，010-83470236
印　装　者：三河市天利华印刷装订有限公司
经　　　销：全国新华书店
开　　　本：185mm×260mm　　　印　　张：22.75　　　字　　数：552 千字
版　　　次：2006 年 7 月第 1 版　　2023 年 12 月第 3 版　　印　　次：2023 年 12 月第 1 次印刷
定　　　价：69.00 元

产品编号：090383-01

前　　言

　　"微型计算机原理与接口技术"是电子信息等理工类专业开设的一门"历史悠久"的课程,同时也是内容不断更新、技术发展最快的领域之一。作为主流机型的 PC 系列微型计算机技术在"兼容"的道路上走过了漫长的时间。应该如何处理这漫长的"时间跨度"和"技术跨度"? 面对初学者,又该如何应对这日新月异的变化呢? 这是作者和众多专业教师心头的一道永远没有最终答案的难题。

　　学习微型计算机的原理,离不开模型。但是,当代的微型计算机的特点已经不能用"微型"这两个字进行概括了,其体系结构和所用技术的复杂程度已令若干年前的大中型计算机望尘莫及。此外,微型计算机技术还在不断发展、变化,即便是使用入门级的 80386 系统作为模型向初学者讲解微处理器的内部结构、微型计算机的组成和工作原理也绝不是一件简单的事情,更何况是讲清 P4 微处理器 478 根引脚的信号等知识。由此可知,用 32 位微处理器来讲解微型计算机的组成原理、工作原理,实在是勉为其难。

　　为解决上述问题,本书采取的是"两步走"的方法。首先,用 Intel 8086 系统作为"基本"模型,讲授微型计算机基本的组成原理、工作原理。当然,Intel 8086 仅仅是一个模型,它的许多技术已经过时,我们要用全新的视角对它的体系认真地审视,摒弃那些已经淘汰的技术,淡化过时的技术细节,留下组成微型计算机的基本原理、基本方法。在讲清基本原理的基础上,本书通过若干"专题"的系统阐述,把读者从 16 位微型计算机快速领入 32 位微型计算机的殿堂。这样做,可以绕开许多初学者难以理解的非本质性技术细节,使之在掌握基本原理的基础上学习当代微型计算机最新的体系结构和应用技术。应该说,这是一条学习"现代微型计算机"知识的"易教易学,多快好省"的道路。

　　新技术不断涌现,有些新技术被推广和应用,成为主流技术,有些新技术则在前进的浪潮中像一朵浪花一样消逝(例如：RAMBus)。作为专业课程的教材,必须介绍最新的、成熟的、主流的技术,淘汰过时的技术。纵观本书,虽然从起步开始,但是对诸如 PCI-Express、USB 3.0、DDR SDRAM 等当代微型计算机的最新技术和体系结构都有着十分系统、清晰的介绍。

　　本书是在上海市教委"十五重点规划教材"的《现代微型计算机与接口教程》的基础上不断改版而来的,并被评为普通高等教育"十一五"国家级规划教材。在编写期间,承接了上海市教委"汇编语言程序设计"重点课程建设的任务。在项目的实施中,我们参阅了大量国内外的相关教材,认真地回顾了本课程长期教学实践中各种教学体系的得与失,在此基础上,总结出"以程序设计为中心"的"汇编语言程序设计"课程新的教学体系。这正是本书的鲜明特色之一,相信一定会得到各位同行的认可。

　　本书的另一个特点是源于实践,本书的作者都是长期从事计算机系统结构领域教学的专业教师,在长期的教学实践中积累了丰富的经验。同时,由于长期致力于计算机应用系统开发,许多项目获得了奖励,所以他们有着丰富的应用系统开发的实际经验。本书每一个技术专题都力争与实际应用有机地结合,所举的大多数示例都是完整和可操作的,甚至有的直接来自科研实践。限于篇幅,只能撷取其中的核心部分。

在修订第 2 版时,为了使得教材内容跟上迅速发展的技术潮流,添加了当时出现的新技术、新产品、新结构,例如最新的只读存储器、最新的中央处理器——第三代酷睿处理器、最新的计算机体系结构——Sandy Bridge 平台和最新的 USB 3.0 总线。

此次改版,我们修订、补充了自本书第 2 版以来微型计算机技术的最新发展,如 Intel 第 10 代酷睿处理器、PCI-E 3.0 等相关内容。

除杨文显、杨晶鑫外,参加本书之前版本编写工作的还有黄春华、胡建人、寿庆余、宓双等教师,在此表示感谢。本书自出版以来,收到了不少来自全国各地的电子邮件,不少教师在对本书做出充分肯定的同时,也提出了不少的改进意见。在此,谨向各位同行表示诚挚的谢意,没有他们的支持,也就没有本书今天的出版。期待使用本书的教师和读者给我们提出宝贵的意见,也热切地盼望得到同行的指教。

编 者

2023 年 12 月

目　　录

第1章 微处理器与微型计算机

电子技术的飞速发展,造就了一代又一代高性能的微型计算机。它们以廉价、轻便、高性价比等诸多优点迅速占领了大多数的计算机应用领域。今天,"微型计算机"几乎成了"电子计算机"的代名词。学习微型计算机的组成原理、工作原理、接口技术、计算机应用系统的构建技术,不仅仅是计算机专业、电气自动控制等专业人士必须掌握的专业技能,也是当代各领域科研人员、工程技术人员应该知晓、掌握的基本知识。

本章通过 16 位的 Intel 8086 芯片讲解微处理器和微型计算机的基本组成,现代各种微处理器及其构建的系统在第 9 章介绍。

1.1 微型计算机

1.1.1 电子计算机的基本组成

迄今为止,电子计算机的基本结构仍然属于冯·诺依曼体系的范畴之内。这种结构的特点可以概要归结为如下两点。

(1) 存储程序原理:把程序事先存储在计算机内部,计算机通过执行程序实现自动、高速的数据处理;

(2) 五大功能模块:电子数字计算机由运算器、控制器、存储器、输入设备、输出设备这些功能模块组成。

图 1-1 列出了各功能模块在系统中的位置及其相互作用。图中,实线表示数据/指令代码的流动,虚线表示控制信号的流动。各模块的功能简要叙述如下。

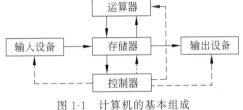

图 1-1 计算机的基本组成

(1) 存储器:存储程序和数据。

(2) 运算器:执行算术、逻辑运算。

(3) 控制器:分析和执行指令,向其他功能模块发出控制命令,协调一致地完成指令规定的操作。

(4) 输入设备:接收外界输入,送入计算机。

(5) 输出设备:将计算机内部的信息向外部输出。

可以看出,电子计算机以运算器、控制器为其核心,以存储器为其信息的存储、传输中心。运算器、控制器合称为中央处理器(Central Processing Unit,CPU)。中央处理器、存储器构成了一台电子计算机的主体,称为主机(Host)。输入输出设备位于主机的外部,称为外部设备或外围设备、周边设备。

1.1.2 微型计算机

微型计算机是微型化的电子数字计算机,它的基本结构、基本功能与一般的计算机大致相同。但是,由于微型计算机采用了大规模和超大规模集成电路组成的功能部件,使微型计算机在系统结构上有着简单、规范和易于扩展的特点。

采用大规模集成电路技术,把计算机的运算器、控制器及其附属电路集成在一个芯片上,就构成了微型计算机的中央处理器——微处理器(Micro Processor)。

微型计算机由微处理器、存储器、输入输出接口电路组成,通过若干信号传输线连接成一个有机的整体。这些信号传输线称为总线(bus),其英文名称可译为公共汽车、汇流母线,这形象地反映了这组信号线的特点。

- 必要性:是构成计算机系统不可或缺的信息大动脉。
- 公用性:为系统中设备共用。

这些信号传输线按照它们担负的不同传输功能又可以划分为 3 组:数据总线、地址总线和控制总线,如图 1-2 所示。

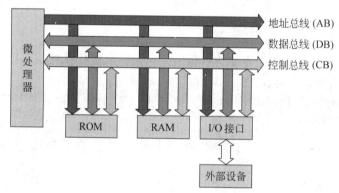

图 1-2　微型计算机的基本结构

1. 微处理器

微处理器是微型计算机的中央处理器。它的基本功能是执行指令,执行算术、逻辑运算,它还进行数据传输,控制和指挥其他部件协调工作。

2. 存储器

微型计算机的存储器采用集成度高、容量大、体积小、功耗低的半导体存储器芯片构成。常态下只能读出、不能写入的存储器称为只读存储器(Read Only Memory,ROM),既可以读出,又可以随时写入的存储器称为随机[存取]存储器(Random Access Memory,RAM)。

存储器内部由许许多多的基本存储单元组成,每个存储单元存储/记忆一组二进制信息。微型计算机通常用 8 位二进制构成一个存储单元,称为字节(Byte,B)。每个存储单元有一个编号,表示它在存储器内部的顺序位置,称为地址(Address)。存储单元的地址从 0 开始编排,用若干位二进制数表示,常用十六进制数书写,如 3A120H。

3. 输入输出接口电路

介于总线和外部设备之间的电路称为输入输出接口电路(Input/Output Interface),简称 I/O 接口。它在外部设备和总线之间起到数据缓冲、信号变换、连接等作用。

I/O 接口电路上包含若干个寄存器/缓冲器。CPU 送往外部设备的信息首先从总线送入这些寄存器/缓冲器,然后再转送入外部设备,反之亦然。这些寄存器/缓冲器称为端口(PORT)。每个端口有一个端口地址,标记它所在的顺序位置。例如,PC 系列微型计算机内,打印机接口内的数据端口地址为 0378H,命令端口地址为 037AH,键盘接口内的数据端口地址为 0060H。

4. 总线

总线是一组公共的信号传输线,用于连接计算机的各个部件。位于微处理器芯片内部的总线称为内部总线。连接微处理器与存储器、输入输出接口,用以构成完整的微型计算机的总线称为系统总线,相对于芯片内部的内部总线,有时候也称为外部总线。微型计算机的系统总线划分为以下 3 组。

(1) 数据总线(Data Bus,DB)用于传送数据信息,实现微处理器和存储器、I/O 接口之间的数据交换。数据总线是双向总线,数据可在两个方向上传输。

(2) 地址总线(Address Bus,AB)用于发送内存地址和 I/O 端口的地址。

(3) 控制总线(Control Bus,CB)传送各种控制信号和状态信号,使微型计算机各部件协调工作。

微型计算机采用标准总线结构,任何部件只要正确地连接到总线上,立刻就成为系统的一部分。系统各功能部件之间的两两连接关系变为面向总线的单一关系。凡符合总线标准的功能部件可以互换,符合总线标准的设备可以互连,提高了微型计算机系统的通用性和可扩展性。

1.2 8086/8088 微处理器结构

8086/8088 微处理器是 Intel 系列微处理器中具有代表性的 16 位微处理器,后续推出的 80x86 等 Intel 系列微处理器,乃至当今广泛使用的酷睿(Core)i 微处理器都是从 8086/8088 发展而来的,均与其保持兼容。因此,深入了解 8086/8088 微处理器是进一步掌握 Intel 系列各种微处理器的基础。

1.2.1 8086/8088 微处理器内部结构

8086 微处理器内部结构如图 1-3 所示。

从图 1-3 中可看出,8086 微处理器由两部分,即指令执行部件(Executive Unit,EU)和总线接口部件(Bus Interface Unit,BIU)组成。

(1) 指令执行部件包含了算术逻辑运算单元(Arithmetic Logic Unit,ALU)、标志寄存器(FLAG)、通用寄存器组和 EU 控制器,主要功能是执行指令。

(2) 总线接口部件由地址加法器、专用寄存器组、指令队列和总线控制逻辑组成,主要功能是访问存储器和外部设备。

传统的微处理器执行一条指令需要顺序完成以下操作:从存储器中取出一条指令(读存储器);读出操作数(读存储器);执行指令;写入操作数(写存储器)。指令的执行时间是这些操作所耗费的时间的总和。在 8086 微处理器中,这些步骤分配给指令执行部件(EU)和总线接口单元(BIU)独立地或并行执行。例如,在 EU 执行第 n 条指令的同时,BIU 从存储

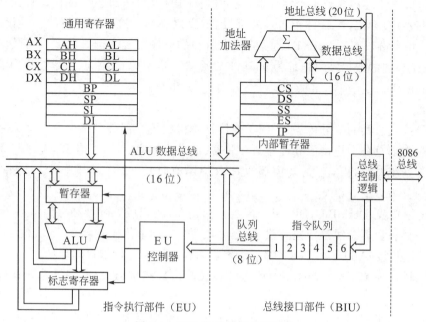

图 1-3　8086 微处理器内部结构

器取出第 $n+1$, $n+2$ 条指令,微处理器单位时间里执行完成的指令数目大大增加,指令的执行速度得到提高。指令的这样一种执行方式称为指令流水线。

1. 指令执行部件

指令执行部件(EU)的功能是执行指令。大多数情况下,指令按照它编写或存放的先后次序顺序执行。通常情况下,在执行一条指令之前,BIU 已经把这条指令从存储器中取出,存入 CPU 内部的"指令队列"。EU 从指令队列中取得指令代码,直接执行该指令而省去"取指令"的时间。但是,下面两种情况下,EU 的"连续执行"会被中断。

(1) 指令执行过程中需要访问存储器取操作数。EU 将访问地址送给 BIU,等待 BIU 访问存储器,读出操作数之后,EU 才能继续操作。

(2) 遇到转移类指令,BIU 会将原指令队列"清空",从新的地址重新取指令。这时,EU 要等待 BIU 将取到的新指令装入指令队列后,才能继续执行。

这两种情况下,EU 和 BIU 的并行操作受到一定影响。但是,只要转移指令出现的比例不是很高,两者的重叠操作仍然会取得良好效果。

EU 中的算术逻辑运算单元 ALU 可完成 16 位或 8 位的二进制运算,运算结果通过内部总线送到通用寄存器,或者送往 BIU 的内部暂存器中,等待写入存储器。16 位暂存器用来暂存参加运算的操作数。ALU 运算后的结果特征(有无进位、溢出等)置入标志寄存器 FLAGS 中保存。

EU 控制器负责从 BIU 的指令队列中取出指令,并对指令译码,根据指令要求向 EU 内部各部件发出各种控制命令,实现这条指令的功能。

2. 总线接口部件

总线接口部件(BIU)负责与微处理器"外部"的内存储器或 I/O 端口进行数据传输。

访问存储器的实际地址称为物理地址,用 20 位二进制表示。

在 8086/8088 系统中,按照使用的需要,存储器被划分成若干块,每"块"存放一种类型的数据或者程序,这块存储器称为段(Segment)。EU 送来的存储器地址称为逻辑地址,由16 位段基址和 16 位偏移地址(段内地址)组成。段基址表示一个段的起始地址的高 16 位。

偏移地址表示段内的一个存储单元距离段开始位置的距离,因此偏移地址也称为段内地址。例如,2345H:1100H表示段基址为 2345H(这个段的起始地址是 23450H),段内偏移地址为 1100H 的存储单元地址。

地址加法器用来完成逻辑地址向物理地址的变换。这实际上是进行一次地址加法,将两个 16 位二进制表示的逻辑地址错位相加,如图 1-4 所示,得到 20 位的物理地址,从而可寻址 2^{20} =1MB 的存储空间。也就是

物理地址=段基址×16+偏移地址

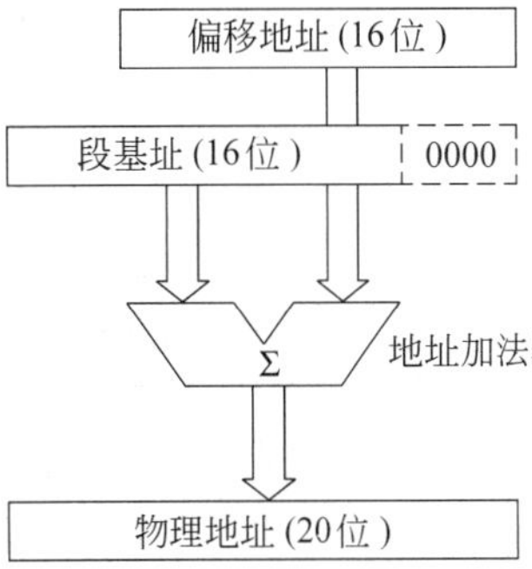

图 1-4 地址加法器

上例中,逻辑地址 2345H:1100H 对应的物理地址是24550H。反之,物理地址 24550H,它对应的逻辑地址可以是 2455H:0000H,也可以是2400H:0550H 等。这说明一个存储单元的物理地址是唯一的,而它对应的逻辑地址是不唯一的。

8086/8088 微处理器使用 16 位二进制表示"偏移地址",因此每个段的大小不能超过 64KB。

BIU 从存储器中读出指令送入 6B 的指令队列。一旦指令队列中空出 2B,BIU 将自动进行读指令的操作来填满指令队列,使得 EU 不断地得到"下一条"执行的指令。

总线控制电路将 8086/8088 微处理器的内部总线与它的引脚所连接的外部总线相连,是 8086/8088 与外部交换信息的必经之路。微处理器正是通过这些总线与外部进行连接,从而形成各种规模的 8086/8088 微型计算机。

从微处理器的内部结构来看,8088 与 8086 很相似,区别仅表现在以下两个方面。

(1) 8088 与外部交换数据的数据总线宽度是 8 位,但是 ALU 和 EU 内部总线仍是16 位,所以把 8088 称为准 16 位微处理器。

(2) 8088 BIU 中指令队列只有 4B,只要队列中出现一个空闲位置,BIU 就会自动地访问存储器,取指令来填满指令队列。

1.2.2 8086/8088 微处理器的寄存器

8086/8088 CPU 的内部寄存器如图 1-5 所示。

1. 通用寄存器组

8086/8088 微处理器指令执行部件(EU)中有 8 个 16 位通用寄存器,它们可分成两组。

一组由 AX、BX、CX 和 DX 构成,称为通用数据寄存器,用来存放 16 位的数据或地址。另一组由 SP、BP、SI 和 DI 构成,主要用来存放操作数的偏移地址(即操作数的段内地址)。通用数据寄存器也可以当作 8 个 8 位寄存器来使用,也就是把每个通用寄存器的高半部分和低半部分分开:低半部分被命名为 AL、BL、CL 和 DL;高半部分被命名为 AH、BH、CH 和 DH。8 位寄存器只能存放数据而不能存放地址。

(1) AX:累加器,是使用最多的寄存器,所有外部设备的输入输出指令只能使用 AL 或

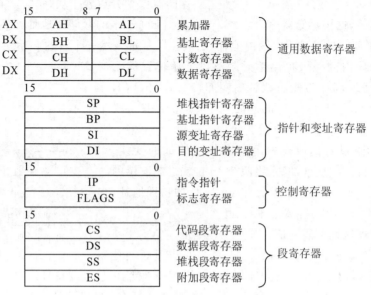

图 1-5 8086/8088 CPU 内部寄存器

AX 作为数据寄存器。

（2）BX：基址寄存器，它可以用作数据寄存器，访问存储器时，可以存放被读写的存储单元的地址，是具有双重功能的寄存器。

（3）CX：计数寄存器，它可以用作数据寄存器，在循环操作、移位操作和字符串操作时用作计数器。

（4）DX：数据寄存器，在乘、除法中作为辅助累加器，在输入输出操作中存放端口的地址。

（5）SP：堆栈指针寄存器，存放栈顶的偏移地址，供堆栈操作使用。

（6）BP：基址指针寄存器，常用来存放堆栈内数据的基地址。

（7）SI：源变址寄存器，主要用于存放地址，在字符串操作中存放源操作数的偏移地址。变址寄存器内存放的地址在数据传送完成后，具有自动修改的功能。例如，传送 1B 数据后把地址加 1，为下一次传送做好准备，变址寄存器因此得名。

（8）DI：目的变址寄存器，主要用于存放地址，在字符串操作中存放目的操作数的偏移地址。

2. 段寄存器

段寄存器用于存放一个段的段基址。总线接口部件 BIU 中设置有 4 个 16 位段寄存器，它们是代码段寄存器（CS），数据段寄存器（DS），附加段寄存器（ES）和堆栈段寄存器（SS）。

代码段也称为程序段，用来存放程序指令。一个程序有一个或多个代码段，每个代码段大小不超过 64KB。

CS 用于存放当前正在执行的代码段的段基址。

DS 用于存放当前正在使用的数据段的段基址。

需要同时使用第二个数据段时可以使用附加段，它的段基址存放在 ES 中。

堆栈段是内存中的一块存储区,用来存放专用数据。例如,调用子程序时的入口参数、返回地址等,这些数据都按照"先进后出"的规则进行存取。SS 用于存放堆栈段的段基址。数据进出堆栈要使用专门的堆栈操作指令,SP 中存放当前堆栈栈顶的偏移地址,在执行堆栈操作指令时会根据规则自动地进行修改。

使用一个"段"的存储单元之前,要把这个段的段基址存放到对应的段寄存器中。如果程序里只有一个数据段,那么把数据段段基址装入 DS 的操作只需要在程序头部进行一次。

3. 标志寄存器(FLAG)

8086/8088 微处理器中设置了一个 16 位标志寄存器(FLAG),用来存放运算结果的特征和控制标志,其格式如图 1-6 所示。

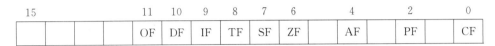

图 1-6　标志寄存器的格式

标志寄存器 FLAG 中存放的 9 个标志位可分成两类:一类叫状态标志,用来表示运算结果的特征,包括 CF、PF、AF、ZF、SF 和 OF;另一类叫控制标志,用来控制微处理器的操作,包括 IF、DF 和 TF。各标志位的作用说明如下。

(1) CF(Carry Flag):进位标志位。CF=1,表示本次运算中最高位(第 7 位或第 15 位)加法运算时有进位,或者减法运算时有借位。

进行两个无符号数加法或减法运算后,如果 CF=1,表示运算的结果超出了该字长能够表示的数据范围。例如,执行两个 8 位无符号数运算后,CF=1 表示加法结果超过了 255,或者是减法得到的差小于 0。

进行有符号数运算时,CF 对运算结果没有直接意义。

(2) OF(Overflow Flag):溢出标志位。OF=1 表示两个有符号数的加法或减法结果超出了该字长所能表示的范围。例如,进行 8 位运算时,OF=1 表示运算结果大于 127 或小于-128,此时不能得到正确的运算结果。进行无符号数运算时,OF 标志对结果没有意义。

OF 根据运算最高两位上的进位产生。加法时,最高两位进位相同,OF=0,否则 OF=1。溢出标志位也可以根据操作数和结果的符号进行直观判断。例如,加法运算时,两个操作数符号相反,必有 OF=0;操作数符号相同,结果的符号与之相同,OF=0,否则 OF=1。

(3) ZF(Zero Flag):零标志位。ZF=1,表示运算结果为 0(各位全为 0),否则 ZF=0。

(4) SF(Sign Flag):符号标志位。SF=1,表示运算结果的最高位(第 7 位或第 15 位)为"1",否则 SF=0。

(5) PF(Parity Flag):奇偶标志位。PF=1,表示本次运算结果的低 8 位中有偶数个"1";PF=0,表示有奇数个"1"。PF 可以用来进行奇偶校验,或者用来生成奇偶校验位。

(6) AF(Auxiliary-carry Flag):辅助进位标志位。AF=1,表示 8 位运算结果(限使用 AL 寄存器)中低 4 位向高 4 位有进位(加法运算时)或有借位(减法运算时),这个标志位只在 BCD 数运算中起作用。

控制标志位的值可以由指令来设置,用来控制 CPU 的某些工作方式。

(7) IF(Interrupt Flag):中断允许标志位。IF=1(开中断),表示当前微处理器响应可屏蔽中断。IF 标志通过 STI 指令置位(置"1"),通过 CLI 指令复位(清"0")。

(8) DF(Direction Flag):方向标志位。在串操作指令中,若 DF=0,表示串操作指令执行后地址指针自动增量,串操作由低地址向高地址进行;DF=1,表示地址指针自动减量,串操作由高地址向低地址进行。DF 标志通过 STD 指令置位,通过 CLD 指令复位。

(9) TF(Trap Flag):单步标志位。TF=1,微处理器进入单步工作方式。在这种工作方式下,微处理器每执行完一条指令就会自动产生一次内部中断,常用于程序调试。

掌握运算对状态标志位的影响,对于在编程中控制程序的执行方向具有重要意义。根据运算结果建立标志位的例子如下。

例 若 AL=3BH,AH=7DH,指出 AL 和 AH 中的内容相加、相减后,标志 CF,AF,PF,SF,OF 和 ZF 的状态:

(1) (AL)+(AH)

$$
\begin{array}{cccccccc}
0 & 0 & 1 & 1 & 1 & 0 & 1 & 1 \\
+ \quad 0 & 1 & 1 & 1 & 1 & 1 & 0 & 1 \\
\hline
1 & 0 & 1 & 1 & 1 & 0 & 0 & 0
\end{array}
\quad
\begin{array}{l}
\text{AL(3BH)} \\
\text{AH(7DH)}
\end{array}
$$

由运算结果可知:$CF=C_7(D_7$ 位上的进位)$=0$(无进位);$SF=D_7=1$(运算结果符号位为 1);$OF=C_7 \oplus C_6=0 \oplus 1=1$(有溢出);$ZF=0$(运算结果不为 0);$AF=C_3(D_3$ 位上的进位)$=1$(有辅助进位);$PF=1$(运算结果有偶数个 1)。

(2) (AL)−(AH)

$$
\begin{array}{cccccccc}
0 & 0 & 1 & 1 & 1 & 0 & 1 & 1 \\
- \quad 0 & 1 & 1 & 1 & 1 & 1 & 0 & 1 \\
\hline
1 & 0 & 1 & 1 & 1 & 1 & 1 & 0
\end{array}
\quad
\begin{array}{l}
\text{AL(3BH)} \\
\text{AH(7DH)}
\end{array}
$$

由运算结果可知:$CF=1$(有借位);$SF=1$(符号位为 1);$OF=0$(有符号数运算无溢出);$ZF=0$(运算结果不为 0);$AF=1$(有辅助进位);$PF=1$(运算结果中有 6 个 1)。

注意:在每次运算类指令执行之后,CPU 按照上述规则自动地产生各"状态标志位"。程序员要根据指令所执行的运算种类,有选择地使用某些标志位,而不一定是全部标志位。

例如,如果参加运算的两个数是有符号数(用补码表示),它可以用 OF 判断结果是否产生溢出,这时它不必关心 CF 的状态;如果参加运算的两个数是无符号数,它可以用 CF 判断结果是否超出范围,无须关心 OF 的状态。

4. 指令指针寄存器 IP

8086/8088 微处理器中有一个 16 位指令指针寄存器 IP,用来存放将要执行的下一条指令在代码段中的偏移地址。

程序按顺序运行时,IP 中的内容跟随着指令的执行过程,始终指向下一条指令。执行转移指令时,EU 会将转移的目标地址送入 IP 中,实现程序的转移。

1.3 8086/8088 微处理器子系统

1.3.1 8086/8088 微处理器的引脚及功能

Intel 8086 是一个 16 位的微处理器芯片,采用 40 引脚的双列直插式封装。它向外的信号应包含 16 条数据线、20 条地址线和若干控制信号。为了控制芯片引脚数量,对部分引脚采用了分时复用的方式。所谓分时复用,就是在同一根传输线上,在不同时间传送不同的信息。8086/8088 依靠分时复用技术,用 40 个引脚实现了众多数据、地址、控制信息的传送。8086 微处理器封装外形如图 1-7 所示。

8086/8088 微处理器有两种不同的工作模式:最小模式和最大模式。第 1.3.2 节和第 1.3.3 节具体介绍两种工作模式的不同特点。8086 微处理器的 8 条引脚(24~31)在两种工作模式中,具有不同的功能。图 1-7 括号中的文字表示最大模式下被重新定义的信号名称。

引脚信号的传输有以下几种类型。

(1) 输出:信号从微处理器向外部传送。

(2) 输入:信号从外部送入微处理器。

(3) 双向:信号有时从外部送入微处理器,有时从微处理器向外部传送。

(4) 三态:除了高电平、低电平两种状态之外,微处理器内部还可以通过一个大的电阻阻断内外信号的传送,微处理器内部的状态与外部相互隔离,称为"悬浮态"或"高阻态"。

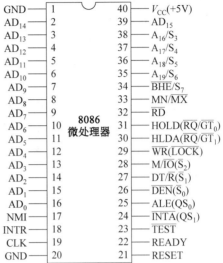

图 1-7　8086 微处理器的封装外形

下面对 Intel 8086 芯片各组引脚功能作简要说明。

1. 地址与数据信号引脚

(1) AD_{15}~AD_0(Address Data Bus):分时复用的地址/数据线。传送地址时三态输出,传送数据时双向三态输入输出。

(2) A_{19}/S_6~A_{16}/S_3(Address/Status Bus):分时复用的地址/状态线。用作地址线时,A_{19}~A_{16} 与 AD_{15}~AD_0 一起构成访问存储器的 20 位物理地址。CPU 访问 I/O 端口时,A_{19}~A_{16} 保持为"0"。用作状态线时,S_6~S_3 用来输出所使用的段寄存器信息。

2. 读写控制信号引脚

读写控制信号用来控制微处理器对存储器和 I/O 设备的读写过程。

(1) $M/\overline{IO}$(Memory/IO):存储器或 I/O 端口访问选择信号,三态输出。$M/\overline{IO}$ 为高电平,表示当前微处理器正在访问存储器;$M/\overline{IO}$ 为低电平,表示微处理器当前正在访问 I/O 端口。

(2) $\overline{RD}$(Read):读信号。三态输出,低电平有效,表示当前微处理器正在读存储器或 I/O 端口。

(3) $\overline{WR}$(Write):写信号。三态输出,低电平有效,表示当前微处理器正在写存储器或 I/O 端口。

以上 3 个信号的常用组合如下。

$M/\overline{IO}=1,\overline{RD}=0$:CPU 请求读存储器(对存储器的"读"命令)。

$M/\overline{IO}=1,\overline{WR}=0$:CPU 请求写存储器(对存储器的"写"命令)。

$M/\overline{IO}=0,\overline{RD}=0$:CPU 请求读 I/O 接口内的端口(对 I/O 接口的"读"命令)。

$M/\overline{IO}=0,\overline{WR}=0$：CPU 请求写 I/O 接口内的端口(对 I/O 接口的"写"命令)。

(4) READY：准备就绪信号。由外部输入,高电平有效,表示 CPU 访问的存储器或 I/O端口已经准备好传送数据。READY 无效时,表示 CPU 访问的存储器或 I/O 端口还没有准备好传送数据。要求微处理器插入一个或多个等待周期 T_W,直到存储器或 I/O 端口准备就绪,READY 信号变成有效为止。

(5) $\overline{BHE}/S_7$(Bus High Enable/Status)：总线高字节有效信号。三态输出,低电平有效。非数据传送期间,该引脚用作 S_7,输出状态信息。

8086 微处理器有 16 根数据线。但是,存储器和 I/O 端口都以 8 位二进制为一个基本单位。通常,微处理器低 8 位数据线($D_0 \sim D_7$)和偶地址的存储器或 I/O 端口相连接,这些存储器 I/O 端口称为偶体。高 8 位的数据线($D_8 \sim D_{15}$)与奇地址的存储器或 I/O 端口相连接,这些存储器 I/O 端口称为奇体,如图 1-8 所示。

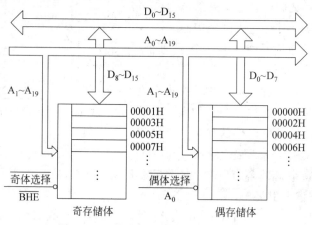

图 1-8　16 位微处理器与存储器的连接

$\overline{BHE}$ 有效表示微处理器正在使用高 8 位的数据线对奇体的存储单元或 I/O 端口进行访问。它与最低位地址码 A_0 配合起来表示当前总线使用情况,如表 1-1 所示。

表 1-1　$\overline{BHE}$ 和 A_0 编码的含义

$\overline{BHE}$	A_0	总线使用情况
0	0	在 16 位数据总线上进行字传送
0	1	在高 8 位数据总线上进行字节传送
1	0	在低 8 位数据总线上进行字节传送
1	1	无效

(6) ALE(Address Latch Enable)：地址锁存允许信号,向外部输出,高电平有效。表示当前地址/数据分时使用的引脚上正在输出地址信号。

(7) $\overline{DEN}$(Data Enable)：数据允许信号,三态输出,低电平有效。表示当前地址/数据分时使用的引脚上正在传输数据信号。进行 DMA 传输时,$\overline{DEN}$ 被置为高阻态。

(8) DT/$\overline{R}$(Data Transmit/Receive)：数据发送/接收控制信号,三态输出。微处理器

写数据到存储器或 I/O 端口时,DT/$\overline{\text{R}}$输出高电平;微处理器从存储器或 I/O 端口读取数据时,DT/$\overline{\text{R}}$为低电平。

3. 中断控制信号引脚

中断是外部设备请求微处理器进行数据传输的有效方法。这一组引脚传输中断的请求和应答信号。

(1) INTR(Interrupt Request):可屏蔽中断请求信号。由外部输入,电平触发,高电平有效。INTR 有效时,表示外部向微处理器发出中断请求。微处理器在每条指令的最后一个时钟周期对 INTR 进行测试,一旦测试到中断请求,并且当前中断允许标志 IF＝1,则暂停执行下一条指令转入中断响应周期。

(2) $\overline{\text{INTA}}$(Interrupt Acknowledge):中断响应信号。向外部输出,低电平有效。该信号表示微处理器已经收到并且响应外部发来的 INTR 信号,要求请求中断的设备向微处理器发送中断类型(代表该中断的一个编号)。

(3) NMI(Non Maskable Interrupt):不可屏蔽中断请求信号。由外部输入,边沿触发,正跳沿有效,不受中断允许标志的限制。微处理器一旦测试到 NMI 请求有效,当前指令执行完后自动转去执行类型 2 的中断服务程序。显然这是一种比 INTR 级别高的中断请求。

4. DMA 控制信号引脚

DMA 传输是一种不经过 CPU,在内存储器和 I/O 设备之间通过总线直接传输数据的方法。大多数时间里,总线在 CPU 的控制下进行传输。如果外部设备希望使用总线进行DMA 传输,则要向 CPU 提出申请并取得认可。

(1) HOLD(Hold Request):总线请求信号。由外部输入,高电平有效,表示有其他设备向 CPU 请求使用总线。

(2) HLDA(Hold Acknowledge):总线请求响应信号。向外部输出,高电平有效。微处理器一旦测试到有 HOLD 请求,就在当前总线周期结束后,使 HLDA 有效,表示响应这一总线请求,并立即让出总线使用权(所有三态总线处于高阻态,从而不影响外部的存储器与 I/O 设备交换数据)。在 DMA 传输期间,只要微处理器不使用总线,微处理器内部的指令执行部件(EU)可以继续工作。HOLD 变为无效后,微处理器也将 HLDA 置成无效,并收回对总线的控制权。

5. 其他引脚

(1) V_{CC}(电源):8086 CPU 只需要单一的 5V 电源,由 V_{CC} 引脚输入。

(2) CLK(Clock):主时钟信号,输入。由 8284 时钟发生器产生。8086 CPU 可使用的最高时钟频率随芯片型号不同而异,8086 为 5MHz,8086－1 为 10MHz,8086－2 为 8MHz。

(3) MN/$\overline{\text{MX}}$(Minimum/Maximum):工作模式选择信号,由外部输入。MN/$\overline{\text{MX}}$为高电平,微处理器工作在最小模式,MN/$\overline{\text{MX}}$为低电平,微处理器工作在最大模式。

(4) RESET:复位信号。由外部输入,高电平有效。CPU 接收到 RESET 信号后,停止进行操作,并将标志寄存器、段寄存器、指令指针 IP 和指令队列等复位到初始状态。RESET 复位信号通常由计算机机箱上的复位按钮产生。RESET 信号至少要保持 4 个时钟周期才有效。

(5) $\overline{\text{TEST}}$:测试信号。由外部输入,低电平有效。微处理器执行 WAIT 指令时,每隔5 个时钟周期对$\overline{\text{TEST}}$进行一次测试,若测试$\overline{\text{TEST}}$无效,则微处理器处于踏步等待状态。

$\overline{\text{TEST}}$ 有效后，微处理器执行 WAIT 指令后面的下一条指令。

6. 8088 微处理器的引脚

8088 CPU 的大部分引脚名称及其功能与 8086 相同，不同之处如下。

(1) 由于 8088 的外部数据线只有 8 条，因此分时复用地址数据线只有 $AD_7 \sim AD_0$，$AD_{15} \sim AD_8$ 专门用来传送地址而成为 $A_{15} \sim A_8$。

(2) 第 34 号引脚在 8086 中是 $\overline{\text{BHE}}$，由于 8088 只有 8 根外部数据线，不再需要此信号，在 8088 中它被重新定义为 SS_0，它与 $DT/\overline{R}$、$IO/\overline{M}$ 一起用作最小方式下的周期状态信号。

(3) 第 28 号引脚在 8086 中是 $M/\overline{IO}$，在 8088 中改为 $IO/\overline{M}$，使用的信号极性相反。

7. 最大模式下的 24~31 引脚

8086 CPU 工作在最大模式时，24~31 引脚有不同的定义。1.3.3 节介绍"最大模式"的含义和构成。

(1) $\overline{S}_2 \sim \overline{S}_0$(Bus Cycles Status)：总线周期状态信号，三态输出。这 3 个信号是最大模式中由微处理器传送给总线控制器 8288 的总线周期状态信号。其不同的组合表示了 CPU 在当前总线周期所进行的操作类型，如表 1-2 所示。最大模式中，总线控制器 8288 就是利用这些状态信号进行组合，产生访问存储器和 I/O 端口的控制信号。

表 1-2　$\overline{S}_2 \sim \overline{S}_0$ 的代码组合和对应的总线操作

$\overline{S}_2$	$\overline{S}_1$	$\overline{S}_0$	操　　作	经总线控制器 8288 产生的信号
0	0	0	中断响应	$\overline{\text{INTA}}$(中断响应)
0	0	1	读 I/O 端口	$\overline{\text{IORC}}$(I/O 读)
0	1	0	写 I/O 端口	$\overline{\text{IOWC}}$(I/O 写)，$\overline{\text{AIOWC}}$(提前 I/O 写)
0	1	1	暂停	无
1	0	0	取指令	$\overline{\text{MRDC}}$(存储器读)
1	0	1	读内存	$\overline{\text{MRDC}}$(存储器读)
1	1	0	写内存	$\overline{\text{MWTC}}$(存储器写)，$\overline{\text{AMWTC}}$(提前存储器写)
1	1	1	无源状态(无效状态)	无

(2) $\overline{\text{LOCK}}$：总线封锁信号。三态输出，低电平有效。$\overline{\text{LOCK}}$ 有效时表示微处理器不允许其他总线主控者占用总线。这个信号由软件设置。在指令前加上 LOCK 前缀时，则在执行这条指令期间 $\overline{\text{LOCK}}$ 保持有效，阻止其他主控者使用总线。

(3) $\overline{\text{RQ}}/\overline{\text{GT}}_0$、$\overline{\text{RQ}}/\overline{\text{GT}}_1$(Request/Grant)：请求/同意信号。双向，低电平有效，输入低电平表示其他主控者向微处理器请求使用总线；输出低电平表示微处理器对总线请求的响应。两条线可同时与两个主控者相连，$\overline{\text{RQ}}/\overline{\text{GT}}_0$ 比 $\overline{\text{RQ}}/\overline{\text{GT}}_1$ 有较高优先级。

(4) QS_1、QS_0(Instruction Queue Status)：指令队列状态。向外部输出，用来表示微处理器中指令队列当前的状态。

1.3.2　最小模式下的 8086/8088 微处理器子系统

8086/8088 微处理器为适应不同的应用环境，设置有两种工作模式：最大模式和最小模式。

所谓最小模式,是指系统中只有一个 8086/8088 处理器,所有的总线控制信号都由 8086/8088 微处理器直接产生,构成系统所需的总线控制逻辑部件最少,最小模式因此得名。最小模式也称为单处理器模式。

最大模式下,系统内可以有一个以上的处理器,除了 8086/8088 作为"中央处理器"之外,还可以配置用于数值计算的 8087 数值协处理器和用于 I/O 管理的 I/O 协处理器 8089。各个处理器发往总线的命令统一送往总线控制器,由它"仲裁"后发出。

微处理器两种工作模式由 MN/$\overline{\text{MX}}$ 引脚连接的电平选择:MN/$\overline{\text{MX}}$ 接高电平,微处理器工作在最小模式;将 MN/$\overline{\text{MX}}$ 接地,微处理器工作在最大模式。

1. 最小模式下 8086 微处理器子系统的构成

微处理器及其外围芯片合称为微处理器子系统。外围芯片的作用如下。

(1)为微处理器工作提供条件:提供适当的时钟信号,对外界输入的控制/联络信号进行同步处理。

(2)分离微处理器输出的地址/数据分时复用信号,得到独立的地址总线和数据总线信号,同时还增强它们的驱动能力。

(3)对微处理器输出的控制信号进行组合,产生稳定可靠、便于使用的系统总线信号。

图 1-9 是以 8086 微处理器为核心构建的最小模式下的微处理器子系统。在最小模式系统中,除 8086 微处理器外,还包括时钟发生器 8284、3 片地址锁存器 8282 及两片总线数据收发器 8286。

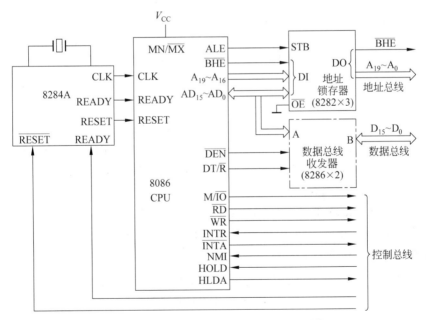

图 1-9　8086 最小模式下的微处理器子系统

2. 时钟发生器 8284

在 PC 上,8284 通过外接振晶产生 14.31MHz 的时钟信号,并对这个信号 3 分频,产生占空比为 1/3 的 4.77MHz 时钟信号 CLK 送往 8086 微处理器。8284 同时产生 12 分频的

1.1918MHz 的外部时钟信号 PCLOCK 供其他外部设备使用。8284 还对外部输入的 $\overline{\text{RESET}}$ 和 READY 信号进行同步,产生与 CLK 同步的复位信号 RESET 和准备就绪信号 READY 送往 8086。

3. 地址锁存器 8282

地址锁存器用来锁存 8086 输出的地址信号。

8282 是一个 8 位锁存器,STB 是它的数据锁存/选通信号。STB 为高电平时,$DI_7 \sim DI_0$ 上输入的信号进入锁存器;STB 由高变低出现下降沿时,输入数据被锁定,锁存器的状态不再改变。8282 具有三态输出功能,$\overline{\text{OE}}$ 是数据输出允许端,它为低电平时,锁存器的内容通过内部的三态缓冲器从引脚 $DO_7 \sim DO_0$ 输出。

图 1-9 中,8086 的 ALE 与 8282 的 STB 相连。这样,8086 在它的分时引脚 $AD_{15} \sim AD_0$、$A_{19}/S_6 \sim A_{16}/S_3$ 上输出地址信号时,20 位地址被 3 片 8282 锁存。8282 的输出成为系统地址总线。在 8086 访问存储器/IO 设备的整个周期里,8282 都会稳定地输出 20 位地址信号。

在最小模式下,8282 还同时锁存了 8086 输出的 $\overline{\text{BHE}}$ 信号并送往系统总线。

8282 也可以用其他具有三态输出功能的锁存器代替。

4. 8286 总线数据收发器

总线数据收发器用来对微处理器与系统数据总线的连接进行控制,同时它还有增加系统数据总线驱动能力的作用。

8286 是一种三态输出的 8 位双向总线收发器/驱动器,具有很强的总线驱动能力。它有两组 8 位双向的输入输出数据线 $A_7 \sim A_0$ 和 $B_7 \sim B_0$。

8286 有两个控制信号:数据传送方向控制信号 T 和输出允许信号 $\overline{\text{OE}}$(低电平有效)。$\overline{\text{OE}}$ 为高电平时,缓冲器呈高阻抗状态,8286 在两个方向上都不能传送数据。$\overline{\text{OE}}$ 为低电平,T 为高电平时,$A_7 \sim A_0$ 为输入端,$B_7 \sim B_0$ 为输出端,实现 A 到 B 的传送;当 $\overline{\text{OE}}$ 为低电平,T 为低电平时,$A_7 \sim A_0$ 为输出端,$B_7 \sim B_0$ 为输入端,实现 B 到 A 的传送。

8286 用作数据总线驱动器时,其 T 端与 8086 的数据收发信号 $DT/\overline{R}$ 相连,用于控制数据传送方向;$\overline{\text{OE}}$ 端与 8086 的数据允许信号 $\overline{\text{DEN}}$ 相连,只有在 CPU 需要访问存储器或 I/O 端口时才允许数据通过 8286。两片 8286 的 $A_7 \sim A_0$ 引脚与 8086 的 $AD_{15} \sim AD_0$ 相连,而二组 $B_7 \sim B_0$ 则成为系统数据总线。

如果系统规模不大,并且不使用 DMA 传输(这意味着总线永远由 8086 独自控制),可以不使用总线收发器,将 8086 的引脚 $AD_{15} \sim AD_0$ 直接用作系统数据总线。

5. 最小模式下的系统控制信号

最小模式下,所有的总线控制信号,$M/\overline{\text{IO}}$、$\overline{\text{RD}}$、$\overline{\text{WR}}$、$\overline{\text{INTA}}$、ALE、$DT/\overline{R}$、$\overline{\text{DEN}}$、$\overline{\text{BHE}}$、HLDA 等均由微处理器直接产生,外部产生的 INTR、NMI、HOLD、READY 等请求信号也直接送往 8086。

由图 1-9 可以看到,信号 $DT/\overline{R}$、$\overline{\text{DEN}}$、ALE 主要用于对外围芯片的控制。

常用的最小模式控制总线信号归纳如下。

(1) 控制存储器 I/O 端口读写的信号:$M/\overline{\text{IO}}$、$\overline{\text{BHE}}$、$\overline{\text{RD}}$、$\overline{\text{WR}}$、READY。

(2) 用于中断联络和控制的信号:INTR、NMI、$\overline{\text{INTA}}$。

（3）用于 DMA 联络和控制的信号：HOLD、HLDA。

以上这些信号是构建微型计算机系统的核心，后面会反复使用。

6. 8088 最小模式下的微处理器子系统

最小模式下 8088 微处理器子系统的构成与 8086 相似，差异在于 8088 只有 8 根数据线。

（1）由于只有 8 根数据线，只需要一片 8286 就可以构成数据总线收发器。

（2）同样由于 8088 只有 8 根数据线，因而没有 $\overline{BHE}$ 引脚，无须锁存和输出。

（3）8088 存储器 I/O 选择信号极性与 8086 相反，为 IO/$\overline{M}$。

1.3.3 最大模式下的 8086/8088 微处理器子系统

在最大模式下，系统中可以有多个处理器。其中一个为主处理器，就是 8086/8088 微处理器，其他的处理器是协处理器。常与主处理器 8086/8088 CPU 相配的协处理器有两个：一个是专用于数值运算的协处理器 8087，使用它可大幅度提高系统数值运算速度；另一个是专用于 I/O 操作的协处理器 8089。8089 是一个高性能的 I/O 处理器。它有一套专门用于输入输出的指令系统，可以执行相应程序。因此，除了完成 I/O 操作外，还可以对数据进行处理。系统中配置了 8089 处理器后，可以减少主 CPU 在 I/O 操作中所占用的时间，提高主处理器的效率。

1. 最大模式下 8086 微处理器子系统的构成

最大模式是一个多处理器系统，需要解决主处理器和协处理器之间的协调和对系统总线的共享控制问题。因此，增加了一个总线控制器 8288，由其负责对各处理器发出的控制信号进行变换和组合，最终由 8288 产生总线控制信号，而不是由微处理器直接产生（这是与最小模式不同的）。系统总线信号的形成如图 1-10 所示。

2. 最大模式下的系统控制信号

（1）由于存在多个处理器，8282 使用的地址锁存信号 ALE 不再由 8086 直接发出，而是由总线控制器 8288 产生。

（2）由于同样的理由，8286 使用的数据总线选通和收/发控制信号 DEN，DT/$\overline{R}$ 也由 8288 产生。在最大模式中，数据总线收发器是必需的。

（3）8288 产生了 3 个存储器的读写控制信号。

$\overline{MRDC}$（Memory Read Command）：存储器的读命令，相当于最小模式中 M/$\overline{IO}=1$、$\overline{RD}=0$ 两个信号的综合。在 IBM-PC 微型计算机内，系统总线上的该信号称为 $\overline{MEMR}$。

$\overline{MWTC}$（Memory Write Command）、$\overline{AMWC}$（Advanced Memory Write Command）：这两个信号都是存储器的写命令，相当于最小模式中 M/$\overline{IO}=1$、$\overline{WR}=0$ 两个信号的综合。它们的区别在于 $\overline{AMWC}$ 信号比 $\overline{MWTC}$ 早一个时钟周期发出，这样，一些较慢的存储器就可以有更充裕的时间进行写操作。在 IBM-PC 微型计算机内，系统总线上的该信号称为 $\overline{MEMW}$。

（4）8288 还产生了 3 个独立的 I/O 设备读写控制信号。

$\overline{IORC}$（IO Read Command）：I/O 设备的读命令，相当于最小模式中 M/$\overline{IO}=0$、$\overline{RD}=0$ 两个信号的综合。在 IBM-PC 微型计算机内，系统总线上的该信号称为 $\overline{IOR}$。

$\overline{IOWC}$（IO Write Command）、$\overline{AIOWC}$（Advanced IO Write Command）：这两个信号是

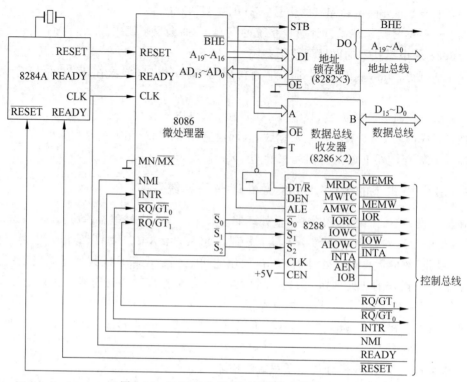

图 1-10　8086 最大模式下的微处理器子系统

I/O 设备的写命令,相当于最小模式中 M/$\overline{\text{IO}}$＝0、$\overline{\text{WR}}$＝0 两个信号的综合。同样,$\overline{\text{AIOWC}}$ 信号比 $\overline{\text{IOWC}}$ 早一个时钟周期发出。在 IBM-PC 微型计算机内,系统总线上的该信号称为 $\overline{\text{IOW}}$。

（5）最大模式下的中断和 DMA 联络信号。

外部的中断请求信号 NMI、INTR 直接送往 8086 微处理器。

8086 通过状态线 $\overline{\text{S}}_0$、$\overline{\text{S}}_1$、$\overline{\text{S}}_2$ 发出的中断应答信号,经 8288 综合,产生 $\overline{\text{INTA}}$ 送往控制总线。

DMA 请求和应答信号通过 $\overline{\text{RQ}}/\overline{\text{GT}}_0$、$\overline{\text{RQ}}/\overline{\text{GT}}_1$ 直接与 8086 微处理器相连。

1.4　8086/8088 微处理器的工作时序

时序是计算机进行各种操作在时间上的先后顺序。学习时序有助于理解计算机的工作过程。在研制、设计接口电路时,更应当清楚地知道微处理器的工作时序:总线上信号的种类、它们的开始时间和延续时间,以便根据时序来设计相应电路。

1.4.1　时钟周期、指令周期和总线周期

1. 时钟周期

在计算机中,微处理器的一切操作都是在系统主时钟 CLK 的控制下按节拍有序地进行的。系统主时钟一个周期信号所持续的时间称为时钟周期(T),大小等于频率的倒数,是微

处理器的基本时间计量单位。例如,某微处理器的主频 $f=5\mathrm{MHz}$,则其时钟周期 $T=1/f=1/5\mathrm{MHz}=200\mathrm{ns}(1\mathrm{ns}=10^{-9}\mathrm{s})$。若主频为 $100\mathrm{MHz}$,则时钟周期为 $10\mathrm{ns}$。

2. 总线周期

微处理器通过外部总线对存储器或 I/O 端口进行一次读写操作的过程称为总线周期。为了完成对存储器或者 I/O 端口的一次访问,微处理器需要先后发出存储器或者 I/O 端口地址,发出读或者写操作命令,进行数据的传输。以上的每一个操作都需要延续一个或几个时钟周期。所以,一个总线周期由若干个时钟周期(T)组成。

3. 指令周期

微处理器执行一条指令的时间(包括取指令和执行该指令所需的全部时间)称为指令周期。

一个指令周期由若干个总线周期组成。取指令需要一个或多个总线周期,如果指令的操作数来自内存,则需要另一个或多个总线周期取出操作数;如果要把结果写回内存,还要增加总线周期。因此,不同指令的指令周期长度各不相同。

1.4.2 系统的复位和启动操作

8086/8088 微处理器正常工作时,RESET 引脚应输入低电平。一旦 RESET 引脚变为高电平,微处理器进入复位状态,RESET 引脚恢复为正常的低电平,CPU 进入启动阶段。

8086/8088 微处理器要求加在 RESET 引脚上的正脉冲信号至少维持 4 个时钟周期的高电平。如果是上电复位(冷启动)则要求复位正脉冲的宽度不少于 $50\mu\mathrm{s}$。

RESET 信号进入有效高电平状态时,8086/8088 微处理器就会结束现行操作,进入复位状态。在复位状态,微处理器初始化,内部的各寄存器被置为初态:CS 置全"1"(0FFFFH),其他寄存器清"0"(00000H),指令队列清空。

微处理器复位时,代码段寄存器 CS 已被置为 0FFFFH,指令指针 IP 被清"0",所以在8086/8088 复位后重新启动时,便从内存的 0FFFF0H 单元开始执行指令。一般在0FFFF0H 单元存放一条无条件转移指令,转移到系统程序的入口处,这样系统一旦启动便自动进入系统程序。

复位时,由于标志寄存器被清"0",使 IF 也为 0。这样,从 INTR 引脚进入的可屏蔽中断请求被屏蔽。因此,系统程序在适当位置要使用 STI 指令来设置中断允许标志(使 IF 为1),开放可屏蔽中断。

1.4.3 最小模式下的总线读写周期

前面已指出,8086/8088 微处理器凡是与存储器或 I/O 端口交换数据或取指令填充指令队列时都需要通过 BIU 执行总线周期,即进行总线操作。

总线操作按数据传送方向可分为总线读操作和总线写操作。前者是指微处理器从存储单元或 I/O 端口中读取数据,后者是指微处理器将数据写入指定存储单元或 I/O 端口。

1. 最小模式下的总线读周期

图 1-11 是 8086 微处理器在最小模式下总线读周期的时序。在这个周期里,8086/8088微处理器完成从存储器或 I/O 端口读取数据的操作。

由图 1-11 可知,一个总线读周期由 4 个时钟周期(也称为状态)组成。各个时钟周期所完成的操作如下。

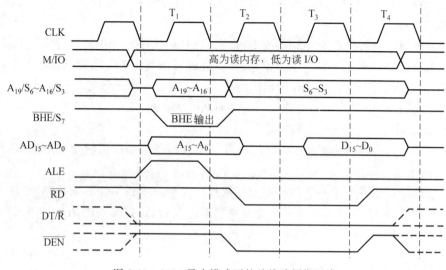

图 1-11   8086 最小模式下的总线读周期时序

（1）T_1 状态。$M/\overline{IO}$信号首先在 T_1 状态有效。$M/\overline{IO}$为高电平,表示本总线周期从内存读数据;$M/\overline{IO}$为低电平时,从 I/O 端口读数据。$M/\overline{IO}$上的电平一直保持到总线读周期结束,即到 T_4 状态为止。

在 T_1 状态的开始,微处理器从地址/状态复用线（$A_{19}/S_6 \sim A_{16}/S_3$）和地址/数据复用线（$AD_{15} \sim AD_0$）上发出读取存储器的 20 位地址或 I/O 端口的 16 位地址。

为了锁存地址,微处理器在 T_1 状态从 ALE 引脚输出一个正脉冲作为地址锁存信号。ALE 信号连接到地址锁存器 8282 的选通端 STB。在 T_1 状态结束时,$M/\overline{IO}$信号和地址信号均已稳定有效,这时 ALE 变为低电平,20 位地址被锁入 8282 地址锁存器。这样,在总线周期的其他状态,系统地址总线上稳定地输出地址信号。

在 T_1 状态,如果微处理器需要从内存的奇地址单元或者奇地址的 I/O 端口读取数据,则输出$\overline{BHE}$（＝0）信号,它表示高 8 位数据线上的数据有效。$\overline{BHE}$和 A_0 分别用于奇、偶存储体 I/O 端口的选体信号（低电平有效）。

若系统中接有总线收发器 8286,则要用到 $DT/\overline{R}$ 和$\overline{DEN}$信号,控制总线收发器 8286 的数据传送方向和数据选通。在 T_1 状态,$DT/\overline{R}$ 端输出低电平,表示本总线周期为读周期,让8286 接收数据。

（2）T_2 状态。地址信息撤销,地址/状态线 $A_{19}/S_6 \sim A_{16}/S_3$ 上输出状态信息 $S_6 \sim S_3$,$\overline{BHE}/S_7$ 引脚上输出状态 S_7。状态信号 $S_7 \sim S_3$ 要一直维持到 T_4,其中 S_7 未赋予实际意义。

地址/数据线 $AD_{15} \sim AD_0$ 进入高阻态,以便为读取数据做准备。

读信号$\overline{RD}$开始变为低电平,此信号送到系统中所有存储器和 I/O 端口,但只对被地址信号选中的存储单元或 I/O 端口起作用,打开其数据缓冲器,将读出数据送上数据总线。

$\overline{DEN}$信号在 T_2 状态开始变为有效低电平,用来开放总线收发器 8286,以便在读出的数据送上数据总线(T_3)之前就打开 8286,让数据通过。$\overline{DEN}$ 信号的有效电平要维持到 T_4 状态中期结束。$DT/\overline{R}$ 信号继续保持有效的低电平,即处于接收状态。

（3）T_3 状态。在 T_3 状态的一开始,微处理器检测 READY 引脚信号。若 READY 为高电平(有效)时,表示存储器或 I/O 端口已经准备好数据,微处理器在 T_3 状态结束时读取该数据。若 READY 为低电平,则表示系统中挂接的存储器或外部设备不能如期送出数据,要求微处理器在 T_3 和 T_4 状态之间插入一个或几个等待状态 T_W。

（4）T_W 状态。进入 T_W 状态后,微处理器在每个 T_W 状态的前沿(下降沿)采样 READY 信号,若为低电平,则继续插入等待状态 T_W。若 READY 信号变为高电平,表示数据已出现在数据总线上,微处理器从 $AD_{15} \sim AD_0$ 读取数据。

（5）T_4 状态。在 T_3(T_W)和 T_4 状态交界的下降沿处,微处理器对数据总线上的数据进行采样,完成读取数据的操作。在 T_4 状态的后半周数据从数据总线上撤销。各控制信号和状态信号处于无效状态,$\overline{DEN}$ 为高(无效),关闭数据总线收发器,一个读周期结束。

综上可知,在总线读周期中,微处理器在 T_1 状态送出地址及相关信号;T_2 发出读命令和 8286 控制命令;在 T_3、T_W 等待数据的出现;在 T_4 状态将数据读入微处理器。

2. 最小模式下的总线写周期

图 1-12 为最小模式下的总线写周期时序。

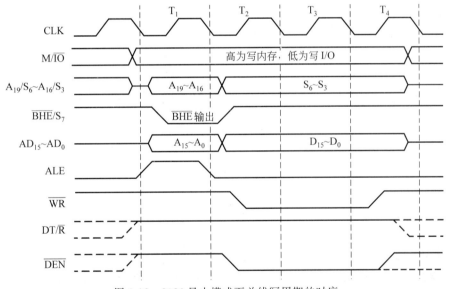

图 1-12　8086 最小模式下总线写周期的时序

由图 1-12 可知,8086/8088 的写总线周期与读总线周期有很多相似之处。和读操作一样,基本写周期也包含 4 个状态:T_1、T_2、T_3 和 T_4。当存储器或 I/O 设备速度较慢时,在 T_3 和 T_4 之间插入一个或几个等待状态 T_W。

在写周期中,由于从地址/数据线 $AD_{15} \sim AD_0$ 上输出地址(T_1)和输出数据(T_2)是同方向的,因此在 T_2 状态不再需要像读周期那样维持一个时钟周期的高阻态(如图 1-11 所示的 T_2 状态)作为缓冲。写周期中,$AD_{15} \sim AD_0$ 在发完地址后便立即转入发数据,以使内存或 I/O 设备一旦准备好就可以从数据总线上取走数据。$DT/\overline{R}$ 信号为高电平,表示本周期为写周期,控制 8286 向外发送数据。写周期中$\overline{WR}$信号有效,$\overline{RD}$信号变为无效,但它们出现的时间类似。

1.4.4　最大模式下的总线读写周期

最大模式下,8086 的总线读写操作与最小模式下的读写操作基本相同,不同之处如下。

(1) 最大模式下微处理器使用 S_0、S_1、S_2 输出总线控制命令。$S_0S_1S_2=111$ 表示没有总线操作请求,称为"无源状态"。

(2) 由总线控制器产生的存储器 I/O 读写命令在最小模式下为 $M/\overline{IO}$、$\overline{RD}$、$\overline{WR}$ 的组合,在最大模式下读操作改为$\overline{MRDC}$(存储器读)或$\overline{IORC}$(I/O 读),写操作改为$\overline{MWTC}$(存储器写)或$\overline{IOWC}$(I/O 写),或者是超前的存储器写命令$\overline{AMWC}$和超前的 I/O 端口写命令$\overline{AIOWC}$。最大模式下的总线读写周期时序如图 1-13 所示。

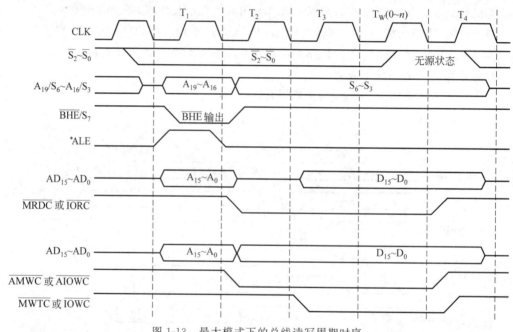

图 1-13　最大模式下的总线读写周期时序

1. 最大模式下的总线读周期

最大模式下,在每个总线周期开始之前一段时间,S_2、S_1、S_0 被置为高电平(无源状态)。一旦这 3 个状态信号中任一个或几个从高电平变为低电平,表示一个新的总线周期就开始了。和最小模式一样,如果存储器或外部设备速度足够快,在 T_3 状态就已把输入数据送到数据总线 $AD_{15}\sim AD_0$ 上,微处理器在 T_3 状态便可读得数据,这时 S_2、S_1、S_0 全变为高电平,进入无源状态一直到 T_4 结束。进入无源状态,意味着微处理器又可以启动一个新的总线周期。若存储器或外部设备速度较慢,则需要使用 READY 信号进行联络,即在 T_3 状态开始前将 READY 保持低电平("未就绪"),和最小模式一样,在 T_3 和 T_4 之间插入一个或多个 T_W状态进行等待。

在最大模式下可能存在多个"处理器",8288 综合各处理器的 S_2、S_1、S_0 信号,产生信号

* ALE、$\overline{\text{MRDC}}$、$\overline{\text{IORC}}$等，用来控制地址锁存器和总线数据收发器，或送往总线。

2. 最大模式下的总线写周期

和读周期一样，在写操作周期开始之前，S_2、S_1、S_0 就已经按操作类型设置好了相应电平。同样，也在 $T_3(T_w)$ 状态，全部恢复为高电平，进入无源状态，从而为启动下一个新的总线周期做准备。

微处理器通过 8288 产生两组写控制信号。一组是普通的存储器写命令 $\overline{\text{MWTC}}$ 和 I/O 端口写命令 $\overline{\text{IOWC}}$，另一组是超前的存储器写命令 $\overline{\text{AMWC}}$ 和超前的 I/O 端口写命令 $\overline{\text{AIOWC}}$，可供系统连接时选用。

1.4.5 总线空闲状态（总线空操作）

如果微处理器内的指令队列已满且执行部件 EU 又未申请访问存储器或 I/O 端口，则总线接口部件 BIU 就不必和总线打交道，进入空闲状态 T_I。

在空闲状态，虽然微处理器对总线不发生操作，但微处理器内部的操作仍在进行，即执行部件 EU 仍在工作，例如 ALU 正在进行运算。从这一点上说，实际上总线空闲状态是总线接口部件 BIU 对 EU 的一种等待。

除了上述已经介绍的各个总线周期，还有中断总线周期、DMA 总线周期在后面相关章节介绍。

1.4.6 一条指令的执行过程

微处理器工作的过程就是执行指令的过程。一条指令从准备执行，到执行完毕，可以划分为 3 个阶段。

（1）取指令阶段：CPU 内的总线接口部件（BIU）根据 CS:IP 计算指令的物理地址；执行总线读周期，读取该指令。

（2）等待阶段：指令进入指令队列，排队等待执行。

（3）执行阶段：排在前面的指令执行完毕，本指令进入执行部件 EU 后被执行。如果该指令执行中需要访问存储器，则向 BIU 发出请求，执行需要的总线读、写周期，直到该指令的任务完成。

下面来观察某微处理器执行如下指令的过程。

```
CS: 0238H  0107H    add [bx], ax
```

指令存放在代码段内偏移地址 0238H 开始的位置上。指令汇编后的机器代码为 0107H，01H 是它的第一字节，存放了 add 指令的操作码和一些其他信息，07H 为第二字节，也称为寻址方式字节，存放了源、目的操作数的寻址方式以及源操作数 AX 的编码。

该指令执行前各相关寄存器和存储单元的值如表 1-3 所示。

表 1-3 指令 add [bx]，ax 执行前相关寄存器和存储器的内容

CS	IP	DS	BX	AX	代码段（CS）		数据段（DS）	
					0238H	0239H	0100H	0101H
1010H	0238H	0AA0H	0100H	5678H	01H	07H	20H	30H

该指令执行的全过程如图 1-14 所示。

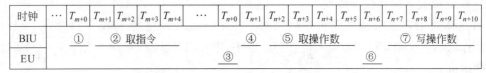

图 1-14 指令 add [bx], ax 的执行过程

（1）取指令阶段。

① T_{m+0}：BIU 准备取指令，通过地址加法将 CS:IP 转换为物理地址 10338H。

② $T_{m+1} \sim T_{m+4}$：BIU 执行总线读周期，将指令 add [bx], ax 的机器代码 0107H 读入指令队列。

（2）等待阶段。

$T_{m+5} \sim T_{n-1}$：指令在指令队列中等待执行。

（3）执行阶段。

① T_{n+0}：EU 从指令队列取出该指令，存入指令寄存器，随即对该指令进行译码，在得知目的操作数为存储器操作数之后，向 BIU 发出相关信息。

② T_{n+1}：BIU 根据收到的信息进行地址计算，将逻辑地址 DS:BX 转换成物理地址 0AB00H。

③ $T_{n+2} \sim T_{n+5}$：BIU 执行总线读周期，在 T_{n+4} 和 T_{n+5} 交界处将 0AB00H 和 0AB01H 两字节内容 20H，30H 读入 CPU。

④ T_{n+6}：EU 执行加法运算，得到和 8689H(DS:[BX]+AX=3020H+5678H)。

⑤ $T_{n+7} \sim T_{n+10}$：BIU 执行总线写周期，将和 8689H 写入 0AB00H 和 0AB01H 两字节中。

综上所述，假设该指令的取指令操作和其他指令的执行同时进行，那么，8086 CPU 为执行该指令一共花费了 11 个时钟周期。其中 8 个时钟周期执行总线读写周期($T_{n+2} \sim T_{n+5}$、$T_{n+7} \sim T_{n+10}$)，读写操作数，此外还有 3 个时钟周期：T_{n+0}用于指令译码，T_{n+1}用于计算操作数地址，T_{n+6}用于加法计算。

习 题 1

1. 8086 微处理器由哪几个部件构成？它们的主要功能各是什么？

2. 什么是逻辑地址？什么是物理地址？它们各自如何表示？如何转换？

3. 什么是堆栈？它有什么用处？在使用上有什么特点？

4. 设 X=36H，Y=78H，进行 X+Y 和 X−Y 运算后 FLAG 寄存器各状态标志位各是什么？

5. 按照传输方向和电气特性划分，微处理器引脚信号有几种类型？各适用于什么场合？

6. 8086 微处理器以最小模式工作，现需要读取内存中首地址为 20031H 的一个字，如何执行总线读周期？请具体分析。

7. 8086 微处理器有几种工作方式？各有什么特点？

8. 分析 8086 微处理器两个中断输入引脚的区别,以及各自的使用场合。

9. 什么是时钟周期、总线周期、指令周期？它们的时间长短取决于哪些因素？

10. 在一次最小模式总线读周期中,8086 微处理器先后发出了哪些信号？各有什么用处？

11. 结合指令 OUT 21H,AL,具体叙述最大模式下总线写周期总线上的相关信号。

第 2 章 存 储 器

存储器用来储存程序和数据,是计算机的重要部件。

本章介绍半导体存储器的分类、组成、工作原理,以及与 CPU 的连接和使用。本章的学习重点在于掌握各类存储器的基本工作原理和外部特性,利用常用的存储器芯片构成所需要的内存空间。

2.1 存储器概述

2.1.1 计算机中的存储器

计算机中的存储器由两部分组成。位于主机内部的存储器,简称主存(Main Memory),由半导体器件构成。CPU 对它进行的一次读或写操作称为访问(Access)。这类存储器的主要特征是 CPU 可以按地址访问其中的任何一个单元,称为随机访问。

现代计算机为了进一步提高运行速度,在主存和 CPU 之间增设了容量小、速度快的高速缓冲存储器(Cache)。在这样的系统中,Cache 和主存构成计算机的内部存储器,简称内存。在没有 Cache 的系统中,主存就是内存。

连接在计算机主机外部的存储器是辅助存储器,也称为外部存储器,简称辅存或外存。外存目前主要采用磁表面存储和光存储器件,例如常见的磁带、磁盘、光盘存储器。它们通过专用接口电路与计算机主机相连接,相当于一台外部设备。近年来广泛采用半导体存储器件用作外存储器,例如优盘。CPU 只能以块为单位访问这类存储器,电源关闭后,辅存中的信息可以长期保存。

本章主要介绍以半导体器件构成的内存储器。

2.1.2 半导体存储器的分类与性能指标

1. 半导体存储器分类

微型计算机普遍采用半导体存储器作为内存。

半导体存储器的分类如表 2-1 所示。

表 2-1 半导体存储器的分类

类　别	可读	可写	易失性	存 储 器 名	主 要 用 途
RAM	√	√	√	静态 RAM(SRAM) 动态 RAM(DRAM)	小规模计算机系统内存,Cache 计算机主存储器(内存)
ROM	√	※	×	掩膜型 ROM(MROM) 可编程 ROM(PROM) 紫外线可擦除可编程 ROM(EPROM) 电可擦除可编程 ROM(EEPROM)	大批量固定的程序与数据 小批量固定使用的程序与数据 可不定期更新的程序与数据(主板 BIOS) 可不定期更新的程序与数据(主板 BIOS)
Flash memory	√	√	×	闪速存储器(Flash memory)	便携设备存储器,可随时更新的程序数据

※:不同的 ROM 有不同的写入特性,有些 ROM 不能写入,新型 ROM 可以写入。参见对应的 ROM 介绍。

RAM 是 Random Access Memory(随机读写存储器)的简称。它的第一个特点是可读出,可写入,读与写花费的时间基本相同;第二个特点是按地址访问,访问不同地址存储单元所花费的时间相同(这是单词 Random 的含义所在);第三个特点是具有易失性,掉电后原来存储的信息全部丢失,不能恢复。

ROM 是 Read Only Memory(只读存储器)的简称。它存储的信息可以读出,但是却不能写入(或者不能用"常态"的方法写入)。ROM 的另一个特点是具有非易失性,电源关闭后,其中的信息仍然保持。由于这一特点,ROM 用于存放相对固定,不变的程序或重要参数。微型计算机系统用 ROM 存放引导程序,基本输入输出程序(BIOS),固定的系统表格等。

Flash Memory(闪速存储器)简称闪存,是近年来在 EEPROM 技术基础上发展出来的新型存储器。它既具有 ROM 类存储器非易失性的优点,同时又克服了 ROM 存储器不能写入或者写入速度慢的缺点,因此得到了广泛的应用。

2. 半导体存储器的技术指标

衡量半导体存储器的性能指标主要有存储容量、存取速度、可靠性、功耗等。

1) 半导体存储器的存储容量

电子计算机内,信息的最小表示单位是二进制位(bit,b),它可以存储一个二进制"0"或者"1"。CPU 访问存储器的最小单位通常是 8 位二进制组成的字节(Byte,B)。每个字节在主存中所在位置的编号,称为地址。存储芯片或芯片组能够存储的二进制位数或者所包含的字节总数就是它的"存储容量"。计量单位千字节(KB)、兆字节(MB)、吉字节(GB)和太字节(TB)的相互关系如下:

$$1KB = 2^{10}B = 1024B \qquad 1MB = 2^{10}KB = 1024KB$$
$$1GB = 2^{10}MB = 1024MB \qquad 1TB = 2^{10}GB = 1024GB$$

半导体存储器芯片容量取决于存储单元的个数和每个单元包含的位数。存储容量(S)可以用下面的式子表示:

$$S = p \cdot i$$

其中,存储单元数 p 与存储器芯片的地址线条数 k 有密切关系: $p = 2^k$,或 $k = lb(p)$。数据位数 i 一般等于芯片数据线的根数。存储芯片的容量 S 与地址线条数 k、数据线的位数 i 之间的关系因此可表示为 $S = 2^k \times i$。

例如,一个存储芯片容量为 2048×8 位,说明它有 8 条数据线,2048 个单元,地址线的条数为 $k = lb(2048) = lb(2^{11}) = 11$。再如一个存储芯片有 20 条地址线和 4 条数据线,那么,它的单元数为 $2^{20} = 1M$,容量为 $1M \times 4b(4Mb)$。

2) 存取时间

存取时间是指 CPU 访问一次存储器(写入或读出)所需的时间。存储周期则是指连续两次访问存储器之间所需的最小时间,存储周期等于存取时间加上存储器的恢复时间。存储器的存取时间通常以纳秒(ns)为单位。秒(s)、毫秒(ms)、微秒(μs)和纳秒(ns)之间的换算关系如下:

$$1s = 10^3 ms = 1000ms; \quad 1ms = 10^3 \mu s = 1000 \mu s; \quad 1\mu s = 10^3 ns = 1000ns$$

存储周期为 0.1ms 表示每秒可以存取 1 万次,10ns 意味着每秒存取 1 亿次。存取时间越小,速度越快。目前微机内存读写时间一般在 10ns 以内,高速缓冲存储器(Cache)的存取速度则更快。

3）可靠性

内存发生的任何错误都会使计算机不能正常工作。计算机要正确运行,必然要求存储器系统具有很高的可靠性。存储器的可靠性取决于构成存储器的芯片、配件质量及组装技术。

4）功耗

使用低功耗存储器芯片构成存储系统不仅可以减少对电源容量的要求,而且还可以减少发热量,提高存储系统的稳定性。

2.2 随机存储器

随机存储器(RAM)用来存放当前运行的程序、数据、运算中间结果等。本节介绍两类MOS 型随机存储器:静态存储器和动态存储器。

2.2.1 静态随机存取存储器

1. 静态随机存取存储器(Static Random Access Memory,SRAM)工作原理

静态 RAM 的六管基本存储电路如图 2-1 所示。图中,VT_3 和 VT_4 始终处于导通状态,相当于两个负载电阻。VT_1、VT_2 和 VT_3、VT_4 构成双稳态触发器,VT_5、VT_6 是行选通管,这 6 个 MOS 管组成了存储 1 位二进制信息"0"和"1"的基本存储单元。VT_7 和 VT_8 为列选通管,为一列上的多个基本存储单元电路共用。

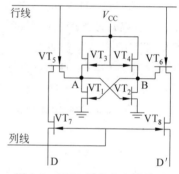

图 2-1　MOS 型静态存储单元

该基本存储电路的工作原理如下。

1）信息保持

在没有读写操作的任意时刻,假设 B 点处于低电平。

（1）由于 B 点(低电平)连接到 VT_1 的栅极,VT_1 因此处于截止状态;

（2）由于 VT_1 截止,A 点通过负载电阻 VT_3 与电源连接,A 点因此处于高电平;

（3）A 点连接到 VT_2 的栅极,它处于高电平,因此 VT_2 处于导通状态;

（4）由于 VT_2 导通,而 VT_2 的源极接地,因此 B 点保持为低电平。

由于上述一连串的因果关系,在没有外部作用的情况下,A 保持为高电平(A=1),B 保持为低电平(B=0),A,B 两点的状态互相支持,处于一种稳定的状态。

反之,如果在某一时刻 B 点处于高电平,同样可以有如下因果关系:

$$(B=1)→(VT_1 \text{ 导通})→(A=0)→(VT_2 \text{ 截止})→(B=1)→ \cdots$$

这时,存储单元处于另一种稳定状态。

把(A=1,B=0)的状态称为"1"状态,(A=0,B=1)的状态称为"0"状态。

2）信息读出

需要读出该电路所存储信息时,使行线和列线同时有效(高电平),这时 VT_5 和 VT_6

以及 VT_7 和 VT_8 这 4 只管子导通。基本存储单元通过这"两级"控制门与数据线 D,D' 相连接。A 点电平传送到 D,B 点电平传送到 D',原存储的信息传送到数据线上从而被读出。

3）信息写入

向该存储单元写入新的信息时,同样使行线和列线同时有效,同时把待写入数据加到数据线 D,D' 上。如果写入信息为"1",则使 D=1,D'=0。于是

$$(A=D=1)\rightarrow(VT_2 \text{ 导通})\rightarrow(B=0)\rightarrow(VT_1 \text{ 截止})\rightarrow(A=1)\rightarrow\cdots$$

行选和列选信号撤销之后,上述状态就会稳定地保留下来。

如果写入信息为"0",则使 D=0,D'=1。于是

$$(A=D=0)\rightarrow(VT_2 \text{ 截止})\rightarrow(B=1)\rightarrow(VT_1 \text{ 导通})\rightarrow(A=0)\rightarrow\cdots$$

由此可见,写"1"后,基本存储单元 A 稳定为"1",B 稳定为"0"。同理当写"0"后,A 为"0",B 为"1",也是稳定的。

从静态基本存储电路的结构可以看出它的如下特点。

（1）使用双稳态触发器储存信息,工作稳定可靠。

（2）每个 1 位存储电路需要使用 6 个 MOS 管,电路相对复杂,使得单位面积能够集成的基本单元数量减少,"存储密度"较低。

（3）基本存储电路工作时,VT_1 VT_2 之中总有一路处于"导通"状态,单元电路数量很多时,累计电流很大,芯片容易发热,这进一步影响到它的"存储密度"。

（4）静态存储器一旦电压消失,原存储的状态消失。再次上电时,原来的信息不能恢复。信息"易失性"是 SRAM 的最大弱点。

2. SRAM 的典型芯片

一个 SRAM 芯片由上述许多基本存储单元组成。除了地址、数据线引脚外,SRAM 芯片至少还应有以下两根控制信号引脚。

读写控制线一般标注为 $R/\overline{W}$ 或 $\overline{WR}$,或 $\overline{WE}$,该线为高时,读出存储器的数据,为低时,把数据写入存储器。

另一根控制信号称为"片选信号",标注为 $\overline{CE}$（Chip Enable,芯片使能）或 $\overline{CS}$（Chip Select,芯片选择）。$\overline{CE}$ 为高电平,表示这个芯片没有被选中,无须做读写的操作。这时,芯片的数据线输出端呈悬浮态（也称为"高阻态"）,芯片内外的信号被"隔离",该芯片不会影响总线上的其他设备的数据传输。$\overline{CE}$ 为低电平,芯片被选中:$R/\overline{W}$ 为高时,对该芯片进行读操作;$R/\overline{W}$ 为低时,对该芯片进行写操作。$\overline{CE}$ 信号由地址译码电路产生。

典型的 SRAM 芯片有 1K×4 位的 2114、2K×8 位的 6116、8K×8 位的 6264、16K×8 位的 62128、32K×8 位的 62256、64K×8 位的 62512 以及更大容量的 128K×8 位（1M 位）的 HM628128 和 512K×8 位（4M 位）的 HM628512 等。

图 2-2 所示的是 8K×8 位的 SRAM 芯片 6264 的引脚。其中 $A_0 \sim A_{12}$ 为地址线,$D_0 \sim D_7$ 为数据线,V_{cc} 接电源正极（+5V）,$\overline{WE}$ 为写控制信号输入,$\overline{OE}$ 为数据输出使能

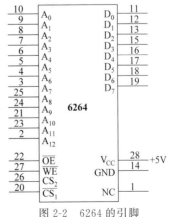

图 2-2 6264 的引脚

信号(通常接微处理器的读信号), $\overline{CS_1}$ 和 CS_2 为片选信号。

$\overline{CS_1}=0$, $CS_2=1$ 时, 芯片被"选中":

(1) $\overline{OE}=0$, $\overline{WE}=1$, 芯片进行"读出"操作。

(2) $\overline{OE}=1$, $\overline{WE}=0$, 芯片进行"写入"操作。

6264 的 CS_2 平时接高电平, 电压降至 0.2V 时, 该芯片进入掉电保护状态。要求 V_{CC} 达到 2V, 在 CS_2 引脚上提供 $2\mu A$ 的电流。该状态下, 芯片内的信息能够正确地保持, 但不能进行读写操作。

3. SRAM 芯片与系统的连接

一个完整的"主存"通常由若干个存储芯片构成。这时, 可以把存储单元的地址划分为两个部分。

(1) 高位地址反映了该存储单元所在的芯片顺序号, 同一个存储芯片内, 各个存储单元的高位地址是相同的。

(2) 低位地址表示这个存储单元在芯片内的相对位置。

因此, 高位地址一般送往地址译码电路, 产生各芯片的片选信号; 低位地址连接到芯片的地址引脚, 用来选择芯片内的存储单元。

存储器的地址译码有两种方式: 全地址译码和部分地址译码。

1) 全地址译码

所谓全地址译码, 就是所有的高位地址全部参加译码, 连接存储器时要使用全部的地址信号。全地址译码方式下, 存储器芯片上的每一个单元在整个内存空间中具有唯一的、独占的一个地址。

图 2-3 是一片 SRAM 6264 与系统总线的连接。其中地址总线的高 7 位 ($A_{13}\sim A_{19}$) 参加地址译码, 低 13 位 $A_0\sim A_{12}$ 接到芯片对应

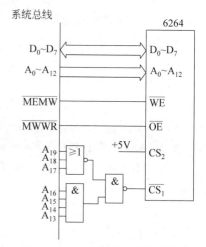

图 2-3 全地址译码连接存储器

的 $A_0\sim A_{12}$ 引脚。$A_{19}\sim A_{13}$ 为 0001111 时, 译码器输出低电平送往 $\overline{CS_1}$, 芯片被选中, 所以该 6264 芯片的地址范围为 <u>0001 111</u> 0 0000 0000 0000(1E000H)~ <u>0001 111</u> 1 1111 1111 1111(1FFFFH)。其中, 带下画线的部分是这个芯片在整个内存中的序号, 低 13 位则代表一个存储单元在芯片内部的相对位置。

改变译码电路的连接方式可以改变这个芯片的地址范围。

译码电路构成方法很多, 可以利用基本逻辑门电路构成, 也可以利用集成的译码器芯片或可编程芯片组成。

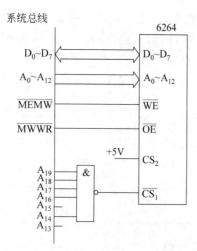

图 2-4 6264 的部分地址译码连接

2）部分地址译码

顾名思义,部分地址译码就是只有部分高位地址参与存储器的地址译码。图 2-4 就是一个部分地址译码的例子。只要地址 $A_{19}A_{18}A_{17}A_{16}A_{14}=111111$,不论地址 $A_{15}A_{13}$ 为 0 或 1,该 6264 芯片都能被选中。$A_{15}A_{13}$ 为 00,01,10,11 时,该芯片的地址范围分别如下:

F4000H～F5FFFH($A_{15}A_{13}=00$ 时);

F6000H～F7FFFH($A_{15}A_{13}=01$ 时);

FC000H～FDFFFH($A_{15}A_{13}=10$ 时);

FE000H～FFFFFH($A_{15}A_{13}=11$ 时)。

该芯片占据了 4 个 8KB 的内存空间。对这个 6264 芯片进行存取时,可以使用以上 4 个地址范围的任意一个。可见,采用部分地址译码会重复占用地址空间。芯片占用的这 4 个 8KB 的区域不可再分配给其他芯片,否则会造成总线竞争而使微型计算机无法正常工作。

部分地址译码使芯片重复占用地址空间,破坏了地址空间的连续性,减小了总的可用存储地址空间。优点是译码器的构成比较简单,主要用于小型系统中。

2.2.2 动态随机存取存储器

1. 动态随机存储器的基本存储单元

动态随机存储器(Dynamic Random Access Memory,DRAM)的基本单元电路可以采用 4 管电路或单管电路。由于单管电路元件数量少,芯片集成度高,所以被普遍使用。

单管动态存储单元电路如图 2-5 所示,它由一个 MOS 管 VT_1 和一个电容 C 构成。写入时,字选择线(地址选择线)为高电平,VT_1 管导通,写入的信息通过位线(数据线)存入电容 C 中(写入"1"对电容充电,写入"0"对电容放电);读出时,字选择线也为高电平,存储在 C 电容上的电荷通过 VT_1 输出到位线上。根据位线上有无电流可知存储的信息是"1"还是"0"。字选择线的信号由"片内地址"译码得到。

DRAM 芯片集成度高、价格低,微型计算机主存储器几乎毫无例外地都是由 DRAM 组成。

2. DRAM 芯片介绍

2164A 是容量为 64K×1 位的动态随机存储器芯片,其外部引脚如图 2-6 所示。DRAM 芯片把片内地址划分为"行地址"和"列地址"两组,分时从它的地址引脚输入。所以,DRAM 芯片地址引脚只有它内部地址线的一半。根据 2164A 的容量,它有 8 条分时使用的地址线 $A_7 \sim A_0$($lb(64K)/2$)。它的数据线有两根:用于输入的 D_{in} 和用于输出的 D_{out}。

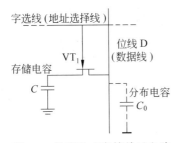

图 2-5 单管动态存储单元电路

图 2-6 2164A 的引脚

2164A 内部结构如图 2-7 所示。

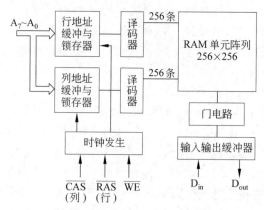

图 2-7　DRAM 2164A 内部结构

$\overline{\text{RAS}}$ 为行地址选通信号,它有效时,从地址引脚输入行地址信号,这些地址被锁存到芯片内的行地址锁存器。$\overline{\text{RAS}}$ 信号同时也用作芯片的片选信号。

$\overline{\text{CAS}}$ 为列地址选通信号,它有效时,从地址引脚输入列地址信号,这些地址被锁存到芯片内的列地址锁存器。

行、列地址经过各自的电路译码后选择 64K 中的一个单元。写信号 $\overline{\text{WE}}$ 有效(低电平)进行写操作,D_{in} 上的信号经过输入缓冲器写入被选中的单元;写信号 $\overline{\text{WE}}$ 无效时(高电平)表示读操作,被选中单元的数据经过输出缓冲器出现在 D_{out} 引脚上。

常用 DRAM 芯片还有 64K×1 位的 4164、256K×1 位的 41256、1M×1 位的 21010、256K×4 位的 21014、4M×1 位的 21040,以及大容量的 16M×16 位、64M×4 位和 32M×8 位等芯片。

3. DRAM 芯片的读写过程

1) 数据读出

数据的读出时序如图 2-8 所示。行地址首先加在 A_0～A_7 上,此后 $\overline{\text{RAS}}$ 信号有效,它的下降沿将行地址锁存在芯片内部。接着,列地址加到芯片的 A_0～A_7 上,$\overline{\text{CAS}}$ 信号有效,它的下降沿将列地址锁存。保持 $\overline{\text{WE}}$=1,在 $\overline{\text{CAS}}$ 有效期间,数据由 D_{out} 端输出并保持。

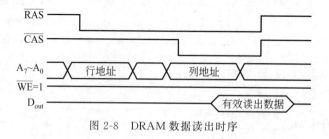

图 2-8　DRAM 数据读出时序

2) 数据写入

数据写入的过程与读出基本类似,区别是送完列地址后,将 $\overline{\text{WE}}$ 端置为低电平,把要写入的数据从 D_{in} 端输入。

3) 刷新

DRAM 芯片靠电容储存信息,由于存在漏电流,时间长了,所存放的信息会丢失。因此,DRAM 必须对它所存储的信息定时进行刷新,也就是将存放的信息读出并重新写入。

DRAM 芯片刷新按行进行,给芯片加上行地址并使行选信号$\overline{RAS}$有效,列选信号$\overline{CAS}$无效,芯片内部刷新电路将选中一行所有单元,同时进行刷新(对原来为"1"的电容补充电荷,原来为"0"的则保持不变)。将行地址循环一遍,则可刷新所有存储单元。由于$\overline{CAS}$无效,刷新时位线上的信息不会送到数据总线上。刷新过程中,DRAM 不能进行正常的读写操作。

DRAM 要求每隔 2～8ms 刷新一遍,这个时间称为刷新周期。

2.2.3 新型动态随机存取存储器

随着微处理器工作速度的不断提高,要求用作"主存"的 DRAM 具有更快的访问速度。为此,新型动态随机存取存储器件近年来不断地涌现。

1. 同步动态存储器

传统 DRAM 采用异步方式进行存取。处理器在给出存储器地址和读写命令之后,要等待存储器内部进行地址译码、读写等操作,这一段时间的长短随使用芯片的不同而不同。在这段时间内,处理器相关部件和总线除了等待之外不能做其他事情,这降低了系统的性能。

同步动态存储器(Synchronous Dynamic Random Access Memory,SDRAM)采用同步的方式进行存取。送往 SDRAM 的地址信号、数据信号、控制信号都是在一个时钟信号的上升沿被采样和锁存的,SDRAM 输出的数据也在时钟的上升沿锁存到芯片内部的输出寄存器。输入地址、控制信号到数据输出所需的时钟个数可以通过对芯片内"方式寄存器"的编程来确定。这样,在 SDRAM 输入了地址、控制信号,进行内部操作期间,处理器和总线主控器可以安全地处理其他任务(例如,启动其他存储体的读操作),而无须简单等待,从而提高系统的性能。

SDRAM 芯片还采用一种"突发总线模式"进行读写操作:写入一个地址之后,可以进行连续多个单元的读写,进一步提高了读写速度,第 10 章将作进一步的介绍。

SDRAM 芯片基于双存储体结构,内含两个交错的存储阵列。CPU 从一个存储体访问数据的同时,另一个已准备好读写数据,通过两个存储阵列的紧密切换,读数据效率得到成倍的提高。

SDRAM 的工作电压一般为 3.5V,其接口多为 168 线的 DIMM 类型。

SDRAM 的时钟频率早期为 66MHz,后来提高为 133MHz、150MHz。由于它以 64 位的宽度(8B)进行读写,带宽(单位时间内理论上的数据流量峰值)可以达到 1.2GB/s(8B×150MHz)。

2. DDR SDRAM

DDR SDRAM(Double Data Rate SDRAM,双倍数据速率同步存储器)是由 SDRAM 发展出来的新技术。SDRAM 只在时钟脉冲的上沿进行一次数据写或读操作,DDR 通过"2位预读"操作,一次读、写双倍的数据。这样,不仅在时钟上沿,而且在时钟脉冲的下沿还可以进行一次相同的数据传输操作(写或读)。原来的 SDRAM 对应被称为 SDR(Single Data Rate)SDRAM(单倍数据速率同步存储器)。这样,理论上 DDR 的数据传输能力就比同频率的 SDR 提高一倍。假设系统 FSB(Front Side Bus，前端总线)的频率是 100MHz，DDR 的数据传输频率可以达到 200MT/s(T 代表数据传输)。

DDR2 DRAM 在 DDR DRAM 基础上，采用了"4 位预读"技术。在一个外部时钟周期内传输 4 次数据。采用 100MHz 外部核心频率时，实现了 400MHz 的实际工作频率，数据传输频率达到 400MT/s(100MHz×4)。

DDR3 内存采用 8 位"预读"技术，一个外部时钟周期内可以传输 8 次数据。外部时钟 100MHz 时，数据传输频率可以达到 800MT/s(100MHz×8)。

作为当今主流的 DDR4 内存仍然使用"8 位预读"，但是使用的输入频率加倍至 200MHz～400MHz，数据传送速率达到 1600MT/s～3200MT/s(200MHz～400MHz×8)。

最新一代的 DDR5 内存标准已经制定完毕，预计其产品将在明年推开，数据传送速率将达到 4266MT/s～6400MT/s。

3. 双通道存储器

为了进一步提高内存的读写速度，在新型微型计算机的主板上，设置了两个独立的 64 位智能内存控制器，形成了 128 位宽度的内存数据通道，使内存的带宽翻了一番。

现行的主板芯片组大多支持双通道 DDR3/4 内存，具有 4 个 DIMM 插槽，每两个一组，每一组代表一个内存通道，只有当两组通道上都同时安装了内存时，才能使内存工作在双通道模式下。

双通道内存技术的理论值虽然非常诱人，但是实际应用中，整机的性能并不能比使用单通道 DDR 内存的整机高 1 倍，因为毕竟系统性能瓶颈不仅仅是内存。从一些测试结果可以看到，采用 128 位内存通道的系统性能比采用 64 位内存通道的系统整体性能高出 3%～5%，最高的可以获得 15%～18% 的性能提升。

为了进一步提高内存的数据读写速度，Intel 公司还在研究以串行方式传输内存数据，在第 10 章里再做进一步介绍。

2.3 只读存储器

只读存储器(ROM)具有掉电后信息不会丢失的特点(非易失性)，弥补了读写存储器(RAM)性能上的不足，成为微型计算机的一个重要部件。

2.3.1 掩膜型只读存储器

掩膜型只读存储器(MROM)的内部结构如图 2-9 所示，芯片内每一个二进制位对应于一个 MOS 管，数据从它的漏极引出。该位上存储的信息取决于这个 MOS 管的栅极是否被连接到字线上：栅极与字线连接，该单元被选中时，MOS 管导通，漏极与电源＋E 相通，输出高电平，该位存储的信息为 1；栅极与字线未连接时，无论字线被选中与否，输出端与电源＋E 不能导通，输出低电平，对应的信息为 0。由于 MOS 管的栅极与字线连接与否在制造过程中

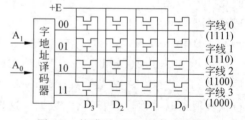

图 2-9 掩膜型 ROM 结构示意图

已经确定,未连接的 MOS 管封装后不能再接上,所以掩膜 ROM 内的信息不可改变。

掩膜 ROM 芯片批量生产成本低,适合批量大,程序和数据已经成熟,不再需要修改的场合。

2.3.2 可编程只读存储器

可编程只读存储器(Programable Read Only Memory,PROM)的基本存储单元由一只晶体管或 MOS 管组成,电路内串接有一段"熔丝"。芯片出厂时,所有"熔丝"均处于连通状态,根据具体电路的不同,每一个单元存储的信息同为全"0"或全"1"。

用户在使用该芯片时,可以根据需要,有选择地给部分单元电路通以较大的电流,将该电路上的"熔丝"烧断。"熔丝"被烧断后,该位所储存的信息就由原来的"0"变为"1",或者,由"1"变为"0"。

PROM 靠存储单元中的熔丝是否熔断决定信息 0 和 1。一旦存储单元的熔丝被烧断就不能恢复。因此,PROM 只能写入一次。

有的 PROM 芯片采用 PN 结击穿的方式进行编程,原理与上述器件类似。

PROM 也是一种非易失性存储器。少量使用时,总体成本低于掩膜 ROM。

2.3.3 可擦除可编程只读存储器

可擦除可编程只读存储器(Erasable Programable Read Only Memory,EPROM)可根据用户的需求,多次写入和擦除。

EPROM 基本单元的主体是有两个栅极的雪崩注入式 MOS 管,如图 2-10(a)所示,浮空栅 G1 被二氧化硅所包围,与外部没有连接。

读出一个单元内容时,该单元控制栅上加正电压,如图 2-10(b)所示。如果浮空栅上没有电子,该 MOS 管导通,MOS 管有电流通过,读出"1"。如果浮空栅上积累有较多的电子,由于负电荷的"阻挡"作用,MOS 管不能导通,没有电流通过,读出"0"。可见,该电路的存储状态取决于浮空栅是否积累了较多的电子。芯片出厂时,浮空栅上没有电子,各单元均为"1"。

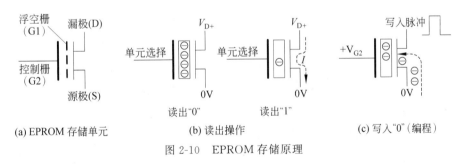

(a) EPROM 存储单元 　　　　(b) 读出操作 　　　　(c) 写入"0"(编程)

图 2-10　EPROM 存储原理

该芯片的上方有一个透明的石英窗。将紫外线对准该石英窗照射一定时间(10～15min),可以消除浮空栅上的电荷,使 MOS 管恢复到出厂时的状态,各位均存储"1",这一过程称为"擦除"。

对 EPROM 写入新的内容(编程)时,首先要将该芯片整体"擦除"。需要写"1"的单元保持原状态即可。对于写"0"的单元,控制栅接正电压,在漏极加上一个较高电压(例如,25V)的正脉冲(编程脉冲)。这时,MOS 管导通,在漏极较高电压作用下,漏极—源极间产生"雪崩",管道中有较多的高能电子,同时,在控制栅垂直方向正电压的作用下,漏极—源极管道的电子进入浮空栅,并在高压结束后滞留在浮空栅内,形成"0"存储状态,如图 2-10(c)所示。

存储在 EPROM 中的内容能够长期保存达几十年之久,掉电后内容不会丢失。

2.3.4 电擦除可编程只读存储器

电擦除可编程只读存储器(EEPROM,俗称 E^2PROM)由于采用电擦除技术,所以不必像 EPROM 芯片那样需要从系统中取下,再用专门的擦除器擦除。EEPROM 还允许以字节为单位擦除和重写,使用比 EPROM 方便。

1. EEPROM 存储原理

EEPROM 的基本单元的主体也是具有两个栅极的 NMOS 管,如图 2-11 所示,控制栅G1 被二氧化硅所包围,与外部没有连接。在 G1 和漏极 D 之间有一块小面积的氧化层,厚度极薄。

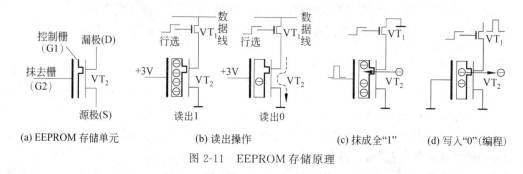

(a) EEPROM 存储单元　　(b) 读出操作　　(c) 抹成全"1"　　(d) 写入"0"(编程)

图 2-11　EEPROM 存储原理

与 EPROM 类似,该单元的存储状态也取决于浮动栅上有没有电子。不同的是,浮动栅有电子,NMOS 管截止,数据线上为"1";浮动栅没有电子,NMOS 管导通,数据线上为"0"。

擦除该单元内容时,在抹去栅 G2 上加 20V 的正电压,它导致 G1-D 之间的小面积氧化层产生"隧道"效应,电子从漏极进入浮动栅,形成"1"存储状态。这也是芯片出厂时的初始状态。

同样,编程仅仅对需要写入"0"的单元进行。抹去栅接地,漏极加 20V 的正脉冲,在高压的作用下,浮空栅的电子从小面积氧化层流出,形成"0"状态。

2. EEPROM 芯片

EEPROM 的产品有高压编程的 2816、2817,低压编程的 2816A、2864A 和 28512,以及 1Mb 以上的 28010(1Mb,128KB)、28040(4Mb)等。它们读取时间 120～250ns,写入时间与字节擦写时间相当,约 10ms。

下面以 EEPROM 芯片 NMC98C64A 为例介绍EEPROM 的工作过程。

1) 98C64A 的引脚

98C64A 芯片如图 2-12 所示,其容量为 8K×8 位,其中:

图 2-12　98C64A 引脚

（1）$A_0 \sim A_{12}$ 为地址线，用于选择片内 8K 个存储单元。

（2）$D_0 \sim D_7$ 为数据线。

（3）$\overline{CE}$ 为选片信号，低电平有效。$\overline{CE} = 0$ 时选中该芯片。

（4）$\overline{OE}$ 为输出允许信号，$\overline{CE} = 0$、$\overline{OE} = 0$、$\overline{WE} = 1$ 时，将选中单元的数据读出。

（5）$\overline{WE}$ 是写允许信号，$\overline{CE} = 0$、$\overline{OE} = 1$、$\overline{WE} = 0$ 时，将数据写入指定的存储单元。

（6）READY/$\overline{BUSY}$ 是准备好/忙状态输出端，98C64A 执行编程写入的过程中，此管脚为低电平（BUSY）。写操作完成后，此管脚变为高电平（READY）。检查此管脚的状态可以判断 1B 数据的写操作是否完成。

2）98C64A 的工作过程

（1）数据读出。EEPROM 读出数据的过程与 RAM 及 EPROM 芯片相仿。在 $A_0 \sim A_{12}$ 上给出单元地址，并使 $\overline{CE} = 0$、$\overline{OE} = 0$、$\overline{WE} = 1$，就可从指定的存储单元读出数据。

（2）编程写入。编程写入 98C64A 有两种方式：字节写入和自动页写入。

字节写入方式一次写入一字节的数据。每写一字节，要等到 READY/$\overline{BUSY}$ 端的状态由低电平变为高电平后，才能开始下一字节的写入。这是 EEPROM 芯片与 RAM 芯片在写入上的一个重要区别。

不同的芯片写入一字节所需的时间略有不同，一般是几毫秒到几十毫秒。98C64A 需要的时间为 5ms，最大 10ms。

98C64A 中，把相邻的 32 字节称为页。低位地址 $A_4 \sim A_0$ 用来寻址一页内所包含的一字节，高位地址线 $A_{12} \sim A_5$ 用来决定访问哪一页数据，$A_{12} \sim A_5$ 因此被称为页地址。

自动页写入时，首先向 98C64A 写入一页的第一个数据，在此后的 $300\mu s$ 内，连续写入本页的其他数据，再利用查询或中断检查 READY/$\overline{BUSY}$ 端的状态是否已变高。若变高，则表示这一页数据的写入已经结束，接着开始写下一页，直到将数据全部写完。利用这个方法，写满 8K×8 位的 98C64A 只需 2.6s。

（3）擦除。擦除和写入本质上是同一种操作，只不过擦除总是向单元中写入 0FFH。EEPROM 可以一次擦除一字节，也可以一次擦除整个芯片的内容。擦除一字节，就是向该单元写入数据 0FFH。如果在 $D_0 \sim D_7$ 上加上 0FFH，使 $\overline{CE} = 0$、$\overline{WE} = 0$，并在 $\overline{OE}$ 引脚上加上 15V 电压。保持这种状态 10ms，就可将芯片上所有单元擦除干净，称为片擦除。

EEPROM 98C64A 有写保护电路，加电和断电不会影响芯片的内容。写入的内容一般可保存 10 年以上。每一个存储单元允许擦除或编程上万次。

2.3.5 闪速存储器

闪速存储器（Flash Memory）是在 EEPROM 基础上发展起来的新型存储器。Flash 克服了 EEPROM 写入速度慢的弱点，既有 RAM 可读、可写、读写速度快的优点，又具有 ROM 非易失性的优点，而且集成度高，是半导体存储器技术划时代的进步。

1. Flash 存储原理

Flash 基本单元的核心也是有两个栅极的 MOS 管，如图 2-13 所示，其中的浮空栅没有向外连接的引线。

1）读出

在控制栅（C）上加上正电压，漏极加正电源，源极接低电平。如果浮空栅存有负电荷，

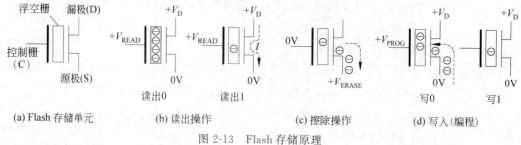

(a) Flash 存储单元　　　　(b) 读出操作　　　　(c) 擦除操作　　　　(d) 写入(编程)

图 2-13　Flash 存储原理

它对控制栅的正电压起到"阻挡"的作用,这时,MOS 管截止,漏极与源极没有电流流过,原存储信息为"0"。如果浮空栅内没有电荷,则 MOS 管导通,漏极与源极有电流流过,原存储信息为"1"。

可见,Flash 存储单元依照浮空栅有无负电荷来表示两种存储状态。

2) 擦除

在 MOS 管的控制栅加低电平,源极上加上正电压,原存储在浮空栅中的负电荷被源极"吸出"。由于各存储单元的源极连接在一起,经擦除后,所有单元均处于"1"状态。

3) 写入(编程)

写入操作在擦除之后进行。由于擦除后原状态为"1",写"1"时无须操作。

写"0"时,控制栅加上正电压(编程电压),源极接低电平。在控制栅—源极之间电压的作用下,电子从源极流向浮动栅并留下来,存储单元变为"0"状态。

Flash Memory 写入操作的速度较 EEPROM 有了明显提高,比 DRAM 仍稍慢。

由于 Flash Memory 所具有的特点,Pentium Ⅱ 以后的主板都采用了这种存储器存放BIOS 程序,方便 BIOS 程序及时升级。

2. Flash 芯片

Flash 芯片有 29C256(32K×8b=256Kb)、29C512(64K×8b=512Kb)、29C010(128K×8b=1Mb)、29C020(256K×8b=2Mb)、29C040(512K×8b=4Mb)、29C080(1024K×8b=8Mb)等。

下面以 TMS28F040 芯片为例介绍闪存的工作原理。

28F040 的引脚如图 2-14 所示。它有 19 根地址线和 8 根数据线,说明该芯片的容量为 $512K×8b(4Mb)$;$\overline{G}$ 为输出允许信号,低电平有效;$\overline{E}$ 是芯片写允许信号,它的下降沿锁存地址,上升沿锁存写入的数据。

(1) 以"只读"方式工作时,V_{PP} 接 5V 电源,$\overline{E}=0$,$\overline{G}=0$ 时从芯片读出数据。

(2) 以"读写"方式工作时,V_{PP} 接 12V 电源,$\overline{E}=0$,$\overline{G}=0$ 时从芯片读出数据;$\overline{E}=0$,$\overline{G}=1$ 时向芯片写入数据。

28F040 芯片将其 512KB 的容量分成 16 个 32KB 的块(页),每一块均可独立进行擦除。

28F040 有数据读出、编程写入和擦除 3 种工作方式。

图 2-14　28F040 的引脚

对该芯片进行任何操作之前,都要首先向芯片内的控制寄存器写入规定的命令(使用该芯片范围内任一地址),然后才能进行对应的操作,如表 2-2 所示。

表 2-2　28F040 的操作

操　　作	总线周期	第一个总线周期			第二个总线周期		
		操作	地址	数据	操作	地址	数据
发送读存储单元命令	1	写	×	00H (FFH)			
读标记	3	写	×	90H	读	IA①	
读状态寄存器	2	写	×	70H	读	×	SRD②
清除状态寄存器	1	写	×	50H			
自动块擦除	2	写	×	20H	写	BA③	D0H
擦除挂起	1	写	×	B0H			
擦除恢复	1	写	×	D0H			
自动字节编程	2	写	×	10H	写	PA④	PD⑤
自动片擦除	2	写	×	30H	写	×	30H
软件保护	2	写	×	0FH	写	BA③	PC⑥

注:① 若是读厂家标记则 IA=00000H,读器件标记则 IA=00001H。

② SRD 是由状态寄存器读出的数据。

③ BA 为要擦除块的地址。

④ PA 为欲编程存储单元的地址。

⑤ PD 为要写入 PA 单元的数据。

⑥ PC 为保护命令。

若 PC=00H,则清除所有的保护;若 PC=FFH,则置全片保护;若 PC=F0H,则清除指定地址的块保护;若 PC=0FH,则置指定地址的块保护。

此外,28F040 内部还有一个状态寄存器,储存了芯片当前的状态。写入命令 70H,可读出状态寄存器的内容,如表 2-3 所示。

表 2-3　状态寄存器各位的功能

位	高 电 平	低 电 平	作　　用
SR7(D7)	准备好	忙	写命令
SR6(D6)	擦除挂起	正在擦除/已完成	擦除挂起
SR5(D5)	块或片擦除错误	片或块擦除成功	擦除
SR4(D4)	字节编程错误	字节编程成功	编程状态
SR3(D3)	V_{PP} 太低,操作失败	V_{PP} 合适	监测 V_{PP}
SR2~SR0			保留未用

1) 读出

初始加电以后,或者对芯片内任意地址写入命令 00H(或 FFH)之后,芯片就处于读存储单元的状态。芯片的读操作与 RAM,EPROM 芯片类似。此时的 V_{PP}(编程电压)与 V_{CC}(5V)相连。

还可以通过发送适当的命令,读出内部状态寄存器的内容,读出芯片内部的厂家及器件标记。

2)擦除

擦除操作可以以字节、块或整个芯片为单位进行,还可以在擦除过程中暂停擦除(擦除挂起)和恢复擦除。

对字节的擦除包含在字节编程过程中,写入数据的同时就等于擦除了原单元的内容。

整片擦除最快只需 2.6s,擦除后的各单元的内容均为 0FFH,受保护的内容不能被擦除。

允许对 28F040 的某一块进行擦除,每 32KB 为一块。擦除一块的最短时间为 100ms。

3)编程

编程写入包括对芯片单元的写入和设置软件保护。

28F040 对芯片的写入按字节进行。

首先,28F040 向控制寄存器写入命令 10H,再在指定的地址单元写入相应数据。接着查询状态,判断这个字节是否写好,若写好则重复上面过程,直到全部字节写入。

28F040 的编程速度很快,1B 数据的写入时间仅为 $8.6\mu s$。

软件保护是用命令使芯片的某一块或整片规定为写保护,被保护的块不能写入新的内容,也不会被擦除。首先向控制寄存器写入命令 0FH,再向被保护块任一地址写入命令 0FH,就可置规定的块为写保护。若写入的第二个命令为 0FFH,就置全片为写保护状态。

3. 闪存的应用

闪存可以用作内存,用于内容不经常改变且对写入时间要求不高的场合,如微型计算机的 BIOS。闪存也大量应用于移动存储器,如优盘、数字照相机、数字摄像机、MP3 播放器等设备的内存储器(SD 卡、CF 卡、MMC 卡等)。

2.4 存储器的扩展

各种存储芯片单片的容量都是有限的,要构成一定容量的内存,就必须使用多片存储芯片构成较大容量的存储器模块,这种组合称为存储器的扩展。扩展存储器有 3 种方法,位扩展、字扩展、将两者结合起来的字位全扩展。微型计算机系统中大多采用字位全扩展方法组成较大容量的存储器模块。

2.4.1 位扩展

微型计算机中,最小的信息存取单位是字节,如果一个存储芯片不能同时提供 8 位数据,就必须把几块芯片组合起来使用,这就是存储器芯片的位扩展。现在的微机可以同时对存储器进行 64 位的存取,这就需要在 8 位的基础上再次进行位扩展。位扩展把多个存储芯片组成一个整体,使数据位数增加,但单元个数不变。经位扩展构成的存储器,每个单元的内容被存储在不同的存储芯片上。如果用两片 4K×4 位的存储芯片经位扩展构成 4K×8 位的存储器,每个地址单元中的 8 位二进制数分别存放在两个芯片上,一个芯片存储该单元内容的高 4 位,另一个芯片存储该单元内容的低 4 位。

例如,用 $64K \times 1$ 位 DRAM 芯片构成 $64K \times 8$ 位的存储器模块,必须用 8 片这样的芯片。由于只对位数扩展,单元数不变,因此各芯片的地址线可直接并联至地址总线上。各芯片的数据线按高低位分别接至数据总线对应位上。控制信号及片选信号也并联连接。用位扩展方式组成的 DRAM 存储器模块如图 2-15 所示。

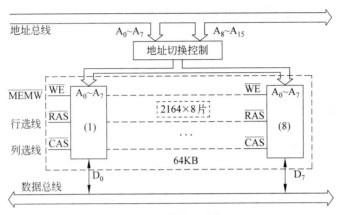

图 2-15　位扩展连接

位扩展连接方法归纳如下。
(1) 芯片的地址线全部并联且与地址总线相应连接。
(2) 片选信号线并联,连接到地址译码器的输出端。
(3) 读写控制信号并联,连接到控制总线的存储器读写控制线上。
(4) 不同芯片的数据线连接到数据总线不同位上。

2.4.2　字扩展

所谓字扩展就是存储单元数的扩展,也就是地址的扩展。

例如,已有容量为 $2K \times 8$ 位的 SRAM 芯片,现要求用 4 片这样的芯片,构成 $8K \times 8$ 位的存储器模块,起始地址 4000H。

由于芯片容量是 $2K \times 8$ 位,所以每个芯片有 11 根地址线($A_{10} \sim A_0$),8 根数据线($D_7 \sim D_0$)。

根据要求,可以列出各芯片的始末地址如下:

芯片 0　起始地址:　010　00　000 0000 0000　(4000H)
　　　　结束地址:　010　00　111 1111 1111　(47FFH)
芯片 1　起始地址:　010　01　000 0000 0000　(4800H)
　　　　结束地址:　010　01　111 1111 1111　(4FFFH)
　⋮

用字扩展方式组成的存储器模块如图 2-16 所示。可以看出,地址的最低 11 位($A_{10} \sim A_0$)用来选择芯片内的各单元(片内地址),可以直接与每个芯片的地址线相连。

地址的中间 2 位($A_{12} \sim A_{11}$)用来选择该组内的各芯片(选片地址),为 00、01、10、11 时顺序选择 4 个芯片。由于使用了 3-8 译码器 74LS138,选片地址扩展为 3 位($A_{13} \sim A_{11}$),这

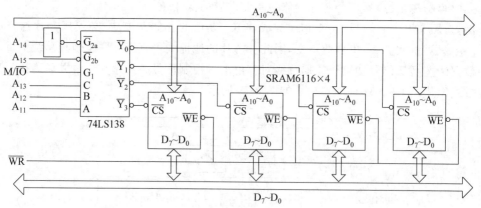

图 2-16　存储器的字扩充

3 位分别连接到 3-8 译码器的译码信号输入端 C、B、A。由于 A_{13} 在本处应为 0,译码器产生的 8 个译码信号只使用前面的 4 个($Y_0 \sim Y_3$),用作 4 个芯片的片选信号。

剩余的最高 2 位地址($A_{15} \sim A_{14}$)对于本组固定为 01,这是本组存储器被选中的标志(选组地址)。这 2 位地址连同 CPU 产生的存储器选择信号 M/IO♯ 用作译码器允许工作信号"G"。

由于只扩展字,因此几个芯片的数据线并联在一起,接至系统数据总线上,读写控制线也并联连接。

字扩展的方法:

求出组成存储器模块所需芯片数,然后按下列步骤连接有关信号线。

(1) 各芯片的数据线并联,接至相应的系统数据总线。

(2) 各芯片的地址线并联到地址总线对应位(低位)上,地址总线高位接译码器,译码器输出用作各个芯片的片选信号。

(3) 读写控制信号并联后与控制总线中相应的信号连接。

2.4.3　字位全扩展

如果存储器的字数和位数都不能满足系统存储器的要求,就要同时进行位扩展和字扩展。

假设一个存储器容量为 $M \times N$ 位,所用的芯片规格是 $L \times K$ 位。组成这个存储器模块共需 $(M \times N)/(L \times K) = (M/L) \times (N/K)$ 个存储芯片。例如,用 64K×4 位芯片组成 512K×32 位的存储器模块,则需要 $(512K/64K) \times (32b/4b) = 8 \times 8 = 64$ 片。

在微型计算机中,内存的构成就是字位扩展的一个很好的例子。首先,存储芯片生产厂制造出一个个单独的存储芯片,如 64M×1 位、128M×1 位等。然后,内存条生产厂将若干个芯片用位扩展的方法组装成内存模块(即内存条),如用 8 片 128M×1 位的芯片组成 128MB 的内存条。最后,用户根据实际需要购买若干内存条插到主板上构成自己的内存储器,即字扩展。一般来讲,最终用户做的都是字扩展(即增加内存地址单元)的操作。

内存扩展的次序一般是先进行位扩展,构成字长满足要求的内存模块,然后再用若干这样的模块进行字扩展,使总容量满足要求。

综上所述,存储器的字位扩展可以分为 3 步。

（1）选择合适的芯片。

（2）根据要求将芯片进行多片并联的位扩展,设计出满足字长要求的存储模块。

（3）对"存储模块"进行字扩展,构成符合要求的存储器。

习　题　2

一、简答题

1. 内存储器主要分为哪几类? 它们的主要区别是什么?

2. 说明 SRAM、DRAM、MROM、PROM、EPROM、EEPROM 和 Flash memory 的特点和用途。

3. 已知一个 SRAM 芯片的容量为 8K×8 位,该芯片有一个片选信号引脚和一个读写控制引脚,问该芯片至少有多少个引脚? 地址线多少条? 数据线多少条?

4. 已知一个 DRAM 芯片外部引脚信号中有 4 条数据线,7 条地址线,计算它的容量。

5. 一片 32M×8 位的 DRAM 芯片,其外部数据线和地址线为多少条?

6. DRAM 为什么需要定时刷新?

7. 74LS138 译码器的接线如图 2-17 所示,写出 $\overline{Y_0}$、$\overline{Y_2}$、$\overline{Y_4}$ 和 $\overline{Y_6}$ 所决定的内存地址范围。

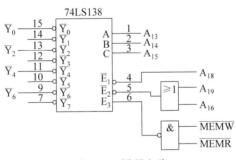

图 2-17　译码电路

8. 某存储器起始地址为 1800H,末地址为 1FFFH,求该存储器的容量。

9. 有一个存储体,其地址线有 15 条,数据线有 8 条,则

（1）该存储体能够存储多少个汉字?

（2）如果该存储体由 2K×4 位的芯片组成,需要多少片?

（3）采用什么方法扩展? 分析各位地址线的使用。

10. 试说明 Flash 芯片的特点及 28F040 的编程过程。

11. 利用全地址译码将 6264 芯片接到 8088 系统总线上,地址范围为 30000H～31FFFH,画出逻辑图。

12. 若用 2164 芯片构成容量为 128KB 的存储器,需多少片 2164 芯片? 至少需多少根地址线? 其中多少根用于片内寻址? 多少根用于片选译码?

13. 下列容量的 ROM 芯片除电源和接地引脚外,还有多少个输入引脚和输出引脚? 写出信号名称。

512×8 位　　　　　128K×8 位　　　　　16K×8 位　　　　　1M×16 位

二、选择题

1. 存储周期指的是( )。

   A. 存储器进行连续读或写操作所允许的最短时间间隔

   B. 存储器的读出周期

   C. 存储器进行连续写操作所允许的最短时间间隔

   D. 存储器的写入周期

2. SRAM 和 DRAM 存储原理不同,它们分别靠( )来存储 0 和 1。

   A. 双稳态触发器的两个稳态和极间是否有足够的电荷

   B. 内部熔丝是否断开和双稳态触发器

   C. 极间电荷和浮置栅是否积累足够的电荷

   D. 极间是否有足够的电荷和双稳态触发器的两个稳态

3. 掩膜 ROM 在制造时通过光刻是否连接 MOS 管来确定 0 和 1,如果对应的某存储单元位没有连接 MOS 管,则该位信息为( )。

   A. 不确定　　　　　　　　　　　　B. 0

   C. 1　　　　　　　　　　　　　　D. 可能为 0,也可能为 1

4. 某一 EPROM 芯片,其容量为 32K×8 位,除电源和接地引脚外,最小的输入引脚和输出引脚分别为( )个。

   A. 15 和 8　　　　B. 32 和 8　　　　C. 17 和 8　　　　D. 18 和 10

第 3 章　汇编语言基础

汇编语言使用指令进行编程,是一种面向机器的低级语言。

指令是对计算机硬件发出的指示、命令。例如,下面的一组二进制代码是一条指令:

```
10001011 11000011
```

它要求 8086 微处理器把 BX 寄存器的内容传送到 AX 寄存器中,其中左面的 8 位二进制代码 10001011 表示本条指令要进行的操作:在两个 16 位寄存器之间进行数据传送,称为操作码。后面的一个字节指出两个用于传送数据的寄存器,称为操作数。

用二进制代码表示的指令可以由 CPU 直接执行,称为机器指令。用机器指令编写程序的规范称为机器语言,编写出来的程序称为机器语言程序。

机器指令难以记忆,容易出错,不便于阅读和维护,为此,用一些符号来表示上面的操作码和操作数。例如,用 MOV 表示进行数据传送的操作码,用 AX、BX 表示各自的寄存器。这样,上面的指令可以另写为

```
MOV    AX, BX
```

显然这样的表达方式更为清晰,更便于记忆和使用。符号 MOV 因此称为助记符。用符号、助记符书写的指令称为符号指令。用符号指令书写程序的规范称为汇编语言,用它编写的程序称为汇编语言源程序。

微处理器不能直接识别和执行符号指令,所以汇编语言源程序要经过翻译,转换成对应的机器语言程序,才能够交计算机执行。这个翻译的操作称作汇编,由汇编程序完成。

汇编语言和机器语言都是面向机器的低级语言,是计算机的母语。使用汇编语言编程可以对计算机的硬件直接进行操控,实现计算机硬件能够实现的所有功能。此外,汇编语言编写的程序具有占用内存空间小,执行效率高的优点。

3.1　数据定义与传送

现代计算机可以处理数值数据、文字、声音、图形信息,这些信息在计算机内都是用一组二进制代码来表示的,统称为数据。计算机运行的过程,就是数据的传输、加工的过程。

本节介绍数据在计算机内的表示、数据在程序中的定义、数据传送指令及其应用。

3.1.1　计算机内数据的表示

1. 数据组织

计算机内的信息按一定的规则组织存放。

1) 位

位(bit,b)是信息的最小表示单位。一位二进制可以描述一个开关的状态(称为开关量),例如:用"1"表示接通,"0"表示断开。

2）字节

字节（Byte，B）是计算机内信息读写、处理的基本单位，由 8 位二进制数组成。8 位二进制代码有 2^8 种不同的组合，可以表示 $256(2^8)$ 个不同的值，可以用来存放一个范围较小的整数、一个西文字符，或者 8 个开关量。

一个字节内的 8 位从右（低位）向左（高位）从 0 开始编号，依次为 b_0，b_1，…，b_7，如图 3-1(a)所示。其中，b_0 称为最低有效位（Least Significant Bit，LSB），b_7 称为最高有效位（Most Significant Bit，MSB）。

3）字（Word）和双字（Double Word）

字和双字分别由 16 和 32 位二进制组成，或者说，分别由 2 或 4 字节组成。

字由 16 位二进制（2 字节）组成，可以存放一个范围较大的整数或一个汉字的编码。它的 16 个二进制位仍然从右（低位）向左（高位）从 0 开始编号，依次为 b_0，b_1，…，b_{15}，如图 3-1(b)所示。其中，$b_0 \sim b_7$ 称为低位字节，$b_8 \sim b_{15}$ 称为高位字节。

双字由 32 位二进制组成（4 字节），可以存放范围更大的整数或者一个浮点格式表示的单精度实数。它的 32 个二进制位中，$b_0 \sim b_7$，$b_8 \sim b_{15}$，$b_{16} \sim b_{23}$，$b_{24} \sim b_{31}$，分别称为低位字节、次低位字节、次高位字节、高位字节，如图 3-1(c)所示。

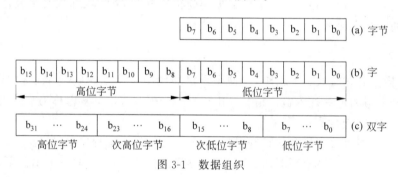

图 3-1　数据组织

2. 无符号数的表示

所谓无符号数是正数和零的集合。储存一个正数或零时，所有的位都用来存放这个数的各位数字，无须考虑它的符号，无符号数因此得名。

可以用字节、字、双字或者更多的字节来存储和表示一个无符号数。

用 N 位二进制表示一个无符号数时，最小的数是 0，最大的数是 2^N-1（N 位二进制数 $111\cdots111$）。一个字节、字、双字无符号数的表示范围分别是 $0 \sim 255$、$0 \sim 65\ 535$、$0 \sim 4\ 294\ 967\ 295$。

一个无符号数需要增加位数时，可以在它的左侧添加若干个"0"，称为零扩展。例如，将 8 位无符号数 1011 0011 扩展为一个字时，低位字节置入这个无符号数，高位字节填"0"，结果为 0000 0000 1011 0011（插入空格是为了便于阅读，书写时没有这个要求）。

3. 有符号数的表示

计算机内用"补码"来表示一个有符号数，可以用字节、字、双字或者更多的字节来存储一个有符号数的补码。

补码表示法用最高有效位（MSB）表示一个有符号数的符号，"1"表示符号为负，"0"表示符号为正。

符号位之后的其他二进制位用来存储这个数的有效数字。正数的有效数字不变，负数的有效数字取反后最低位加 1。用字节记录一个有符号数时，$[+11011]_{补}=[+001\,1011]_{补}=0\,001\,1011$，$[-11011]_{补}=[-001\,1011]_{补}=1\,110\,0100+1=1\,110\,0101$。

对于正数 $X=+d_{n-2}d_{n-3}\cdots d_2 d_1 d_0$ 来说，$[X]_{补}=0\,d_{n-2}d_{n-3}\cdots d_2 d_1 d_0=X$。

对于负数 $Y=-d_{n-2}d_{n-3}\cdots d_2 d_1 d_0$，$[Y]_{补}=1\,\overline{d_{n-2}d_{n-3}\cdots d_2 d_1 d_0}+1=1111\cdots111-|Y|+1=2^n-|Y|=2^n+Y$。表 3-1 列出了用 8 位二进制代码表示的部分数值的补码。

表 3-1　部分数值的补码

真值（十进制）	二进制表示	补　　码
+127	+111 1111	0 111 1111
+1	+000 0001	0 000 0001
+0	+000 0000	0 000 0000
−0	−000 0000	0 000 0000
−1	−000 0001	1 111 1111
−2	−000 0010	1 111 1110
−127	−111 1111	1 000 0001
−128	−1000 0000	1 000 0000

用一个字节存储有符号数补码时，可以表示 127 个正数（1～127），128 个负数（−1～−128），1 个"0"（0000 0000）。其中，$[-1]_{补}=1\,111\,1111$，$[-128]_{补}=1\,000\,0000$。

如果把一个数的补码的所有位（包括符号位）"取反加 1"，将得到这个数相反数的补码。把"取反加 1"这个操作称为"求补"，$[[X]_{补}]_{求补}=[-X]_{补}$。例如，$[5]_{补}=0\,000\,0101$，$[[5]_{补}]_{求补}=[0000\,0101]_{求补}=1\,111\,1011=[-5]_{补}$。

已知一个负数的补码，求这个数自身（真值）时，可以先求出这个数相反数（正数）的补码。例如：已知$[X]_{补}=1\,010\,1110$，符号位为 1，X 是一个负数。求 X 的真值可以遵循以下步骤。

（1）$[-X]_{补}=[[X]_{补}]_{求补}=[1\,010\,1110]_{求补}=0\,101\,0001+1=0\,101\,0010$（一个正数的补码）。

（2）$-X=[+101\,0010]_2=+82$D（后缀'D'表示该数为十进制数）。

（3）$X=-82$。

一个补码表示的有符号数需要增加它的位数时，对于正数，在左侧添加若干个"0"，对于负数，则添加若干个"1"。上述操作实质上是用它的符号位来填充增加的"高位"（无论该数是正是负），称为符号扩展。例如，$[-5]_{补}=1\,111\,1011$（8 位）$=1\,111\,1111\,1111\,1011$（16 位），$[+5]_{补}=0\,000\,0101$（8 位）$=0\,000\,0000\,0000\,0101$（16 位）。

4. 字符编码

计算机处理的对象除了数值数据之外，还有大量的文字信息。文字信息以字符为基本单元。计算机内用若干位二进制来表示一个字符，这组二进制代码称为该字符的编码。

计算机内常用的字符编码是 ASCII（American Standard Code for Information

Interchange,美国信息交换标准编码）。它规定用 7 位二进制表示一个字母、数字或符号，包含 128 个不同的编码。由于计算机用 8 位二进制组成的字节作为基本存储单位，一个字符的 ASCII 码一般占用一个字节，低 7 位是它的 ASCII 码，最高位置"0"，或者用作"校验位"。

ASCII 编码的前 32 个（编码 00H～1FH）用来表示控制字符，例如 CR（回车，编码 0DH），LF（换行，编码 0AH）。

ASCII 编码 30H～39H 用来表示数字字符 0～9。它们的高 3 位为 011，低 4 位就是这个数字字符对应的二进制表示。例如，'5'＝011 0000B ＋ 0101B＝011 0101B＝35H。

ASCII 编码 41H～5AH 用来表示大写字母 A～Z。它们的高 2 位为 10。

ASCII 编码 61H～7AH 用来表示小写字母 a～z。它们的高 2 位为 11。小写字母的编码比对应的大写字母大 20H。例如，'A'＝41H，'a'＝61H，'a'－'A'＝'b'－'B'＝…＝20H。

完整的 ASCII 编码请参阅附录。

5. BCD 码

用一组二进制来表述一位十进制数，组间仍然按照逢十进一的规则进行。这种用二进制表示的十进制数编码称为 BCD 码（Binary Coded Decimal）。

有两种不同的 BCD 码。

压缩 BCD 码用一字节存储 2 位十进制数，高 4 位二进制表示高位十进制数，低 4 位二进制表示低位十进制数。例如，$[25]_{压缩BCD}$＝0010 0101B。可以用相同数字的十六进制数来书写压缩 BCD 码。例如，用 25H 表示十进制数 25 的压缩 BCD 码。

非压缩 BCD 码用一字节存储 1 位十进制数，低 4 位二进制表示该位十进制数，对高 4 位的内容不作规定。例如，数字字符'7'的 ASCII 码 37H 就是数 7 的非压缩 BCD 码。

从上面的叙述可以看出，计算机内的一组二进制编码和它们的"原型"之间存在着"一对多"的关系。计算机内的一字节代码 96H，可以代表十进制数 96D 的压缩 BCD 编码，代表有符号数－106 的补码、无符号数 150，甚至还可以是通信用的同步字符（SYN）的偶校验 ASCII 码。所以，面对计算机内的一组二进制编码，可能无法准确地知道它究竟代表什么。知道它真面目的应该是这组二进制信息的主人，如汇编语言程序员。

3.1.2　数据的定义

1. 数据段

汇编语言程序以段为单位书写。常见的情况是，数据定义在数据段里，程序写在代码段内。

每个段有一个开始语句，一个结束语句。下面是一个例子：

```
DATA  SEGMENT              ;DATA 数据段开始
;在这里定义数据;
    ⋮
DATA  ENDS                ;DATA 数据段结束
```

汇编语言对大小写字母不加区分，DATA 与 data 被认为是相同的名字。

在汇编语言里，一行只能写一个语句。一个语句是一条指令，或者是一条伪指令，或者是对程序的注释。

第一行的语句

```
DATA    SEGMENT                        ;DATA 数据段开始
```

告诉汇编程序：一个名为 DATA 的段从本行开始了。

标识符 SEGMENT 表示一个段的开始。这个单词已经被汇编语言固定使用，称为保留字，用户不能把它用作其他用途。这个语句形式上与一条符号指令类似，但是汇编后不会产生机器指令代码，这样的语句称为伪指令，对应的操作称为伪操作。

DATA 是程序员给这个段起的名字。

程序员应该给每个段起一个含义清晰的名字。本章中，你会看到命名为 DATA_DSEG 的数据段，命名为 CSEG_CODE 的程序段，命名为 STACK_SSEG 的堆栈段。段的名字用字母或下划线开始，不能与保留字重名。

汇编语言把分号后面的文字看作是对程序的说明，称为注释，它不参加汇编，也不产生结果。注释可以跟在指令或伪指令的后面，也可以是分号开始的独立的一行。

段定义的最后一行 DATA ENDS 表示命名为 DATA 的一个段到此结束。ENDS 是一个保留字，它也是一个伪操作，汇编时不产生代码。

数据的定义语句就写在这两行的中间。不能在一个段的内部再定义另一个段，不同的段互相独立。

2. 数据定义

1) 伪操作 DB(Define Byte，定义字节数据)

用来定义字节数据。所谓定义数据，就是给出数据，为它分配存储单元，把它们用标准的格式存储到数据段中。例如，下面的定义将产生图 3-2 所示的结果。

```
DATA    SEGMENT
X       DB    -1, 255, 'A', 3+2, ?
        DB    "ABC", 0FFH,11001010B
Y       DB    3 dup(?)
DATA    ENDS
```

偏移地址	内容
0000H	11111111
0001H	11111111
0002H	01000001
0003H	00000101
0004H	00000000
0005H	01000001
0006H	01000010
0007H	01000011
0008H	11111111
0009H	11001010
000AH	00000000
000BH	00000000
000CH	00000000
000DH	

图 3-2 字节数据的定义

上面的例子里，定义了多项数据。

（1）用 DB 定义的第 2 行表示在数据段存储 5B 的数据，数据之间用逗号分隔。数据按照它们出现的先后顺序存储在数据段里。所有数据由汇编程序翻译成等值的二进制代码存储。

（2）DB 定义的数据，每个数据占用 1B 存储空间。如果是无符号数，应为 [0～255]。有符号数用补码存储，应为 [-128～127]。综合起来，在 [-128～255] 的数据都可以用 DB 来定义和储存，超出以上范围则无法存入，汇编程序将报告错误。

（3）可以出现用单/双引号括起来的单个/多个字符，每个字符占 1B 空间，按照它们出现的顺序用 ASCII 代码存储。

（4）可以出现简单的可以求出值的表达式，如第 2 行的"3+2"，与直接写"5"效果相同。"?"表示一个尚未确定的值，在程序运行时写入，一般先用"0"填充这个单元。

（5）X 是程序员起的一个名字，代表了后面的若干个数据。因为这些数据的值在程序里可以被改变,所以 X 也称为变量名。和代数里的含义不同,汇编语言里变量名的真正含义不是它所代表的变量的值,而是表示后面第一个数据的地址。

(6) 数据在一行写不下时,可以另起一行,仍用 DB 定义,不要重复写相同的变量名。

(7) 一般的情况下,段内的偏移地址从 0 开始,但是也可以不从 0 开始。无论怎样,数据之间的相对顺序是固定的。

(8) DUP 称为重复定义符,表示定义若干个相同的数据。本例中

```
DB 3 DUP(?)
```

等效于

```
DB  ?, ?, ?
```

同样

```
DB  2 DUP(5)
```

等效于

```
DB  5, 5
DB  2 DUP(2, 3, 4 DUP(?))
```

等效于

```
DB  2, 3, ?, ?, ?, ?, 2, 3, ?, ?, ?, ?
```

2) 伪操作 DW(Define Word,定义字数据)

用来定义字数据,每个数据占用 2B 空间,数据的高位存放在地址较大的单元里。用 DW 定义的数据范围应为 [$-32768 \sim 65535$]。

3) 伪操作 DD(Define Double word,定义双字数据)

用来定义双字数据,每个数据占用 4B 空间,数据的高位存放在地址较大的单元里。用 DD 定义的数据范围应为 [$-2^{31} \sim 2^{32} - 1$]。

下面的定义将产生如图 3-3 所示的结果。

```
DSEG   SEGMENT
    Z    DW  -2, -32768, 65535, 'AB'
    W    DD  12345678H, -400000
         DW  Z, W-Z
DSEG   ENDS
```

(1) 有符号数据自动转换成它的补码,如 DW 定义的 -2 成为 0FFFEH(以 A～F 开始的十六进制数都会在首部添加一个 0,以便与其他标识符区别)。高 8 位 0FFH 存放在偏移地址为 0001H 的存储单元里,低 8 位 0FEH 存放在偏移地址为 0000H 的存储单元里,用 0000H 代表这个字数据的地址(字地址)。

偏移地址	内容	变量名
0000H	0FEH	Z
0001H	0FFH	
0002H	00H	
0003H	80H	
0004H	0FFH	
0005H	0FFH	
0006H	42H	
0007H	41H	
0008H	78H	W
0009H	56H	
000AH	34H	
000BH	12H	
000CH	80H	
000DH	0E5H	
000EH	0F9H	
000FH	0FFH	
0010H	00H	
0011H	00H	
0012H	08H	
0013H	00H	

图 3-3 字/双字数据的定义

（2）字符串 AB 构成一个"字"数据，'A'的 ASCII 码成为高位，'B'的 ASCII 码成为低位，这和 DB 定义时有些区别。

（3）"DW　Z，W－Z"把 Z 的偏移地址，W 和 Z 偏移地址之差存放到存储器中。W 和 Z 的偏移地址之差实际上代表了用变量名"Z"定义的所有数据占用存储器的字节数。类似地，还可以把一个变量名写在用 DD 定义的一行中，它占用 4B 空间，地址较小的 2B 内容存放这个变量名的偏移地址，地址较大的 2B 内容存放这个变量名所在段的段基址。

4）伪操作 DQ 和 DT 用来定义 8B、10B 数据。

例如：

```
DQ   12345678ABCDEF00H
DT   112233445566778899AAH
```

大多数情况下，数据定义在一个独立的段里。有时候，为了某种需要，数据也可以定义在其他段内，比如说，定义在程序段中。

3.1.3　数据的传送

据统计，在机器指令程序中，大约有 30% 的指令属于数据传送指令。本小节从数据传送指令入手，介绍汇编语言程序的基本格式和编写方法。

1. 指令格式

1）8086 指令格式

汇编语言程序由若干个语句组成，每个语句占据源程序的一行。这些语句分成以下 3 类。

（1）指令语句：包含一条符号指令，与一条机器指令相对应，汇编以后成为这条机器指令的二进制代码，这个代码称为目标（Object）。

（2）伪指令语句：一条说明性的语句。有的伪指令语句汇编后没有结果，例如用 SEGMENT 定义一个段的开始，汇编程序只是在内部对定义的段名进行登记，不产生目标。有的伪指令汇编后产生目标，例用 DB 定义的一个/若干个字节数据，汇编后产生与这些数据对应的二进制代码。

（3）注释行：书写说明性文字，不进行汇编，也不产生目标。

下面就是一个指令行的例子：

```
BEGIN:  MOV  AX, 0                    ;将 AX 寄存器清"0"
```

指令语句的一般格式如下：

```
［标号:］ 操作码 ［操作数］［;注释］
```

标号是程序员给这一行起的名字，如上例的 BEGIN，后面必须加上冒号。大多数的行不需要标号。标号用字母开始，不允许使用保留字作为标号。方括号表示这项内容可以不出现。

操作码是这条指令需要完成的操作，用指令助记符表示，如上例中的 MOV。操作码本身就是保留字。

操作数是指令的操作对象。指令的操作数可以是 0～3 个，操作数之间用逗号隔开。大多数指令有两个操作数，右面的操作数称为源操作数，左面的操作数称为目的操作数。源操作数参与指令操作,但是不存入结果,因此内容不会改变。目的操作数参与指令操作,还保存指令的操作结果。指令执行后,目的操作数的内容被更新。上例中,常数 0 是源操作数,寄存器 AX 是目的操作数,AX 的内容在指令执行后被改变。

〔;注释〕用来添加一些说明,例如说明本行指令的功能。在重要指令处添加注释是一个良好的习惯。

2) 操作数

操作数有寄存器操作数、立即数操作数和存储器操作数 3 种类型。

(1) 寄存器操作数。寄存器操作数包括段寄存器,通用数据、地址寄存器。例如,把寄存器 AX 的内容送入 DS 寄存器可以用下面的指令:

```
MOV  DS, AX
```

其中,AX 是源操作数,写在右边,指令执行后,它的内容不会被改变。DS 是目的操作数,写在左边,指令执行后,它的内容被改变。

寄存器 IP 和 FLAG 不能作为操作数出现在指令中。

(2) 立即数操作数。二进制/十进制/十六进制常数,可求出值的表达式,字符,标号等都可以用作操作数。例如,把常数 300 送入 BX 寄存器可以用下面的指令:

```
MOV  BX, 300                    ;也可以写成 MOV  BX, 140 * 2+20
```

立即数不能用作目的操作数。

存储器操作数的表示方法比较灵活,将在下面单独介绍。

3) 存储器操作数

为了对存储器的一个单元进行访问,需要给出这个单元的段基址和偏移地址。

大多数情况下,指令自动使用 DS 寄存器的内容作为操作数的段基址,为此编写汇编源程序时,首先做的事情就是把数据段的段基址装入 DS 寄存器。

存储器操作数的偏移地址可以由几个部分组合而成,合成后得到的偏移地址称做有效地址(Effective Address,EA)。

给出偏移地址的方法有直接和间接两种。

(1) 直接(偏移)地址。顾名思义,所谓直接地址就是在指令里直接写出存储单元的偏移地址。例如:

```
MOV  AL, [1200H]            ;从 DS:1200H 读 1B 内容,送入 AL,方括号不能少
MOV  AX, [1200H]            ;从 DS:1200H 读 1W 内容([1200H]和[1201H]2B 内容),送入 AX
```

从上面的例子可以看到,用常数书写的地址,可以代表 1B 的地址,也可以代表一个字的地址,没有固定的属性。

上面的常数地址虽然一目了然,但一般情况下没有实用价值,因为一般都不知道一个具体的地址单元里存放的是哪一个变量。这种写法容易导致错误,可读性也不好。

假设已经进行如下定义:

```
DATA SEGMENT
    A       DB  12, 34, 56
    ARRAY   DW  55, 66, 77, 88, 99
```

```
DATA ENDS
```

把 DATA 代表的段基址装入 DS 后,现在需要取出变量 A 的前两个数据 12,34 分别送入 BL,BH 寄存器,可以用下面的指令:

```
MOV  BL, A              ;也可以写作  MOV  BL, [A]
MOV  BH, A+1            ;也可以写作  MOV  BH, [A+1] 或 MOV  BH, A[1]
```

这里的 A 代表数据 12 的偏移地址,它如同上面的[1200H]一样,是一个直接地址,A+1 是数据 34 的偏移地址。经过上面的数据段定义之后,A,A+1 都是已知的地址。如注释所说明的,这两项都可以加上方括号,效果相同。

可能会想到用一条指令同时取出 2B 内容:

```
MOV  BX, A             ;把变量[A]送入 BL,变量[A+1]送入 BH
```

这条指令是错误的。这是因为源操作数是字节变量,而目的操作数是字,两个不同类型的操作数不能直接传送。

(2) 间接(偏移)地址。所谓间接地址,就是把存储单元的偏移地址事先装入某个寄存器,需要时通过这个寄存器来找到这个存储单元,所以也称为寄存器间接寻址。如上例所示,为了把这两个数据装入 BL,BH 寄存器,可以这样编程:

```
MOV  SI, OFFSET A      ;把变量 A 的偏移地址装入 SI
                       ;OFFSET 是保留字,表示取出后面变量的偏移地址
MOV  BL, [SI]          ;SI 中存放变量"A"的地址,变量 A 的第一个值送入 BL
MOV  BH, [SI+1]        ;第二个值送入 BH,也可以写作 MOV BH, 1[SI]
```

对于 16 位 80x86 微处理器,只有 BX、BP、SI、DI 这 4 个寄存器可以用做间接寻址。不另加说明的话,使用 BP 时自动用 SS 的值作为段基址,使用 BX、SI、DI 时自动用 DS 的值作为段基址。

如果要取出字数组 ARRAY 的第 3 个成员"77"送入 AX,下面 3 种方法效果相同。

方法 1:

```
MOV  AX, ARRAY[4]      ;ARRAY 代表数组首地址,位移量=4,直接寻址
                       ;也可以写作"MOV  AX, ARRAY+4"
```

方法 2:

```
MOV  BX, OFFSET ARRAY  ;数组首地址装入 BX
MOV  AX, [BX+4]        ;第 3 个元素距数组首元素 4 个字节
```

方法 3:

```
MOV  BX, 4             ;数组第 3 个成员距数组首地址的位移量装入 BX
MOV  AX, ARRAY[BX]     ;ARRAY 代表数组首地址,BX 中是位移量
```

可以用两个寄存器联合起来寻址。但是只能分别从(BX/BP)和(SI/DI)中各选出一个使用。同样,出现 BP 意味着使用 SS 作为段基址寄存器。

下面都是合法的寻址方式例子:

```
MOV     AX, ARRAY[4]        ;直接寻址,EA=ARRAY+4,使用 DS
MOV     AX, [BX]            ;寄存器间接寻址,使用 DS
MOV     AX, [BP+2]          ;寄存器相对寻址,BP 中存放首地址,位移量 2,使用 SS
MOV     AX, ARRAY[BX]       ;寄存器相对寻址,ARRAY 为首地址,BX 中存放位移量,使用 DS
MOV     AX, [BX+SI]         ;基址(BX)变址(SI)寻址,使用 DS
MOV     AX, [BP+DI+2]       ;相对基址变址寻址,使用 SS
```

2. 程序段

假设已定义数据段为 DATA,程序段的常见格式如下:

```
        CODE    SEGMENT
        ASSUME  CS: CODE, DS: DATA
START:  MOV     AX, DATA
        MOV     DS, AX
        ;其他指令
        MOV     AX, 4C00H
        INT     21H
        CODE    ENDS
        END     START
```

代码段的开始、结束和数据段类似。这里定义了一个名为 CODE 的程序段。

START 是第一条指令的标号。应注意标号与变量名的区别:标号出现在指令行前面,标号与指令之间用冒号(:)分开。本程序的执行从标有 START 的第一条指令开始,它的地址称为这个程序的入口地址。

标号 START 开始的两条指令用于装载数据段寄存器 DS。进入程序后,代码段寄存器 CS 已经由操作系统设置为代码段的段基址,数据段的段基址则需要由用户装入到 DS 中。

程序中,ASSUME 伪指令用来指定段和段寄存器之间的对应关系,供汇编程序使用。使用多个数据段时,可以清晰地看出 ASSUME 伪指令的作用。

假设有两个数据段定义如下:

```
DATA    SEGMENT
   A DB 55
DATA    ENDS
DSEG    SEGMENT
   X DB 10
DSEG    ENDS
```

代码段中对段的说明如下:

```
ASSUME  DS: DATA, ES: DSEG, CS: CODE
```

假设各段的段基址已经装入对应寄存器,并假设变量 A 和 X 的偏移地址都是 0000H。指令

```
MOV AL, A
```

自动按照

```
MOV   AL, DS:[0000H]
```

的格式汇编,结果正确。

指令

```
MOV   DL, X
```

自动按照

```
MOV   DL, ES:[0000H]
```

的格式汇编,结果正确。

指令中的 DS:和 ES:指出数据所在的段。上面两条指令汇编以后,都能够正确地执行,取到正确的数据:(AL)=55、(DL)=10。

但是,如果这样来取数据:

```
MOV   SI, OFFSET A          ;将 A 的偏移地址装入 SI
MOV   DI, OFFSET X          ;将 X 的偏移地址装入 DI
MOV   AL, [SI]              ;取 A 的值送给 AL
MOV   DL, [DI]              ;取 X 的值送给 DL
```

执行的结果:(AL)=55、(DL)=55,这不是预期的结果。

出现错误的原因在于,虽然已经把 X 的偏移地址装入 DI,但是执行指令 MOV DL, [DI]时,仍然会使用 DS 寄存器中的段基址。为了避免上述错误,取 X 值的指令要改为

```
MOV   DL, ES:[DI]
```

这条指令显式地指定了段基址,汇编出来的机器指令比 MOV DL, [DI]多 1B,称为段跨越前缀。

注意: ASSUME 伪指令仅仅说明了段和段寄存器之间的对应关系,段基址的装入仍然需要程序员通过指令实现。

程序的最后两条指令用来结束程序运行,返回操作系统。指令 INT 21H 表示调用由操作系统提供的 21H 号服务程序。这个程序可以提供从键盘输入、显示器输出、文件操作等许多的服务,本次需要完成的服务的种类由 AH 中的功能号指定。本例中 AH=4CH,表示返回操作系统的操作。装入 AL 中的代码称为返回代码,用 00H 表示正常返回。

与数据段相似,伪指令 CODE ENDS 表示代码段 CODE 结束。

最后一行 END 伪指令表示整个程序到此结束,在它下面书写的任何代码都不会被汇编成目标。因此,所有的段都应该写在 END 伪指令之前。这一行里的标号 START 定义这个程序的入口地址。如果在 END 之后没有写上入口标号,汇编程序会把整个源程序第一行作为入口,不管这第一行究竟是指令还是数据,这可能导致程序不能正常地执行。

综上所述,一个较完整的汇编语言源程序可以包含如下内容:

- 数据段定义;
- 代码段定义;
- 程序结束伪指令。

3. 基本传送指令

传送指令是使用最频繁的指令,要熟练地掌握使用。

1）MOV(Move,传送)指令

MOV 指令的一般格式如下：

```
MOV  dest, src
```

MOV 指令把一个源操作数（source,src）传送到目的操作数（destination,dest）。指令执行后，源操作数的内容不变，目的操作数的内容与源操作数相同。例如，指令执行前，(AX)＝2345H,(BX)＝1111H。指令 MOV AX,BX 执行后,(AX)＝1111H,(BX)＝1111H。BX 的内容复制到 AX 寄存器内。

源操作数可以是寄存器操作数、存储器操作数、立即数。

目的操作数可以是寄存器操作数、存储器操作数。

图 3-4 列出了正确的和错误的数据传送方向。图中,I、R、M、S 分别代表立即数、寄存器、存储器、段寄存器操作数。

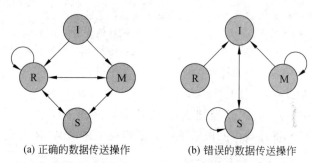

(a) 正确的数据传送操作   (b) 错误的数据传送操作

图 3-4   数据传送操作

MOV 指令的使用有如下限制。

（1）源操作数与目的操作数可以是字节、字或双字，但必须具有相同的类型。

（2）源操作数与目的操作数不能同时为存储器操作数。

（3）目的操作数不能是立即数。

（4）FLAG、IP 不能用作操作数。

（5）对于段寄存器作为操作数的 MOV 指令。

① 源操作数与目的操作数不能同时为段寄存器。

② 目的操作数是段寄存器时，源操作数只能是寄存器或存储器，不能是立即数。

③ CS 不能用作目的操作数。

假设变量 X_BYTE 用 DB 定义，变量 Y_WORD 用 DW 定义，它们所在段在 ASSUME 伪指令中与 DS 寄存器相对应。下面都是正确的传送指令：

```
MOV    AL, 30H            ;字节传送指令,执行后(AL)=30H
MOV    AX, 30H            ;字传送指令,30H=0030H,执行后(AX)=0030H
MOV    AL, -5             ;字节传送指令,[-5]补=0FBH,执行后(AL)=0FBH
MOV    AX, -5             ;字传送指令,[-5]补=0FFFBH,执行后(AX)=0FFFBH
MOV    CX, DX             ;字传送指令,将 DX 寄存器内容送入 CX
MOV    AX, CS             ;字传送指令,将 CS 寄存器内容送入 AX
MOV    X_BYTE, 30H        ;字节传送指令,执行后存储单元(X_BYTE)=30H
MOV    [BX], AX           ;字传送指令,将 AL 内容送入 DS:[BX],将 AH 内容送入 DS:[BX+1]
```

```
MOV     CX, Y_WORD              ;字传送指令,将存储单元 DS:[Y_WORD]内容送入 CL
                                ;将存储单元 DS:[Y_WORD +1]内容送入 CH
MOV     DX, [SI]                ;字传送指令,将 DS:[SI]内容送入 DL,将 DS:[SI+1]内容送入 DH
MOV     [BP], BL                ;字节传送指令,将 BL 寄存器内容送入 SS:[BP]处一个字节
```

使用立即数作为源操作数时,该立即数会按照目的操作数的类型进行扩展。如果立即数本身没有符号,进行零扩展,如果立即数本身有符号,进行符号扩展。

仍然假设变量 X_BYTE 用 DB 定义,变量 Y_WORD 用 DW 定义,下面是错误使用 MOV 指令的例子:

```
MOV     AX, X_BYTE              ;类型不匹配
MOV     X_BYTE, [BX]            ;不允许同时为内存操作数
MOV     CS, AX                  ;CS 不允许作为目的操作数
MOV     DS, CS                  ;不允许同时为段寄存器
MOV     DS, 2300H               ;目的操作数为段寄存器时,源操作数不能为立即数
MOV     DS, DATA                ;DATA 是已定义的数据段名,相当于立即数
MOV     AX, [DX]                ;不能用 DX 进行存储器间接寻址
MOV     CL, 300                 ;源操作数超出范围
MOV     [BX], 20                ;无法确定操作数类型
```

可以用"类型 PTR"指定,或强行改变操作数的类型:

```
MOV     BYTE PTR[BX], 20H       ;将 1B 立即数 20H 送入 DS:[BX]
MOV     WORD PTR[BX], 20H       ;将立即数 20H 送入 DS:[BX],将 00H 送入 DS:[BX+1]
MOV     BYTE PTR[Y_WORD], 20H   ;将立即数 20H 送入字变量 Y_WORD 的第一字节
MOV     AL, BYTE PTR[Y_WORD]    ;将字变量 Y_WORD 的第一字节送入 AL 寄存器
MOV     WORD PTR[X_BYTE], 20H   ;将 2B 立即数 00 20H 送入变量 X_BYTE 开始的 2 字节
```

变量名一经定义,就已经具有明确的类型,要谨慎使用"类型 PTR 变量名"操作数。

MOV 指令执行之后,FLAG 寄存器内各标志位的状态不会发生变化。

2) LEA(Load Effective Address,装载有效地址)指令

LEA 把源操作数的偏移地址装入目的操作数。它的一般格式如下:

```
LEA  REG16, MEM
```

REG16 表示一个 16 位通用寄存器,MEM 是一个存储器操作数。上面的指令把存储器操作数的有效地址 EA 存入指定的 16 位寄存器。

假设变量 X 的偏移地址为 048CH,(BP)=1820H,(SI)=0068H

```
LEA     DX, X                   ;执行后,(DX)=048CH
LEA     BX, 4[BP][SI]           ;执行后,(BX)=4+1820H+0068H=188CH
```

上面第一条指令的功能等同于

```
MOV  DX, OFFSET X
```

但是它们是两条不同的指令。

利用 MOV 和 LEA 指令,可以编写简单的数据传送程序。

【例 3-1】 编写程序,把字节数组 ARRAY 的 4 个元素清"0"。

```
;第一个汇编语言源程序,文件名 EX301.ASM
;程序的功能:把字节数组 ARRAY 的 4 个元素清"0"
DATA    SEGMENT
ARRAY   DB  4 DUP (0FFH)
DATA    ENDS
;
CODE    SEGMENT
    ASSUME   CS: CODE, DS: DATA
START:  MOV   AX, DATA
        MOV   DS, AX
        MOV   ARRAY, 0            ;第 1 个元素清"0"
        MOV   ARRAY+1, 0          ;第 2 个元素清"0"
        MOV   ARRAY+2, 0          ;第 3 个元素清"0"
        MOV   ARRAY+3, 0          ;第 4 个元素清"0"
        MOV   AX, 4C00H
        INT   21H                 ;正常返回操作系统
CODE    ENDS
        END   START
```

这个程序里,源操作数使用立即数,目的操作数使用直接地址的寻址方式。

如果把数组 ARRAY 的首地址事先装入地址寄存器,常数 0 装入 AX,则程序更简捷:

```
MOV    AX, 0
LEA    BX, ARRAY               ;数组 ARRAY 首地址装入 BX
MOV    WORD PTR [BX], AX       ;第 1、第 2 个元素清"0"
                               ;"WORD PTR"可省略
MOV    [BX+2], AX              ;第 3、第 4 个元素清"0"
```

上面的程序里,BX 寄存器存放数组 ARRAY 的首地址,可以通过 BX 访问数组的各个元素。这种存放地址的寄存器或者存储单元称为地址指针,简称指针(Pointer)。

4. 其他传送指令

1) 地址传送指令 LDS, LES

指令格式如下:

```
LDS    REG16, MEM32            ;从存储器取出 4B,分别送入 REG16 和 DS 寄存器
LES    REG16, MEM32            ;从存储器取出 4B,分别送入 REG16 和 ES 寄存器
```

地址传送指令从存储器取出 4B,前面的 2B(地址较低)送入指定的 16 位寄存器,后面的 2B(地址较高)送入由指令操作码包含的段寄存器。

例如,指令 LDS SI, [BX]从 DS:[BX]处取出 32 位二进制,两个低地址字节送入 SI,两个高地址字节送入 DS 寄存器。指令执行后 DS 寄存器的内容被刷新。

这两条指令的执行不影响标志位。

2) 扩展传送指令 CBW, CWD

把累加器(AL/AX)的操作数符号扩展为 16/32 位,送入目的寄存器。指令格式如下:

```
CBW                           ;将 AL 寄存器内容符号扩展成 16 位,送入 AX
```

```
CWD                             ;将 AX 寄存器内容符号扩展成 32 位,送入 DX(高位)和 AX(低位)
```

指令助记符 CBW 是 Convert Byte to Word 的缩写,其余类似。这组指令主要用于有符号数除法前对被除数的位数进行扩展。

设有(AX)=8060H,分别执行下面指令后的结果如下:

```
CWD                             ;(DX)=0FFFFH, (AX)=8060H
CBW                             ;(AX)=0060H
```

3) 交换指令 XCHG

XCHG 指令交换源、目的操作数的内容,要求两个操作数有相同的类型,不能为立即数,不能同时为存储器操作数。指令格式如下:

```
XCHG  REG/MEM, REG/MEM
```

例如,(AX)=5678H,下面指令执行后的结果如下面右侧所示:

```
XCHG  AH, AL                    ;执行后(AX)=7856H
```

4) 换码指令 XLAT

换码指令用 AL 寄存器的内容查表,结果存回 AL 寄存器。要求表格的首地址事先存放在 DS:BX 中。指令格式如下:

```
XLAT                            ;AL←DS:[BX+AL]
XLAT  MEM16                     ;以 MEM16 所在段寄存器为段基址,以 BX 为偏移地址查表
```

设(AL)=0000 1011B=0BH,下面程序执行后,AL 中的二进制数改变为对应的十六进制数字符的 ASCII 代码 0100 0010('B')。

```
TABLE  DB  "0123456789ABCDEF"
       ⋮
PUSH   DS                       ;保护 DS 寄存器内容
MOV    BX, SEG  TABLE           ;取出 TABLE 所在的段基址送入 BX,"SEG"表示取"段基址"
MOV    DS, BX                   ;段基址从 BX 转送入 DS
LEA    BX, TABLE                ;取出 TABLE 的偏移地址
XLAT                            ;查表,(AL)=0100 0010('B')
POP    DS                       ;恢复 DS 寄存器内容
```

5. 堆栈

和数据段、代码段一样,堆栈(STACK)也是用户使用的存储器的一部分,用来存放一些临时性的数据和其他信息,例如函数使用的局部变量、调用子程序的入口参数、返回地址等。

1) 堆栈段结构

下面是一个堆栈段的定义:

```
SSEG   SEGMENT STACK
       DW 6 DUP(?)
SSEG   ENDS
```

在 SEGMENT 伪指令中增加 STACK 表示该段是堆栈。有了这项说明,操作系统在装

入这个程序时,会自动地把 SSEG 的段基址置入 SS,堆栈段的字节数(本例中为 12＝000CH)置入 SP。这样,SP 指向了这个堆栈的栈顶。

堆栈段的使用和数据段、代码段有以下不同。

① 从较大地址开始分配和使用(数据段、代码段从较小地址开始分配和使用)。

② SP 中地址指出的存储单元称为栈顶。进行堆栈操作时,数据总是在栈顶位置存入(称为压入),取出(称为弹出)。

③ 最先进入的数据最后被弹出(First In Last Out,FILO),最后进入的数据最先被弹出(Last In First Out,LIFO)。

以上面的定义为例,堆栈的初始状态,装入、弹出数据后的状态如图 3-5 所示。

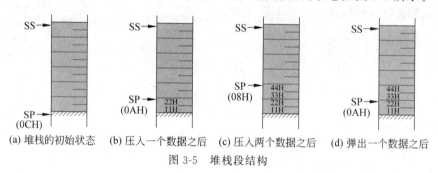

(a) 堆栈的初始状态 (b) 压入一个数据之后 (c) 压入两个数据之后 (d) 弹出一个数据之后

图 3-5 堆栈段结构

上面定义的堆栈,占用 SS：0000H～SS：000BH 共 12 个字节单元。

堆栈尚未使用时,堆栈为空,SP 指向堆栈下面的单元,如图 3-5(a)所示,(SP)＝0012H。

对于 8086 CPU,进、出堆栈只能是 2B 数据。压入一个 2B 数据的操作如下：

SP←(SP)-2
SS：[SP]←数据

例如,数据 1122H 压入堆栈后,如图 3-5(b)所示,由 SP 指出的栈顶位置上移,(SP)＝000AH,SS：[SP]＝22H,SS：[SP+1]＝11H。

第二个数据 3344H 进栈后堆栈的状态如图 3-5(c)所示。

从堆栈弹出一个数据的操作如下：

目的操作数←SS：[SP]
SP←(SP)+2

如图 3-5(d)所示,弹出一个数据后,栈顶的位置下移,(SP)＝000AH,堆栈段存储器的内容实际上没有发生变化,但是从逻辑上可以认为,堆栈中只有一项数据：1122H。

2) 8086 CPU 堆栈指令和标志寄存器指令

8086 CPU 堆栈指令和标志寄存器指令如表 3-2 所示。

表 3-2 8086 CPU 堆栈指令和标志寄存器指令

指 令 名 称	操作码	指令格式	功　　能	主 要 用 途
压栈	PUSH	PUSH REG16/MEM16/SEG	SP←(SP)-2,SS：[SP]←字数据	数据入栈保护

指令名称	操作码	指令格式	功　　能	主要用途
出栈	POP	POP REG16/ MEM16/SEG	目的操作数←SS：[SP]，SP←(SP)+2	数据从堆栈恢复
标志寄存器入栈	PUSHF	PUSHF	SP←(SP)-2，SS：[SP]←FLAGS	标志寄存器入栈保护
标志寄存器出栈	POPF	POPF	FLAGS←SS：[SP]，SP←(SP)+2	从堆栈恢复标志寄存器
装载 FLAGS	LAHF	LAHF	FLAGS 低 8 位←AH	装载 FLAGS 低 8 位
卸载 FLAGS	SAHF	SAHF	AH←FLAGS 低 8 位	保存 FLAGS 低 8 位

下面的程序段把 CS 寄存器内容存入 DS：

```
PUSH   CS
POP    DS
```

下面的程序段把 TF 标志位置位(置"1")：

```
PUSHF
POP    AX                          ;AX←Flags
OR     AX, 0100H                   ;在 AX 内将 b8(TF 位)置"1"
PUSH   AX
POPF                               ;Flags←AX
```

6. 操作数表达式

指令中的操作数,包括立即数和存储器操作数都可以用一个表达式来代替,这个表达式在汇编成目标的时候进行计算,它的结果用来产生目标代码。例如,设变量 X 的偏移地址为 1020H,汇编指令 MOV　AL，X+5 时,把 X 的偏移地址 1020H 和 5 相加,得到结果 1025H,产生 MOV　AL，[1025H]对应的机器指令代码。

1) 符号定义伪指令

可以用 EQU 和"="来定义一个符号,这个符号在后面的指令中用作立即操作数或者存储器操作数。符号定义伪指令的格式如下:

```
符号名   EQU    表达式
符号名   =      常数表达式
```

汇编时,对 EQU 定义的符号名用对应的表达式进行替换。例如,有以下定义:

```
NUM        EQU    3+2
ERR_MSG    EQU    "Data Override"
POINTER    EQU    BUFFER[DI]
WP         EQU    WORD PTR
```

下面是这些符号名使用的例子:

```
MESSAGE  DB    ERR_MSG              ;等价于 MESSAGE   DB     "Data Override "
         MOV   BX, POINTER         ;等价于 MOV  BX, BUFFER[DI]
```

```
MOV    CX, NUM * 4                    ;等价于 MOV   CX, 3+2 * 4,11 送入 CX
MOV    WP POINTER, 0                  ;等价于 MOV   WORD PTR BUFFER[DI], 0
```

使用"="定义符号名时,只能使用常数表达式,而且对一个符号名可以多次定义。一个新的定义出现后,原来的定义自动终止。例如:

```
TIMES=0
    ⋮
TIMES=TIMES+1
    ⋮
```

用 EQU 定义的符号名不允许重复定义。

将多次出现、不便记忆的常数、表达式定义为符号名,有助于提高程序的可读性和可靠性。这个常数/表达式内容需要修改时,只需要修改一条符号定义伪指令,而不需要搜索整个程序多处修改它。两种符号定义有一个共同的规则:先定义,后使用。所以,符号定义伪指令一般出现在源程序的首部。

2) 地址表达式

指令中的存储器操作数最终都是以偏移地址为结果,产生对应的有效地址(Effective Address,EA)。用于计算有效地址的地址表达式有 3 个运算符:＋、－、[]。

＋和－运算符对构成有效地址的各个分量进行加、减操作。仍然设变量 X 的偏移地址为 1020H,X+5 产生 EA=1025H,指令 MOV BL, X−10H 产生 EA=1010H。

[]称为索引运算符,用来括起组成有效地址的一个分量,各分量相加,得到最后的有效地址。例如,指令 MOV   AX, 2[BX][DI]等效于 MOV   AX,[BX+DI+2],指令 MOV AX, BUFFER[BX][2]等效于 MOV   AX,[BUFFER+BX+2]。

3) 立即数表达式

立即数表达式在汇编源程序时进行计算,它的结果用作指令中的立即数操作数。这种表达式中的运算对象必须是已知的,否则无法进行计算。用于产生立即数操作数的表达式有 4 类运算符:算术运算符、逻辑运算符、关系运算符和地址运算符。

(1) 算术运算符。算术运算符有＋(相加)、－(相减)、*(相乘)、/(整除运算)和 MOD(取余数)。运算优先级从高到低依次为(*,/)→(MOD)→(＋,－)。允许使用圆括号改变运算顺序。

例如,指令 MOV   BX, 32+13/6 MOD 3 中,表达式计算顺序是 32+((13/6)MOD 3),得到结果 34,该指令汇编后产生与 MOV BX, 0022H 相同的机器指令代码。

(2) 逻辑运算符。逻辑运算符有 SHR(右移)、SHL(左移)、AND(逻辑与)、OR(逻辑加)、XOR(异或,半加)和 NOT(逻辑非、取反)。例如 30 SHR 1 产生结果 15。

(3) 关系运算符。关系运算符用于两个数的比较,结果为"真(−1)"或"假(0)"。运算符有 GT(大于)、GE(大于或等于)、LT(小于)、LE(小于等于)、EQ(等于)和 NE(不等于)。

例如,指令 MOV   AX, 6000H GE 5000H 中的表达式结果为"真",产生指令 MOV AX,0FFFFH 对应的机器代码。指令 MOV   AX, −3 EQ 2 中的表达式结果为"假",产生指令 MOV AX,0000H 对应的机器代码。

(4) 地址运算符。地址运算符对变量名、标号、地址表达式进行计算,得到作为立即数的运算结果。

SEG 取地址表达式所在段的段基址。设变量 LIST 定义在 DATA 段中,下面 3 条指令都是把 DATA 段的段基址装入 AX:

```
MOV   AX, DATA          ;符号名 DATA 代表该段的段基址,是一个立即数
MOV   AX, SEG DATA      ;取 DATA 的段基址,结果是立即数
MOV   AX, SEG LIST      ;取 LIST 的段基址,结果是立即数
```

OFFSET 取地址表达式的偏移地址,下面两条指令进行了不同的操作:

```
MOV   AX, LIST          ;取出字变量 LIST 第一个元素(2B)送入 AX
MOV   AX, OFFSET LIST   ;取出变量 LIST 的偏移地址送入 AX
```

TYPE、LENGTH 和 SIZE 这 3 个运算符仅仅对变量名、标号进行操作,分别用于取变量、标号的类型,取变量定义时的元素个数,取变量占用的字节数。例如:

```
X   DB   "ABCDE"             ;TYPE=1, LENGTH=1, SIZE=1
Y   DW   3 DUP(5), 4 DUP(-1) ;TYPE=2, LENGTH=3, SIZE=6
Z   DD   34, 49, 18          ;TYPE=4, LENGTH=1, SIZE=4
```

不同的汇编语言版本对上面例子的处理结果可能不同,本书以 Borland TASM 5.x 为例。

再次强调一下:上面所有的表达式都必须是汇编期间可以求值的。MOV AX,BX+2 是一条错误的指令,汇编时将报告错误,原因在于 BX 的值是未知的,可变的,在汇编阶段无法进行相关的计算。需要把 BX 的值与常数 2 相加并存入 AX 的操作只能在程序执行阶段由以下两条指令完成:

```
MOV   AX, BX          ;BX 寄存器的值存入 AX 寄存器
ADD   AX, 2           ;AX 寄存器的值加上 2,结果存入 AX
```

3.1.4 简化段格式

除了前面所述的汇编语言源程序格式之外,还有一种称为简化段格式。整个源程序组成如下:

```
内存模式说明
[数据段定义]
[堆栈段定义]
[代码段定义]
END   入口标号
```

其中,带有方括号的内容不是必需的,根据需要选择使用,也可以改变出现的次序。

1. 内存模式说明

内存模式说明的格式如下:

```
.MODEL   内存模式
```

可选择的内存模式如下。

（1）Tiny：微型，整个程序只有一个段，供.COM 格式程序使用。

（2）Small：小型，程序由一个代码段、一个数据段（包括堆栈段）组成。

（3）Medium：中型，有多个代码段，但只有一个数据段。

（4）Large：大型，有多个代码段和多个数据段。

（5）Flat：平坦，供编写 32 位微处理器的汇编语言源程序，在 Windows 下运行。

2. 数据段定义

数据段定义格式如下。

```
    .DATA                                    ;常用的格式
```

或者

```
    .FARDATA ［数据段段名］                     ;定义第二个数据段
```

或者

```
    .DATA?                                   ;定义一个没有初始值的数据段
```

只有一个数据段时，.DATA 表示数据段的开始，随后可以定义各项数据。DATA 是保留字，不能随意更换。使用.DATA? 可以减少可执行文件大小。

3. 堆栈段定义

堆栈段定义格式如下：

```
    .STACK ［堆栈段大小］
```

省略堆栈段大小时，堆栈段自动设置为 1024B(1KB)。程序装入执行时，根据所定义的堆栈段自动装载 SS,SP 寄存器。

4. 代码段定义

代码段定义格式如下：

```
    .CODE ［代码段段名］
```

只有一个代码段时可以省略代码段段名。

使用上述格式时，一个段的开始同时意味着上一个段的结束，也就是说，只需要声明段的开始，不需要声明段的结束。

使用简化段定义格式重写例 3-1 如下：

```
        .MODEL   SMALL
        .DATA
        ARRAY   DB  4 DUP (0FFH)
        .CODE
START:  MOV     AX, @DATA          ;@DATA 代表.DATA定义的数据段段基址
        MOV     DS, AX             ;装载 DS
        …                          ;第 1 个元素清"0"
        ⋮                          ;……
        MOV     AX, 4C00H
        INT     21H
        END     START
```

使用简化段格式后,不再需要 ASSUME 伪指令说明各段与段寄存器的对应关系。

3.2 汇编语言上机操作

汇编语言源程序编制完成后,在计算机上的操作过程分为编辑、汇编、连接和运行调试4 个阶段,如图 3-6 所示。

3.2.1 编辑

编辑阶段的主要任务如下:

(1) 输入源程序;

(2) 对源程序进行修改。

大多数的文字编辑软件都可以用来输入和修改汇编语言源程序,如记事本(Notepad)、写字板(Writer)、Word 以及命令行方式下的 Edit。使用写字板、Word 软件时要注意,一定要用纯文本格式来储存源程序文件,否则无法汇编。产生的源程序文件应该以.ASM 或.TXT 为扩展名。使用.ASM 扩展名可以简化后面的操作命令。

如图 3-6 所示,进行了两次编辑过程,分别产生了汇编语言源程序文件 MYPRG1.ASM和 MYPRG2.ASM。

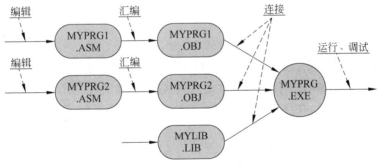

图 3-6　汇编语言上机操作过程

3.2.2 汇编

汇编阶段的任务是把汇编语言源程序翻译成为机器代码(称为目标),产生二进制的目标文件(Object File)。

常用的汇编工具是 Microsoft 公司的 MASM(Macro Assembler,宏汇编)和 Borland 公司的 TASM(Turbo Assembler),这两个软件使用方法十分相似。相比较而言,Borland 公司的调试软件(Turbo Debugger,TD)更适合初学者使用,本书以 Borland 公司的 TASM 5.x 版汇编软件包为例,介绍汇编语言的汇编、连接和运行调试。

假设已经产生了一个汇编语言源程序文件 MYPRG1.ASM,可以用如下命令进行汇编:

```
TASM  MYPRG1↙
```

该命令正确执行后,将产生一个同名的目标文件 MYPRG1.OBJ。

如果汇编语言源程序文件以.TXT 为扩展名,汇编时要使用这个文件的全称:

```
TASM  MYPRG1.TXT↙
```

完整的 TASM 命令行为

```
TASM [OPTION] SOURCE [, OBJECT] [, LISTING] [, XREF]↙
```

其中用方括号括起的部分不是必需的,可以根据需要选择使用。

[OPTION] 这一部分可以给汇编过程提供一些可选择的项目,用斜杠后面跟一个或几个字母表示。常用的选项有以下几个。

/ZI 产生用于程序调试的完整信息。

/L 产生同名的列表文件。这个文件存储了汇编过程产生的各种信息,包括目标的位置、内容以及出错信息等。有时候汇编过程会产生很多错误信息,甚至汇编结束后,第一行的信息已经被卷出屏幕。这时,用列表文件记录汇编中产生的错误信息是十分必要的。

[,OBJECT] 通常目标文件与源程序同名,也可以通过这个选项另外指定目标文件名。

[,LISTING] 可以用这个选项指定列表文件的名称。如果没有选择[,OBJECT],那么在选择这一项时要用两个逗号开始。

[,XREF] 这个选项用来产生交叉引用文件,它记录程序中每一个名字定义、引用的全部信息,供调试较大程序时参考。

例如:

```
TASM /ZI  PRG .TXT, PRG1, PRG1↙
```

对源程序 PRG .TXT 进行汇编,产生名为 PRG1.OBJ 的目标文件和名为 PRG1.LST 的列表文件,同时产生程序调试所需要的完整信息(包含在目标文件 PRG1.OBJ 中)。

TASM 命令执行后,在屏幕上显示相关信息。如果包含了如下两行信息:

```
Error messages: None
Warning message: None
```

说明这个程序已经顺利地通过了汇编,没有发现错误。反之,则会显示错误和警告的个数,同时还会有错误所在行号以及错误的类型。例如,下面的信息:

```
**Error**EX2.ASM(14)  Value out of range
   …
Error messages: 1
```

表示汇编源程序 EX2.ASM 第 14 行有“数值超出范围”的错误,程序的错误总数为 1。

关于 TASM 命令更详细的信息,可以通过打入命令“TASM/?”获得。

如图 3-6 所示,编辑产生的两个汇编语言源程序被分别汇编,产生了两个目标文件 MYPRG1.OBJ 和 MYPRG2.OBJ。

3.2.3   连接

汇编产生的目标文件还不能在计算机上运行,还需要经过连接,得到真正可以运行的可执行程序文件(以.EXE 或.COM 为扩展名)。

连接阶段主要完成的操作如下。

(1) 把几个源程序文件汇编产生的目标文件连接成一个完整的可执行程序。

(2) 把子程序库中的子程序连接到程序中。

对于由单个程序文件组成的简单程序,以 EX2.OBJ 为例,连接的命令如下。

```
TLINK  EX2↙
```

该命令对目标文件 EX2.OBJ 进行连接操作,产生同名的可执行程序 EX2.EXE。如果程序里没有定义堆栈段,连接过程会产生警告信息 No stack,如果程序比较小,这个警告信息不影响连接产生的可执行程序的使用。

与汇编过程类似,也可以在 TLINK 命令中增加一些选择项,常用的选择项如下:

(1) /t:产生.COM 格式的可执行程序。

(2) /v:产生的可执行程序包含全部的符号调试信息。使用/v 选项需要在汇编时已经使用过/ZI 选项,否则该选项不起作用。

关于 TLINK 命令更详细的信息,可以通过输入如下命令

```
TLINK/?
```

获得:

图 3-6 中,目标文件 MYPRG1.OBJ、MYPRG2.OBJ 和子程序库文件 MYLIB.LIB 中的部分子程序被连接成一个可执行程序 MYPRG.EXE。连接命令为

```
TLINK MYPRG1+MYPRG2, MYPRG , , MYLIB↙
```

或者

```
TLINK MYPRG1+MYPRG2+MYLIB.LIB, MYPRG↙
```

3.2.4 运行和调试

由 TLINK 产生的.EXE 或者.COM 文件可以直接执行。例如,命令

```
MYPRG↙
```

将直接执行程序 MYPRG.EXE,扩展名.EXE 可以省略。但是,如果同时存在文件 MYPRG.EXE 和 MYPRG.COM,那么,上面的命令将执行程序 MYPRG.COM 而不是 MYPRG.EXE。需要执行程序 MYPRG.EXE 时,在命令行输入它的全名。

一个简单的汇编语言程序常常不包含输出结果的相关指令,这使得操作者无法看到程序的运行结果。有的程序虽然能够运行,但是不能得到预想的结果。发生以上两种情况之一的,需要对程序进行调试。所谓调试,就是在操作者的控制下执行这个程序,观察程序每个阶段的执行结果,或者修改参数反复运行程序,查找出程序中还存在的不正确的地方,或者,验证程序的正确性。

TASM 5.0 软件包中,用于程序调试的软件称为 Turbo Debugger(TD)。以例 3-1(文件名 EX301.EXE)为例,程序的调试命令如下:

```
TD  EX301↙
```

该命令将弹出如图 3-7 所示的窗口。

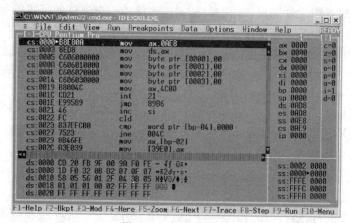

图 3-7　TD 运行界面

除了常见的标题栏、菜单栏、状态栏,窗口的中央包含 5 个子窗口。

(1) CPU 子窗口:位于各窗口的左上方,占用面积最大,各列分别显示代码段的地址、内容、对应的符号指令(由代码段中的二进制机器指令反汇编得到)。

上面 CPU 窗口的第一行 CS:0000▶B8E80A　mov　ax,0AE8 表示位于代码段偏移地址 0000H 处 3B 内容为 B8E80A,它是符号指令 mov　ax,0AE8 对应的机器指令。其中的 0AE8 是操作系统分配给数据段 DATA 的段基址,所以这条指令就是由源程序中的指令 MOV　AX,DATA 汇编成机器指令,然后又由 TD 反汇编而来的。CS:0000 后面的三角符号表示这条指令由 CS:IP 指向,即将执行。

(2) 数据子窗口:位于 CPU 子窗口的下方,显示部分存储器的内容。各列分别显示"地址　内容　内容　…",最右侧是把存储器内容解释为 ASCII 码后的对应字符。存储器的内容以字节为单位,用两位十六进制数表示。操作者可以指定该窗口显示的内存区域,也可以修改其中的内容。

(3) 寄存器子窗口:位于 CPU 子窗口的右侧,显示 CPU 内各寄存器内容。可以选择显示 16/32 位寄存器的内容,它们的内容可以由操作者修改。

(4) 标志位子窗口:位于寄存器子窗口右侧,显示 FLAG 寄存器内各标志位的当前值。

(5) 堆栈子窗口:位于整个窗口的右下侧,显示堆栈段栈顶附近各单元的地址和当前值,黑色三角表示当前栈顶位置。

按 F5 键可以把当前子窗口充满整个 TD 窗口。按 Alt+Enter 组合键可以把 TD 窗口扩展为全屏幕。在全屏幕方式下,可以用鼠标进行各项操作。

除了上述子窗口以外,用户还可以打开其他的子窗口,例如,另一个存储器子窗口(同时显示另一段存储器的当前值)、数值协处理器内的寄存器子窗口等。

需要对某个窗口进行操作时,首先要选中这个窗口,方法是用 F6 键选择,或者在全屏幕方式下用鼠标单击。在全屏幕方式下,在这个窗口里右击,会弹出一个菜单,其中包含了最常用的操作命令。

例如,在数据子窗口右击,在弹出的菜单里选择 GOTO 命令,可以重新设定这个窗口的显示区域。

各窗口的内容都可以由操作者进行修改。例如：

在 CPU 子窗口中单击指定的位置,然后在键盘上输入符号指令或者数据定义伪指令,可以把一条或多条指令,或者一项或多项数据写入所选择的位置。其中,符号指令被汇编成机器指令存入,数据按定义的格式用无符号数、补码或 ASCII 码存入。

在数据、寄存器、堆栈子窗口,用鼠标单击指定的位置,此后键盘上输入的内容就会取代该位置上原来的内容,实现修改的目的。

窗口的最底行显示了当前可以使用的功能键供用户选择:

F7 键/F8 键:单步运行(每次执行一条指令)、F4 键:运行到光标处、F9 键:连续运行。

下面,以 EX301.EXE 为例介绍调试过程。

(1) 按两次 F7 键,从寄存器窗口可以看到,DATA 的段基址 0AE8H 已经先后装入 AX 和 DS 寄存器。

(2) 单击选中数据窗口,右击该窗口,在命令菜单中选择 GOTO 命令,在该命令的对话框中输入"DS:0",数据窗口显示 DATA 段的内容。可以看到,从 DS:0000 开始的 4B 内容均为 FF,它们是 ARRAY 数组各元素的初始值。

(3) 先后按 4 次 F7 键,从数据窗口可以看到,数组 ARRAY 的元素逐个被清"0"。

(4) 按两次 F7 键,会弹出一个对话窗口,表示程序运行结束。本程序的调试也到此结束。

上面的程序调试使用了两种最基本的方法。

(1) 单步执行程序。

(2) 观察每条指令运行的结果。

3.3 数 据 运 算

数值计算是计算机的一项基本功能。本节的学习重点是数值计算与标志位,指针的使用,循环程序基本结构。

3.3.1 算术运算

1. 加法指令

有 3 条加法运算指令。

1) ADD(Addition):加法指令

格式:

```
ADD  目的操作数,源操作数
```

功能：目的操作数 ← 目的操作数 ＋ 源操作数。

目的操作数：8 位/16 位的寄存器/存储器。

源操作数：与目的操作数同类型的寄存器/存储器/立即数。

例如：

```
ADD    AX, SI                          ;AX←(AX)+(SI),16 位运算
```

```
ADD      X, 3                                              ;X←(X)+3,运算位数由 X 的类型确定
```

下面的指令无法确定操作数的类型,汇编时将报告错误:

```
ADD      [SI], 5                                           ;两个操作数都没有明确类型
```

如果目的操作数是 DS:[SI]指向的字节存储单元,可以修改如下:

```
ADD      BYTE PTR[SI], 5
```

说明:

(1) 加法指令执行后,CPU 的状态标志 CF、OF、ZF、SF、PF 和 AF 按照运算结果被刷新。

(2) 操作数可以是 8 位/16 位,源操作数与目的操作数应该有相同的类型。

(3) 源操作数和目的操作数不能同时为内存操作数。

2) ADC(Addition with Carry):带进位的加法指令

格式:

```
ADC    目的操作数,源操作数
```

功能:目的操作数←目的操作数+源操作数+CF。

目的操作数:8 位/16 位的寄存器/存储器。

源操作数:与目的操作数同类型的寄存器/存储器/立即数。

说明:

(1) 该指令对标志位的影响、对操作数的要求与 ADD 指令相同。

(2) 主要用于两个数据分段相加时高位的加法运算。

【例 3-2】 已知 $X=33445566H$,$Y=89ABCDEFH$,计算 $Z=X+Y$。

8086 微处理器一次最多能进行 16 位的加法,上面的两个数据需要分段进行加法。假设对应的数据段已经定义,变量 X,Y,Z 用 DD 定义,可以编写程序如下:

```
MOV    AX, WORD PTR X            ;取 X 的低 16 位(5566H),送入 AX
ADD    AX, WORD PTR Y            ;X,Y 的低 16 位相加,(AX)=5566H+0CDEFH=2355H, CF=1
MOV    WORD PTR Z, AX            ;低 16 位的和送入 Z 的低 16 位
MOV    AX, WORD PTR X+2          ;取 X 的高 16 位(3344H),送入 AX
ADC    AX, WORD PTR Y+2          ;将 X,Y 的高 16 位及低 16 位加法产生的进位相加
                                 ;(AX)=3344H+89ABH+CF=0BCF0H, 新产生的 CF=0
MOV    WORD PTR Z+2, AX          ;将高 16 位的和送入 Z 的高 16 位
```

执行上面的程序后,$Z=X+Y=33445566H+89ABCDEFH=0BCF02355H,CF=0$。

3) INC(Increment):增量指令

格式:

```
INC    目的操作数
```

功能:目的操作数←目的操作数+1。

目的操作数:8 位/16 位的寄存器/存储器。

例如:

```
INC    BX                         ;BX←(BX)+1,16 位运算
INC    X                          ;X←(X)+1,运算位数由 X 的类型确定
INC    WORD PTR[BX]               ;DS:[BX]←DS:[BX]+1,16 位运算
```

说明：

(1) 增量指令执行后,CPU 的状态标志 OF、ZF、SF、PF 和 AF 按照运算结果被刷新,但是 CF 标志不受影响。

(2) 增量指令常常用来修改计数器和存储器指针的值。

2. 减法指令

先介绍 4 条基本的减法指令(如表 3-3 所示),CMP(比较)指令留在后面介绍。

表 3-3　减法运算指令

指 令 名 称	操作码助记符	指令格式	指令功能	主 要 用 途
减法指令	SUB(Subtract)	SUB　dest,src	dest←dest−src	减法
带借位的减法指令	SBB(Subtract with Borrow)	SBB　dest,src	dest←dest−src−cf	分段减法的高位相减
减量指令	DEC(Decrement)	DEC　dest	dest←dest−1	修改计数器和指针
求补指令	NEG(Negate)	NEG　dest	dest←0−dest	求相反数

说明：

(1) 该组指令对标志位的影响、对操作数的要求与 ADD 指令相同。但是 DEC 指令不影响 CF。

(2) 由于有符号数均使用补码表示,NEG 指令的操作等效于 dest←[dest]$_{求补}$。

例：

```
SUB    AX, SI                     ;AX←(AX)-(SI),16 位运算
SUB    Y, 20H                     ;Y←(Y)-20H,运算位数由 Y 的类型确定
SUB    WORD PTR[BP], 5            ;SS:[BP]←SS:[BP]-5,16 位运算
DEC    CX                         ;CX←(CX)-1,16 位运算
DEC    X                          ;X←(X)-1,运算位数由 X 的类型确定
DEC    WORD PTR[DI]               ;DS:[DI]←DS:[DI]-1,16 位运算
NEG    Z                          ;Z←-Z,运算位数由 Z 的类型确定
```

3. 乘法和除法指令

乘法运算指令如表 3-4 所示。

表 3-4　乘法运算指令

指令名称	操作码助记符	指令格式	指令功能
无符号数乘法	MUL(Unsigned Multiplication)	MUL　src	8 位源操作数：AX←(AL)×src
有符号数乘法	IMUL(Signed Integer Multiplication)	IMUL　src	16 位源操作数：DX, AX←(AX)×src

说明：

(1) 源操作数：8 位/16 位的寄存器/存储器。

（2）目的操作数：AL 或 AX(隐含)参与乘法运算，AX 或 DX、AX 保存运算结果(积)。

（3）两个 N 位操作数相乘，得到 $2N$ 位的乘积。

（4）如果无符号乘积的高 N 位为 0，则 CF＝OF＝0，否则 CF＝OF＝1。其余标志位无意义。如果有符号数乘积的高 N 位为低 N 位的符号扩展，则 CF＝OF＝0，否则 CF＝OF＝1。其余标志位无意义。

（5）相同的两组二进制代码分别用 MUL 和 IMUL 运算，可能得到不同的结果。

例如：

```
(AL)=0FFH, (X)=2
MUL    X                          ;执行后 (AX)=01FEH,(255×2=510)
IMUL   X                          ;执行后 (AX)=0FFFEH,(-1×2=-2)
```

除法指令列表如表 3-5 所示。

表 3-5   除法运算指令

指令名称	操作码助记符	指令格式	指 令 功 能
无符号数除法	DIV(Unsigned Division)	DIV src	8 位源操作数：(AX)÷src,AL←商,AH←余数
有符号数除法	IDIV(Signed Integer Division)	IDIV src	16 位源操作数：(DX，AX)÷src,AX←商,DX←余数

说明：

（1）两个 N 位操作数相除，应首先把被除数零扩展/符号扩展为 $2N$ 位。

例如，要进行除法运算(AX)/(BX)，若 AX、BX 内均为无符号数，则指令如下：

```
MOV    DX, 0                      ;32 位被除数高 16 位清"0"
DIV    BX                         ;(DX, AX)/BX,AX←商,DX←余数
```

如果 AX,BX 中是有符号数：

```
CWD                              ;把 16 位有符号被除数扩展为 32 位
IDIV   BX                        ;(DX, AX)/BX,AX←商,DX←余数
```

（2）进行(2N 位)/(N 位)除法后，对于无符号数，商大于 2^N-1 会产生除法溢出错误。对于有符号数，商大于 $2^{N-1}-1$ 或者小于 -2^{N-1}，会产生除法溢出错误。

（3）源操作数不能为立即数。

（4）慎重选择运算位数。

例如，要进行无符号数除法(AX)/5，首先应确定是 16 位/8 位还是 32 位/16 位：

如果能确定(AX)/5 的商小于 255，可以执行 16 位/8 位除法，指令如下：

```
MOV    BL, 5                      ;除数存入 BL 寄存器
DIV    BL                         ;16 位/8 位,AL←商,AH←余数
```

如果不能确定(AX)/5 的商小于 255，可以执行 32 位/16 位除法，指令如下：

```
MOV    BX, 5                      ;除数存入 BX 寄存器
MOV    DX, 0                      ;32 位被除数高 16 位清"0"
```

```
DIV     BX                              ;(DX, AX)/(BX),AX←商,DX←余数
```

对于有符号数的处理方法类似。两个有符号数相除,余数与被除数同号,则指令如下:

```
-10  IDIV  -3                           :商=3, 余数=-1
-10  IDIV  3                            :商=-3, 余数=-1
```

相同的两组二进制代码分别用 DIV 和 IDIV 运算,可能得到不同的结果。

例如:

```
(AX)=0FFFFH, (CL)=1
DIV     CL                              ;0FFFFH/1=0FFFFH,产生除法溢出
IDIV    CL                              ;(AL)=0FFH,(AH)=0(-1/1=-1…0)
```

【例 3-3】 变量 P、Q、R 和 W 均为 16 位有符号数,计算 $W=P/(Q-3)+R$ 的值。

假设各变量均定义在数据段,段基址已装入 DS,可以编写程序如下:

```
MOV     AX, P                           ;将变量 P 的值装入 AX
CWD                                     ;符号扩展为 32 位,装入 DX,AX
MOV     BX, Q                           ;将变量 Q 的值装入 BX
SUB     BX, 3                           ;计算 Q-3,将结果存入 BX
IDIV    BX                              ;计算 P/(Q-3),商在 AX,余数在 DX(被舍弃)
ADD     AX, R                           ;计算 P/(Q-3)+R,结果在 AX
MOV     W, AX                           ;将结果存入变量 W
```

3.3.2　循环

程序的重复执行称为循环。使用循环可以重复利用一段代码,完成较为复杂的功能,充分发挥计算机高速、自动运行的特点。

1. 基本循环指令

格式:

```
LOOP   标号
```

功能:$CX←(CX)-1$

如果$(CX)\neq 0$,转向标号处执行,否则执行下一条指令。

说明:

(1) LOOP 可以改变指令的执行次序,称为控制指令。

(2) LOOP 指令使一段程序重复地执行,称为循环。重复执行的次数由 CX 寄存器中的值决定,CX 寄存器因此称为计数器。

例如:

```
    MOV     CX, 10
L1: …                                   ;需要重复执行的若干条指令
    …
    LOOP  L1
```

上面的程序将 L1～LOOP 指令之间的一段程序重复执行 10 次。指令 MOV   CX, 10

称为装载循环计数器,应在循环之前完成。

如果将上面的程序写成如下情形:

```
L1:  MOV    CX, 10
     ...                                    ;重复执行的若干条指令
     ...
     LOOP  L1
```

这个程序将无限制地运行下去,称为死循环,显然这是不希望见到的。

2. 程序的循环

利用 LOOP 指令,可以使一段程序反复执行。这样,程序和指令的利用率得到提高。但是,完成这些功能花费的时间并没有因此缩短。

【例 3-4】 用循环的方法,将字节数组 ARRAY 的 20 个字节元素清"0"。

```
;EX304.ASM
;使用循环指令,把 ARRAY 数组的 20 个字节元素清"0"
        .MODEL   SMALL
        .DATA
        ARRAY    DB   20 DUP(?)        ;定义数组 ARRAY
        .CODE
START:  MOV     AX, @DATA
        MOV     DS, AX
        LEA     BX, ARRAY             ;把数组 ARRAY 首地址装入 BX
        MOV     CX, 20               ;装载循环计数器的初始值
ONE:    MOV     BYTE PTR[BX], 0      ;把数组 ARRAY 的一个元素清"0"
        INC     BX                   ;修改 BX 的值,为下一次操作做准备
        LOOP    ONE                  ;计数循环
        MOV     AX, 4C00H
        INT     21H
        END     START
```

上面程序里,BX 存放数组元素的地址,称为指针,每次使用后,要及时修改它的值(地址),以便下一次使用。同样的原因,装载 BX 初值(ARRAY 数组首地址)的指令也要放在循环开始之前。

进一步做如下修改:

```
        MOV     CX, 10               ;装载循环计数器的初始值
        MOV     AX, 0
ONE:    MOV     [BX], AX             ;把数组 ARRAY 的两个元素清"0"
        INC     BX                   ;修改 BX 的值,为下一次操作做准备
        INC     BX                   ;这两条指令也可以用一条指令代替:ADD  BX, 2
        LOOP    ONE                  ;计数循环
```

程序看上去变长了,但使用 8086 CPU 时执行时间会缩短。在编制对时间、空间特别敏感的程序时,需要适当考虑类似的细节。

3. 数据的累加

编制程序时,经常会遇到"求若干个数据的和"的问题。它的基本方法是:安排一个容

器(例如：寄存器)，将它清"0"；把需要求和的数据逐个加入这个容器；加法结束时，容器中的数据就是这些数据的和。把数据不断加入同一个容器的过程称为累加，这个容器称为累加器(Accumulator)。

【例 3-5】 LIST 是一个 10 个元素的有符号字数组，求各元素的平均值。

```
;EX305.ASM
;用循环累加的方法求 LIST 数组元素的和,然后求它们的平均值
        DATA    SEGMENT
        LIST    DW 20, 25,-70, 15, 200,-30, -75, 108, 90, 36    ;定义数组 LIST
        AVG     DW ?                                            ;AVG 存放平均值
        DATA    ENDS
        CODE    SEGMENT
        ASSUME  DS: DATA, CS: CODE
START:  MOV  AX, DATA
        MOV  DS, AX
        MOV  AX, 0                     ;累加器 AX 清"0"(假设和仍为 16 位)
        MOV  BX, 0                     ;BX 是数组元素在数组内的位移,初值 0
        MOV  CX, 10                    ;装载循环计数器的初始值
ONE:    ADD  AX, LIST[BX]             ;数组的一个元素加入累加器
        INC  BX                        ;修改 BX 的值,为下一次操作做准备
        INC  BX
        LOOP ONE                       ;计数循环
        CWD                            ;累加和转换为 32 位,为除法做准备
        MOV  BX, 10
        IDIV BX                        ;求平均值
        MOV  AVG, AX                   ;保存平均值
        MOV  AX, 4C00H
        INT  21H
        CODE    ENDS
        END  START
```

程序的主体部分分为 3 段。

(1) 循环准备阶段：包括向累加器、计数器、指针赋初值，它们出现在循环开始之前，每条指令只执行一次。

(2) 循环阶段：包括数据累加、修改指针、循环计数和控制这 3 项操作。每条指令重复执行 10 次。这部分的程序也被称为循环体。

(3) 循环结束处理阶段：计算平均值。这组指令在循环结束后执行，只执行一次。

大多数的循环程序都具有上面叙述的 3 个阶段。

4. 多项式计算

计算机内计算多项式的值的方法与手工计算不同。

【例 3-6】 已知 $X=3$，计算多项式 $Y=4X^6+7X^4-5X^3+2X^2-6X+21$ 的值。

可以把上面的多项式改写为

$$Y=((((((0\times X+4)\times X+0)\times X+7)\times X-5)\times X+2)\times X-6)\times X+21$$

上面的计算等同于顺序完成以下运算：

```
P=0;
P=P×X+4;
P=P×X+0;
...
```

除了给 P 赋初值的 P＝0 之外,其余的计算具有相同的公式:

```
P=P×X+Ai        ;Ai 是多项式的一个系数
```

于是可以用循环的方法计算上面的多项式,多项式的值用 16 位有符号数存储。

```
;EX306.ASM
;用循环的方法计算多项式的值
.MODEL  SMALL
        .DATA
        PARM  DW 4, 0, 7, -5, 2, -6, 21    ;多项式的系数,不能省略系数为 0 的项
        X     DW 3
        Y     DW ?
        .CODE
START:  MOV   AX, @DATA
        MOV   DS, AX                        ;装载 DS
        LEA   SI, PARM                      ;系数数组指针初值
        MOV   CX, 7                         ;循环次数
        MOV   AX, 0                         ;累加器初值
NEXT:   IMUL  X                             ;P=P×X
        ADD   AX, [SI]                      ;P=P×X+Ai
        ADD   SI, 2                         ;修改指针
        LOOP  NEXT                          ;计数和循环控制
        MOV   Y, AX                         ;保存结果
        MOV   AX, 4C00H
        INT   21H
        END   START
```

指令 IMUL X 产生 32 位的乘积,由于判定结果的值可以由 16 位有符号数表述,乘积的高位被认为是低位的符号扩展而丢弃。

注意:多项式里缺少的项应看作是系数为 0 的项,它的系数 0 应列入系数数组,否则会导致计算错误。

3.3.3 BCD 数运算

BCD 数运算应遵循逢十进一的规则。80x86 系列 CPU 对 BCD 数运算的方法是:首先用二进制运算指令进行计算,然后按照 BCD 数运算规则进行调整。

1. 压缩 BCD 数运算

首先观察如图 3-8 所示的用二进制加法指令将两个压缩 BCD 数相加的情况:

可以看出,在每一个 4 位组中,如果本组数字相加的和不超过 9,结果正确。反之,如果本组的和有进位(超过 15)或者虽然没有进位但是出现了非法的组合(本组和小于 16,大于

图 3-8　用二进制加法指令进行两个 BCD 数的加法

9),得到的结果是错误的。

针对上述情况,可以对相加后的结果做如下调整,如图 3-9 所示。

```
        25+43              29+48               85+43
      0010 0101          0010 1001           1000 0101
    + 0100 0011        + 0100 1000         + 0100 0011
      0110 1000          0111 0001           1100 1000
                       + 0000 0110         + 0110 0000
                         0111 0111         1 0010 1000
```

```
     结果正确              低 4 位              高 4 位
     无须调整              加 6 调整             加 6 调整
```

图 3-9　两个 BCD 数加法后调整

如果 4 位组的和有进位,或者出现了非法组合,将本组数字加 6 调整。

在 80x86 微处理器上,上述调整由十进制调整指令实现。

1) DAA(Decimal Adjust after Addition)十进制加法调整

格式:

```
DAA
```

功能:对 AL 中的加法结果进行 BCD 运算调整。调整按照高 4 位和低 4 位两个组分别进行,如果本组的 4 位大于 9 或本组进位标志=1,则本组加 6 调整,本组进位标志置"1"。

低位组的本组进位标志为 AF,高位组的本组进位标志为 CF。

例如:89+57

```
MOV    AL, 89H      ;BCD 数 89 装入 AL,使用 16 进制数格式书写
ADD    AL, 57H      ;按照二进制格式相加,(AL)=0E0H,AF=1
DAA                 ;进行 BCD 加法调整(本例需要补加 66H),(AL)=46H,CF=1
```

说明:调整之前先进行二进制加法,和必须在 AL 中。

2) DAS(Decimal Adjust after Subtraction)十进制减法调整

格式:

```
DAS
```

功能:对 AL 中的减法结果进行 BCD 运算调整。调整按照高 4 位和低 4 位两个组分别进行。如果本组的借位标志=1,则本组进行减 6 调整,并将本组的借位标志置"1"。

例如:83－57

```
        MOV     AL, 83H              ;BCD 数 83 装入 AL,使用 16 进制数格式书写
        SUB     AL, 57H              ;按照二进制格式相减,(AL)=2CH,AF=1
        DAS                          ;进行 BCD 减法调整,(AL)=26H,CF=0
```

说明：调整之前先进行二进制减法,差在 AL 中。

【例 3-7】 用 BCD 数计算 12345678+33445566 的结果。

由于 BCD 调整只能对 8 位二进制进行,上面两个数的加法要分 4 次进行。最低 2 位数的加法(78+66)用 ADD 指令相加,DAA 指令调整。其余 3 次加法用 ADC 指令相加,DAA 指令调整。

上面的 4 次运算基本过程相同,可以用循环实现。运算之前通过指令

```
ADD   AL, 0
```

把 CF 清"0",这样 4 次加法统一使用 ADC 指令实现。

```
;EX307.ASM
;使用 BCD 调整指令进行 BCD 数运算,循环结构
        .MODEL  SMALL
        .DATA
        A  DD   12345678H
        B  DD   33445566H
        X  DD   ?
                .CODE
START:  MOV     AX, @DATA
        MOV     DS, AX
        MOV     DI, 0                ;设置指针初值
        MOV     CX, 4                ;循环次数
        ADD     AL, 0                ;CF 清"0"
NEXT:   MOV     AL, BYTE PTR A[DI]    ;取出 A 的两位 BCD 数,必须有 BYTE PTR
        ADC     AL, BYTE PTR B[DI]    ;与 B 的对应两位进行二进制加法
        DAA                          ;BCD 数加法调整
        MOV     BYTE PTR X[DI], AL    ;保存结果
        INC     DI                   ;修改指针
        LOOP    NEXT                 ;计数和循环控制
        MOV     AX, 4C00H
        INT     21H
        END     START
```

程序运行后,(X)=45791244H,结果正确。但是,如果把 INC DI 指令改为 ADD DI,1,运行结果却是(X)=45781144H,结果错误。是什么原因导致了错误发生呢?用 TD 单步执行程序,发现 78H+66H 和 56H+55H 均产生了进位(CF=1),但在执行 ADD DI,1 指令后,CF 均被清"0",低位的进位没有传递到高位,导致了错误的发生。INC DI 指令不影响 CF,程序能够正常运行,这一点在设计指令系统时已经做了充分的考虑。

从本例可以看到,使用 CF 传递进位时,要细心地选择所使用的指令。作为一名汇编语言程序员,应该十分注意标志位的状态。

2. 非压缩 BCD 数运算

有 4 条非压缩 BCD 数运算调整指令,分别用于加、减、乘、除的运算调整。由于非压缩 BCD 数只使用低 4 位,调整后,高 4 位被清"0"。

1) AAA(ASCII Adjust after Addition)非压缩十进制加法调整

格式:

AAA

功能:对 AL 中的低 4 位加法结果进行非压缩 BCD 数运算调整,进位标志同时进入 AF、CF。

例如,'9'+'8'的指令如下:

```
MOV    AL, '9'        ;非压缩 BCD 数 9 装入 AL,使用 ASCII 格式
ADD    AL, '8'        ;按照二进制格式相加,(AL)=71H,AF=1
AAA                   ;进行非压缩 BCD 加法调整,高 4 位清"0",(AL)=07H,CF=1,AF=1
```

说明:调整之前先进行二进制加法,和必须在 AL 中;低 4 位的进位用两种方式同时表达:CF=1,AH=AH+1。

2) AAS(ASCII Adjust after Subtraction)非压缩十进制减法调整

格式:

AAS

功能:对 AL 中的减法结果进行非压缩 BCD 数运算调整。如果有借位,AH 减 1,AF=CF=1。

例如,'6'-'8'的指令如下:

```
MOV    AL, '6'        ;非压缩 BCD 数 6 装入 AL,使用 ASCII 格式
SUB    AL, '8'        ;按照二进制格式相减,(AL)=0FEH,AF=1
AAS                   ;非压缩 BCD 减法调整,高 4 位清"0",(AL)=08H,CF=AF=1,AH=AH-1
```

说明:低 4 位的借位用两种方式同时表达:CF=1,AH=AH-1。

3) AAM(ASCII Adjust after Multiplication)非压缩十进制乘法调整

格式:

AAM

功能:对 AX 中的乘法结果进行非压缩 BCD 数运算调整:AH=AX/10,AL=AX MOD 10

例如,6×7 的指令如下:

```
MOV    AL, 6          ;非压缩 BCD 数 6 装入 AL,高 4 位必须为 0
MOV    BL, 7          ;非压缩 BCD 数 7 装入 BL,高 4 位必须为 0
MUL    BL             ;按照二进制格式相乘,(AX)=002AH
AAM                   ;进行非压缩 BCD 乘法调整,(AH)=04H,(AL)=02H
```

说明:先进行二进制无符号乘法,积在 AX 中(积≤81,因此 AH=0)。然后用 AAM 指令调整。AAM 指令实质上是把一个不大于 81 的二进制数转换成两位十进制数。

4) AAD(ASCII Adjust before Division)非压缩十进制除法调整

格式：

```
AAD
```

功能：将 AH 和 AL 中的两位非压缩 BCD 数调整为等值的 16 位二进制数，以便进行除法。调整算法为 AX＝AH×10＋AL。

例如，58/7 的指令如下：

```
MOV    AX, 0508H        ;非压缩 BCD 数 58 装入 AX,高 4 位必须为 0
AAD                     ;把非压缩 BCD 数 58 调整为二进制数,(AX)=003AH
MOV    BL, 7
DIV    BL               ;按照二进制格式相除,(AL)=08H(商),(AH)=02H(余数)
```

说明：先进行非压缩 BCD 数除法调整，实质上是把两位十进制数转换成等值的二进制数，然后用二进制无符号数除法指令相除，商在 AL 中，余数在 AH 中。

3.4 数据的输入和输出

3.4.1 逻辑运算

逻辑运算是按位进行的一种运算，各位之间没有相互进位/借位的关系。逻辑运算规则如表 3-6 所示。

表 3-6 逻辑运算

操 作 数	运 算						
	AND(逻辑乘)		OR(逻辑加)		XOR(半加)		NOT(取反)
	0	1	0	1	0	1	
0	0	0	0	1	0	1	1
1	0	1	1	1	1	0	0

逻辑运算指令如表 3-7 所示。

表 3-7 逻辑运算指令

指 令 名 称	操作码助记符	指 令	指令功能	主 要 用 途
逻辑乘(逻辑与)指令	AND	AND dest,src	dest←dest∧src	对操作数有选择地部分清"0"
逻辑加(逻辑或)指令	OR	OR dest,src	dest←dest∨src	对操作数有选择地部分置"1"
逻辑异或(半加)指令	XOR	XOR dest,src	dest←dest⊕src	对操作数有选择地部分取反
逻辑非(取反)指令	NOT	NOT dest	dest←dest 各位取反	对操作数整体取反

说明：

(1) 对操作数类型的要求与 ADD 指令相同。

（2）逻辑运算指令执行之后，CF、OF 标志位固定为 0。SF，PF，ZF 按照运算结果的特征设置。

逻辑乘规则可以归纳为 $0 \wedge X = 0, 1 \wedge X = X, X \wedge X = X, X \wedge \overline{X} = 0$。

例如：

```
MOV    AL, '7'              ; (AL)=37H
AND    AL, 0FH              ;AL 高 4 位被清"0",数字字符'7'转换成 7 的二进制数
```

例如：

```
AND    CX, 0                ; (CX)=0,同时,CF=OF=0, ZF=1
```

例如：

```
AND    AX, AX               ;AX 的值不变,CF=OF=0
```

逻辑加规则可以归纳为 $0 \vee X = X, 1 \vee X = 1, X \vee X = X, X \vee \overline{X} = 1$。

例如：

```
MOV    AL, 7                ; (AL)=07H
OR     AL, 30H              ;AL 的第 4、5 位置为"11",二进制数 7 转换成数字字符'7'
```

例如：

```
OR     AX, AX               ;AX 的值不变,CF=OF=0
```

逻辑异或规则可以归纳为 $0 \oplus X = X, 1 \oplus X = \overline{X}, X \oplus X = 0, X \oplus \overline{X} = 1$。

例如：

```
MOV    AL, 35H              ; (AL)=35H
XOR    AL, 0FH              ; (AL)=3AH,高 4 位不变,低 4 位取反
```

例如：

```
XOR    AX, AX               ;将 AX 清"0",同时 CF=OF=0
```

逻辑非是单目运算，它对运算数各位取反。

例如：

```
MOV    AL, 35H              ; (AL)=35H=0011 0101B
NOT    AL                   ; (AL)=0CAH=1100 1010B,各位取反
```

3.4.2　控制台输入和输出

大多数的程序，都有一个"人—机"交互的过程，也就是说，从键盘上输入程序所需要的控制信息和数据，把程序的运行结果和运行状态向显示器输出。交互使用的键盘称为标准输入设备，显示器称为标准输出设备，合称为控制台（Console）。

1. 字符的输出

向显示器输出信息有 3 种方法：

（1）通过操作系统的服务程序输出。

（2）通过基本输入输出系统（BIOS）输出。

（3）把显示内容（ASCII 代码）直接写入显示存储器（Video RAM，VRAM），由显示器接口电路转换输出。

本节介绍通过操作系统提供的系统服务程序进行输出的方法。

1）输出单个字符

```
DL←待输出字符的 ASCII 代码
AH←02H
INT  21H
```

如前面所介绍的，INT 21H 表示调用由操作系统提供的 21H 号服务程序，AH 中的值称为功能代号，表示要求进行服务的种类。此处，AH＝02H 表示输出 DL 寄存器中所储存的一个字符。

例如，下面的程序片段在显示器上输出数字字符'9'：

```
MOV   AH,2                    ;功能号 02H
MOV   DL, '9'                 ;字符'9'的 ASCII 代码(即 39H)装入 DL
INT   21H                     ;调用 21H 号系统服务程序
```

显示器上有一个不断闪烁着的标志符号，称为光标（Cursor）。上面程序执行后，字符'9'将显示在光标闪烁的位置上，随后，光标向右移动一个字符的位置。

【例 3-8】 在显示器上输出文字"Hello!"。

```
;EX308.ASM
;在显示器上输出字符串"Hello !"
        .MODEL  SMALL
        .CODE
START:  LEA     BX, STRING       ;装载地址指针初始值
        MOV     CX, LEN          ;字符串长度 LEN 用作循环计数器 CX 初值
ONE:    MOV     DL, CS:[BX]      ;在 CS 段内取出一个字符的 ASCII 代码(段跨越)
        MOV     AH, 2            ;单个字符输出的功能号
        INT     21H              ;调用系统服务,输出一个字符
        INC     BX               ;修改指针
        LOOP    ONE              ;计数与循环控制
        MOV     AX, 4C00H
        INT     21H
STRING  DB      "Hello !"
        LEN     DW $-STRING      ;计算字符串长度,$代表当前偏移地址
        END START
```

上面的程序使用的数据很少，没有单独设置数据段，STRING 在代码段里定义。注意，由于数据存放在代码段里，取 STRING 中的字符需要增加段跨越前缀 CS：[BX]，否则会到 DS：[BX]处取字符，输出不确定的内容。

运行上面的程序会发现，"Hello!"和其他的文字混合在同一行上输出，这不是希望的结果。为了使输出文字"Hello !"在显示器上单独占用一行，可以增加一些控制字符。例如代码为 0AH 的字符称为换行（Line Feed，LF），可以把光标移动到下一行的相同位置上。代

码为 0DH 的字符称为回车(Carriage Return,CR),可以把光标移动到本行的第一个字符位置。组合使用这两个控制字符,就可以把光标移动到下一行的开始位置。

对例 3-8 做如下修改,输出就能保证独占一行了。

```
STRING    DB    0AH, 0DH, "Hello!", 0AH, 0DH
```

注意:空格和控制字符虽然没有对应的显示内容,但是仍然是一个字符。上面的程序输出了 11 个字符。LEN 在汇编时会重新计算,得到新的值 11。

2) 输出一个字符串

```
DS:DX←待输出字符串的首地址
AH←09H
INT   21H
```

要求字符串以字符 $ 为结束标志,该字符本身不输出。例 3-8 程序再次修改如下:

```
;EX308B.ASM
;用操作系统的字符串输出功能输出一个字符串
        .MODEL   SMALL
        .CODE
START:  MOV      AX, @CODE        ;@CODE 代表代码段的段基址
        MOV      DS, AX           ;字符串的段基址存入 DS
        LEA      DX, STRING       ;字符串的偏移地址存入 DX
        MOV      AH, 9
        INT      21H
        MOV      AX, 4C00H
        INT      21H
STRING  DB       0AH, 0DH, "Hello!", 0AH, 0DH, '$'
        END      START
```

下面讨论怎样向显示器输出一个整型变量的值。

设 X 是一个无符号字节变量,它的当前值为 1011 0111B(0B7H=183D)。

既然 X 的值为十进制的 183,输出 X 的值,就是顺序向显示器输出字符'1','8'和'3'。

如何从 X 得到字符'1','8','3'呢?

- 执行计算 X/10,商=18(0001 0010B),得到余数 3(0000 0011)。
- 用上次计算的商继续执行计算 18/10,商=1(0000 0001B),得到余数 8(0000 1000)。
- 余下的商继续执行计算 1/10,商=0(0000 0000B),得到余数 1(0000 0001)。
- 顺序将余数压入/弹出堆栈,利用其先进后出的特点,把顺序改变为 1,8,3。
- 各自加上 30H,可以得到字符'1','8','3'。

【**例 3-9**】 在显示器上用十进制格式输出单字节无符号数的值。

```
;EX309.ASM
;用十进制格式输出单字节无符号数
        .MODEL   SMALL
        .DATA
        X        DB 10110111B
```

```
            C10     DB 10
        .CODE
        START:
                MOV     AX, @DATA
                MOV     DS, AX
                MOV     CX, 3                   ;循环次数
                MOV     AL, X
        ONE:    MOV     AH, 0                   ;高 8 位清"0"
                DIV     C10                     ;执行 16 位/8 位的除法
                PUSH    AX                      ;余数(在 AH 中)压入堆栈
                LOOP    ONE
                MOV     CX, 3                   ;重新装载 CX
        TWO:    POP     DX                      ;从堆栈中弹出余数(在 DH 中)
                XCHG    DH, DL                  ;把余数交换到 DL
                OR      DL, 30H                 ;转换成数字字符的 ASCII 代码
                MOV     AH, 2
                INT     21H                     ;向显示器输出一个数字字符
                LOOP    TWO
                MOV     AX, 4C00H
                INT     21H
                END     START
```

上面的程序由两段并列的循环组成。第一段循环把 X 逐位分解为十进制数,压入堆栈。由于堆栈的操作数至少为 16 位,所以 AL 中的商也陪同进入堆栈。第二段循环把余数逐个从堆栈弹出,转换成对应的 ASCII 代码输出。

有符号数(补码)的输出涉及符号位的判断和处理,在后面介绍。

2. 字符的输入

1) 输入单个字符

操作系统提供的从键盘输入单个字符的服务程序如下。

(1) 服务程序 1。

```
AH←01
INT   21H
```

操作系统执行这个服务程序时,如果没有键盘输入,该程序将原地等待,直到键盘输入字符后才返回。字符的 ASCII 代码存放在 AL 寄存器中,这个字符同时也显示在显示器上(称为回显,Echo)。

(2) 服务程序 2。

```
AH←06
DL←代码
INT   21H
```

这个服务程序有两项功能:

① 如果 DL=0FFH,服务程序执行键盘扫描。

有字符输入,CF=1,AL=输入字符代码;

没有字符输入,CF＝0,直接返回用户程序。

② 如果 DL＝0FFH 之外其他代码,服务程序执行输出功能,将 DL 中字符输出。

（3）服务程序 3。

```
AH←07/08
INT  21H
```

AH＝07 时,这个服务程序将等待到键盘输入字符后返回,字符的 ASCII 代码存放在 AL 寄存器中,这个字符不会显示在显示器上(无回显),适合键盘输入密码时使用。

如果 AH＝08,它同时还检测 Ctrl＋Break 键和 Ctrl＋C 键的配合,如果用户按下了其中之一,程序将提前中止运行。

上述 3 个功能区别在于是否等待、有无回显和是否检测中止键,供选择使用。

2) 输入一行字符

操作系统提供的从键盘输入一行字符的服务程序如下:

```
DS:DX←输入缓冲区首地址
AH←0AH
INT  21H
```

一行字符以 Enter 键作为结束的标志。假设一行输入最多不超过 80 个字符(不含回车符),输入缓冲区格式如下:

```
BUFFER   DB   81, ?, 81 DUP(?)
```

缓冲区由 3 部分组成。

第一字节:输入字符存放区的大小。本例中,连同回车符最多需要存放 81 个字符。

第二字节:从服务程序返回后,由服务程序填入实际输入的字符个数(不包括回车符)。

第三字节之后:输入字符存放区,存放输入的字符和回车符。

对于上面的缓冲区,如果从键盘上输入"ABCDE ↙",从服务程序返回后,缓冲区各字节内容依次为:81,5,41H,42H,43H,44H,45H,0DH,…

如果从键盘上输入了 90 个字符,之后输入回车,从服务程序返回后,缓冲区各字节内容依次为:81,80、键盘输入的前 80 个字符 ASCII 代码、0DH。也就是说,回车之前超限输入的 10 个字符被丢弃了。

下面讨论怎样把键盘上输入的一个十进制数转换成二进制数。

假设从键盘上输入"4095 ↙"(共输入 4 个数字字符,1 个回车):

用 AND 指令把上述数字字符转换成对应的数:4,0,9,5。

这串字符所代表的实际大小是:

$$4\times10^3+0\times10^2+9\times10^1+5=(((0\times10+\textbf{4})\times10+\textbf{0})\times10+\textbf{9})\times10+\textbf{5}$$

用二进制数进行上面的多项式运算,就得到了"4095"对应的二进制数。

【例 3-10】 从键盘上输入不大于 65535 的无符号十进制数,把它转换成二进制数,存入 X。

```
;EX310.ASM
;从键盘输入十进制无符号数,转换成二进制
```

```
        .MODEL    SMALL
        .DATA
        BUFFER    DB 6, ?, 6 DUP(?)
        C10       DW 10
        X         DW ?
        .CODE
START:  MOV   AX, @DATA
        MOV   DS, AX
        LEA   DX, BUFFER          ;装载输入缓冲区首地址
        MOV   AH, 0AH             ;行输入功能代号
        INT   21H                 ;从键盘输入一个数,以回车符结束
        MOV   CL, BUFFER+1        ;实际输入字符个数(8位)用作循环次数
        MOV   CH, 0               ;循环次数高8位填"0"
        LEA   BX, BUFFER+2        ;装载字符存放区首地址
        MOV   AX, 0               ;累加器清"0"
ONE:    MUL   C10                 ;P=P×10
        MOV   DL, [BX]            ;取出一个字符
        AND   DX, 000FH           ;转换成二进制数
        ADD   AX, DX              ;累加
        INC   BX                  ;修改指针
        LOOP  ONE                 ;计数与循环
        MOV   X, AX               ;保存结果
        MOV   AX, 4C00H
        INT   21H
        END   START
```

运行上面的程序,从键盘输入"4095"和回车符。运行结束后,变量 X 的值为 0FFFH。

3.4.3　输入输出库子程序

正如前面叙述的,大多数程序都需要进行控制台的输入和输出。如果每个程序都为此编写对应的程序段,那么编程、录入、调试的工作量比较大,并且都是重复性的工作。为了减轻这方面的负担,作者编写了用于键盘输入、显示器输出的若干子程序,把这些子程序事先进行汇编,组合成子程序库 YLIB16.LIB 和 YLIB32.LIB,需要的读者可通过 E_MAIL 与作者联系。

输入用库子程序的使用方法如表 3-8 所示。

表 3-8　键盘输入库子程序

子程序名	外 部 说 明	入 口 条 件	出 口 条 件	用　　途
READDEC	EXTRN READDEC: FAR	DS:DX=提示字符串首址 无提示字符串时: DS:DX=0FFFFH	AX 中为输入无符号数 的二进制值 (0~65535)	从键盘输入一个十进制无符号整数
READINT	EXTRN READINT: FAR	DS:DX=提示字符串首址 无提示字符串时: DS:DX=0FFFFH	AX 中为输入有符号数 的二进制补码 (-32768~32767)	从键盘输入一个十进制有符号整数

说明：

- 上述输入子程序位于用户源程序的外部。为了使汇编、连接程序能够正确地工作，使用上述子程序时需要在程序首部增加一行：EXTRN XXXXXX：FAR，其中XXXXXX为该子程序名。
- 需要键盘输入之前，把进行输入需要显示的提示信息字符串首地址置入 DS:DX，字符串以 $ 结束。如果没有提示信息，置 DX＝0FFFFH。
- 需要键盘输入时，书写如下语句：CALL XXXXXX。
- 子程序返回时，AX 中是已经转换成二进制的 16 位输入数据。

用于输出的库子程序如表 3-9 所示。

表 3-9 显示器输出库子程序

子程序名	外部说明	入口条件	出口条件	用途
WRITEDEC	EXTRN WRITEDEC:FAR	AX＝待输出的无符号数 DS:DX＝前导字符串首址 DS:DX＝0FFFFH（无前导字符串）	无	向显示器输出一个十进制无符号整数
WRITEINT	EXTRN WRITEINT:FAR	AX＝待输出的有符号数 DS:DX＝前导字符串首址 DS:DX＝0FFFFH（无前导字符串）	无	向显示器输出一个十进制有符号整数
WRITEHEX	EXTRN WRITEHEX:FAR	AX＝待输出的无符号数 DS:DX＝前导字符串首址 DS:DX＝0FFFFH（无前导字符串）	无	向显示器输出一个十六进制无符号整数
CRLF	EXTRN CRLF: FAR	无	无	向显示器输出回车符和换行两个字符

说明：

（1）为了使汇编、连接程序能够正确地工作，使用上述子程序时需要在程序首部增加一行：EXTRN XXXXXX：FAR，其中 XXXXXX 为该子程序名。

（2）调用之前先准备好输出数据（AX 中）、前导字符串首址（DS:DX 中），然后用 CALL XXXX 语句输出。数据在光标位置输出，数据前后各输出一个空格。

使用上述库子程序时，都需要在程序首部逐个声明所使用的外部过程。实际上，可以把上面 6 个外部函数的声明集中在一个文本文件，例如 YLIB.H 中：

```
EXTRN READINT: FAR, READDEC: FAR CRLF: FAR
EXTRN WRITEINT: FAR, WRITEDEC: FAR, WRITEHEX: FAR
```

在用户源程序的首部加上如下语句：

```
INCLUDE  YLIB.H
```

这个源程序被汇编时，汇编程序会自动从磁盘读出文件 YLIB.H，用它的内容替代 INCLUDE 伪指令语句。这样，用户无须记住每个外部过程的名字，也无须每次写上许多的 EXTRN 伪指令。可能不是每一个源程序都要同时用到这 6 个外部过程，但是多余的声明没有不良作用，可以放心使用。需要注意的是，文件 YLIB.H 要存放在 TASM.EXE 文件的同一个目录下，如果不在同一个目录，要在文件名 YLIB.H 的前面增加它的路径信息。

【例 3-11】 利用库子程序，从键盘上输入两个有符号十进制数，求它们的和，在显示器上输出结果。假设已建立 YLIB.H 文件，并存储在与 TASM.EXE 相同的文件目录下。

```
;EX311.ASM
;应用库子程序 YLIB.LIB,从键盘输入两个十进制有符号数,求和,以十进制格式输出
        .MODEL  SMALL
        INCLUDE YLIB.H
        .DATA
            MESS1  DB 0AH, 0DH, "Input a number please : $ "
            MESS2  DB 0AH, 0DH, "The sum of two number is : $ "
            NUM    DW ? , ?
            SUM    DW ?
        .CODE
START:  MOV    AX, @ DATA
        MOV    DS, AX
        LEA    BX, NUM              ;存放两个输入数据的缓冲区首地址
        MOV    CX, 2                ;输入数据个数
INPUT:  LEA    DX, MESS1            ;提示信息首地址置入 DS:DX
        CALL   READINT             ;调用库子程序,输入一个有符号数
        MOV    [BX], AX            ;保存这个数据
        INC    BX                  ;修改指针
        INC    BX                  ;再次修改指针(每个数据占 2B)
        LOOP   INPUT               ;计数与循环
        MOV    AX, NUM             ;取出第一个数
        ADD    AX, NUM+2           ;与第二个数相加
        MOV    SUM, AX             ;保存两个数的和
        LEA    DX, MESS2           ;输出结果的前导文字
        CALL   WRITEINT            ;输出两个数的和
        CALL   CRLF                ;输出回车、换行
        MOV    AX, 4C00H
        INT    21H
        END    START
```

假设汇编语言源程序文件为 MYPRG16.ASM，程序的上机过程为(带下画线文字由键盘输入)：

```
TASM  MYPRG16↙                    ;汇编,产生名为 MYPRG16.OBJ 的目标文件
TLINK  MYPRG16, , , , YLIB16.LIB↙  ;与库文件 YLIB16.LIB 连接,得到可执行文件
MYPRG16↙                          ;执行程序,进行相关的输入、运算、输出
Input a number please: 3048↙
Input a number please: -4000↙
The sum of two number is: -952
```

3.5　移位和处理器控制

移位指令用来对数据进行逐位处理，这是汇编语言有别于高级语言的一个明显特征。移位时，操作数的各位向同一个方向移动。

3.5.1 移位指令

移位指令是大多数高级语言所不具备的特殊功能指令,通过各位二进制朝相同方向移动并配合进位标志 CF,对一位/多位二进制进行处理。移位指令的功能如图 3-10 所示。

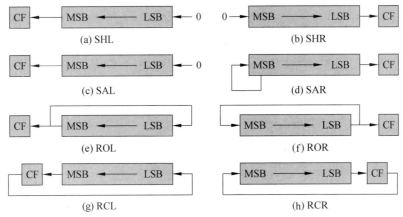

图 3-10　移位与循环移位指令

移位指令可划分为如下 4 类。

(1) 逻辑移位指令(SHL,SHR):把操作数视为无符号整数或者是各位相互独立的二进制串,最后移出的位进入 CF,空出的用"0"填充。

(2) 算术移位指令(SAL,SAR):把操作数视为有符号的整数或者是各位相互独立的二进制串,最后移出的位进入 CF,右移空出的高位用符号位填充,左移空出的低位用"0"填充。

(3) 循环移位指令(ROL,ROR):把操作数的最低位和最高位首尾连接起来环形移位。

(4) 带进位循环移位指令(RCL,RCR):把操作数的最低位、进位位和最高位首尾连接起来环形移位。

8086 微处理器有 4 类共 8 条移位指令,如表 3-10 所示。

表 3-10　移位指令

指　令　名	助　记　符	指　令　格　式	指　令　功　能
逻辑左移	SHL(Shift Left)	SHL 操作数,移位次数	如图 3-10(a)所示
逻辑右移	SHR(Shift Right)	SHR 操作数,移位次数	如图 3-10(b)所示
算术左移	SAL(Shift Arithmetic Left)	SAL 操作数,移位次数	如图 3-10(c)所示
算术右移	SAR(Shift Arithmetic Right)	SAR 操作数,移位次数	如图 3-10(d)所示
循环左移	ROL(Rotate Left)	ROL 操作数,移位次数	如图 3-10(e)所示
循环右移	ROR(Rotate Right)	ROR 操作数,移位次数	如图 3-10(f)所示
带进位循环左移	RCL(Rotate Through Carry Left)	RCL 操作数,移位次数	如图 3-10(g)所示
带进位循环右移	RCR(Rotate Through Carry Right)	RCR 操作数,移位次数	如图 3-10(h)所示

说明：

（1）指令中操作数可以是 8 位/16 位寄存器/存储器，移位次数：常数 1 或寄存器 CL。

（2）对于无符号数，每逻辑左移一次等于乘以 2，左移一位后如果 CF=1，表示结果超过了该字长的表示范围。左移多位时，CF 保留最后移出的那一位。

例如：

```
MOV    AL, 15
SHL    AL, 1                        ;(AL)=30,相当于 AL←(AL)×2,CF=0
```

例如：

```
MOV    AX, 138BH
MOV    CL, 4
SHL    AX, CL                       ;左移 4 位后,(AX)=38B0H,CF=1
```

（3）对于无符号数，每逻辑右移一次等于除以 2。

例如：

```
MOV    AL, 15
SHR    AL, 1                        ;(AL)=7,相当于 AL←(AL)/2,CF=1
```

例如：

```
MOV    AX, 138BH
MOV    CL, 4
SHR    AX, CL                       ;右移 4 位后,(AX)=0138H,CF=1
```

（4）SAL 指令实现与 SHL 相同的功能。

（5）对于有符号数，每算术右移一次等于被 2 除，但是和 IDIV 指令的结果可能不同，使用 IDIV 指令时(−15)/2=−7…−1。

（6）循环移位指令将 8 位/16 位操作数首尾连接起来移位。左移时，最后移出的高位一方面进入低位，同时进入 CF。右移时，最后移出的低位一方面进入高位，同时进入 CF。

例如：

```
MOV    AL, 85H
ROL    AL, 1                        ;(AL)=0BH,CF=1
```

【例 3-12】 用移位指令实现 AX ←(AX)×10：

```
PUSH   BX                          ;保护 BX 寄存器的原来的值
SHL    AX, 1                       ;左移一位,AX ←(原 AX)×2
MOV    BX, AX                      ;BX←2×(原 AX)
SHL    AX, 1                       ;左移一位,AX ←4×(原 AX)
SHL    AX, 1                       ;左移一位,AX ←8×(原 AX)
ADD    AX, BX                      ;AX←8(原 AX)+2×(原 AX)
POP    BX                          ;恢复 BX 寄存器的原来的值
```

【例 3-13】 把 DX、AX 中的 32 位无符号数左移一位：

```
SHL    AX, 1                    ;低位先移,AX 左移一位,最高位在 CF 中
RCL    DX, 1                    ;高位后移,DX 左移一位,CF 进入 DX 最低位
```

3.5.2　标志处理指令

这一组指令用来设置 FLAGS 寄存器中的 CF、DF、IF 标志位。对于一个标志位的操作有 3 种：

（1）设置为"1"（称为置位：Set）。

（2）设置为"0"（称为复位：Reset，或者，清除：Clear）。

（3）取反（求补：Complement）。

指令格式如下：

```
CLC                             ;CF ← 0
STC                             ;CF ← 1
                                       —
CMC                             ;CF ← CF
CLD                             ;DF ← 0,在字符串指令中使用
STD                             ;DF ← 1,在字符串指令中使用
CLI                             ;IF ← 0,关闭对可屏蔽中断的响应,简称"关中断"
STI                             ;IF ← 1,允许对可屏蔽中断的响应,简称"开中断"
```

3.5.3　处理器控制指令

1）NOP(No Operation)空操作

格式：

```
NOP
```

功能：NOP 指令不做任何事情,仅占用 1B 空间、耗费 1 个指令执行时间。某些设备的工作速度较慢时,可以在二次操作之间插入若干条 NOP 指令。

说明：NOP 指令的执行不影响标志位。

2）HLT(Halt)暂停

格式：

```
HLT
```

功能：HLT 指令使 CPU 进入暂停状态,CPU 不做任何事情,直到系统复位或者接收到中断请求信号。处理完中断后,CPU 执行 HLT 的下一条指令。

说明：HLT 指令主要用于等待中断发生,它的执行不影响标志位。

习　题　3

1. 如果用 24 位储存一个无符号数,这个数的范围是什么？ 如果储存的是一个补码表示的有符号数,那么这个数的范围又是什么？

2. 用 8 位补码完成下列运算,用二进制"真值"的格式给出运算结果,并指出运算后 CF、

OF、ZF、SF、PF 标志位的状态。

    (1) 127+126   (2) 126-127

    (3) -100-120   (4) -100-(-120)

3. 把二进制代码 1001011101011000 分别看作(1)~(4)所示编码：

    (1) 二进制无符号数   (2) 二进制补码

    (3) 压缩 BCD 码   (4) 非压缩 BCD 码

哪一种情况下它代表的"值"最大？

4. 某数据段内有如下数据定义：

```
X    db   30, 30H, 'ABC', 2-3, ?, 11001010B
     dw   0FFH,-2, "CD"
Y    dd   20 dup(15, 3 dup(?), 0)
Z    db   3 dup(?)
W    dw   Z-X
```

假设变量 X 的偏移地址为 20H，完成如下任务。

(1) 写出变量 X 各数据在内存中的具体位置和相关内存单元的值。

(2) 写出变量 Y,Z 的偏移地址。

(3) 写出变量 W 的值。

5. 下列指令的源操作数段基址在哪个段寄存器中？

    (1) MOV   AX, [BP][SI]   (2) MOV   AX, CS:8[DI]

    (3) MOV   AX, 2[BP]   (4) MOV   AX, 4[SP]

    (5) MOC   AX, [BX][DI]   (6) MOV   AX, ES:10[BP][SI]

6. 判断下列指令是否正确。若不正确，指出错误原因。

    (1) MOV SI, DL   (2) MOV   AX, CX+2

    (3) MOV ES, 1000H   (4) LEA   AX, 3006H

    (5) MOV [BP][DI], 0   (6) MOV [SI], [DI]

7. 现有(DS)=2000H,(BX)=0100H,(SI)=0002H,(20100H)=12H,(20101H)=34H,(20102H)=56H,(20103H)=78H,(21200H)=2AH,(21201H)=4CH,(21202H)=0B7H,(21203H)=65H,说明下列指令执行后 AX 寄存器的内容。

    (1) MOV   AX, 1200H   (2) MOV   AX, BX

    (3) MOV   AX, [1200H]   (4) MOV   AX, [BX]

    (5) MOV   AX, 1100H[BX]   (6) MOV   AX, [BX][SI]

    (7) MOV   AX, 1100H[BX][SI]

8. 下面两条指令的功能有什么区别？

```
MOV  AX, BX
MOV  AX, [BX]
```

9. 写出执行以下计算的指令序列，其中各变量均为 16 位有符号数。

    (1) Z←W+(Z-X)

    (2) Z←W-(X+6)-(R+9)

(3) Z←(W * X)/(Y+6)，R←余数

(4) Z←(W−X)/(5 * Y) * 2

10. 一个双字长有符号数存放在 DX(高位)AX(低位)中,写出求该数相反数的指令序列。结果仍存入 DX,AX 寄存器。

11. 内存缓冲区 BUFFER 定义如下：

```
BUFFER    DB    20 DUP(?)
```

按照要求,写出指令序列。

(1) 将缓冲区全部置为 0,并使执行时间最短。

(2) 将缓冲区全部置为空格字符(ASCII 代码 20H),使用的指令条数最少。

(3) 将缓冲区各字节依次设置为 0,1,2,3,4,…,19。

(4) 将缓冲区各字节依次设置为 0,−1,−2,−3,−4,…,−19。

(5) 将缓冲区各字节依次设置为 30,29,28,27,…,11。

(6) 将缓冲区各字节依次设置为 0,2,4,6,8,…,38。

(7) 将缓冲区各字节依次设置为 0,1,2,3,0,1,2,3,…,3。

12. 编写循环结构程序,进行下列计算,结果存入 RESULT 内存单元。

(1) 1+2+3+4+5+6+…+100   (2) 1+3+5+7+9+11+…+99

(3) 2+4+6+8+10+…+100   (4) 1+4+7+10+13+…+100

(5) 11+22+33+44+…+99

13. 已知 ARRAY 是 5 行 5 列的有符号字数组,编写程序,进行下列计算(假设和仍然为 16 位,不会产生溢出,行号、列号均从 0 开始)。

(1) 求该数组第 4 列所有元素之和。

(2) 求该数组第 3 行所有元素之和。

(3) 求该数组正对角线上所有元素之和。

(4) 求该数组反对角线上所有元素之和。

14. 变量 X,Y,Z 均为一字节压缩 BCD 码表示的十进制数,写出指令序列,求它们的和(用 2 字节压缩 BCD 码表示)。

15. 设(BX)=0E3H,变量 VALUE 中存放内容为 79H,指出下列指令单独执行后的结果。

(1) XOR   BX, VALUE   (2) AND   BX, VALUE

(3) OR   BX, VALUE   (4) XOR   BX, 0FFH

(5) AND   BX, BX   (6) AND   BX, 0

16. 编写程序,从键盘上输入 20 个十进制数字,求这些数字的和,向显示器输出。

17. 阅读以下程序,指出它的功能。

```
MOV    CL, 04
SHL    DX, CL
MOV    BL, AH
SHL    AX, CL
SHR    BL, CL
```

```
OR      DL, BL
```

18. 已知 (DX)＝0B9H,(CL)＝3,(CF)＝1,确定下列指令单独执行以后 DX 寄存器的值。

(1) SHR	DX, 1		(2) SAR	DX, CL
(3) ROR	DX, CL		(4) ROL	DX, CL
(5) SAL	DH, 1		(6) RCL	DX, CL

19. 编写程序,从键盘上输入一个 0～65535 间的十进制无符号数,然后用二进制格式输出这个值。例如,键盘输入 35,显示器输出 00000000 00100011。

20. 无符号数变量 X 用 DD 定义,编写程序,用十六进制格式输出变量 X 的值。

21. 编写指令序列,把 AX 中的 16 位二进制分为 4 组,每组 4 位,分别置入 AL、BL、CL 和 DL 中。

第4章 汇编语言程序设计

一个可执行程序运行时,程序中的指令从存储器装入 CPU,逐条执行。按照指令执行的顺序,程序的结构可以划分成以下 3 种。

（1）顺序结构。一般情况下,编写程序时写在前面的指令在可执行程序中也排列在前面,首先被执行,写在后面的指令较后被执行。程序按照它编写的顺序执行,每条指令只执行一次,这样的程序称为顺序结构的程序。

（2）循环结构。如果一组指令被反复地执行,这样的程序称为循环结构或者重复结构的程序。

（3）选择结构。在一段程序里,根据某个条件,一部分指令被执行,另一部分指令没有被执行,这样的程序称为选择结构或者分支结构的程序。

一个实际运行的程序,常常是由以上 3 种结构的程序组合而成的,上面的 3 种结构因此被称为程序的基本结构。使用这 3 种基本结构,可以编写出任何需要的程序。

第 3 章主要介绍了顺序结构的程序设计,本章介绍编制选择和循环结构程序所使用的相关指令,以及这些程序的编写方法。

4.1 选择结构程序

4.1.1 测试和转移控制指令

转移控制指令用来实现程序的转移。普通的指令,如数据传送指令,算术、逻辑运算指令,这些指令执行之后,CPU 会顺序执行它的下一条指令。转移控制指令执行后,CPU 会根据指令里给出的信息,转移到程序的其他位置去执行。为了编制循环结构、选择结构的程序,必须使用转移控制指令。

1. 无条件转移指令

无条件转移指令用来实现程序的转移,它的一般格式如下:

```
JMP    目的位置
```

其中,"目的位置"的常见形式是标号,执行 JMP 指令后,程序转移到新的目的位置继续执行。

【例 4-1】 用 JMP 指令实现转移。

```
;EX401.ASM
;JMP指令使用示范
       .MODEL   SMALL
       .CODE
START: MOV  DL, 20H                    ;20H是空格字符的ASCII代码
ONE:   MOV  AH, 2
```

```
        INT   21H                        ;输出 DL 中的字符
        INC   DL                         ;修改 DL 中的字符代码
        JMP   ONE                        ;转移到 ONE 处继续执行
        MOV   AX, 4C00H
        INT   21H
        END   START
```

执行以上程序,发现程序会不断地重复输出周期性的内容,而且程序不会停止。为了停止程序的执行,可以在键盘上按 Ctrl+Break 组合键。

上面的程序里,从标号 ONE 开始的 4 条指令反复地被执行,执行过程中,DL 中的值在不断地变化:20H,21H,…,0FFH, 0,1,2,…,0FFH,0,1,…。由于 JMP 指令的作用,最后两条返回操作系统的指令始终未能执行,程序因此无法结束运行。

按照转移目的位置的远近,JMP 指令分为近程转移和远程转移两种。

1) 近程无条件转移指令

如果转移的目的位置与出发点在同一个段里,这样的转移称为近程转移或者段内转移。实现近程转移,实质上是把目标位置的偏移地址置入 IP 寄存器。

按照寻址方式的不同,近程无条件转移指令有 3 种格式。

(1) 近程直接转移。指令的格式如下:

```
JMP   目的位置标号
```

使用近程直接转移指令可以实现同一个段内 64KB 范围的转移。

(2) 近程短转移。指令的格式如下:

```
JMP   SHORT   目的位置标号
```

这条指令的转移目的地从下一条指令地址 $ 算起,范围为($-128~ $127),适用于近距离转移。它的作用与(1)类似,但是指令的目标代码较短。

(3) 近程间接转移。把转移的目的地址事先存放在某个寄存器或存储器单元中,通过这个寄存器或存储器单元实现的转移称为近程间接转移。例如:

```
JMP   CX                 ;寄存器间接转移,目的地址在 CX 中,可使用任何一个通用寄存器
JMP   WORD PTR[BX]       ;存储器间接转移,目的地址在存储器单元中,BX 中存有该单元地址
```

假设已在数据段定义存储器单元 TARGET 如下:

```
TARGET  DW  ONE
```

下面 4 组指令都可以实现向标号 ONE 的转移:

```
JMP   ONE                        ;近程直接转移

LEA   DX, ONE

JMP   DX                         ;寄存器间接段内转移

LEA   BX, TARGET

JMP   WORD PTR[BX]               ;存储器间接段内转移

JMP   TARGET                     ;存储器间接段内转移
```

2）远程无条件转移指令

远程无条件转移指令可以实现不同的段之间的转移，执行该指令时，CPU 把目的段的段基址装入 CS，目的段的段内偏移地址装入 IP。这组指令有直接寻址和间接寻址两种格式。

（1）远程直接转移段的格式如下：

JMP　FAR　PTR 远程标号

指令中的远程标号位于另一个代码段中。执行该指令时，把该标号的偏移地址送入 IP，标号所在段段基址送入 CS，实现程序的转移。

（2）远程间接转移。远程转移需要 32 位的目的地址，使用间接转移时，需要把 32 位目的地址事先装入用 DD 定义的存储单元。

假设已在数据段定义存储器单元 FAR_TGT 如下：

FAR_TGT　DD　TWO　　　　　　　　　;装入远程标号 TWO 的 16 位偏移地址和 16 位段基址

下面 3 组指令都可以实现向远程标号 TWO 的转移：

JMP	FAR PTR TWO	;远程直接转移
LEA	BX, FAR_TGT	;BX 内装入存储转移目的地址的单元的地址
JMP	DWORD PTR[BX]	;通过 BX 实现远程间接转移
JMP	FAR_TGT	;从 FAR_TGT 取 32 位地址，远程间接转移

2. 比较和测试指令

比较和测试指令用来确定某个数据的特征，如该数是否小于 5，是否为偶数等。

1）CMP（Compare，比较）指令

指令格式如下：

CMP　目的操作数,源操作数

目的操作数：8 位/16 位的寄存器/存储器操作数。

源操作数：与目的操作数类型相同的寄存器/存储器/立即数操作数。

CMP 指令执行目的操作数减源操作数操作，保留运算产生的各标志位，但是不保留运算的结果。指令执行后，两个操作数的值均不改变。该指令用来比较两个有符号数或无符号数的大小。

（1）对于有符号数，OF＝0 时，SF 为正确的结果符号，OF＝1 时，SF 与正确的符号位相反。所以 OF⊕SF 反映了正确的结果符号：

OF⊕SF＝0，目的操作数≥源操作数；

OF⊕SF＝1，目的操作数＜源操作数。

（2）对于无符号数：

CF＝0，目的操作数≥源操作数；

CF＝1，目的操作数＜源操作数。

假设存储器字节变量（X）＝80H，指令

```
CMP    X, 5
```

执行后：

ZF＝0 （X）≠5

OF＝0 减法操作没有产生溢出，SF 是正确的结果符号位。

SF＝1 如果 X 中存放的是有符号数，X<5(80H 是负数－128D 的补码)。

CF＝0 如果 X 中存放的是无符号数，X>5(80H 代表无符号数 128D)。

2) TEST(Test,测试)指令

指令格式为：

```
TEST   目的操作数,源操作数
```

目的操作数：8 位/16 位的寄存器/存储器操作数。

源操作数：与目的操作数类型相同的寄存器/存储器/立即数操作数。

TEST 指令将目的操作数与源操作数进行逻辑乘运算，保留运算产生的各标志位，但是不保留逻辑乘的结果。指令执行后，两个操作数的值均不改变。该指令用来测试目的操作数中某几位二进制的特征。

指令 TEST VAR,1 执行后：

如果 ZF＝0,说明变量 VAR 的 D_0 位为 1,该数为奇数。

如果 ZF＝1,说明变量 VAR 的 D_0 位为 0,该数为偶数。

指令 TEST BL，6 执行后：

如果 ZF＝0,说明 BL 寄存器的 $D_2 D_1 ≠ 00$,这两位为 01,10 或 11。

如果 ZF＝1,说明 BL 寄存器的 $D_2 D_1 ＝ 00$,这两位为 00。

3. 条件转移指令

条件转移指令的一般格式为

```
Jcc  Label
```

其中,J 是条件转移指令操作码助记符的第一个字母,cc 是代表转移条件的 1～3 个字母,Label 是转移目的地的标号。

1) 根据两个有符号数比较结果的条件转移指令

两个有符号数的比较结果通过 OF、SF 和 ZF 反映出来,代表转移条件的字母有 G(Greater,大于)、L(Less,小于)、E(Equal,等于)和 N(Not,否)。表 4-1 列出了这 6 条相关的指令。

表 4-1   根据两个有符号数比较结果的条件转移指令

指令操作码助记符	指令功能	转移条件
JG、JNLE	大于(不小于或等于)时转移	$OF \oplus SF = 0$ 且 ZF＝0
JGE、JNL	大于或等于(不小于)时转移	$OF \oplus SF = 0$
JZ、JE	为 0(相等)时转移	ZF＝1
JNZ、JNE	不为 0(不相等)时转移	ZF＝0

指令操作码助记符	指 令 功 能	转 移 条 件
JL、JNGE	小于(不大于或等于)时转移	OF⊕SF＝1 且 ZF＝0
JLE、JNG	小于或等于(不大于)时转移	OF⊕SF＝1 或 ZF＝1

表中,同一行上的两个指令助记符是同一条指令的两种写法,作用相同。使用上面指令之前,应确保指令使用的标志位已经正确地建立起来。下面程序根据有符号字变量 X 和 Y 的大小决定程序的走向。

```
        MOV    AX, X              ;X 的值送入 AX
        CMP    AX, Y              ;比较两个操作数,建立需要的标志位
        JG     GREATER            ;如果 X>Y,转移到标号 GREATER 处执行
        JE     EQUAL              ;如果 X=Y,转移到标号 EQUAL 处执行
LESS:                            ;否则(隐含着 X<Y 的条件),执行标号 LESS 处的指令
        ...
GREATER:
        ...
EQUAL:
        ...
```

条件转移指令的执行不影响原有的标志位。如上例所示的,由 CMP 指令建立的标志位可以由不同的条件转移指令多次使用。

下面的程序计算 AX＝|AX－BX|。

```
        SUB    AX, BX             ;AX←(AX)-(BX),同时建立标志位
        JGE    SKIP               ;如果(AX)≥0,直接转标号 SKIP 处
        NEG    AX                 ;如果(AX)<0,取 AX 的相反数
SKIP:
```

2) 根据两个无符号数比较结果的条件转移指令

两个无符号数的比较结果通过 CF,ZF 反映出来,代表转移条件的字母有 A(Above,高于)、B(Below,低于)和 E(Equal,等于)。表 4-2 列出了这 6 条相关的指令。

表 4-2 根据两个无符号数比较结果的条件转移指令

指令操作码助记符	指 令 功 能	转 移 条 件
JA、JNBE	高于(不低于或等于)时转移	CF＝0 且 ZF＝0
JAE、JNB 和 JNC	高于或等于(不低于)时转移	CF＝0
JZ、JE	为 0(相等)时转移	ZF＝1
JNZ、JNE	不为 0(不相等)时转移	ZF＝0
JB、JNAE 和 JC	低于(不高于或等于)时转移	CF＝1
JBE、JNA	低于或等于(不高于)时转移	CF＝1 或 ZF＝1

3) 根据单个标志位的条件转移指令

也可以根据单个标志位来决定程序的走向,如表 4-3 所示。部分在前面已经出现过。

表 4-3　根据单个标志位的条件转移指令

指令操作码助记符	指令功能	转移条件
JC、JB 和 JNAE	有进位时转移	CF＝1
JNC、JNB 和 JAE	无进位时转移	CF＝0
JZ、JE	为 0(相等)时转移	ZF＝1
JNZ、JNE	不为 0(不相等)时转移	ZF＝0
JS	为负时转移	SF＝1
JNS	为正时转移	SF＝0
JO	溢出时转移	OF＝1
JNO	不溢出时转移	OF＝0
JP、JPE	"1"的个数为偶数时转移	PF＝1
JNP、JPO	"1"的个数为奇数时转移	PF＝0

注意,PF 标志仅仅由运算结果的低 8 位建立。

上述指令的转移范围在下一条指令地址的−128～127B。如果转移目的位置超出了上述范围,汇编时将报告错误。以 JG 指令为例:

```
JG    Label                    ;如果标号 Label 超出转移范围,汇编时将出错
```

可以把上面指令修改为

```
      JNG   Skip               ;也可以写作 JLE
      JMP   Label
Skip: …
```

4) 根据 CX 寄存器值的条件转移指令

指令格式如下:

```
JCXZ  Label                    ;若 CX=0,转移到 Label
```

JCXZ 的转移范围在下一条指令地址的−128～127B。

4.1.2　基本选择结构

编制程序时,经常会根据不同的条件,进行不同的处理。计算分段函数的值就是一个典型的例子。

$$Y = \begin{cases} 3X - 5, & |X| \leqslant 3 \\ 6, & |X| > 3 \end{cases}$$

为此,为 $|X| \leqslant 3$ 和 $|X| > 3$ 分别编制了进行不同处理的指令序列。程序运行时,如果条件 $|X| \leqslant 3$ 成立(为"真"),执行计算 $Y = 3X - 5$ 的一段程序。反之,如果条件 $|X| \leqslant 3$ 不

成立(为"假"),则执行 $Y=6$。也就是说,通过在不同的程序之间进行选择,实现程序的不同功能,选择结构因此得名。

典型的选择结构程序流程和指令序列如图 4-1 所示。

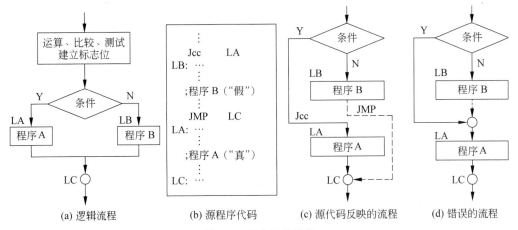

    (a) 逻辑流程   (b) 源程序代码   (c) 源代码反映的流程   (d) 错误的流程

图 4-1   基本选择结构

图 4-1(a)反映了该程序的逻辑结构。首先通过运算、比较、测试指令建立新的标志位,然后,在菱形框内对由各标志位反映的条件进行判断。如果条件为"真",转向由标号 LA 指出的程序 A 执行,否则(条件为"假"),执行由标号 LB 指出的程序 B。判断和转移操作由条件转移指令 Jcc LA 完成。

图 4-1(b)是对应的汇编指令序列,由于 Jcc 指令的特点,首先编写条件为假时对应的程序 B,然后编写条件为真时对应的程序 A,标号 LB 可以省略。特别需要提醒的是,程序 B 结束前,一定要使用 JMP 指令跳过程序 A,否则程序的逻辑关系就像图 4-1(d)所反映的,将得到错误的结果。按照指令的物理顺序绘制的流程图如图 4-1(c)所示,程序 B 之后的虚线表示由 JMP LC 指令实现的程序转移。

【例 4-2】 计算分段函数 $\quad Y=\begin{cases}3X-5, & |X|\leqslant 3 \\ 6, & |X|>3\end{cases}$。

```
;EX402.ASM,计算分段函数的值
INCLUDE    YLIB.H                    ;引入"头文件",以便引用外部子程序
.MODEL     SMALL
.CODE
PROMPT     DB  0DH, 0AH, "Input X (-10000~+10000): $"
X          DW  ?
OUT_MSG    DB  0DH, 0AH, "Y=$"        ;字符串以'$'为结束标志
START: PUSH    CS
       POP     DS                     ;装载 DS
       LEA     DX, PROMPT             ;输入提示信息
       CALL    READINT                ;从键盘上输入 X 的值
       MOV     X, AX                  ;保存输入值
COMP:  CMP     X, 3                   ;比较,X>3?
```

```
            JG       GREATER          ;X>3 成立,表示|X|>3,转 GREATER
            CMP      X, -3            ;比较,X<-3?
            JL       GREATER          ;X<-3 成立,|X|>3,转 GREATER
    LESS:                             ;|X|≤3 的程序段
            MOV      BX, AX           ;BX←X
            SAL      AX, 1            ;AX←2X
            ADD      AX, BX           ;AX←2X+X
            SUB      AX, 5            ;AX←3X-5
            JMP      OUTPUT           ;这条指令千万不能遗漏,否则将导致错误的程序流程
    GREATER:
            MOV      AX, 6            ;|X|>3 的程序段
    OUTPUT:
            LEA      DX, OUT_MSG      ;结果的前导文字
            CALL     WRITEINT         ;输出计算结果
            CALL     CRLF             ;输出回车换行
    EXIT:   MOV      AX, 4C00H
            INT      21H
            END      START
```

本例中,把数据定义在代码段里。由于输出提示信息字符串时要求首地址放在 DS:DX 处,因此通过堆栈把 CS 段基址转存入 DS。

$|X|>3$ 是一个复合逻辑表达式,它实际上是由 $X>3$ 和 $X<-3$ 两个逻辑表达式用"或"运算连接而成。程序内对两项条件分别判断,只要满足其中一项,立即转入标号 GREATER 执行。

4.1.3 单分支选择结构

图 4-1(a)中,如果程序 A 或者程序 B 之一为"空",也就是说,没有对应的处理过程,如图 4-2(a),这样的程序流程称为单分支选择结构。

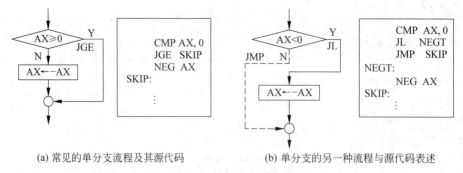

(a) 常见的单分支流程及其源代码   (b) 单分支的另一种流程与源代码表述

图 4-2   单分支选择结构

虽然单分支选择结构在原理上与基本选择结构是一样的。但是合理地选择 Jcc 指令所使用的条件可以使程序更加流畅。以计算 AX 的绝对值为例,可以使用 JGE 进行判断,如图 4-2(a)所示,也可以用 JL 进行判断,如图 4-2(b)所示,但是前者对应的源程序可读性更好。

与基本选择结构相比,单分支选择结构显得更为清晰、流畅。可以把一些基本选择结构程序改写为单分支选择结构。

【例 4-3】 将 4 位二进制表示的一个数转换成对应的十六进制字符。

本题要求将 0000 转换成'0',0001 转换成'1',…,1010 转换成'A',1111 转换成'F'。二进制数 X 和十六进制字符 Y 之间的转换实际上是计算分段函数:

$$Y = \begin{cases} X + 30\text{H}, & X \leqslant 9 \\ X + 37\text{H}, & X > 9 \end{cases}$$

转换程序如下:

```
        MOV    AL, X
        CMP    AL, 9
        JA     ALPH
        ADD    AL, 30H
        JMP    DONE
ALPH:
        ADD    AL, 37H
DONE:
        MOV    Y, AL
```

将它改写为单分支程序:

```
        MOV    AL, X
        OR     AL, 30H
        CMP    AL, '9'
        JBE    DONE
        ADD    AL, 7
DONE:
        MOV    Y, AL
```

4.1.4　复合选择结构

如果选择结构一个分支的程序中又出现了选择结构,这样的结构称为复合选择结构或者嵌套选择结构。

【例 4-4】 计算 $Y = \text{SGN}(X)$。

本例实际上是计算 3 个分段的一个函数,对于 $X<0,X=0,X>0,Y$ 分别取值 $-1,0$ 和 1。一次判断只能产生两个分支,3 个分支需要进行两次判断。对这类问题的处理有两种方法。

(1)排除法:每次判断排除若干种可能,留下一种可能情况进行处理。

(2)确认法:每次判断确认一种可能,对已确认的情况进行处理。

两种方法编制的程序如下,它们对应的程序流程如图 4-3(a)和图 4-3(b)所示。

图 4-3(a)中,判断 $X \geqslant 0$ 产生两个分支,条件成立时执行的分支(带阴影矩形框内)又构成一个选择结构程序,出现了选择结构的嵌套。

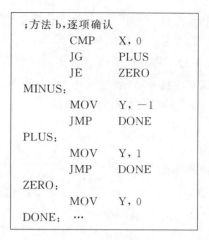

```
;方法a,逐项排除
        CMP     X, 0
        JGE     UN_MINUS
MINUS:
        MOV     Y, -1
        JMP     DONE
UN_MINUS:
        JE      ZERO
        MOV     Y, 1
        JMP     DONE
ZERO:
        MOV     Y, 0
DONE:   …
```

```
;方法b,逐项确认
        CMP     X, 0
        JG      PLUS
        JE      ZERO
MINUS:
        MOV     Y, -1
        JMP     DONE
PLUS:
        MOV     Y, 1
        JMP     DONE
ZERO:
        MOV     Y, 0
DONE:   …
```

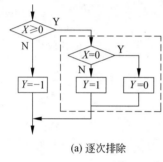

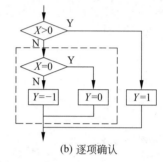

(a) 逐次排除   (b) 逐项确认

图 4-3   复合分支选择结构的流程

编制这类程序时请注意各级逻辑条件之间的相互关系。进入图 4-3(a)的 $X=0$ 判断时,X 的值已经由上一级判断确定为 $X \geqslant 0$。$X=0$ 为"假"时,X 的值同时具备两项特征:

$X \neq 0$ 并且 $X \geqslant 0$,它们的综合等效于 $X > 0$,因此 Y 取值为 1。读者可对图 4-3(b)中的 $X=0$ 逻辑条件进行类似的分析。

4.1.5 多分支选择结构

在选择结构程序里,如果可供选择的程序块多于两个,这样的结构称为多分支选择结构,如图 4-4(a)所示,图 4-4(b)是汇编语言程序的实现方法。

【例 4-5】 从键盘上输入数字 1、2、3,根据输入选择对应程序块执行。

```
;EX405.ASM,根据键盘输入,选择功能模块
.MODEL      SMALL
.DATA
PROMPT      DB      0DH, 0AH, "Input a number (1~3): $"
MSG1        DB      0DH, 0AH, "FUNCTION 1 EXECUTED. $"
MSG2        DB      0DH, 0AH, "FUNCTION 2 EXECUTED. $"
MSG3        DB      0DH, 0AH, "FUNCTION 3 EXECUTED. $"
.CODE
START:  MOV     AX, @DATA
        MOV     DS, AX
```

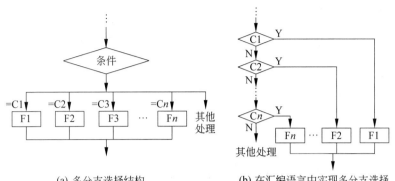

(a) 多分支选择结构　　　　　(b) 在汇编语言中实现多分支选择

图 4-4　多分支选择结构的流程

```
INPUT:  LEA     DX, PROMPT
        MOV     AH, 9
        INT     21H                 ;输出提示信息
        MOV     AH, 1
        INT     21H                 ;输入一个数字
        CMP     AL, '1'
        JB      INPUT               ;"0"或非数字,重新输入,本行可以省略
        JE      F1                  ;数字"1",转 F1
        CMP     AL, '2'
        JE      F2                  ;数字"2",转 F2
        CMP     AL, '3'
        JE      F3                  ;数字"3",转 F3
        JMP     INPUT               ;大于"3",重新输入
F1:     LEA     DX, MSG1            ;F1 程序块
        JMP     OUTPUT
F2:     LEA     DX, MSG2            ;F2 程序块
        JMP     OUTPUT
F3:     LEA     DX, MSG3            ;F3 程序块
        JMP     OUTPUT              ;本行可以省略
OUTPUT:
        MOV     AH, 9
        INT     21H
        MOV     AX, 4C00H
        INT     21H
        END     START
```

这个程序实质上就是前面所说的复合分支结构程序。程序中,对每一种可能逐个进行比较,一旦确认,转向对应程序执行。程序比较直观,容易理解,但是选择项目多时,程序较长,显得累赘。对此,有一种称为地址表的解决方法如下。

(1) 在数据段建立一张表格,置入各程序块入口地址:

```
ADDTBL   DW F1, F2, F3
```

（2）接收到用户选择后（AL＝'1','2','3'）：

```
SUB     AL, '1'                          ;将数字字符'1','2','3'转换为0,1,2
SHL     AL, 1                            ;转换为0,2,4
MOV     BL, AL
MOV     BH, 0                            ;转入BX
JMP     ADDTBL[BX]                       ;间接寻址,转移到对应程序块
```

可选择的程序块较多时,这种方法的程序显得紧凑,规范。

4.2 循环结构程序

循环结构也称为重复结构,它使得一组指令重复地执行,可以用有限长度的程序完成大量的处理任务,因此得到了广泛的应用,几乎所有的应用程序中都离不开循环结构。

按照循环结束的条件,有以下两类循环。

（1）计数循环:循环的次数事先已经知道,用一个变量(寄存器或存储器单元)记录循环的次数(称为循环计数器)。通常采用减法计数进行循环次数的控制:循环计数器的初值设为循环次数,每循环一次将计数器减1,计数器减为0时,循环结束。

（2）条件循环:循环的次数事先并不确定,每次循环开始前或者结束后测试某个条件,根据这个条件是否满足来决定是否继续下一次循环。

按照循环中结束位置的不同,有以下两种结构的循环,如图4-5所示。

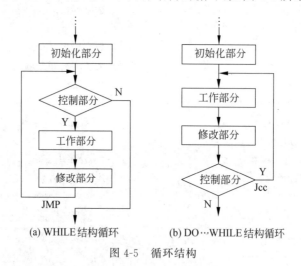

(a) WHILE结构循环   (b) DO…WHILE结构循环

图4-5 循环结构

① WHILE循环。进入循环体后,先判断循环继续的条件,不满足条件立即退出循环,循环次数最少为0次。

② DO…WHILE循环。进入循环后,先执行工作部分,然后判断循环继续的条件,条件满足则转向工作部分继续循环,循环次数最少1次。

4.2.1 循环指令

循环指令把CX寄存器用作循环计数器,每次执行循环指令,首先将CX的值减去1,根

据 CX 的值是否为 0,决定循环是否继续。

```
LOOP            Label                   ;CX←CX-1,若(CX)≠0,转移到 Label
LOOPZ/LOOPE     Label                   ;CX←CX-1,若(CX)≠0且 ZF=1,转移到 Label
LOOPNZ/LOOPNE   Label                   ;CX←CX-1,若(CX)≠0且 ZF=0,转移到 Label
```

LOOPZ 和 LOOPE,LOOPNZ 和 LOOPNE 是同一条指令的两种书写方法。上述 3 条循环指令的执行均不影响标志位。

循环指令采用相对寻址方式,Label 距离循环指令的下一条指令必须为 −128～127B。

LOOP 指令的功能可以用 Jcc 指令实现:

```
DEC    CX                               ;CX←CX-1
JNZ    Label                            ;若(CX)≠0(也就是 ZF=0),转移到 Label
```

同样地,LOOPZ/LOOPE,LOOPNZ/LOOPNE 指令的功能也可以由 Jcc 指令实现,请读者写出对应的指令序列。

由于对 CX 先减 1,后判断,如果 CX 的初值为 0,将循环 65536 次。

4.2.2　计数循环

计数循环是基本的循环组织方式,用循环计数器的值来控制循环,有时候也可以结合其他条件共同控制。

【例 4-6】　从键盘上输入一个字符串(不超过 80 个字符),将它逆序后输出。

```
;EX406.ASM,把键盘输入的字符串逆序输出
.MODEL  SMALL
INCLUDE  YLIB.H
.DATA
BUFFER  DB  81, ?, 81 DUP(?)
MESS    DB  0AH, 0DH, "Input a string please : $"
.CODE
START:  MOV    AX, @DATA
        MOV    DS, AX
        LEA    DX, MESS
        MOV    AH, 09H
        INT    21H                      ;输出提示信息
        MOV    AH, 0AH
        LEA    DX, BUFFER
        INT    21H                      ;输入字符串
        CALL   CRLF                     ;输出回车符换行,另起一行
        LEA    BX, BUFFER               ;缓冲区首地址送入 BX
        MOV    CL, BUFFER+1
        MOV    CH, 0                    ;输入字符个数送入 CX(循环次数)
        ADD    BX, CX
        INC    BX                       ;计算字符串末地址送入 BX(指针)
DISP:   MOV    DL, [BX]
        MOV    AH, 02H
```

```
        INT     21H                             ;逆序输出一个字符
        DEC     BX                              ;修改指针
        LOOP    DISP                            ;计数循环
        CALL    CRLF                            ;输出回车符,换行并结束本行
        MOV     AX, 4C00H
        INT     21H
        END     START
```

这是一个典型的计数循环程序,循环次数就是输入字符的个数,装入 CX,BX 用作字符串指针。

【例 4-7】 从键盘上输入 7 名裁判的评分(0~10),扣除一个最高分,一个最低分,计算出其他 5 项评分的平均值(保留一位小数),在显示器上输出。

为了求得扣除最高分、最低分后其余分数的平均值,需要分别求出:7 项分数的和、最高分、最低分,用总分减去最高分、最低分,最后除以 5,就得到了需要的成绩。

求 N 个数据中最大值的方法是:预设一个最大值,取出一个数据与这个最大值进行比较,如果数据大于原来的最大值,则将该数据作为新的最大值。进行 N 次比较之后留下的就是这 N 个数据的最大值。预设的最大值的初值可以从 N 个数据中任取一个,也可以根据数据的范围,取一个该范围内的最小的数。例如,用 1 字节存储的无符号数据,可以预取最大值为 0,用 1 字节存储的有符号数据,可以预取最大值为 -128(80H)等。计算最小值的方法与此类似。

```
;EX407.ASM,裁判打分程序
.MODEL      SMALL
INCLUDE     YLIB.H
.DATA
MESS1       DB  0DH, 0AH, "Input a score (0~10) : $"
MESS2       DB  0DH, 0AH, "The final score is : $"
C5          DB  5
MAX         DB  ?
MIN         DB  ?
SUM         DB  ?
.CODE
START:  MOV     AX, @DATA
        MOV     DS, AX
        MOV     SUM, 0                          ;累加器清"0"
        MOV     MAX, 0                          ;最大值预设为 0
        MOV     MIN, 255                        ;最小值预设为 255
        MOV     CX, 7                           ;循环计数器,初值 7
ONE:    LEA     DX, MESS1
        CALL    READDEC                         ;用键盘输入一个分数
        ADD     SUM, AL                         ;累加
        CMP     AL, MAX                         ;与最大值比较
        JBE     L1                              ;小于原来最大值,不做处理
        MOV     MAX, AL                         ;大于原来最大值则保留为最新的最大值
```

```
L1:     CMP     AL, MIN             ;与最小值比较
        JAE     L2                  ;大于原来最小值,不做处理
        MOV     MIN, AL             ;小于原来最小值则保留为最新的最小值
L2:     LOOP    ONE                 ;计数循环
        MOV     AL, SUM
        SUB     AL, MAX
        SUB     AL, MIN             ;从总分中减去最大值、最小值
        MOV     SUM, AL
        XOR     AH, AH              ;高 8 位清"0"
        DIV     C5                  ;求平均值
        PUSH    AX                  ;保留余数(在 AH 中)
        MOV     AH, 0               ;清余数
        LEA     DX, MESS2
        CALL    WRITEDEC            ;输出结果的整数部分
        MOV     DL, '.'
        MOV     AH, 2
        INT     21H                 ;输出小数点
        POP     AX                  ;从堆栈弹出余数
        SHL     AH, 1               ;计算小数部分:(AH/5)×10=AH×2
        MOV     DL, AH
        OR      DL, 30H             ;转换成 ASCII 代码
        MOV     AH, 2
        INT     21H                 ;输出结果的小数部分
        CALL    CRLF                ;输出回车符,换行并结束本行
        MOV     AX, 4C00H
        INT     21H
        END     START
```

4.2.3 条件循环

用条件控制循环具有普遍性,计数循环本质上是条件循环的一种。

【例 4-8】 字符串 STRING 以代码 0 结束,求这个字符串的长度(字符个数)。

```
;EX408.ASM,求字符串长度
.MODEL  SMALL
.DATA
STRING  DB      "A string for testing . ", 0
LENTH   DW      ?
.CODE
START:  MOV     AX, @DATA
        MOV     DS, AX
        LEA     SI, STRING          ;装载字符串指针
        MOV     CX, 0               ;设置计数器初值
TST:    CMP     BYTE PTR [SI], 0    ;比较
        JE      DONE                ;字符串结束,转向 DONE 保存结果
        INC     SI                  ;修改指针
```

```
        INC     CX                          ;计数
        JMP     TST                         ;转向 TST,继续循环
DONE:   MOV     LENTH, CX                   ;保存结果
        MOV     AX, 4C00H
        INT     21H
        END     START
```

如果初学者把程序写成这样：

```
TST:    CMP     BYTE PTR[SI], 0             ;比较
        INC     SI                          ;修改指针
        INC     CX                          ;计数
        JNE     TST                         ;转向 TST,继续循环
        ...
```

想一想,这个程序错在哪里? 运行结果会怎样?

【例 4-9】　查找字母'a'在字符串 STRING 中第一次出现的位置,如果未出现,置位置值为-1。

```
;EX409.ASM,字符搜索程序
.MODEL      SMALL
.DATA
POSITION  DW    ?
STRING    DB    "This is a string for example. ", 0
LENTH     DW    $-STRING
.CODE
START:  MOV     AX, @DATA
        MOV     DS, AX
        MOV     SI, -1                      ;SI 用作字符串字符指针
        MOV     CX, LENTH                   ;字符串长度装入 CX
L0:     INC     SI                          ;修改指针
        CMP     STRING[SI], 'a'             ;将字符串内一个字符与'a'进行比较
        LOOPNE  L0                          ;字符串未结束,且未找到,转 L0 继续循环
        JNE     NOTFOUND                    ;未找到,转 NOTFOUND
        MOV     POSITION, SI                ;保存位置值
        JMP     EXIT
NOTFOUND:
        MOV     POSITION, -1                ;未找到,置位置值为-1
EXIT:   MOV     AX, 4C00H
        INT     21H
        END     START
```

本程序使用 LOOPNE 指令来控制循环,既有计数控制,又有条件控制。循环结束有两种可能性：

（1）字符串内找到字符'a'：循环结束时 ZF=1,SI 内是字符的出现位置（从 0 开始）。

（2）字符串内未找到字符'a'：循环结束时 ZF=0,SI 内是字符串的长度-1（30-1=29）。

对于 LOOPZ/LOOPE, LOOPNZ/LOOPNE 控制的循环, 应在循环结束后用条件转移指令区分开这两种情况, 分别处理。

如果把上面的题目改为查找最后一个'a'出现的位置, 程序应如何修改?

4.2.4 多重循环

如果一个循环的循环体内包含了另一个循环, 称这个循环为多重循环, 各层循环可以是计数循环或者条件循环。

【例 4-10】 打印 20H~7FH 的 ASCII 字符表。

假设打印格式为, 每行打印 16 个字符, 共打印 6 行。

每行打印 16 个字符: 打印 1 个字符的过程重复 16 次, 构成一个计数循环。

共需要打印 6 行: 打印 1 行字符的过程重复 6 次, 构成另一个计数循环。

由于一行字符由 16 个字符构成, 所以, 打印字符的循环包含在打印行的循环之内。称打印一个字符的循环为内循环, 打印行的循环为外循环。两层循环之间关系可以从如图 4-6 所示的流程图清晰地看到。它对应的源程序如下:

```
;EX410.ASM,打印 20H~7FH 之间的 ASCII 字符表
.MODEL    SMALL
INCLUDE   YLIB.H
.CODE
START:
        MOV   BL, 20H                ;第一个字符的 ASCII 代码
        MOV   CH, 6                  ;行数计数器初值
;===================打印一行的循环开始===================
L0:     CALL  CRLF                   ;开始一个新行
        MOV   CL, 16                 ;列计数器初值
;-------------------打印一个字符的循环开始 -------------------
L1:     MOV   DL, BL                 ;装入一个字符 ASCII 代码
        MOV   AH, 2
        INT   21H                    ;输出一个字符
        MOV   DL, 20H
        MOV   AH, 2
        INT   21H                    ;输出一个空格
        INC   BL                     ;准备下一个待输出的字符 ASCII 代码
        DEC   CL                     ;列数计数
L11:    JNZ   L1                     ;列数未满(本行未完),转 L1 继续
;-------------------打印一个字符的循环结束 -------------------
        DEC   CH                     ;行数计数
L00:    JNZ   L0                     ;行数未满,转 L0 继续
;===================打印一行的循环结束===================
        CALL  CRLF                   ;结束最后一行
        MOV   AX, 4C00H
        INT   21H
        END   START
```

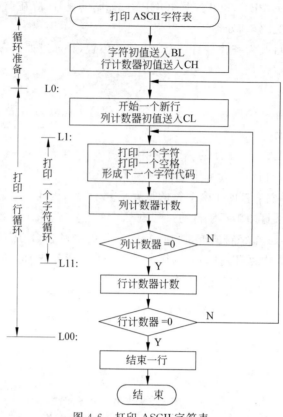

图 4-6　打印 ASCII 字符表

上面的程序由两层循环组成,标号 L1~L11 的指令行构成内层循环,标号 L0~L00 的指令构成外层循环。初学者请特别注意"置输出字符初值""置行计数器初值""置列计数器初值"这几个操作出现的位置。

在前面的计数循环中,常常使用 CX 作为计数器。上面的程序需要两个计数器,分别用于记录行数和一行内的字符个数(列数),所以改用 CH、CL 作为计数器。借助于堆栈,也可以将 CX"分身"为两个计数器。

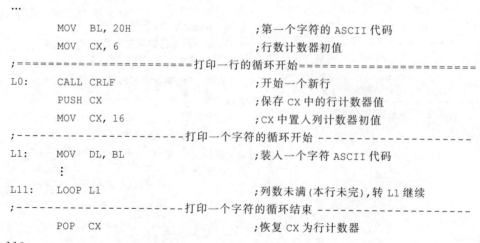

```
        ...
        MOV  BL, 20H                ;第一个字符的 ASCII 代码
        MOV  CX, 6                  ;行数计数器初值
;=======================打印一行的循环开始=====================
L0:     CALL CRLF                   ;开始一个新行
        PUSH CX                     ;保存 CX 中的行计数器值
        MOV  CX, 16                 ;CX 中置入列计数器初值
;--------------------打印一个字符的循环开始 --------------------
L1:     MOV  DL, BL                 ;装入一个字符 ASCII 代码
        ⋮
L11:    LOOP L1                     ;列数未满(本行未完),转 L1 继续
;--------------------打印一个字符的循环结束 --------------------
        POP  CX                     ;恢复 CX 为行计数器
```

```
L00:    LOOP L0                             ;行数计数,行数未满,转 L0 继续
;=====================打印一行的循环结束=====================
    ⋮
```

在输出一行内各字符时,行计数器处于休眠状态,利用这一特点,将它的值压入堆栈保护,将 CX 用作列计数器。一行输出完毕,列计数器完成了它的使命,这时又将堆栈里保存的行计数器值弹出,CX 又成为行计数器。

运行该程序,显示结果如下:

```
 ! " # $ % & ' ( ) * + , - . /
0 1 2 3 4 5 6 7 8 9 : ; < = > ?
@ A B C D E F G H I J K L M N O
P Q R S T U V W X Y Z [ \ ] ^ _
` a b c d e f g h I j k l m n o
p q r s t u v w x y z { | } ~
```

4.3　字符串处理

字符串可以广义地定义为顺序存放的一组相同类型的字符或数据。所谓字符串处理就是对组成字符串的各个数据进行相同的、重复的操作。这些处理都可以用循环结构程序完成,80x86 微处理器为了提高处理速度,专设了一组字符串操作指令。

所有串操作指令的共同特点如下。

(1)指令操作码中隐含了操作数:源操作数由 DS:[SI]提供,有时由累加器 AL、AX 提供。目的操作数由 ES:[DI]提供,有时由累加器 AL、AX 提供。

(2)每次对串的一个字节单元或字单元进行操作。操作数的长度由串操作指令的最后一个字母指出。例如,字符串传送指令 MOVS 有两种格式:MOVSB 指令每次传送一个字节的数据,MOVSW 指令每次传送两个字节的数据。

(3)每执行一次串操作,自动修改 SI 和(或)DI,使其指向下一个字节或字。方向标志 DF 控制对 SI、DI 递增或是递减:若 DF=0,则 SI/DI 加 1(字节)或 2(字);若 DF=1,则 SI/DI 减 1(字节)或 2(字)。

(4)指令 STD 将 DF 置"1",指令 CLD 将 DF 清"0"。

根据配合使用重复前缀的不同,串操作指令可以分为两类。

4.3.1　与无条件重复前缀配合使用的字符串处理指令

1) MOVS　字符串传送指令

格式:

```
MOVSB/MOVSW
```

MOVS 指令可以把 1B 或 2B 的源数据区数据传送到目的存储单元,同时根据方向标志对源变址寄存器 SI 和目的变址寄存器 DI 进行修改。

执行的操作:

（1）目的操作数单元←源操作数，即 ES：[DI]←DS：[SI]。

（2）修改 SI 和 DI 值。

MOVSB 指令每次传送 1B 数据，MOVSW 指令每次传送 2B 数据。方向标志 DF＝0时，执行 MOVSB 指令后，SI、DI 加 1，执行 MOVSW 指令后，SI、DI 加 2。DF＝1 时，SI、DI减 1 或 2。

MOVS 指令的执行不影响标志位。

2）REP 串重复操作前缀

格式：

```
REP   串操作指令
```

其中串操作指令可为 MOVS、LODS 和 STOS。

执行的操作：重复执行串操作指令，直到 CX 的值为"0"。也就是重复执行如下操作：

如果（CX）≠0：

（1）（CX）＝（CX）－1。

（2）执行串指令。

如果（CX）＝0，结束本指令操作。

【例 4-11】 把长度为 100 的字符串 str1 复制到 str2 开始的存储单元中。

假设已经执行如下指令，装载 DS：SI 和 ES：DI：

```
MOV    AX,SEG  str1              ;源数据的段基址
MOV    DS,AX                     ;送入 DS
LEA    SI,str1                   ;将源数据的起始偏移地址送入 SI
MOV    AX,SEG  str2              ;目的数据的段基址
MOV    ES,AX                     ;送入 ES
LEA    DI,str2                   ;将目的数据的起始偏移地址送入 DI
```

（1）用循环控制方法编写的程序：

```
       MOV   CX,100              ;将字符串长度送入 CX
AGAIN: MOV   AL,[SI]             ;从源数据区取出一个字节
       MOV   ES:[DI],AL          ;存入目的数据区
       INC   SI                  ;修改源数据区指针
       INC   DI                  ;修改目的数据区指针
       LOOP  AGAIN               ;重复上面的操作 100 次
```

（2）用字符串传送指令编写的程序：

```
       CLD                       ;方向标志 DF 清"0"
       MOV   CX,100              ;将字符串长度送入 CX
AGAIN: MOVSB                     ;从源数据区传送一个字节到目的数据区
       LOOP  AGAIN               ;重复上面的操作 100 次
```

（3）用带重复前缀的字符串传送指令编写的程序：

```
       CLD                       ;方向标志 DF 清"0"
       MOV   CX,100              ;将字符串长度送入 CX
```

```
       REP    MOVSB                        ;执行 100 次 MOVSB 指令
```

上面 3 个程序执行结果相同,但是采用了不同的方法。就执行速度和程序结构来说,第 3 种方法具有明显的优势。当然,如果改用字传送指令 MOVSW,则更能发挥 CPU 的效能,执行速度会更快。

3) STOS 存字符串指令

格式:

```
STOSB/STOSW
```

执行的操作:

(1) 目的存储单元←累加器。

字节操作:ES:[DI]←(AL)。

字操作:ES:[DI]←(AX)。

(2) 根据规则修改 DI 值。

STOS 指令的执行不影响标志位。

下面两组指令序列的执行结果分别是什么?

```
MOV      DI, 1000H
MOV      CX, 100
XOR      AL, AL
REP      STOSB
```

和

```
MOV      DI, 1000H
MOV      CX, 50
MOV      AX, 00FFH
REP      STOSW
```

4) LODS 取字符串指令

格式:

```
LODSB/LODSW
```

执行的操作:

(1) 累加器←源字符串存储单元。

字节操作:(AL) ←DS:[SI]。

字操作:(AX) ←DS:[SI]。

(2) 根据规则修改 SI 值。

LODS 指令的执行不影响标志位。

4.3.2　与有条件重复前缀配合使用的字符串处理指令

REPE/REPZ 或 REPNE/REPNZ 称为有条件重复前缀,与它们配合使用的串指令有 CMPS 和 SCAS。

1）CMPS 串比较指令

格式：

```
CMPSB/CMPSW
```

CMPSB/CMPSW 对两个字符串对应位置上的字符（数据）进行比较，源操作数由 DS：[SI]提供，目的操作数由 ES：[DI]提供。

执行的操作：

（1）源操作数－目的操作数。

即（DS：[SI]）－（ES：[DI]），不保存减法得到的差，但产生新的状态标志。

（2）根据规则修改 SI 和 DI 值。

2）REPZ/REPE　为 0/相等时重复操作前缀

格式：

```
REPZ/REPE  串指令
```

执行的操作：

如 ZF＝1 且（CX）≠0，则：

（1）执行串操作指令。

（2）（CX）＝（CX）－1。

ZF＝0 或（CX）＝0，停止执行本行内的串操作指令，执行下一行的指令。

这组指令在字符串比较和查找子字符串时非常有用。

【例 4-12】　两个字符串 STRING1、STRING2 长度相同，编写一个程序，比较它们是否相同。

（1）用循环控制方法编写的程序：

```
;EX412A.ASM   用循环指令控制循环,比较两个字符串
.MODEL     SMALL
.DATA
STRING1    DB 'ALL STUDENTS…'
STRING2    DB 'ALL STODENTS…'
N          EQU STRING2-STRING1
MESS1      DB 0DH, 0AH, 'Yes, Strings are matched. $'
MESS2      DB 0DH, 0AH, 'No, Strings are not matched. $'
.CODE
START: MOV    AX, @DATA
       MOV    DS, AX
       MOV    ES, AX
       LEA    SI, STRING1
       LEA    DI, STRING2
       MOV    CX, N
AGA:   MOV    AL, [SI]
       CMP    AL, ES:[DI]              ;比较一对字符
       JNE    NO                       ;不相等,转 NO
       INC    SI                       ;相等,修改指针,继续比较
```

```
        INC     DI
        LOOP    AGA
YES:    LEA     DX, MESS1         ;比较结束,全部对应相等,显示 MESS1
        JMP     DISP
NO:     LEA     DX, MESS2         ;不相等,显示 MESS2
DISP:   MOV     AH, 09H
        INT     21H
        MOV     AX, 4C00H
        INT     21H
        END     START
```

（2）用带重复前缀 REPZ/REPE 的字符串比较指令编写的程序：

;装载 DS:SI、ES:DI、CX 的程序同上

```
        ...
        CLD                       ;置 DF=0
        REPZ    CMPSB
        JNE     NO
YES:    LEA     DX, MESS1
        JMP     DISP
NO:     LEA     DX,MESS2
DISP:   ...
```

3）REPNZ/REPNE　不为 0/不相等时重复操作前缀

REPNZ/REPNE 重复串操作的条件是：如果 ZF＝0 且(CX)≠0,重复串操作。

格式：

```
REPNZ/REPNE   串指令
```

执行的操作：

如果 ZF＝0 且(CX)≠0,则：

（1）执行串指令。

（2）(CX)＝(CX)－1。

（3）重复上述操作。

如果 ZF＝1 或者(CX)＝0,停止执行本指令,执行下一条指令。

4）SCAS 串扫描指令

格式：

```
SCASB/SCASW
```

执行的操作：

（1）累加器—目的操作数。

字节操作：(AL)－(ES:[DI])。

字操作：(AX)－(ES:[DI])。

（2）根据规则修改 DI 值。

假设 ES:DI 开始有 50 字(占用 100B 空间)数据,下面程序分别在找什么?

```
MOV     CX, 50
MOV     AX, 0
REPE    SCASW
```

和

```
MOV     CX, 50
MOV     AX, 0
REPNE   SCASW
```

4.4 子 程 序

子程序(Subroutine)是一组相对独立的程序代码,可以完成预定的一个功能。需要执行这组程序代码时,由上一级程序(称为主程序,或主调程序)通过调用指令(CALL)进入这个子程序执行。子程序执行完毕后,用返回指令(RET)回到主程序,回到调用指令 CALL 的下一条指令执行。子程序调用和返回的过程如图 4-7 所示。

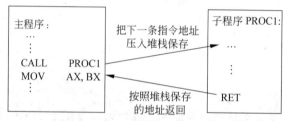

图 4-7 子程序的调用和返回

由此可见,调用指令出现在主程序中,返回指令出现在子程序中。它们成对使用,但是出现在不同的程序中。

子程序调用指令和前面所学的 JMP 指令有相似之处,它们都是通过改变 IP 和/或 CS 的值进行程序的转移。两者的不同之处在于调用指令要求返回,子程序执行完成必须返回调用它的程序继续执行,而后者可以一去不复返。

按照子程序的入口地址长度,有两种类型的子程序。

(1) 近程子程序。主程序和子程序处于同一个代码段,CS 寄存器的值保持不变,调用和返回时只需要改变 IP 寄存器的值。子程序的入口地址用 16 位段内偏移地址表示,只能被同一个代码段里的程序调用。

(2) 远程子程序。入口地址用 16 位段基址和 16 位段内偏移地址表示,能够被不同代码段的程序调用,也能被同一代码段的程序调用。调用这样的子程序时,需要同时改变 CS 和 IP 寄存器的值,返回时,需要从堆栈里弹出 32 位的返回地址送入 IP,CS 寄存器。

子程序的类型在它定义时说明,未明示其类型的均视为近程子程序。

4.4.1 子程序指令

1. CALL(Call,调用)指令

CALL 指令用来调用子程序,与 JMP 指令类似,有 4 种不同的寻址方式,如表 4-4

所示。

表 4-4 4 种寻址方式的 CALL 指令

类 型	格 式	操 作	举 例
段内直接调用 （近程）	CALL 子程序名	SP←SP−2，SS:[SP]←IP IP←子程序的偏移地址	CALL PROC1 ;PROC1 是近程子程序的入口标号
段内间接调用 （近程）	CALL REG16/MEM16	SP←SP−2，SS:[SP]←IP IP←REG16/MEM16	LEA CX，PROC1 CALL CX ;调用近程子程序 PROC1 或者 ADR_PROC1 DW PROC1 ;子程序偏移地址放入存储器字变量 CALL ADR_PROC1 或者 LEA BX，ADR_PROC1 CALL WORD PTR [BX]
段间直接调用 （远程）	CALL FAR PTR 子程序名	SP←SP−2，SS:[SP]←CS SP←SP−2，SS:[SP]←IP IP←子程序的偏移地址 CS←子程序的段基址	CALL FAR PTR PROC2 ;PROC2 是远程子程序的入口标号
段间间接调用 （远程）	CALL MEM32	SP←SP−2，SS:[SP]←CS SP←SP−2，SS:[SP]←IP IP←[MEM32] CS←[MEM32＋2]	ADR_PROC2 DD PROC2 ;子程序入口地址放入存储器双字变量 CALL ADR_PROC2 ;调用远程子程序 PROC2

2. RET（Return，返回）指令

RET 指令用来从子程序返回主程序，有以下 4 种格式，如表 4-5 所示。

表 4-5 4 种返回方式的 RET 指令

类 型	格 式	操 作	举 例	说 明
无参数段内返回 （近程返回）	RET	IP←SS:[SP]，SP←SP＋2	RET	在近程子程序内使用，将保存在堆栈的 16 位返回地址送回 IP
有参数段内返回 （近程返回）	RET D16	IP←SS:[SP]，SP←SP＋2 SP←SP＋D16	RET 2	将堆栈内 16 位返回地址送入 IP，同时修改 SP，用于废弃主程序存放在堆栈里的入口参数
无参数段间返回 （远程返回）	RET	IP←SS:[SP]，SP←SP＋2 CS←SS:[SP]，SP←SP＋2	RET	在远程子程序内使用，将保存在堆栈的 32 位返回地址送回 IP 和 CS
有参数段间返回 （远程返回）	RET D16	IP←SS:[SP]，SP←SP＋2 CS←SS:[SP]，SP←SP＋2 SP←SP＋D16	RET 6	在远程子程序内使用，将保存在堆栈的 32 位返回地址送回 IP 和 CS。同时修改 SP，废弃堆栈中不再使用单元

说明：段内 RET 指令和段间 RET 指令的助记符相同，但是它们汇编所产生的机器代码是不同的。一条 RET 指令究竟是段内还是段间，取决于它所在的子程序的定义。

4.4.2 子程序的定义

1. 子程序的定义

子程序的定义格式如下：

```
子程序名    PROC  [NEAR/FAR]
    子程序体
子程序名    ENDP
```

PROC 和 ENDP 是伪指令，它们没有对应的机器码，它们用来向汇编程序报告一个子程序的开始和结束。

方括号[]中的选择项 NEAR 或 FAR 分别说明这个子程序是近程或远程子程序。如果没有选择，默认为 NEAR。

子程序体中至少应包含一条返回指令，也可以有多于一条的返回指令。

子程序也可以简单地写成下面的形式：

```
子程序名/入口标号：
    ;子程序体
    RET                                    ;结束子程序运行,返回主程序
```

这种方式的表达没有前面一种清晰，而且只能定义近程子程序，因此不予推荐。

2. 子程序文件

编写一个子程序的源代码之前，首先应该明确。

(1) 子程序的名字。

(2) 子程序的功能。

(3) 入口参数。为了运行这个子程序，主程序需要为它准备哪些已知条件？这些参数存放在什么地方？

(4) 出口参数。这个子程序的运行结果有哪些？存放在什么地方？

(5) 影响寄存器。运行这个子程序会改变哪几个寄存器的值？

(6) 其他需要说明的事项。

上述说明性文字，加上子程序使用的变量说明，子程序的程序流程图，源程序清单，就构成了子程序文件。有了这样一个文档，程序员就可以放心地使用这个子程序，不必花更多的精力来了解它的内部细节。

许多时候，可以把上述内容以程序注释的方式书写在一个子程序的首部，以方便使用者。

下面是子程序 FRACTOR，它用来计算一个数的阶乘。

```
;子程序 FRACTOR,求一个 16 位无符号数的阶乘,假设阶乘仍为 16 位
;入口参数:BX=待求阶乘的数据,出口参数: AX=求得的阶乘值
;影响寄存器:无
FRACTOR    PROC    NEAR
           PUSH    CX                      ;把 CX 压入堆栈保护
           PUSH    DX                      ;把 DX 压入堆栈保护
           MOV     CX, BX                  ;将待求阶乘的数转入 CX 寄存器
```

```
              MOV      AX, 1                    ;累乘器置初值"1"
FRALOOP:      MUL      CX                       ;累乘,影响 DX 寄存器
              LOOP     FRALOOP                  ;循环控制
              POP      DX                       ;从堆栈里弹出 DX 的原值
              POP      CX                       ;从堆栈里弹出 CX 的原值
              RET
FRACTOR       ENDP
```

　　子程序如果用到了主程序正在使用的寄存器,就会造成冲突。为了使得子程序返回后主程序能继续正常运行,在子程序入口处把可能发生冲突的寄存器的值压入栈保护,程序返回前再恢复它们的值,这个操作称为保护现场和恢复现场。请注意,务必遵循先进后出的顺序。

　　那么,哪些寄存器需要入栈保护呢?从原理上说,只需要保护与主程序发生使用冲突的寄存器。但是,一个子程序可以为多个主程序调用,究竟哪些寄存器会发生使用冲突就不易确定了。所以,从安全角度出发,可以把子程序中所有使用到的寄存器都压入堆栈保护。但是,请注意,不应包括带回运算结果的寄存器,例如上例中的 AX 寄存器。

　　另一方面,保护现场和恢复现场能否在主程序中进行?

　　从理论上说,保护现场和恢复现场可以在主程序中进行。但是,如果主程序中多次调用同一段子程序,就得有多组的 PUSH 和 POP 指令,这显然不如在子程序中进行保护现场和恢复现场来得方便,在那里只需写一次就可以了。

4.4.3　子程序应用

　　准备好子程序文件之后,就可以着手编制主程序了。每调用一次子程序,主程序需要做 3 件事。

　　(1) 为子程序准备入口参数。

　　(2) 调用子程序。

　　(3) 处理子程序的返回参数。

　　【例 4-13】　子程序 FRACTOR 用来计算一个数的阶乘。主程序利用它计算 1~5 的阶乘,存入 FRA 数组。

```
;EX413.ASM,主程序调用子程序 FRACTOR,求 1~5 的阶乘
.MODEL   SMALL
.DATA
FRA          DW       5 DUP (?)
.CODE
START:       MOV      AX, @DATA
             MOV      DS, AX
             MOV      BX, 1                     ;在 BX 中存放待求阶乘的数
             MOV      SI, 0                     ;SI 用作存放阶乘值的指针
             MOV      CX, 5                     ;求阶乘次数 (循环次数)
LOOP0:       CALL     FRACTOR                   ;调用 FRACTOR 求阶乘
             MOV      FRA[SI], AX               ;保存结果 (阶乘)
             INC      BX                        ;产生下一个待求阶乘的数
```

```
          ADD     SI, 2                    ;修改指针
          LOOP    LOOP0                    ;循环控制
          MOV     AX, 4C00H
          INT     21H
FRACTOR   PROC    NEAR
          PUSH    CX                       ;把 CX 压入堆栈保护
          ⋮
          POP     CX                       ;从堆栈里弹出 CX 的原值
          RET
FRACTOR   ENDP
          END     START
```

同一个代码段中主程序和子程序的前后顺序是任意的,但是不允许产生交叉。

主程序和子程序之间需要相互传递参数。传递的参数有两种类型。

(1)值传递:把参数的值放在约定的寄存器或存储单元进行传递。如果一个入口参数是用值传递的,子程序可以使用这个值,但是无法改变这个入口参数原来的值。

(2)地址传递:把参数所在存储单元的地址作为参数传递给子程序。如果一个参数使用它的地址来传递,子程序可以改变这个参数的值。例如,把存放结果的存储单元的地址作为入口参数传递给子程序,子程序就可以把运算结果直接存入这个单元。

按照参数的存放位置,有 3 种类型。

(1)把参数存放在寄存器中。

(2)把参数存放在主、子程序可以共享的数据段内。

(3)把参数存放在堆栈内。

在高级语言程序中,参数传递普遍使用堆栈,下面是一个例子。

【例 4-14】 求斐波那契数列的前 N 项。斐波那契数列的前两项为 1,1,以后的每一项都是其前两项之和。$X_0=1, X_1=1, X_i=X_{i-1}+X_{i-2}(i \geqslant 2)$。

```
;EX414.ASM,利用子程序 FIB,求斐波那契数列的前 20 项
. MODEL   SMALL
. DATA
   FIBLST  DW       1, 1, 18 DUP(?)
   N       DW       20
. STACK                                    ;定义堆栈
.CODE
START:    MOV     AX, @ DATA
          MOV     DS, AX
          LEA     SI, FIBLST               ;设置 FIBLST 数组的地址指针
          MOV     CX, N
          SUB     CX, 2                    ;设置循环计数器初值
ONE:      PUSH    AX                       ;为保存结果,在堆栈预留单元
          PUSH    WORD PTR [SI]            ;X_{i-2}入栈
          PUSH    WORD PTR [SI+2]          ;X_{i-1}入栈
          CALL    FIB                      ;调用子程序,执行后堆栈状态 1
          POP     AX                       ;从堆栈弹出结果,执行后堆栈状态 4
```

```
              MOV      [SI+4], AX           ;把结果存入 FIBLST 数组
              ADD      SI, 2                ;修改地址指针
              LOOP     ONE
              MOV      AX,  4C00H
              INT      21H
;子程序 FIB
;功能:计算斐波那契数列的一项
;入口参数:X_{i-1},X_{i-2}在堆栈中
;出口参数:X_i=X_{i-1}+X_{i-2}在堆栈中
FIB           PROC                          ;进入后堆栈状态 1
              PUSH     BP
              MOV      BP, SP                ;执行后堆栈状态 2
              MOV      AX, [BP+4]            ;从堆栈取出 X_{i-1}
              ADD      AX, [BP+6]            ;AX=X_{i-1}+X_{i-2}
              MOV      [BP+8], AX            ;结果存入堆栈
              POP      BP                    ;恢复 BP
              RET      4                     ;返回,SP=SP+4,执行后堆栈状态 3
FIB           ENDP
              END      START
```

本例中,主程序将子程序所需的参数压入堆栈,通过堆栈传递给子程序。图 4-8 给出了程序执行过程中堆栈的变化。

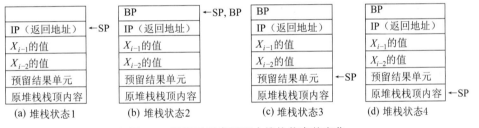

图 4-8 调用子程序过程中堆栈状态的变化

上面的源程序中,预留结果单元的操作 PUSH AX 可以用 SUB SP,2 代替。从堆栈弹出结果,存入数组的两条指令 POP AX/MOV [SI+4],AX 可以用一条指令 POP WORD PTR [SI+4]代替。

4.5 宏 指 令

宏指令实际上就是由程序员选择、编排的一组指令/伪指令,用来完成某项功能。宏指令使用之前,需要为这一组指令起一个名字,称为定义,此后就可以在程序中多次使用。

4.5.1 宏指令的定义

宏指令使用之前,应进行宏指令的定义,用来向汇编程序声明宏指令对应的一组指令。汇编程序对一条宏指令汇编时,用它对应的一组指令代替,称为宏展开。

宏指令定义格式如下：

```
宏指令名    MACRO  ［形式参数表］
    …                                      ;宏体(指令组)
ENDM
```

宏指令名是用户为这组指令起的一个名字，应满足标识符命名的一般规定。MACRO 和 ENDM 是一对伪指令，表示宏定义的开始和结束。形式参数表中的参数可以为空（没有），也可以有多个，用逗号分隔。宏的主体则由指令、伪指令和前面已经定义的宏指令组成。

【例 4-15】 定义一个宏，输出换行回车符。

```
M_CRLF    MACRO
    MOV   DL, 0AH
    MOV   AH, 02H
    INT   21H
    MOV   DL, 0DH
    INT   21H
ENDM
```

经过上面的定义，用户使用的指令系统里多出了一条指令。需要输出回车、换行时，可以在程序中用 M_CRLF 代替这 5 条指令。对源程序汇编时，宏指令 M_CRLF 又被还原成这 5 条指令。

【例 4-16】 可以用已经定义的宏指令来定义另一个宏指令，也就是说，宏指令可以嵌套定义。

```
SUM2    MACRO  X, Y
    MOV   AX, X
    ADD   AX, Y
ENDM
SUM3    MACRO  A, B, C
    SUM2  A, B
    ADD   AX, C
ENDM
```

宏指令 SUM3 用来求 3 个 16 位数据的和。它首先使用宏指令 SUM2 求出 A 和 B 的和，存放在 AX 中，然后再与 C 相加，在 AX 中得到 3 个 16 位数据的和。

4.5.2 宏指令的应用

宏指令定义后，可以在程序的任意位置使用它。

【例 4-17】 利用宏指令，求 3 个带符号数中最大的数并显示。

```
INCLUDE  YLIB.H
MAX    MACRO  X, Y, Z                        ;宏定义写在使用之前，通常出现在程序首部
LOCAL  L1
    MOV   AX, X
```

```
        CMP     AX, Y
        JGE     L1
        MOV     AX, Y
L1:  MOV     Z, AX                          ;宏指令 MAX 求 X,Y 的最大值,存入 Z
ENDM
.MODEL  SMALL
.DATA
BUF     DW      -90, 90, 234               ;3 个数
BIG     DW      ?                          ;存放最大数的单元
MESS    DB      0DH, 0AH, 'The Max is: $'
.CODE
START: MOV     AX, @DATA
        MOV     DS, AX
        MAX     BUF, BUF+2, BIG            ;求前两个数中的较大者,存入 BIG
        MAX     BUF+4, BIG, BIG           ;求第 3 个数与 BIG 中的较大者,存入 BIG
        LEA     DX, MESS
        MOV     AX, BIG
        CALL    WRITEINT                   ;输出结果
        MOV     AX, 4C00H
        INT     21H                        ;返回操作系统
        END     START
```

源程序通过两两比较,找到最大数并输出。在 MAX 宏指令定义中,出现了标号 L1。该宏指令被二次调用,这样,在目标代码中会出现二个 L1 标号,也就是说,在同一个源程序中出现两个同名标号。为了避免这个错误,宏定义中使用局部标号定义伪指令 LOCAL 把 L1 定义为局部标号。宏展开时,汇编程序对局部标号进行换名处理,用?? 0000、?? 0001、…依次代替各个宏展开中的标号。注意,LOCAL 伪指令应紧接 MACRO 语句之后,两行之间不得有其他语句。

4.6 DOS 和 BIOS 功能调用

在 PC 主板的只读存储器芯片(ROM)中,有一组特殊的程序,称为基本的输入输出系统(BIOS)。BIOS 由许多子程序组成,这些子程序为应用程序提供了一个使用 IBM-PC 系统中常用设备的接口。例如,要在屏幕上显示字符,可以通过调用 BIOS 提供的显示子程序,而不必关心显示卡的型号、特性等一系列问题。

操作系统在更高一个层次为用户提供了与系统及硬件的接口,称为 DOS 功能调用。例如,从磁盘上读取文件,如果通过 BIOS 功能调用来完成,首先要读出磁盘目录,查出该文件在磁盘上的存储位置(磁头号、磁道号、扇区号),然后按照文件的存储位置再读出该文件内容。但是如果通过 DOS 功能调用,你只需知道路径和文件名就可以了。许多 DOS 功能调用实现时需要调用 BIOS 提供的相关功能。

4.6.1 BIOS 功能调用

BIOS 功能(子程序)调用通过软中断指令 INT 实现,其格式如下:

```
    INT   n
```

n 的取值范围是 16～255,每个 n 对应一段子程序。与一般子程序调用一样,在 BIOS
功能调用前也要设入口参数,功能调用也会返回参数(不是所有的功能都有参数返回)。本
小节介绍几个最常用的 BIOS 调用,更多的内容请参阅本书附录。

1) INT   16H   键盘输入

(1) AH=0:从键盘读入一键。

返回参数:AL=ASCII 码,AH=扫描码。

功能:从键盘读入一个键后返回,按键不显示在屏幕上。对于无相应 ASCII 码的键,如
功能键等,AL 返回 0,AH 中返回该键的扫描码。

(2) AH=1:判断是否有键输入。

返回参数:若 ZF=0,则有键盘输入,AL=ASCII 码,AH=扫描码;ZF=1,键盘无
输入。

2) INT   33H 鼠标功能

INT 33H 用于提供鼠标的相关信息,如鼠标的当前位置、最近一次的按键和移动速度、
鼠标的按下和释放状态等。注意,INT   33H 的功能号应该送入 AX 而不是常用的 AH。
下面介绍几种最常用的鼠标功能。

(1) AX=1,显示鼠标指针。

使鼠标指针显示在屏幕上,无返回参数。

(2) AX=2,隐藏鼠标指针。

无返回参数,执行后鼠标指针不可见,但是鼠标的位置仍然被记录。

(3) AX=3,获取鼠标位置和状态。

返回参数:BX=鼠标状态,其中 $D_0=1$ 表示左键被按下,$D_1=1$ 表示右键被按下,
$D_2=1$ 表示中键被按下。

CX=鼠标当前的 X 坐标(水平位置,以像素为单位)。

DX=鼠标当前的 Y 坐标(垂直位置,以像素为单位)。

在文本显示方式下,一个字符宽和高都是 8 个像素,因此像素的坐标除以 8 就转换成字
符的坐标。

(4) AX=4,设置鼠标的位置。

入口参数:CX=X 坐标(水平位置,以像素为单位)。

DX=Y 坐标(垂直位置,以像素为单位)。

无返回参数。

如果想把鼠标定位于第 5 行第 6 列字符处,设置 CX=5×8=40,DX=6×8=48。

【例 4-18】 跟踪鼠标,在屏幕的右上角显示鼠标的即时坐标。

```
;EX418.ASM
INCLUDE    YLIB.H
.MODEL     SMALL
.CODE
MAIN ·    PROC
    CALL  SHOWMOUSE                    ;调用子程序 SHOWMOUSE,使鼠标指针可见
```

```
AGAIN:
    CALL    SETXY              ;设置光标位置(1行60列)
    CALL    GETPOSITION        ;获得鼠标的当前位置
    CALL    SHOWPOSITION       ;在光标处显示鼠标位置"行:列"
    MOV     CX, 2000H
    LOOP    $                  ;延时
    JMP     AGAIN              ;重复上面的过程,直到按 Ctrl+Break 键
MAIN        ENDP               ;主程序到此结束
SHOWMOUSE PROC                 ;子程序 SHOWMOUSE,使鼠标指针可见
    PUSH    AX
    MOV     AX, 1
    INT     33H
    POP     AX
    RET
SHOWMOUSE ENDP
SETXY   PROC                   ;子程序 SETXY,设置屏幕光标位置
    MOV     AH, 2
    MOV     DH, 1              ;在 DH 中放置行号
    MOV     DL, 60             ;在 DL 中放置列号
    MOV     BH, 0
    INT     10H                ;设置光标位置为1行60列
    RET
SETXY   ENDP
GETPOSITION  PROC              ;子程序 GETPOSITION
    MOV     AX, 3
    INT     33H                ;得到鼠标当前位置在 CX/DX 中
    RET
GETPOSITION  ENDP
SHOWPOSITION  PROC             ;子程序 SHOWPOSITION
    PUSH    CX                 ;CX(鼠标光标位置列号)入栈暂存
    MOV     AX, DX
    MOV     DX, 0FFFFH
    CALL    WRITEINT           ;显示鼠标当前的行号(垂直位置)
    MOV     DL , ':'
    MOV     AH, 02H            ;输出一个冒号
    INT     21H
    POP     AX                 ;从堆栈弹出鼠标光标位置列号
    MOV     DX, 0FFFFH
    CALL    WRITEINT           ;显示鼠标光标当前位置的列号(水平位置)
    RET
SHOWPOSITION  ENDP
    END     MAIN
```

4.6.2 DOS 功能调用

与 BIOS 功能调用相比,DOS 功能调用功能更强大,使用更方便。但是,DOS 功能调用没有重入功能,也就是不能递归调用,所以不能在"中断服务程序"(见第6章)内使用。

MS-DOS 负责文件管理、设备管理、内存管理和一些辅助功能,功能十分强大。DOS 功能调用使用 INT　21H 指令,AH 中存放功能号,表示需要完成的功能。每个功能调用,都规定了使用的入口参数,存放该参数的寄存器,调用产生的返回参数也通过寄存器传递。

第 3 章已经介绍了一些常用的 DOS 功能调用,更多的信息可以查阅本书附录。

习　题　4

1. 什么是三种基本结构? 解释基本两个字在其中的含义。

2. 什么是控制转移指令? 它和数据传送、运算指令有什么区别? 它是怎样实现它的功能的?

3. 指令 JMP　DI 和 JMP　WOR PTR [DI]作用有什么不同? 请说明。

4. 已知(AX)=836BH,X 分别取下列值,执行 CMP　AX,X 后,标志位 ZF、CF、OF、SF 各是什么?

(1) X=3000H　(2) X=8000H　(3) X=7FFFFH　(4) X=0FFFFH　(5) X=0

5. 已知(AX)=836BH,X 分别取下列值,执行 TEST AX,X 后,标志位 ZF、CF、OF、SF 各是什么?

(1) X=0001H　(2) X=8000H　(3) X=0007H　(4) X=0FFFFH　(5) X=0

6. 假设 X 和 X+2 字单元存放有双精度数 P,Y 和 Y+2 字单元存放有双精度数 Q,下面程序完成了什么工作?

```
        MOV     DX, X+2
        MOV     AX, X
        ADD     AX, X
        ADC     DX, X+2
        CMP     DX, Y+2
        JL      L2
        JG      L1
        CMP     AX, Y
        JBE     L2
L1: MOV     Z, 1
        JMP     SHORT  EXIT
L2: MOV     Z, 2
EXIT: ...
```

7. 编写指令序列,将 AX 和 BX 中较大的绝对值存入 AX,较小的绝对值存入 BX。

8. 编写指令序列,比较 AX、BX 中的数的绝对值,绝对值较大的数存入 AX,绝对值较小的数存入 BX。

9. 编写指令序列,如果 AL 寄存器存放的是小写字母,把它转换成大写字母,否则不改变 AL 内容。

10. 计算分段函数:$Y=\begin{cases} X-3, & X<-2 \\ 5X+6, & -2\leqslant X\leqslant 3 \\ 2, & X>3 \end{cases}$。

X 的值从键盘输入,Y 的值送显示器输出。

11. 编写程序,求 10 元素字数组 LIST 中绝对值最小的数,存入 MIN 单元。

12. 编写程序,求 20 元素无符号字数组 ARRAY 中最小的奇数,存入 ODD 单元,如果不存在奇数,将 ODD 单元清"0"。

13. 一个有符号字数组以 0 为结束标志,求这个数组的最大值、最小值、平均值。

14. 数组 SCORE 中存有一个班级 40 名学生的英语课程成绩。按照 0~59,60~74,75~84,85~100 统计各分数段人数,存入 N0,N1,N2,N3 变量内。

15. STRING 是一个由 16 个字符组成的字符串,RULE 是一个字整数。编写程序,测试 STRING 中的每一个字符,如果该字符为数字字符,把 RULE 中对应位置"1",否则置"0"。

16. 编写程序,从键盘上输入一个无符号字整数,用四进制格式输出它的值(也就是,每两位二进制位看作一位四进制数,使用数字 0~3)。

17. 编写程序,把一个 30 个元素的有符号字数组 ARRAY 按照各元素的正负分别送入数组 P 和 M,正数和 0 元素送入 P 数组,负数送入 M 数组。

18. 缓冲区 BUFFER 中存放有字符串,以 0 为结束标志。编写程序,把字符串中的大写字母转换成小写字母。

19. 编写程序,从键盘上输入无符号字整数 X,Y 的值,进行 X＋Y 的运算,然后按以下格式显示运算结果和运算后对应标志位的状态。

```
SUM=XXXX
ZF=Y, OF=Y, SF=Y, CF=Y
```

(其中 X 为十进制数字,Y 为 0 或 1)

20. 编写程序,从键盘上输入一个字符串,统计其中数字字符、小写字母、大写字母、空格的个数并显示。

21. 编写程序,打印九九乘法表。

22. 编写程序,显示 1000 以内的所有素数。

23. 编写程序,输入 N,计算:$S＝1×2+2×3+\cdots+(N-1)N$。

24. 编写程序,输入 N,输出如下矩阵(设 $N=5$)

```
1 1 1 1 1
2 2 2 2 1
3 3 3 2 1
4 4 3 2 1
5 4 3 2 1
```

25. 根据下面的条件,画出每次调用子程序或返回时的堆栈状态。

(1) 主程序调用 NEAR 属性的 SUB1 子程序,返回的偏移地址为 1200H。

(2) 进入 SUB1 后调用 NEAR 属性的 SUB2 子程序,返回的偏移地址为 2200H。

(3) 进入 SUB2 后调用 FAR 属性的 SUB3 子程序,返回的段基址为 4000H,偏移地址为 0200H。

(4) 从 SUB3 返回 SUB2 后。

（5）从 SUB2 返回 SUB1 后。

（6）从 SUB1 返回主程序后。

26. 阅读下面的子程序，叙述它完成的功能，它的入口参数和出口参数各是什么？

```
CLSCREEN  PROC
    MOV   AX, 0600H
    MOV   CX, 0
    MOV   DH, X
    MOV   DL, Y
    MOV   BH, 07H
    INT   10H
    RET
CLSCREEN  ENDP
```

27. 编写程序，输入一个以 $ 为结束符的数字串，统计其中 0～9 各个数字出现的次数，分别存放到 S0～S9 这 10 个单元中。

28. 编写求绝对值的子程序，利用它计算 3 个变量的绝对值之和。

29. 从键盘输入一串字符，以 $ 为结束符，存储在 BUF 中。用子程序来实现把字符串中的大写字母改成小写字母，最后送显示器输出。

30. 从键盘输入一个字符串（长度<80），若该字符串不包括非数字字符，则显示 YES，否则显示 NO。设计一个过程，判断字符串是否为纯数字串。

31. 编写完整程序，调用 READINT 子程序，从键盘读入一个带符号整数，以二进制格式输出它的补码。

32. 编写子程序，入口参数是一个字型数据，存放在 AX 中，统计该字的 16 个二进制位中含有多少个 1 和多少个 0。

33. 字符串 STRING 以一字节 0 为结束标志。在 STRING 中查找空格，记下最后一个空格的位置，存放在变量 SPACE 中。如果没有空格，置 SPACE 为 −1。

第 5 章   微型计算机输入输出接口

外部设备是构成微型计算机系统的重要组成部分。程序、数据和各种外部信息要通过外部设备输入到计算机内,计算机内的各种信息和处理的结果要通过外部设备进行输出。微型计算机和外部设备的数据传输,在硬件线路与软件实现上都有其特定的要求和方法。本章重点讨论连接微机系统总线和外部设备的硬件电路——输入输出接口(Input/Output Interface,I/O 接口)的结构和组成方法,微型计算机和外部设备数据传输的方法,I/O 接口程序设计,PC 系列微型计算机常用外部设备的接口。

5.1   输入输出接口

5.1.1   外部设备及其信号

按照外部设备与 CPU 之间数据信息传输的方向,外部设备可以划分为以下 3 类。

(1) 输入设备:数据信息从外部设备送往 CPU。

(2) 输出设备:数据信息从 CPU 送往外部设备。

(3) 复合输入输出设备:数据信息在 CPU 与外部设备之间双向传输。

按照设备的功效,外部设备又可以划分为以下 4 类。

(1) 人机交互设备:在操作员与微机之间交换信息,例如键盘、鼠标、显示器。

(2) 数据存储设备:软盘、硬盘、光盘驱动器和 U 盘。

(3) 媒体输入输出设备:扫描仪、打印机等。

(4) 数据采集与设备控制:模拟量输入转换设备、过程控制设备等。

外部设备的信号因设备而异,但是它们与主机之间交换的信号还是可以归类为以下 3 种。

(1) 数据信号:以二进制形式表述的数值、文字、声音、图形信息。

(2) 控制信号:CPU 以一组二进制向外部设备发出命令,控制设备的工作。

(3) 状态信号:一组二进制表示的外部设备当前工作状态,从外部设备送往 CPU。

① 输入设备在完成一次输入操作(例如用户在键盘上按下一个按键)之后,发出就绪信号(READY),等待 CPU 进行数据传输。

② 输出设备在接收了来自 CPU 的数据信息,实施输出的过程中,发出忙信号(BUSY),表明目前不能接收新的数据信息。

③ 有的设备有指示出错状态的信号,如打印机的纸尽(Paper Out)、故障(Fault)。

数据信号、控制信号、状态信号都是以数据的形式通过数据总线与 CPU 进行传输的。

5.1.2   I/O 接口的功能

接口是计算机一个部件与另一个部件之间连接的界面。I/O 接口用来连接计算机系统总线与外部设备,它具有如下功能。

(1) 设备选择功能。CPU 通过地址代码来标识和选择不同的外部设备。接口对系统总线上传输的外部设备地址进行译码,在检测到本设备地址代码时,产生相应的选中信号并按 CPU 的要求进行信号传输。

(2) 信息传输与联络功能。在设备被选中时,接口从 CPU 接收数据或控制信息或者将来自外部设备的数据或状态信息发往数据总线。

(3) 数据格式转换功能。当外部设备使用的数据格式与 CPU 数据格式不同时,就需要接口进行两种数据格式之间的相互转换。例如,把来自键盘的串行格式信息转换为并行信息。

(4) 中断管理功能。中断管理功能主要包括向 CPU 申请中断、向 CPU 发中断类型号、中断优先权的管理等。在以 80x86 为 CPU 的系统中,这些功能大部分由专门的中断控制器实现。

(5) 复位功能。接口在接收系统的复位信号后,将接口电路及其所连接的外部设备置成初始状态。

(6) 可编程功能。有些接口具有可编程特性,可以用指令来设定接口的工作方式、工作参数和信号的极性。可编程功能扩大了接口的适用范围。

(7) 错误检测功能。许多数据传输量大,传输速率高的接口具有信号传输错误的检测功能。常见的信号传输错误有以下两种。

① 物理信道上的传输错误。信号在线路上传输时,如果遇到干扰信号,可能发生传输错误。检测传输错误的常见方法是奇偶检验。以偶校验为例,发送方在发送正常位数据信息的同时,增加一位校验位。通过对校验位设置为“0”或“1”,使信息位连同校验位中“1”的个数为偶数。接收方核对接收到的信息位、校验位中“1”的个数。若“1”的个数是奇数,则可以断定产生了传输错误。需要说明的是,奇偶校验是一种比较简单的检验方法,它能够确定某次数据传输是错误的,但却不能确定某次数据传输一定是正确的。

② 数据传输中的覆盖错误。输入设备完成一次输入操作后,把所获得的数据暂存在接口内。如果在该设备完成下一次输入操作之前,CPU 没有从接口取走数据,那么,在新的数据送入接口后,上一次的数据被覆盖,导致数据的丢失。输出操作中也可能产生类似的错误。

5.1.3　I/O 端口的编址方法

1. 端口

接口内通常设置有若干个寄存器,用来暂存 CPU 和外部设备之间传输的数据、状态和命令。这些寄存器被称为端口(Port)。根据寄存器内暂存信息的种类和传输方向,可以有数据输入端口、数据输出端口、命令端口(也称控制端口)和状态端口。每一个端口有一个独立的地址。CPU 用地址来区别各个不同的端口,对它们进行读写操作,如表 5-1 所示。CPU 对状态端口进行一次读操作,可以得到该端口暂存的状态代码,从而获得与这个接口相连接的外部设备的状态信息。CPU 对数据端口进行一次读或写操作,也就是与该外部设备进行一次数据传输。而 CPU 把若干位代码写入命令端口,则意味着对该外部设备发出一个控制命令,要求该设备按代码的要求进行工作。由此可见,CPU 与外部设备的输入输出操作,都是通过对相应端口的读写操作来完成的。所谓外部设备的地址,实际上是该设备接口内各端口的地址,一台外部设备可以拥有几个通常是相邻的端口地址。

表 5-1　CPU 对 I/O 端口的读写操作

端口种类	读 端 口	写 端 口
数据输出端口	非法操作 *	把输出的数据写入端口,继而送往输出设备
数据输入端口	把从输入设备输入的数据读入 CPU	非法操作
命令(控制)端口	非法操作 *	向端口写入对外部设备的控制命令
状态端口	从端口读入外部设备的当前状态	非法操作

* 某些接口的输出类端口允许把当前已经输出的内容读入 CPU,称为回读。该操作需要接口内相关电路的支持。

2. I/O 端口的编址

I/O 端口地址的编排有两种不同的方法。

(1) I/O 端口与内存统一编址。这种编址方式也称为存储器映射编址方式,它从内存的地址空间里划出一部分,分配给 I/O 端口,一个 8 位端口占用一个内存字节单元地址。已经用于 I/O 端口的地址,存储器不能再使用。

I/O 端口与内存统一编址后,访问内存储器单元和 I/O 端口使用相同的指令,这有助于降低 CPU 的复杂性,给使用者提供方便。但是,I/O 端口占用内存地址,相对减少了内存的可用范围。同时,由于难以区分访问内存和 I/O 的指令,降低了程序的可读性和可维护性。

(2) I/O 端口与内存独立编址。这种编址方法中,内存储器和 I/O 端口各自有自己独立的地址空间。访问 I/O 端口需要专门的 I/O 指令。

8086/8088 CPU 采用的方式如下。

① 访问内存储器使用 20 根地址线 $A_0 \sim A_{19}$,同时使 $M/\overline{IO}=1$,内存地址范围为 00000～0FFFFFH 共 1MB。

② 访问 I/O 端口使用 16 根地址线 $A_0 \sim A_{15}$,同时使 $M/\overline{IO}=0$,I/O 端口地址范围为 0000～0FFFFH。

采用这种方式后,两个地址空间相互独立,互不影响。

3. IBM PC 微型计算机 I/O 端口地址分配

在早期 PC 中,使用 $A_0 \sim A_9$ 共 10 条地址线定义了 1024 个 I/O 端口(设 $A_{11} \sim A_{15}=0$),地址范围为 0～3FFH。前 256 个端口地址供主板上接口芯片使用,后 768 个供扩展槽接口卡使用,部分主板用 I/O 端口分配情况列于表 5-2 中。

表 5-2　系统板(主板)上 I/O 部分接口器件的端口地址

I/O 接口器件名称	PC/XT	PC/AT
DMA 控制器 1	000～01FH	000～01FH
中断控制器 1	020～021H	020～021H
定时器	040～043H	040～05FH
并行接口芯片	060～063H	—
键盘控制器	—	060～06FH

I/O 接口器件名称	PC/XT	PC/AT
RT/CMOS RAM	—	070~07FH
DMA 页面寄存器	080~083H	080~09FH
中断控制器 2	—	0A0~0BFH
NMI 屏蔽寄存器	0A0~0BFH	—
DMA 控制器 2	—	0C0~0DFH
协处理器	—	0F0~0FFH

5.1.4 输入输出指令

8086 CPU 采用内存与 I/O 端口独立编址方式,设置了一套独立的输入输出指令,用于 8 位/16 位端口的输入输出,如表 5-3 所示。

表 5-3　8086 输入输出指令

指　　令	操　　作	举　　例	功　　能
IN　ACC, PORT	AL/AX←(PORT)	IN　AL, 60H　;8 位输入指令 IN　AX, 78H　;16 位输入指令	把指定端口中的数据读入 AL 或 AX 中
IN　ACC, DX	AL/AX←(DX)	MOV　DX, 312H　;端口地址送入 DX IN　AX, DX　　　;16 位间接输入指令	
OUT　PORT, ACC	(PORT)←AL/AX	OUT　21H, AL　;8 位输出指令	把 AL 或 AX 中的数据向指定端口输出
OUT　DX, ACC	(DX)←AL/AX	MOV　DX, 21H　;端口地址送入 DX OUT　DX, AL　;8 位间接输出指令	

输入输出必须通过累加器进行。8 位外部端口用 AL 进行输入输出,16 位外部端口用 AX 进行输入输出。

输入指令 IN 把外部设备接口输入端口(数据、状态)的信息读入累加器,8 位输入端口送 AL、16 位输入端口送 AX。输出指令 OUT 把累加器 AL/AX 的内容向 8 位/16 位输出端口(数据、命令)输出。

I/O 指令中,外部端口地址有两种寻址方式。端口地址为 0~255,可以用 8 位二进制数表示时,可以使用直接地址,端口地址以立即数的形式出现在指令中(高 8 位地址全为 0)。端口地址大于 255 时,必须把地址事先送入 DX 寄存器,通过该寄存器进行间接寻址。

5.1.5 简单的 I/O 接口

1. 地址译码电路

地址译码是接口的基本功能之一。CPU 在执行输入输出指令时,向地址总线发送外部设备的端口地址。在接收到与本接口相关的地址后,译码电路应能产生相应的选通信号,使相关端口寄存器进行数据、命令或状态的传输,完成一次 I/O 操作。

由于一个接口上的几个端口地址通常是连续排列的,可以把地址代码分解为两个部分:高位地址用作对接口的选择,低位地址用来选择接口内不同的端口。

例如,某接口数据输入端口、数据输出端口、状态端口、命令端口的地址分别为 330H、331H、332H、333H。假设该系统使用 10 位端口地址。那么,当 8 位高位地址为 11001100 时,表明本接口被选中,2 位低位地址的 4 种组合 00、01、10、11 分别表示选中了本接口的数据输入端口、数据输出端口、状态端口、命令端口。由此,在最小模式的系统中,可以设计如图 5-1 所示的译码电路。选中本接口时,地址码 A_7、A_6、A_3,均为"0",或门 U_1 输出"0"。同时,选中本接口时,地址码 A_9、A_8、A_5、A_4 全为"1",于是与门 U_2 输出"1",它们连同 M/$\overline{\text{IO}}$ 的"0"使 3-8 译码器工作。根据 $A_2 A_1 A_0$ 的 8 种组合,可以得到 8 个地址选择信号(本接口只使用其中的 4 个),与 $\overline{\text{RD}}$、$\overline{\text{WR}}$ 的进一步组合,就得到了本例中 4 个端口的读写选通信号。

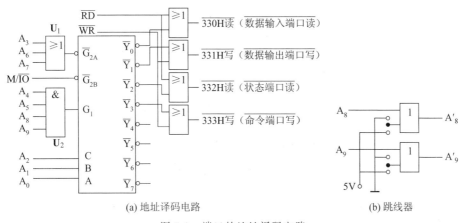

(a) 地址译码电路　　　　　　(b) 跳线器

图 5-1　端口的地址译码电路

设定端口地址时,注意不能和已有设备的端口地址重复。为了避免重复的发生,许多接口电路允许用"跳线器(JUMPER)"改变端口地址。图 5-1(b)给出了一个"跳线器"的例子。异或门(半加器)的一个输入引脚来自跳线器的中间引脚,它可以由使用者选择连接"1"(5V)或"0"(接地),另一个引脚分别连接 A_8 和 A_9。将异或门的输出 A_8'、A_9' 代替图 5-1(a)中的 A_8、A_9 引脚连接到 U_2。两个跳线引脚均接地时,上面译码电路仍然产生 330H~333H 的端口译码信号,而当两个跳线引脚均接"1"时,则上面译码电路会产生 030H~033H 的端口译码信号。同理还可以产生 130H~133H,230H~233H 的译码信号。

由于读操作和写操作不会同时进行,一个输入端口和另一个输出端口可以使用同一个地址代码。例如,可安排数据输入端口、数据输出端口使用同一个地址 330H,命令端口和状态端口共同使用地址 331H,则图 5-1(a)中右端的信号组合电路可做如图 5-2 的修改。

图中,Y_0、Y_1 是译码器输出的两个地址选择信号。需要注意的是,数据输入端口和数据输出端口虽然使用相同的地址,但却是两个各自独立的不同的端口。

8086 工作于最大模式时,由 8288 总线控制器发出 $\overline{\text{IORC}}$,$\overline{\text{IOWC}}$ 代替上面的 M/$\overline{\text{IO}}$、$\overline{\text{WR}}$ 和 $\overline{\text{RD}}$。读者不妨自己设计一个相应的地址译码电路。

2. 数据锁存器与缓冲器

在微型计算机系统数据总线上,连接着许多能够向 CPU 发送数据的设备,如内存储器、外部设备的数据输入端口等。为了使系统数据总线能够正常地进行数据传送,要求所有的这些连接到系统数据总线的设备具有三态输出的功能。也就是说,在 CPU 选中该设备时,它能向系统数据总线发送数据信号。在其他时间,它的输出端必须呈高阻状态。为此,所有的输入端口必须通过三态缓冲器与系统总线相连。

图 5-3 中,输入设备在完成一次输入操作后,在送出数据的同时,产生数据选通信号,把数据打入 8 位锁存器 74LS273。锁存器的输出信号通过 8 位三态缓冲器 74LS244 连接到系统数据总线。数据端口读信号由地址译码电路产生。该信号为高电平(无效)时,三态缓冲器输出端呈高阻态。一旦该端口被选中,数据端口读变为低电平(有效),已锁存的数据就可以通过 74LS244 送往系统数据总线继而被 CPU 所接收。

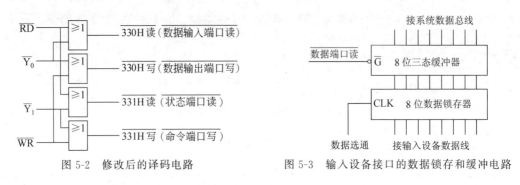

图 5-2 修改后的译码电路   图 5-3 输入设备接口的数据锁存和缓冲电路

如果输入设备自身具有数据的锁存功能。输入接口内可以不使用锁存器。输入设备的数据线可通过三态缓冲器与系统数据总线相连接。但是,由于系统总线的工作特点,输入接口中的三态缓冲器是绝对不能省略的。

CPU 送往外部设备的数据或命令。一般应由接口进行锁存,以便使外部设备有充分的时间接收和处理。图 5-4 是一个 8 位输出锁存电路的例子。

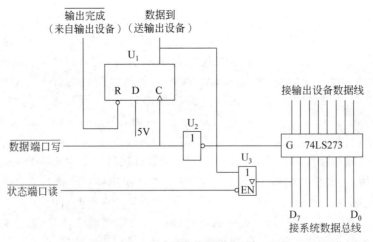

图 5-4 8 位输出锁存电路

由地址译码电路产生的数据端口写选通信号是一个负脉冲,经 U_2 反相后把来自系统数据总线的 8 位数据 $D_0 \sim D_7$ 输入 8 位寄存器 74LS273,经输出端 $Q_0 \sim Q_7$,送往外部设备。数据端口写信号同时把 D 触发器(U_1)置"1",通过 Q 端发出数据到信号,通知外部设备及时接收已输出的一字节数据。外部设备在输出完成之后,向接口回送一个输出完成负脉冲,将 D 触发器(U₁)清"0",准备接收下一个数据。

外部设备在接收和输出数据期间,D 触发器 Q 端保持为"1"。所以,它同时也成为该设备的状态信号 BUSY。如图 5-4 所示,该信号通过 1 位三态缓冲器(U₃)连接到双向数据总线 D₇,三态缓冲器由地址译码获得的状态端口读信号控制。CPU 通过对状态端口的读指令,在 D₇ 上可以获知它的状态。该位为"1"时,CPU 不能向数据输出端口发送新的数据,否则将发生"覆盖错误"。

综上所述,把地址译码、数据锁存与缓冲、状态寄存器、命令寄存器各个电路组合起来,就构成一个简单的输入输出接口,如图 5-5 所示。它一方面与系统地址总线 A₀～A₁₅、数据总线 D₀～D₇、控制总线 M/$\overline{IO}$、$\overline{RD}$、$\overline{WR}$(最小模式时)或 $\overline{IOWC}$、$\overline{IORC}$(最大模式时)相连接,另一方面又与外部设备相连。由于常用的字符输入输出设备均使用 8 位数据,上述例子中均使用 8 位的数据输入输出端口。对于 16 位的 I/O 设备,其接口的基本原理是相同的。

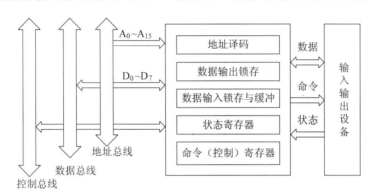

图 5-5　简单接口的组成

5.2　输入输出数据传输的控制方式

CPU 与外部主要进行两种类型的数据传输:与内存储器的数据传输和与外部设备的数据传输。CPU 使用一个总线周期就可以与内存储器进行一次数据传输,而且这个过程可以连续进行。CPU 与外部设备的数据传输则要复杂得多。CPU 从输入设备读入一个数据之后,要等到该设备完成了第二次数据输入之后,才能读入第二个数据。等待的时间不但与该设备的工作速度有关,有时也带有许多随机的成分。例如,用户在键盘输入过程中,两次击键的间隔时间往往是不确定的。因此,较之与内存储器的数据传输,CPU 与外部设备的数据传输有着不同的特点,因而也有着不同的处理方式。其传送方式概括起来有程序方式、中断方式、DMA 方式 3 种。

5.2.1　程序方式

程序方式传送是指在程序控制下进行信息传送,具体实现又可分为无条件传送和条件传送两种方式。

1. 无条件传送方式

一些简单的 I/O 设备,对它们的 I/O 操作可以随时进行。例如,一些设备常用一组开关指示设备的配置情况和操作人员设定的工作方式:每个开关只有两种不同状态(ON/OFF,对应于 1/0),它与某个输入端口中的一位(bit,b)相对应。程序员可以随时用输入指令读取该端口内每个开关的状态,而无须考虑它的状态。这一类简单设备的输入信号一般不需要锁存,可以通过三态缓冲器与系统数据总线直接相连,如图 5-6 所示。

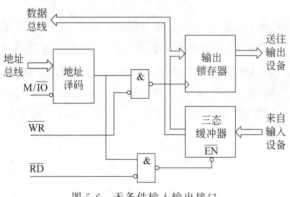

图 5-6 无条件输入输出接口

一些简单的输出设备也有类似的情况。例如,常常用一组发光二极管(LED)来指示设备当前的工作状态。每一个 LED 对应于输出端口的一位。它的亮/暗代表某个设备两个特定的状态。例如,某 LED 亮表示 2♯电动机已通电运转,暗表示该电动机未通电等。这样的输出信号通常要在接口内进行锁存,以便在新的输出到来之前保持现在的输出状态。

图 5-6 给出了无条件传送时接口的组成方式,它是第 5.1 节中介绍的几个部分的简单组合。一个 8 位的无条件输入接口只使用一个端口(数据输入端口),占用一个端口地址,16 位无条件输入接口也只有一个数据输入端口,占用两个端口地址。无条件输出接口的情况类似。

2. 条件传送方式

条件传送也称为查询式传送。使用条件传送方式时,CPU 通过程序不断读取并测试外部设备的状态。如果输入设备处于准备好状态,CPU 执行输入指令从该设备输入。如果输出设备处于空闲状态,则 CPU 执行输出指令向该设备输出。为此,接口电路除了有传送数据的端口以外,还应有传送状态的端口。对于输入过程来说,外部设备将数据准备好时,将接口内状态端口的准备好标志位(READY)置"1"。对于输出过程来说,外部设备输出了一个数据后,接口便将状态端口的忙(BUSY)标志位清"0"。表示当前输出寄存器已经处于空状态,可以接收下一个数据。

可见,对于条件传送来说,一个数据的传送过程由 3 个环节组成:

(1) CPU 从接口中读取状态字。

(2) CPU 检测状态字的对应位是否满足就绪条件,如果不满足,则回到(1)重新读取状态字。

(3) 如状态字表明外部设备已处于就绪状态,则传送数据。

图 5-7 展示了查询方式的输入接口电路。该接口内有两个端口:用于输入数据的数据

输入端口由数据锁存器和一个 8 位三态缓冲器组成;用于存储设备状态的状态端口由一个 D 触发器和一个 1 位三态门组成,三态门的输出连接到数据总线的任选一根(本例为 D_7)。输入设备在数据准备好以后向接口发一个选通信号。这个选通信号有两个作用:一方面将外部设备的数据送到接口的锁存器中;另一方面使接口中的 D 触发器置"1"。按照数据传送过程的 3 个步骤,CPU 从外部设备输入数据时先读取状态字(本例中状态字仅一位),通过检查状态字确定外部设备是否准备就绪,即数据是否已进入接口的锁存器中。如准备就绪,则执行输入指令读取数据。读取数据的同时把 D 触发器清"0",设备又恢复到未就绪状态,本次数据传输到此结束。

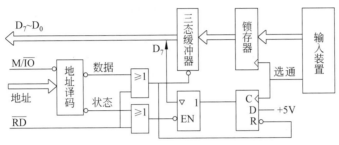

图 5-7　查询式输入接口电路

相应的汇编语言指令如下:

```
AGAIN:  IN    AL, STATUS_PORT      ;读状态端口,如果 D7=1 表示数据就绪
        TEST  AL, 80H             ;测试数据就绪位
        JZ    AGAIN               ;未就绪,继续读状态端口
        IN    AL, DATA_PORT       ;已就绪,从数据端口读取数据,同时清除状态位
        ...
```

用 C 语言编写如上过程,则更为简便:

```
do {stat=inportb(status_port);}
    while (stat & 0x80==0);        /* 数据未准备好则反复读状态 */
data=inportb(data_port);          /* 数据已准备好则读取数据 */
```

图 5-8 展示了查询方式的输出接口电路。同样地,该接口也有两个端口:数据输出端口由 8 位锁存器构成;状态(输入)端口由一个 D 触发器和一个 1 位三态门组成。CPU 需要向一个外部设备输出数据时,先读取接口中的状态字,如果状态字表明外部设备空闲(不忙,BUSY=0),说明可以向外部设备输出数据,此时 CPU 才执行数据输出指令,否则 CPU 必须等待。

CPU 执行数据输出指令时,地址译码电路产生的数据锁存信号将数据总线上的数据输入接口数据锁存器,同时将 D 触发器置"1"。D 触发器的输出信号一方面为外部设备提供一个联络信号 STB,告诉外部设备现在接口中已有数据可供提取;另一方面也用作该设备的状态标志"忙"(BUSY)。CPU 读取状态端口后可以得知该外部设备处于"忙"状态,从而阻止输出新的数据。输出设备从接口取走数据,或者完成了本次输出后,通常会回送一个应答信号 $\overline{ACK}$。该信号使接口内的 D 触发器清"0",也把状态位清"0",这样就可以开始下一个输出过程。

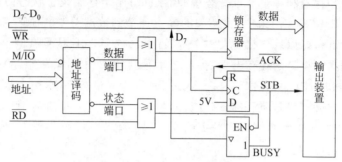

图 5-8　查询式输出接口电路

相应的汇编语言程序如下：

```
ONE:    IN    AL, STATUS_PORT              ;读状态端口
        TEST  AL, 80H                      ;测试"忙"位
        JNZ   ONE                          ;忙，再读状态端口
        MOV   AL, DATA                     ;不忙，取来数据
        OUT   DATA_PORT, AL                ;数据送入数据端口,同时置 BUSY=1
        ……
```

相应的 C 语言程序如下：

```
do { stat=inportb(status_port); }
    while (stat & 0x80==0x80);    /*设备"忙"则反复读状态*/
outportb(data_port, data);        /*设备空闲则输出数据*/
```

可以发现，它和用于输入的程序段有不少相似之处。

进行多个数据的输入输出时，每进行一次输入或者输出都要首先查询它的状态字，只有当设备就绪时才可以进行数据的传输。图 5-9 是查询式输入的程序流程图。

下面通过一个例子介绍查询式输入输出的程序设计方法。

某字符输入设备以查询方式工作，数据输入端口地址为 0054H，状态端口地址为 0056H。如果状态寄存器中 D_0 位为 1，表示输入缓冲器中已经有一个字节准备好，可以进行输入；D_1 位为 1 表示输入设备发生故障。要求从该设备上输入 80 个字符，然后配上水平和垂直校验码（本例中采用偶校验），向串行口输出。如果设备出错，则显示错误信息后停止。

汇编语言程序如下：

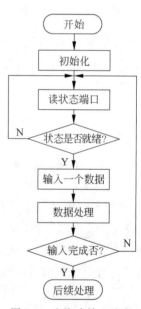

图 5-9　查询式输入流程

```
.MODEL    SMALL
.DATA
Buffer    DB    81 dup(?)                  ;多留 1 字节用于存放垂直校验码
Message   DB    'Device  Fault !',0DH,0AH,'$'
.CODE
Start:    MOV   AX, @DATA                  ;对 DS 初始化
```

```
             MOV    DS, AX
             LEA    SI, Buffer          ;置 SI 为缓冲区指针
             MOV    CX, 80              ;设置 CX 为计数器
             MOV    DL, 0               ;设置 DL 为垂直校验码初值
  Next:      IN     AL, 56H             ;读入状态
             TEST   AL, 02H             ;测状态寄存器 D₁
             JNZ    ERROR               ;设备故障,转 ERROR
             TEST   AL, 01H             ;测状态寄存器 D₀
             JZ     Next                ;未准备好,则等待,再测
             IN     AL, 54H             ;已准备好,输入字符
             AND    AL, 7FH             ;清最高位,同时进行校验
             JPE    Store               ;已经是偶数个 1,则转 Store
             OR     AL, 80H             ;奇数个 1,将最高位置为 1
  Store:     XOR    DL, AL              ;产生垂直校验码
             MOV    [SI], AL            ;将字符送入缓冲区
             INC    SI                  ;修改地址指针
             LOOP   Next                ;80 个字符未输入完成,继续
             MOV    [SI], DL            ;80 个字符输入完成,保存垂直校验码
  Transfer:  LEA    SI, Buffer          ;准备发送,SI 中置字符串首址
             MOV    CX, 81              ;发送字符数,连同垂直校验码为 81 个
  One:       MOV    AH, 04H             ;设置串口输出功能号
             MOV    DL, [SI]            ;取出一个字符
             INT    21H                 ;从串口输出
             INC    SI                  ;修改指针
             LOOP   One                 ;输出下一个字符
             JMP    Done
  Error:     MOV    AH, 09H             ;设备故障,输出出错信息
             LEA    DX, Message
             INT    21H
  Done:      MOV    AX, 4C00H
             INT    21H                 ;返回操作系统
             END    Start
```

以上程序的说明如下。

程序由两段并列的循环程序组成,第一段程序从设备输入 80 个字符,同时产生它的水平/垂直校验码存入缓冲区;第二段程序将缓冲区内容通过串口输出。

测试状态位要注意先后次序:由于设备故障可能导致该设备不能正常输入,使完成标志(D_0)恒为"0"。所以,在设备发生故障时先测试完成标志可能导致程序死循环。

一般来说,计算机内的字符用 7 位 ASCII 代码表示,需要进行奇偶校验时通常用一个字节的最高位作为校验位,低七位存放字符的 ASCII 代码。程序中产生水平校验码的方法是:从设备读入数据后,清除最高位,然后根据剩余 7 位的奇偶特性决定最高位置"1"或不变(保持为 0)。垂直校验码则由 80 个字节半加(异或)得到。

第一段程序用查询的方法进行字符输入,第二段程序用系统功能调用的方法输出。可见,对外部设备输入输出的方法不是唯一的,要根据具体情况决定采用哪一种方法。

上述程序完成了一个设备的输入输出处理,如果系统有多个设备需要使用查询方式进

行输入输出,则可采用循环查询的方法。下例中假定有 3 个设备,它们的状态端口地址分别为 STAT1、STAT2、STAT3,并假定 3 个状态端口均使用 05 位作为准备好标志。

```
TREE:    MOV    FLAG,07H              ;设置 3 个设备的初始状态,每个设备占用一位
INPUT:   IN     AL,STAT1
         TEST   AL,20H
         JZ     DEV2
         CALL   PROC1                 ;子程序 PROC1 完成设备 1 的数据输入输出
DEV2:    IN     AL,STAT2
         TEST   AL,20H
         JZ     DEV3
         CALL   PROC2                 ;子程序 PROC2 完成设备 2 的数据输入输出
DEV3:    IN     AL,STAT3
         TEST   AL,20H
         JZ     NOINPUT
         CALL   PROC3                 ;子程序 PROC3 完成设备 3 的数据输入输出
NOINPUT: CMP    FLAG,0                ;测试 3 个设备是否均已完成数据输入输出
         JNE    INPUT
         ...
```

上述程序中,PROC1、PROC2、PROC3 分别是 3 个设备输入输出的子程序。为了避免 3 个设备输入输出完成后程序陷入死循环,上例中设置了一个内存单元 FLAG 作为 3 个设备是否输入完成的标志,它的初值为 7(0000 0111B),每一位二进制代表一个设备的完成状态。每当一个设备输入完成,就在各自的输入输出处理子程序 PROC1、PROC2、PROC3 中将 FLAG 单元中代表本设备的那位二进制清"0"。在标号 NOINPUT 处判断 FLAG 是否为"0":若 FLAG 值为"0",说明 3 个设备均已输入完成,程序执行其他后续任务,否则转 INPUT 处继续 3 个设备的输入过程。

上例仅适用于 3 个设备工作速度都比较慢的情况。如果其中一个设备工作速度很快,而其他设备的输入输出处理程序运行时间又较长,则可能发生覆盖错误。在这种情况下,应优先执行工作速度较快的外部设备的 I/O 过程,然后再执行其他设备的 I/O 过程。

5.2.2 中断方式

程序查询方式的数据传送解决了 CPU 与外部设备工作速度的协调问题,但是却大大降低了 CPU 的使用效率。在程序查询方式的数据传送中,CPU 需要不断地查询外部设备接口中的状态标志,这样就会占用 CPU 大量的工作时间。在与一些中、慢速的外部设备交换信息时,真正用于传送数据的时间是极少的。为了避免发生覆盖错误而导致丢失数据,CPU 又不便同时从事其他工作,只能把大部分时间花费在查询状态上,工作效率十分低下。

在程序查询方式中,CPU 处于主动地位,外部设备处于消极等待查询的被动地位。在一个实际控制系统中,外部设备常常可能有数十个,甚至上百个,由于它们的工作速度不相同,要求 CPU 服务的时间带有随机性,有些要求是很急迫的。查询方式的数据传送很难使系统中每一个外部设备都能工作在最佳状态。

为了使 CPU 能有效地管理多个外部设备,提高 CPU 的工作效率,可以赋予系统中的外部设备某种主动申请、配合 CPU 工作的权利。例如,某外部设备已把数据准备好(如:

模—数转换接口已经把一个模拟量转换成数字量,等待 CPU 来取数据),它可以主动向 CPU 发出一个请求信号。CPU 在接收到这个请求信号之后,暂停当前的工作,转而进行该设备的数据传送操作。数据传送结束之后,CPU 再继续刚才的工作。赋予外部设备这样一种主动权之后,CPU 可以不必反复查询该设备的状态,而是正常地处理系统任务,CPU 与外部设备处于某种并行工作的状态,这就是中断方式的数据传送。

利用中断方式进行数据传送,可以大大提高 CPU 的效率。例如,某外部设备在 1s 内传送 100B,若用程序查询的方式传送,则 CPU 为传送 100B 所花费的时间等于外部设备传送 100B 所用的时间,也是用了 1s 的时间。如果用中断控制方式传送,CPU 为执行 1B 的传送需要进入一次中断服务程序。若 CPU 执行一次中断服务程序需要 $100\mu s$,则传递 100B 时 CPU 所使用时间为 $100\mu s \times 100 = 10ms$,只占 1s 时间的 1%,其余 99% 的时间 CPU 可用于执行主程序,CPU 的工作效率得到显著提高。

中断方式的数据传送仍在程序的控制下执行,所以也称为程序中断方式,适应于中、慢速的外部设备数据传送。

5.2.3　直接存储器存取方式

计算机系统中某些外部设备工作速度很高。例如,现代硬磁盘驱动器工作时,数据传输的间隔时间小于 $1\mu s$。对于这样高速的外部设备,程序中断方式、程序查询方式的数据传输速度会跟不上外部设备的工作速度。

使用程序中断方式时,每传送一次数据,CPU 必须执行一次中断服务程序。由于外部中断是随机产生的,执行中断服务程序时必须将若干寄存器的内容压入堆栈,在返回时再把它们弹出堆栈。在中断服务程序中还要判别设备的工作状态(例如区分是读磁盘还是写磁盘),寻找缓冲区的地址等。虽然直接用于数据传输的只有两三条指令,但进入一次中断服务程序,CPU 却要执行几十条甚至上百条指令。有时就会发生这样的情况:一个数据尚未从接口的数据寄存器内取走,新的数据又送入了该寄存器,从而发生了丢失数据的覆盖错误。

程序查询方式的响应速度比中断方式要快一些,但完成一次数据传输也需要执行七八条以上的指令。CPU 的工作速度不高时仍有可能跟不上外部设备数据传输的需要。

所谓直接存储器传送(Direct Memory Access,DMA)是指将外部设备的数据不经过 CPU 直接送入内存储器,或者,从内存储器不经过 CPU 直接送往外部设备。一次 DMA 传输只需要执行一个 DMA 周期(大体相当于一个总线读写周期),因而能够满足高速外部设备数据传输的需要。

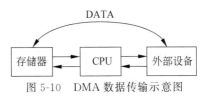

图 5-10　DMA 数据传输示意图

使用 DMA 方式传输时,需要一个专门的器件来协调外部设备接口和内存储器的数据传输,这个专门的器件称为 DMA 控制器(DMAC)。

图 5-10 是 DMA 数据传输示意图。

5.3　开关量输入输出接口

开关量的输入输出一般不受状态的制约,所以都采用无条件的输入输出。本节通过开关量接口的分析及其程序设计,使读者对简单接口建立一个初步的、具体的概念。

5.3.1 开关量输入接口

1. 基本的开关量输入接口

常见的输入开关量有单刀单掷开关、单刀双掷开关和按钮3种。它们的基本连接及其接口如图 5-11 所示。

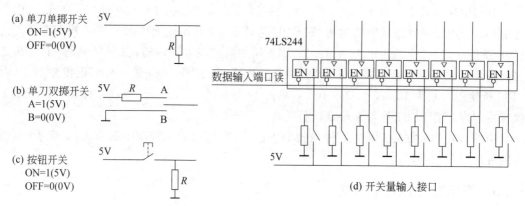

图 5-11　基本开关量输入接口

开关量通过三态缓冲器与系统数据总线相连接。常用的三态缓冲器有 74LS244（输入输出同相），74LS240（输入输出反相）。执行一条输入指令可以同时读入 8 位或 16 位这样的开关量。

2. 矩阵式开关量输入接口

上述接口适用于少量开关量输入的场合。开关数量多时，常常把它们排列成矩阵以简化电路，数字设备上常用的键盘就是一个典型的例子。

如图 5-12 所示，一个 8 位数据输出端口的输出端连接了 8 根行线（Row $R_0 \sim R_7$），另一个数据输入端口由 8 根列线（Column $C_0 \sim C_7$）输入。在每跟行线和列线的交叉点上连接了一个按钮，共 64 个。该电路有如下特点：

没有键按下时，输入端口输入为全"1"；

输出端口输出全"1"时，不论有无键按下，输入端口输入仍然为全"1"；

某一行线输出"0"时，如果该行上有一个键按下，则输入端口输入代码为 7 个"1"，1 个"0"，"0"的位置与被按下键的位置相对应。

根据以上规则，可以通过程序对 8 根行线逐行扫描，识别按键的所在行、列，从而获得该键的代码。

一个键刚按下时，会产生抖动。这时读它的代码，容易产生误判。因此在发现有键按下后要适当延迟。

一个键的编码可以用它的二字节行列码表示。例如，键（$R_3 C_2$）的二字节行列码为 F7FBH F7H＝11110111 表示按键在 R_3 行上，FBH＝11111011 表示按键在 C_2 列上。用行列码查表，可以得到这个键的代码（ASCII 代码，或者用户自己的编码）。一个键的编码也可以用它的一字节扫描码表示。上例中按键的一字节扫描码为 32H。高 4 位 0011 和低 4 位 0010 分别给出了键所在的行、列编号。

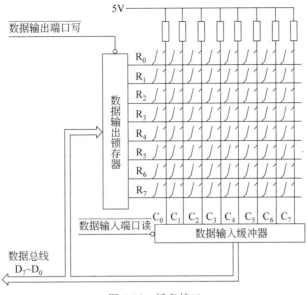

图 5-12 键盘接口

下面的程序对键盘进行扫描：没有键被按下，返回－1，否则，返回按键的二字节行列码（高 8 位为行码，低 8 位为列码）。程序中，符号常量 RPORT，CPORT 已定义为行、列端口的地址。

```
unsigned int kbinput()
{ unsigned int row, column, code;
  outportb(RPORT, 0);                          /*各行输出全 0,测试有无键按下*/
  if(inportb(CPORT) & 0xff==0xff) return(0xffff);   /*没有键按下,返回全"1"*/
  delay(20);                                   /*有键按下,延迟 20ms,消除抖动*/
  if(inportb(CPORT) & 0xff==0xff) return(0xffff);
                                               /*延迟后再次测试,确认有键被按下*/
  row=0x7f;column=0xff;                        /*置行码初值:从最高位对应行开始逐行扫描*/
while(row!=0xff && column==0xff)               /*循环:8 行未测试完,并且未找到按键所在
行*/
  { outportb(RPORT, row);                      /*输出行码,测试行输出 0,其余行输出 1*/
    column=inportb(CPORT);                     /*读入列码*/
    row=row >>1;row=row+0x80;                  /*形成下一个行码*/
  }
if(column==0xff) return(0xffff);              /*未找到按键所在行,返回全"1"*/
code=row * 0x100+column;                      /*由行码、列码组合得到行列码*/
outportb(RPORT, 0);                           /*各行输出全"0"*/
  do { column=inportb(CPORT);}
  while(column & 0xff !=0xff);                /*等待按键被释放*/
return(code);
}
```

5.3.2　开关量输出接口

1. 基本的开关量输出接口

常见的开关量输出有两种：LED(发光二极管,用作状态指示灯)、执行元件驱动线圈。它们的连接如图 5-13 所示。

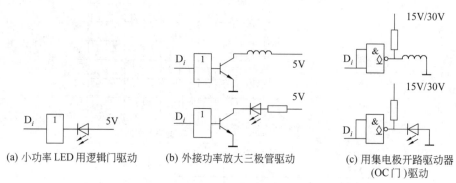

(a) 小功率 LED 用逻辑门驱动　　(b) 外接功率放大三极管驱动　　(c) 用集电极开路驱动器
　　　　　　　　　　　　　　　　　　　　　　　　　　　　　　　　　　(OC 门)驱动

图 5-13　基本的开关量输出电路

小功率 LED 指示灯用于指示室内仪表状态,它们可以由逻辑电路直接驱动。一般的 TTL 逻辑电路输出高电平时输出电流较小(μA 级),输出低电平时吸收电流稍大(mA 级,如表 5-4 所示),所以逻辑电路输出端均与 LED 的阴极连接。这样,输出"0"时,LED 发光,输出"1"时,LED 熄灭。

表 5-4　部分逻辑电路输出端电流

器 件 型 号	高电平输出电流/I_{OH}	低电平吸收电流/I_{OL}
74LS00/04/10/20/30(逻辑门)	400μA	8mA
74LS01/03/05/12/22(OC 门)	100μA	8mA
7407(OC 驱动器)	250μA	40mA(Voh=30V)
74LS244(总线驱动器)	15mA	24mA
74LS273(D 触发器)	400μA	8mA
74LS373(三态输出锁存器)	2.6mA	24mA

大功率 LED 驱动或执行元件驱动线圈的驱动有两种可选的方法。

(1) 逻辑电路输出,外接功率放大三极管驱动。

(2) 采用集电极开路驱动器(OC 驱动器,如表 5-4 中的 7407 所示),输出端通过上拉电阻接高压。输出"0"时,输出端内部三极管导通,线圈/LED 失电,执行元件不工作,LED 熄灭。输出"1"时,集电极开路,线圈/LED 通电,执行元件工作,LED 发光。

2. 七段显示的 LED 数码管接口

七段显示的 LED 数码管是常用的显示设备。它的内部由 7 个(8 个)发光二极管按一定顺序排列而成(如图 5-14 所示)。把各二极管的阳极连接在一起,就构成共阳极的 LED 数码管。同理,也有共阴极的 LED 数码管。

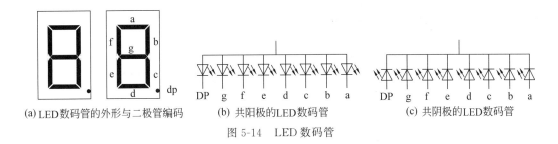

(a) LED数码管的外形与二极管编码　　　(b) 共阳极的LED数码管　　　(c) 共阴极的LED数码管

图 5-14　　LED 数码管

七段显示的 LED 数码管是电流驱动型器件，为了获得足够的亮度，需要为它提供较大的电流。可以采用图 5-13(b) 和图 5-13(c) 的方案进行驱动。

为了获得所需要的字形，通常把数字 0～9 的字形代码(称为七段码或段码)存入内存的一张表格，称为七段码表。通过查这张七段码表，可以得到一个数字的字形代码，向七段 LED 数码管输出这个字形代码就实现了对该数字的显示。

有多位数字需要同时显示时，最简单的办法是为每一位数字设立一个独立的输出端口。但是，当数字位数较多时，使用的元器件较多。由于 LED 显示具有余辉效应，可以通过共用端口的方法来简化电路。以共阳极的 LED 数码管为例，用一个公用端口储存七段码，同时连接到各个 LED 数码管的阴极。用另一个端口来控制各个 LED 数码管的阳极，每一位输出线通过驱动电路连接到一个 LED 数码管的阳极，从而控制这个 LED 数码管"亮"或"暗"，这个端口储存的代码称为位码。多位数码循环显示过程如下：

(1) 设置位码，熄灭所有 LED 数码管。

(2) 将一个 LED 数码管的字形代码(段码)送入段码端口。

(3) 设置位码，点亮一个 LED 数码管。

(4) 准备下一个数字的段码和位码，适当延迟。

重复以上过程，多位不同的数字就同时显示在不同的 LED 数码管上。送段码之前熄灭所有 LED 数码管可以消除段码和位码不同步产生的闪烁。

如图 5-15 所示，为了在 8 位 LED 数码管上同时显示不同的数字，可以编写以下 8086 汇编语言源程序(本例中，假设需要输出的数字分别是 1～8。段码和位码的端口地址分别是 segport 和 bitport)：

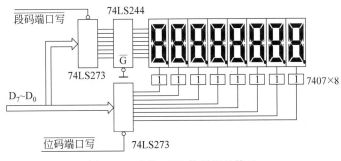

图 5-15　　多位 LED 数码显示接口

```
.model    small
.data
```

```
        segtab    db 40h, 4fh, 24h, 30h, 19h
                  db 12h, 02h, 78h, 00h, 10h
    buffer        db 1, 2, 3, 4, 5, 6, 7, 8
    bitcode       db  ?
.stack            100h
.code
leddisp           proc   far
      push    ds                          ;保护各寄存器内容
      push    ax
      push    bx
      push    cx
      push    si
      mov     ax, @data                   ;装载 ds
      mov     ds, ax
      lea     bx, segtab                  ;bx 置为七段码表首址
      mov     bitcode, 80h                ;置位码初始值为 80H(从左边 LED 开始显示)
      mov     si, 0                       ;si 用作输出缓冲区指针,初值 0
      mov     cx, 8                       ;cx 用作循环计数器,初值 8
one:  mov     al, 0
      out     bitport, al                 ;送位码 0,熄灭各 LED
      mov     al, buffer[si]              ;从输出缓冲区取出一个待输出数字
      xlat                                ;转换成七段码
      out     segport, al                 ;向段码端口输出
      mov     al, bitcode
      out     bitport, al                 ;输出位码,点亮一个 LED
      ror     bitcode, 1                  ;修改位码,得到下一个位码
      inc     si                          ;修改输出缓冲区指针
      call    delay                       ;延时
      loop    one                         ;循环,点亮下一个 LED
      pop     si
      pop     cx                          ;恢复各寄存器
      pop     bx
      pop     ax
      pop     ds
      ret                                 ;返回主程序
leddisp           endp
      end
```

5.4 PC 系列微型计算机外部设备接口

5.1 节～5.3 节介绍了计算机接口的基本原理,本节具体介绍 PC 内部使用的各种外部设备接口。

5.4.1 传统低速外部设备接口

PC 配备使用的低速外部设备接口有串行通信接口,键盘接口,鼠标接口,打印机接口,软盘驱动器接口。新一代 PC,上述部分接口由于改用 USB 总线而不再出现。

1. 串行通信接口(COM1、COM2)

一个数据的各位在多根信号线上同时传送,称为并行传输。如果将一个数据的各位在1根/1对信号线上按时间先后依次传送,称为串行传输。

早期 PC 提供两个低速的串行通信接口,命名为 COM1 和 COM2,可以用来连接鼠标、用于网络通信的调制解调器、串行接口的打印机等设备。早期串口使用 DB 25 接插件与外部连接,后期改为 DB 9 接插件。现在大多数微型计算机已不再配置这种低速的串行接口。

第 7 章将进一步介绍串行通信的原理与实现。

2. 键盘接口

键盘由单片微处理器构成的控制器和 16×8 的按键阵列组成。早期的 PC 使用 83 键的键盘,现在以 104 键的键盘为主。键盘接口电路集成在主板的芯片组中,通过一个 5 芯电缆与键盘相连接。电缆内各信号如表 5-5 所示。

表 5-5　键盘电缆信号

信 号 名 称	传 输 方 向	作　　用
时钟信号	接口←→键盘	双向时钟信号
数据信号	键盘←→接口	串行发送扫描码
空/复位	接口→键盘	接口对键盘进行复位操作
GND		电源地线
$V_{CC}/5V$	接口→键盘	电源线

键盘控制器在监测到某个键按下后,根据按键的行、列位置,生成这个键的扫描码,以串行方式传送到键盘接口电路。接口内部的移位寄存器逐位接收,将它们组合成并行代码,最终送入可编程并行接口芯片 8255A 的 A 端口,并向主机发出键盘中断。

键盘中断服务程序主要功能如下。

(1) 从键盘数据输入端口(8255A 的 A 端口,地址 60H)读取键盘扫描码。

(2) 将扫描码转换成 ASCII 码或扩展码,存入键盘缓冲区。

(3) 如果是换档键(如 CapsLock、Ins 等),将状态存入 BIOS 数据区的键盘标志单元。

(4) 如果是组合键(如 Ctrl+Alt+Del)则直接执行,完成其对应的功能。

(5) 对于终止组合键(如 Ctrl+C 或 Ctrl+Break),强行中止程序的执行,返回系统。

PC 上使用的传统键盘插口有两种:直径 13mm 的 5 芯 PC 键盘插口;直径 8mm 的 6 芯 PS/2 键盘插口,如图 5-16 所示。新型键盘使用 USB 接口和无线接口。

1.时钟信号
2.数据信号
3.空/复位
4.GND
5.V_{CC}/5V

1.数据信号
2.空
3.GND
4.V_{CC}/5V
5.时钟信号
6.空

(a) 5芯接口　　　　　(b) PS/2接口

图 5-16　键盘插口

3. 鼠标接口

鼠标是一种相对定位设备,功能与键盘的光标移动键相似。通过移动鼠标可以快速定位屏幕上的对象,是计算机图形界面人机交互的必备外部设备。

鼠标按其结构可分为光电机械式、光电式、轨迹球和新型的无线鼠标等。

光电机械式鼠标内置了 3 个滚轴:X 方向滚轴和 Y 方向滚轴,另 1 个是空轴。这 3 个滚轴都与一个可以滚动的橡胶球接触,并随着橡胶球的滚动一起转动。X,Y 滚轴上装有带孔的译码轮,它的转动会阻断或导通 LED 发出的光线,在光敏晶体管上产生表示位移的脉冲。

光电鼠标用发光二极管向底部发射光线,光敏三极管接收经反射的光线,将位移信号转换为电脉冲。由于没有橡胶滚球,日常维护方便。

无线鼠标内部结构与光电鼠标类似,但是它通过无线射频信号发射和接收装置完成信号的传递,采用两节电池或锂电池供电,有自动休眠节能功能。

目前最常用的无线鼠标传输模式是 2.4GHz 无线技术。使用 2.4~2.485GHz 无线频段双向传输,传输速度可以达到 2Mb/s,通信距离最远 15m。它采用了自动调频技术,接收端和传输端能够自行找到可用频段。

鼠标按照按键数目可分为两类:两键鼠标(MS Mouse)和三键鼠标(PC Mouse)。三键鼠标常用中键来控制翻页操作。

鼠标记录 X,Y 方向上位置移动的相对值(ΔX,ΔY),以串行方式向鼠标接口发送。

鼠标的接口有 PS/2、USB 和无线 3 种。

PS/2 鼠标因最早用在 IBM PS/2 系列微型计算机上而得名。现在的 PC 主板都有支持 PS/2 鼠标接口的插座。它们的接插件及信号如图 5-17 所示。

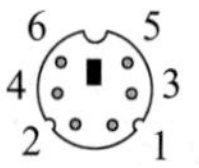

1.数据信号
2.空
3.GND
4.V_{CC}/5V
5.时钟信号
6.空

图 5-17　PS/2 鼠标接口

无线鼠标接口连接在 USB 接口上,内置无线信号发射和接收装置,与无线鼠标进行通信。

4. 打印机接口

打印机接口集成在 PC 内部,用于连接并行打印机,习惯上也称为并口。

打印机接口的端口地址可通过跳线或 BIOS 设置选择 378H~37FH(LPT1)或 278H~27FH(LPT2)。默认端口地址为 378H~37FH,实际应用的端口地址有 3 个:数据输出端口 378H、状态输入端口 379H、控制输出端口 37AH。

控制寄存器各位的含义如表 5-6 所示。

表 5-6　控制寄存器(37AH)格式

D_7	D_6	D_5	D_4	D_3	D_2	D_1	D_0
未定义			允许中断	输入选择	初始化#	自动换行	选通信号#

状态寄存器的格式如表 5-7 所示。

表 5-7　状态寄存器(379H)格式

D_7	D_6	D_5	D_4	D_3	D_2	D_1	D_0
忙#	确认#	无纸	在线选择	无故障	未定义		

图 5-18 所示是打印机接口的连接器件。左边为连接打印机接口的 25 芯 DB25 插座,右边为连接打印机的 36 芯 Centronics 插座。

图 5-18　打印机接口的连接器件

打印机适配器的操作过程:

(1) 系统启动时,在$\overline{INIT}$上发出负脉冲,对打印机进行初始化。

(2) 发送打印数据。用输出指令将字符代码写入接口的输出数据寄存器,这些代码出现在打印机数据线 $DATA_0 \sim DATA_7$ 上。

(3) 向打印机发送选通脉冲。通过写控制端口,向打印机发出一个负脉冲选通信号,使数据进入打印机。

重复过程(2)和(3),直到打印完成。

中断方式下,打印机输出一个数据后,返回应答信号$\overline{ACK}$,产生 7♯ 中断请求信号。在中断服务程序中输出下一个字符。查询方式下,CPU 检查 BUSY 信号,为 0 时发送下一个字符。

5. 软盘接口

软盘驱动器是早期 PC 常用的辅助存储设备,使用直径 3.5in,容量 1.44MB 的软盘,盘片可更换。

软盘控制器(Floppy Disk Controller,FDC)的主要功能如下。

(1) 接收并识别处理器输出的各种命令。

(2) 根据命令要求向软盘驱动器输出相应的控制信号,控制驱动器完成指定操作。

(3) 监测驱动器有关状态(如定位到 00 磁道,写保护等),通知处理器。

(4) 对处理器要存取的数据进行处理:写入时将并行数据转换成串行数据,并按照记录方式编码送驱动器。读出时要分离时钟和数据位,将串行数据转换成并行数据,进行校验。

一个软盘控制器最多可接 4 个软盘驱动器。

早期 PC 内,上述低速外部设备接口以独立的电路出现,后来,这些电路集成在 Super IO 芯片中,进而集成在 ICH(南桥)芯片内。现代微型计算机内,这些接口统称为遗留(Legacy)接口,除了键盘和鼠标,其余的已经不再被主板芯片组支持。

5.4.2　硬盘/光盘驱动器接口

硬盘驱动器主要由磁头、盘片、硬盘驱动器和读写控制电路组成。盘片用铝合金材料制成,其表面涂有磁性材料。微型计算机中使用的是温彻斯特硬磁盘(简称温盘),它把磁头、盘片、小车、导轨以及主轴等制作成一个整体,密封安装。硬盘工作时,盘片高速旋转,通过浮在盘面上的磁头记录或读取信息。

在 CPU、内存储器的速度大幅度提高之后,传统的机械式硬盘逐渐成为系统信息传输的瓶颈。为了进一步提升系统性能,近年来出现了由半导体存储器构成的新型辅助存储器——固态硬盘(Solid Status Disk,SSD)。虽然它不再有机械硬盘中的金属圆盘,也不再使用磁表面存储技术,但是它的功能、接口规范、使用方法与普通硬盘完全相同,因而仍沿用硬盘这个习惯称呼。

固态硬盘由闪存构成的存储介质和控制电路组成,采用 SATA-2、SATA-3 接口。它的外观可以被制作成多种样式,如笔记本硬盘、移动硬盘、卡式储存和优盘等。图 5-19 所示的是常用的 SSD 硬盘外形和内部结构。

图 5-19　SDD 固态硬盘外形图

固态硬盘内的存储单元分为单层单元(Single Layer Cell,SLC)和多层单元(Multi-Level Cell,MLC)两类。SLC 的特点是速度快、成本高、容量小,而 MLC 的特点是容量大成本低,但是速度慢。SLC 闪存的复写次数高达 100 000 次,是 MLC 闪存的 10 倍。

固态硬盘的数据存取速度比普通硬盘快 10 倍左右。由于没有任何机械装置,固态硬盘不存在噪声和机械故障等问题,抗震性好、发热量小、散热快。这些特点,都使得它有着很高的稳定性。

与传统硬盘比较,固态硬盘还存在成本高、容量低、写入寿命有限、数据难以恢复等缺点,相信随着 SSD 固态硬盘应用的普及这些问题都会得到解决。

1. IDE 接口

IDE 的全称是 Integrated Driver Electronics,即集成驱动器电子部件,是由 Compaq 公司开发,Western Digital 公司生产的硬盘控制器接口。

IDE 除了对总线上的信号做必要的控制之外,其余信号基本上是原封不动地送往硬盘驱动器。由此可见,IDE 实际上是系统级的接口,有的资料上因此也称 IDE 为 ATA(AT-Attachment,AT 嵌入式)接口。

IDE 标准虽然有上述优点,但它只能管理容量在 512MB 以下的硬盘,不能满足技术的快速发展。Western Digital 在原有基础上开发了新的 EIDE(增强型 IDE)接口。

IDE/EIDE 接口向外有 40 根引脚,由 16 根双向数据线和若干个控制信号组成。

2. Ultra DMA　ATA 接口(PATA 接口)

Ultra DMA/33/66 接口是在 ATA 上发展起来的硬盘并行总线(PATA)接口标准。这种接口采用 DMA 方式传送数据,把 CPU 从大量的数据传输中解放出来,一定程度上提高了整个系统的性能。

为了克服高速传输时并行信号的相互干扰,Ultra DMA ATA 在连接电缆的每两根信号线之间增加了 1 根地线,线缆宽度达到 80 芯。为了向下兼容,它仍然采用 40 脚插座,其带宽分别达到 66MB/s、100MB/s 和 133MB/s。

3. Serial ATA 接口（SATA 接口）

并行硬盘接口在工作频率提高的同时，信号线之间的相互干扰也同步增加，从而限制了带宽的进一步提高。Serial ATA（串行 ATA，SATA）采用差分信号，以串行方式传输。由于工作频率大幅度提高，带宽也得到了较大提高。SATA Revision 1.0 的带宽达到了1.5Gb/s，第二代 SATA Revision 2.0 的带宽为 3.0Gb/s，第三代 SATA Revision 3.0 的带宽为 6.0Gb/s。它们的数据传输速率分别是 150MB/s，300MB/s，600MB/s。

SATA 使用 7 针线缆和 7 针连接器，包括 2 对差分信号线和 3 根地线。

SATA 采用点对点传输协议，每一个硬盘与接口通信时都独占一个通道，系统中所有硬盘都是对等的。因此，SATA 中不存在主从盘的区别，用户不再需要设置硬盘的主从跳线。

由于 SATA 接口传输速度高，可靠性高，连接线少，它正在取代 PATA 成为外存储设备的标准接口。

SATA 接口电路集成在南桥芯片内。第八代 ICH 芯片（82801H）提供 6 路 SATA 2.0接口，不再提供 PATA 接口。

5.4.3 显示接口

常用的显示器有传统的阴极射线管显示器（CRT）和液晶显示器（LCD）两种。CRT 显示器用电子射线逐点轰击荧光粉，利用它的余晖产生图像，画面存在闪烁。相比之下，液晶显示器图形清晰，外形美观。随着 LCD 产品价格的快速下降，它将全面取代 CRT 显示器。

1. 显示接口

PC 的显示接口经历了 MDA（Monochrome Display Adaptor）、CGA（Color Graphics Adaptor）、EGA（Enhance Color Graphics Adaptor）、VGA（Video Graphics Array）、SVGA（Supper Video Graphics Array）等不同阶段。SVGA 是 VESA（Video Electronics Standards Association—视频电子标准协会）所推荐的一种显示标准，它的标准模式是800×600，新型显示器分辨率可达 1280×1024、1600×1200 等。

随着计算机技术的高速发展，特别是 GUI（Graphic User Interface，用户图形接口）方式操作系统（如 Windows 系列）的普及，对视频显示系统的要求也越来越高。显示适配器从早期的文本显示方式，到现在第四代 3D 图形加速卡，在功能、显示速度等方面都有了极大的提高。表 5-8 列出了各种类型显示方式的基本参数。

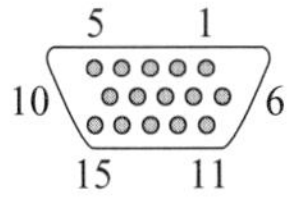

图 5-20　DB15 显示器接口

CRT 显示器大多数通过 15 针（或 9 针）D 型插座与显卡连接。其DB15 型插座的形状和信号如图 5-20 和表 5-9 所示。

表 5-8　几代显示适配器的主要参数

显示模式	显示适配卡分辨率			光栅扫描频率/Hz		视频信号类型
	水平像素数	垂直像素数	颜　色　数	行频	帧频	
CGA	320	200	16 色中的 4 色	15750	60	数字
VGA	640	480	256 000 色中的 256 色	31 500	60～70	模拟

显示模式	显示适配卡分辨率			光栅扫描频率/Hz		视频信号类型
	水平像素数	垂直像素数	颜色数	行频	帧频	
SVGA	800	600	256色或16位彩色	35 200	56～72	模拟
3D图形	1280	1024	32位真彩	30 000～70 000	60～120	模拟

表 5-9　DB15 显示器接口信号

引 脚 号	名 称	方 向	功 能
1	Red Video	OUT	红色分量信号
2	Green Video	OUT	绿色分量信号
3	Blue Video	OUT	蓝色分量信号
4	空	—	—
5	GND	—	公共地线
6	R GND	—	红色信号地
7	G GND	—	绿色信号地
8	B GND	—	蓝色信号地
9	NC	—	空
10	S GND	—	同步信号地
11	空	—	—
12	空	—	—
13	HSYNC	OUT	水平同步信号
14	VSYNC	OUT	垂直同步信号
15	空	—	—

2. 新型显示接口

CRT 显示器使用模拟的输入信号,所以传统的显示接口不得不先将显示存储器(VRAM)中数字量表示的色彩信息转换成模拟信号后送往显示器。但是,LCD 显示器直接使用数字信号控制各颜色的显示,上述的数字-模拟的转换就没有继续存在的理由。因此,新一代的显卡使用称为 DVI(Digital Video Interface,数字视频接口)和 HDMI(High Definition Multimedia Interface,高清晰度多媒体接口)的数字显示接口,与 LCD 液晶显示器相连接。

DVI 和 HDMI 显示接口都采用了 Silicon Image 公司发明的 TMDS(Time Minimized Differential Signal)最小化传输差分信号传输技术。TMDS 采用差分传动方式之后,信号传输速度得到了极大的提高。

DVI 接口有 DVI-D、DVI-I 两种模式,其中 DVI-D 为纯数字模式,而 DVI-I 为数字、模拟兼容模式。

图 5-21 中 DVI-I 型显示接口接插件内信号由两部分组成：右边的 5 个引脚(1 个十字的和 4 个方形的)，连同左侧的 1 个引脚共 6 个，用来传输模拟视频信号。左侧 3×8 共 24 个引脚中剩余的 23 个引脚，用来组建 TMDS 通道，传输数字视频信号。使用 DVI 接口之后，视频信号的传输速率可以得到较大的提升，显示质量也将同步提高。

HDMI(High Definition Multimedia Interface,高清晰度多媒体接口)是一种全数字化影像和声音传送接口，可以传送无压缩的音频信号及视频信号。它不仅可以满足目前最高画质 1080P 的分辨率，还能支持 DVD Audio 等最先进的数字音频格式，支持 8 声道 96kHz 或立体声 192kHz 数码音频传送。每一个标准的 HDMI 连接，都包含了 3 个用于传输数据的 TMDS 传输通道，还有 1 个独立的 TMDS 时钟通道，以保证传输时所需的统一时序。

HDMI 接口可以分为 Type A、Type B 和 Type C 这 3 种类型。每种类型的接口分别由用于设备端的插座、线材和插头组成，使用 5V 低电压驱动。这 3 种插头都可以提供可靠的 TMDS 连接，其中 A 型是标准的 19 针 HDMI 接口，普及率最高。B 型接口有 29 个引脚，可以提供双 TMDS 传输通道，因此可支持更高数据传输率和 Dual-Link DVI 的连接。而 C 型接口体积较小，且和 A 型接口性能一致，更适合紧凑型数字便携设备中使用。图 5-22 和表 5-10 是 A 型 HDMI 接口外形和引脚信号定义。

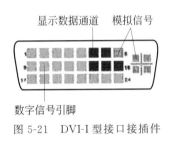

图 5-21　DVI-I 型接口接插件

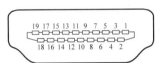 

图 5-22　HDMI 引脚和接口外形图

表 5-10　HDMI 接口引脚信号定义

引脚	信 号 定 义	引脚	信 号 定 义
1	TMDS 数据 2+	11	TMDS 时钟信号 屏蔽线
2	TMDS 数据 2 屏蔽线	12	TMDS 时钟信号
3	TMDS 数据 2−	13	CEC
4	TMDS 数据 1+	14	保留引脚
5	TMDS 数据 1 屏蔽线	15	SCL
6	TMDS 数据 1−	16	SDA
7	TMDS 数据 0+	17	DDC/CEC 接地
8	TMDS 数据 0 屏蔽线	18	5V
9	TMDS 数据 0−	19	热插拔监测
10	TMDS 时钟信号+	—	—

3. 显示接口总线

显示器接口需要较大的数据流量，因此对所使用的总线也提出了进一步的要求。

(1) PCI 总线接口。PCI 总线的时钟频率 33MHz、带宽 133MB/s，PCI 总线显卡使用在早期的显示系统上。

（2）AGP 总线接口。AGP 总线是 Intel 公司为图形加速卡开发的一组专用总线,仍然使用 32 位 PCI 总线规范,但是时钟频率提高为 66.6MHz。它的实际工作频率可以是时钟频率的 2、4、8 倍,在一个时钟周期传输 2、4、8 次数据,最大总线带宽为 2.1GB/s。

（3）PCI Express 总线接口。2002 年,由 Intel 公司发起,多个业界公司联合推出了 PCI-Express 总线。它使用差分信号,以串行方式传递。在软件层面上它与 PCI 总线兼容,原有的软件不加修改就可以应用在 PCI-Express 总线的设备上。使用一组(4 根)信号线的基本型总线称为 PCI-Express ×1,双向传输时实际带宽已经达到 500MB/s,比 33MHz PCI 总线的速度快一倍左右。在 Intel 915 以上的芯片组构成的系统中,存储控制中心(MCH)芯片上提供了使用 16 组信号线组成的 PCI Express×16 总线,用于连接显卡,它单向就能够提供 4GB/s 的带宽,远远超过 AGP 8x 的 2.1GB/s 的带宽。

5.4.4　声卡及其接口

声卡也称为音频卡、声效卡,是多媒体计算机不可缺少的重要部件。现在的声卡不仅仅作为发声之用,还兼备了声音的采集、编辑、网络电话等多种用途。在相应软件的支持下,声卡应具备以下大部分或全部功能。

（1）录制、编辑和回放数字声音文件。

（2）控制各声源的音量并混合在一起。

（3）对声波文件进行压缩和解压缩。

（4）语音合成技术。

（5）MIDI 接口(乐器数字接口)。

声卡通常有以下与外部连接的插座/连接器。

（1）Line-In 用于连接其他外部声源,如微型 CD 播放器、调谐器、数字录音机等,进行播放或录音。

（2）Line-Out 用于连接有源音箱。

（3）MIC 用于连接语音输入的传声器(俗称话筒或麦克风)。

（4）Speaker 用于接连无源音箱、耳机或小功率音箱。

（5）游戏杆/MIDI 专门用于连接游戏操纵杆或者数字电声乐器 MIDI 设备,也可以用来连接其他简单控制设备。

（6）CD 音源连接器(CD Audio Interface)用于连接光驱尾部的 4 引脚连接器。光驱播放音乐 CD 时,将输出的音频信号送往声卡,处理后输出。

（7）PC 扬声器连接器用于连接主板上的 PC 扬声器。

5.4.5　IEEE 1394 总线及接口

IEEE 1394 原为 Apple 公司开发的一种计算机接口,称为 FireWire(火线)。1995 年美国电气和电子工程师学会(IEEE)在这个基础上制定了 IEEE 1394 标准。IEEE 1394 是一个串行接口,广泛应用于视、音频领域,连接数字照相机、数字摄像机及数字录像机等设备。

1. IEEE 1394 总线的特点

（1）数字接口:数据以数字形式传输,无须数模转换,同时支持同步和异步两种数据传输模式。同步传输模式特别适合传输音频、视频等对时间要求严格的信号及数据。

（2）点对点总线技术：不同的数字设备之间可以通过 1394 接口直接连接而无须计算机的干预，例如可以不通过计算机在两台摄像机之间直接传递数据。

（3）连接方便：IEEE 1394 采用设备自动配置技术，允许热插拔操作。IEEE 1394 支持星形和环形布局，允许电缆自由连接。

（4）速度快：IEEE 1394 数据传送速度高，能够以 200Mb/s、400Mb/s 甚至大于 800Mb/s 的速率来传送音频、视频信息等大容量数据，并能在同一网络中用不同的速度进行传输。

（5）物理体积小：制造成本低，易于安装。

（6）非专利性：使用 IEEE 1394 串行总线不存在专利问题。

IEEE 1394 采用树状或菊花链拓扑结构，图 5-23 就是它的一种连接。

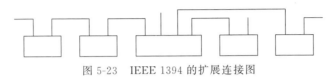

图 5-23　IEEE 1394 的扩展连接图

2. IEEE 1394 接插件

IEEE 1394 接插件有 6 引脚（六角形）和 4 引脚（四边形）两种类型。苹果公司最早开发的 IEEE 1394 接口是 6 引脚的。后来，SONY 公司对它进行改进，设计成现在常见的 4 引脚接口并命名为 iLINK。6 引脚接口常使用于台式计算机，4 引脚接口多用于数字摄像机或笔记本计算机等设备。

两种接口的区别在于能否通过连线向所连接的设备供电。6 引脚接口中有 4 个引脚用于传输数据的信号线，另外两个引脚用于向所连接的设备供电，电压一般为 8～40V，最大电流为 1.5A，设备之间距离最大为 4.5m，连接总长度为 50～100m。

图 5-24 是 6 引脚 IEEE 1394 接口插座的外形。

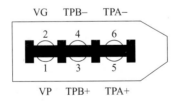

图 5-24　6 引脚的 IEEE 1394 接口插座

习　题　5

1. 接口电路与外部设备之间传送的信号有哪几种？传输方向怎样？

2. 接口电路有哪些功能？哪些功能是必需的？

3. I/O 端口的编址有哪几种方法？各有什么利弊？80x86 系列 CPU 采用哪种方法？

4. 按照传输信号的种类，I/O 端口有几种？它们信号的传输方向怎样？

5. I/O 端口译码电路的作用是什么？在最小模式和最大模式下分别有哪些输入信号？

6. 外部设备数据传送有哪几种控制方式？从外部设备的角度，比较不同方式对外部设备的响应速度。

7. 叙述一次查询式输出过程中，接口内各电路、信号的状态变化过程。

8. 比较程序中断方式和查询方式的区别，根据比较，指出中断工作方式的优缺点。

9. 比较 DMA 方式和程序中断方式的区别，指出 DMA 工作方式的优缺点。

10. 某输入设备数据端口、状态端口、控制端口地址分别为 70H、71H、72H。状态端口 $D_5 = 1$ 表示输入完成，控制端口 $D_7 = 1$ 表示启动设备输入（输入完成后由设备清除该位）。从该设备输入 100B 数据，存入以 BUFFER 为首地址的缓冲区。如果启动该设备 1s 后仍未完成一次输入，则视为超时错，显示出错信息后返回。分别用 8086 汇编语言和 C 语言编写完成上述功能的 I/O 程序。

11. 某输出设备数据端口、状态端口地址分别为 220H、221H。状态端口 $D_0 = 1$ 表示输出完成。将数据段中以 STRING 为首地址的 20 个字符（用七位 ASCII 代码存储）添加水平和垂直校验发送到该外部设备。用 8086 汇编语言编写完成上述功能的 I/O 程序。

12. 试画出矩阵式键盘查询程序的流程图。

13. 试画出公用端口多位 LED 数码管输出的程序流程图。

14. 鼠标常用接口有哪几种类型？简述光机鼠标的工作原理。

15. 论述打印机接口的主要连接信号。

16. 分别叙述 IDE 和 EIDE 磁盘接口的技术特性。

17. 简述显示器技术性能指标和显卡的种类。

18. 某显示器分辨率 1024×768、使用 24 位彩色，它至少需要多少显存？

19. 何谓 AGP 显示总线接口？AGP 4X 的数据传输速率是多少？

20. IEEE 1394 串行总线的通信方式有哪两种？为什么说 1394 接口比较适合数字视频的传输？

21. DHMI 高清视频接口可以支持多少分辨率的高清视频信号，它同时可以传输几个音频信号？

22. 目前 SSD 固态硬盘的主要优缺点是什么？

第6章 中断与 DMA 传输

中断与 DMA 传输是现代微型计算机的重要标志。有了中断的功能，计算机才能从单纯的计算工具演变成同时管理多种设备，同时执行多个任务，功能丰富多彩、无所不能的信息处理工具。本章介绍中断的基本原理，中断控制器和中断方式 I/O 的实现。

DMA 传输是现代微型计算机普遍使用的大批量数据的传输方式。本章还将介绍 DMA 的传输原理、DMA 控制器及其他的使用。

6.1 中 断 原 理

6.1.1 中断的基本概念

下面是有关中断的若干基本名词。

(1) 中断。由于某个事件的发生，CPU 暂停当前正在执行的程序，转而执行处理该事件的一个程序。该程序执行完成后，CPU 接着执行被暂停的程序。这个过程称为中断。

(2) 中断源。引发中断的事件称为中断源。

① 内部中断。中断源在 CPU 内部的，称为内部中断。如程序异常（运算溢出等）、陷阱（单步运行）、软件中断（执行特殊指令）等。

② 外部中断。大多数的中断源在 CPU 的外部，称为外部中断。如 I/O 事件（外部设备完成一次 I/O 操作、请求数据传输）、外部事件（定时时间到、外部特殊信号）、外部故障（电源故障、存储器读写校验错）等。

(3) 中断类型。用若干位二进制表示的中断源的编号，称为中断类型。

(4) 中断断点。由于中断的发生，某个程序被暂停执行。该程序中即将执行，由于中断还没有被执行的那条指令的地址称为中断断点，简称断点。

(5) 中断服务程序。处理中断事件的程序段称为中断服务程序。如输入输出中断服务程序，故障中断服务程序。

① 不同的中断需要不同的中断服务程序。

② 中断服务程序不同于一般的子程序。子程序由某个程序调用，它的调用是由程序事先设定的，因此是确定的。中断服务程序由某个事件引发，它的发生往往是随机的，不确定的。

(6) 中断向量。中断服务程序的入口地址称为中断向量。

(7) 中断系统。为实现计算机的中断功能而配置的相关硬件、软件的集合称为中断系统。

6.1.2 中断工作方式的特点

具备中断功能后，计算机的整体性能可以得到很大的提高。具体表现如下。

（1）并行处理能力。有了中断功能，可以实现 CPU 和多个外部设备同时工作，仅仅在它们相互需要交换信息时，才进行中断。这样 CPU 可以控制多个外部设备并行工作，提高了 CPU 的工作效率。

（2）实时处理能力。计算机应用于实时控制时，现场的许多事件需要 CPU 能迅速响应、及时处理，而提出请求的时间往往又是随机的。有了中断系统，才能实现实时处理。

（3）故障处理能力。计算机运行过程中，有时会出现一些故障，例如，电源掉电（指电源电压快速下降，可能即将停电）、存储器读写校验错、运算出错等。可以利用中断系统，通过执行故障处理程序进行处理，不影响其他程序的运行。

（4）多道程序或多重任务的运行。在操作系统的调度下，使 CPU 运行多道程序或多重任务。一个程序需要等待外部设备 I/O 操作结果时，就暂时挂起，同时启动另一道程序运行。I/O 操作完成后，挂起的程序再排队等待运行。这样，多个程序交替运行。从大的时间范围来看，多道程序在同时运行。也可以给每道程序分配一个固定的时间间隔，利用时钟定时中断进行多道程序的切换。由于 CPU 速度快，I/O 设备速度慢，各道程序感觉不到 CPU 在做其他的服务，好像专为自己服务一样。

6.1.3　中断管理

中断系统需要实现对中断全过程的控制，解决中断源识别、中断优先权和中断嵌套等一些问题。

1. 对中断全过程的控制

中断源发出中断请求时，CPU 能够决定是否响应这一中断。

若允许响应这个中断请求，CPU 能在保护断点后，将控制转移到相应的中断服务程序中。

中断处理完，CPU 能返回到断点处继续执行被中断的程序。

2. 中断源的识别

计算机内有多个不同的中断源。CPU 收到中断请求之后，需要识别是哪一个中断源发出了中断请求信号，以便执行相应的中断服务程序。

3. 中断的优先权

对于系统中的所有中断源，必须根据中断的性质及处理的轻重缓急对中断源进行排队，并给予优先权。所谓优先权，是指有多个中断源提出中断请求时，CPU 响应中断的优先次序。

确定中断优先权有多种可选的方法。

（1）软件查询法。CPU 响应中断后，用软件查询的办法确定哪个中断源提出了中断申请。同时有多个中断申请时，首先被查询的中断首先被处理，因而拥有较高的优先权。

（2）分类申请法。CPU 设有两个中断申请信号的输入引脚。

① 可屏蔽中断请求引脚（INTR）。普通的中断申请信号通过这个引脚输入 CPU。CPU 的内部有一个中断允许标志寄存器（IF），它的状态可以由程序设定。IF＝1 时，CPU 在一条指令执行完成后可以响应来自 INTR 的中断申请；IF＝0 时，CPU 不响应来自 INTR 引脚的中断请求。

② 不可屏蔽中断请求引脚（NMI）。紧急的中断申请信号通过这个引脚输入 CPU。在

没有 DMA 请求的情况下,来自 NMI 的中断申请总是会在当前指令执行完成后由 CPU 响应。

显然,连接到 NMI 引脚的中断请求有较高的优先级。

（3）链式优先权排队——菊花链法。菊花链是在 CPU 外部管理中断优先级的一个简单硬件方法。在每个中断源的接口电路中设置一个逻辑电路,这些逻辑电路首尾相连,称为菊花链,由它来控制中断响应信号的传递通道。图 6-1(a)是菊花链的连接图,图 6-1(b)是链上具体的逻辑电路。由图可以看出,当链上任何一个接口有中断请求时,都会产生中断请求信号送往 CPU 的 INTR 引脚。如果 CPU 允许相应中断,则发出中断响应信号 $\overline{INTA}$。该信号在菊花链中传递,如果某接口中无中断请求信号,则 $\overline{INTA}$ 信号可以通过该接口的菊花链逻辑电路,原封不动地向后传递;如果该接口中有中断请求信号,则该接口中的逻辑电路就使得 $\overline{INTA}$ 信号不再向后传递。这样,CPU 发出的 $\overline{INTA}$ 信号可以从最靠近 CPU 的接口开始沿着菊花链逐级向后传递,直至被一个有中断请求信号的接口封锁为止。显然,在有多个中断请求同时发生时,最靠近 CPU 的接口最先得到中断响应,所以它的优先权最高,离 CPU 越远的接口,其优先权就越低。

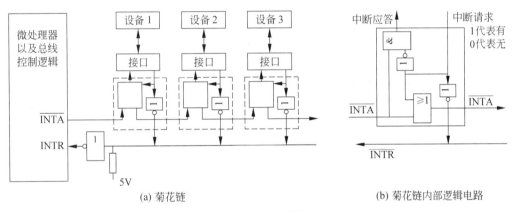

(a) 菊花链　　　　　　　　　　　　　　(b) 菊花链内部逻辑电路

图 6-1　链式优先权排队电路

当某接口有中断请求且收到了 CPU 的中断响应信号 $\overline{INTA}$,该接口一方面清除它的中断请求,同时把它的中断类型号送上数据总线。CPU 接收到该中断类型号就执行与它对应的中断服务程序。因优先权较低申请了中断而未接收到 $\overline{INTA}$ 的接口,将保持中断请求信号。CPU 处理完高一级的中断,开中断返回后,再来响应这个接口的中断请求。

（4）可编程中断控制器——向量优先权排队专用电路。采用可编程中断控制器是当前微型计算机解决中断优先权管理的常用办法。一个中断控制器可以接收并管理多个中断请求,各个 I/O 接口送来的中断请求信号都并行地送到中断控制器的输入端。可以通过程序设定中断控制器优先权的分配规则。

上面介绍了 4 种解决中断优先级的方法。早期计算机采用软件查询或菊花链来管理中断优先级,目前的计算机普遍使用分类申请并使用中断控制器来实现优先级管理。

4. 中断嵌套

CPU 在处理级别低的中断过程中,如果出现了级别高的中断请求,CPU 会停止执行低级中断的处理程序而去优先处理高级中断,等高级中断处理完毕后,再接着执行低级的未处理完的程序,这种中断处理方式称为多重(级)中断或中断嵌套。图 6-2 所示为二级中断过程示意图,图中外部设备 2 的中断优先级高于外部设备 1。

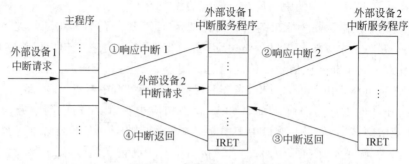

图 6-2　二级中断过程示意图

需要注意的是,由于 CPU 在响应中断时已将 IF 清"0",所以一定要在中断处理程序中加入开中断指令,才有可能进行中断嵌套。

6.1.4　中断过程

对于不同类型的中断源,CPU 响应及处理过程不完全一样,下面叙述一个大致过程:

1. 中断源请求中断

(1) 外部中断源。由外部硬件产生可屏蔽或不可屏蔽中断的请求信号。

(2) 内部中断源。在程序运行过程中发生了指令异常或其他情况。

CPU 可以用程序的方法允许某些中断源发出中断请求,而禁止某些中断源请求中断,称为中断屏蔽。在外部设备的接口内增设一个中断屏蔽触发器(可以用 D 触发器实现),该触发器的 $\overline{Q}$ 端与中断请求信号相与后连接到 INTR。当 $\overline{Q}=0$ 时,中断请求不能发往 INTR。于是,只要适当地设定中断屏蔽触发器的状态,就可以控制中断请求信号是否能够送到 INTR 端。

2. 中断响应

中断源提出中断请求后,还必须具备下述条件,CPU 才可响应中断。

(1) 响应可屏蔽中断必须同时具备以下条件。

① 当前指令执行结束。

② CPU 处于允许响应中断状态(IF=1)。

③ 没有不可屏蔽中断请求和 DMA 请求。

(2) 响应不可屏蔽中断必须同时满足以下条件。

① 当前指令执行结束。

② 没有 DMA 请求。

(3) 响应内部中断的条件。当前指令执行结束。

CPU 接收中断请求后转入中断响应周期,如图 6-3 所示。在中断响应周期。

(1) 识别中断源,取得中断源的中断类型;

(2) 将标志寄存器 FLAGS 和 CS、IP(断点)压入堆栈保存;

(3) 清除自陷标志位 TF 和中断允许标志位 IF;

（4）获得相应的中断服务程序入口地址,转入中断服务程序。

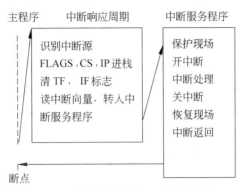

图 6-3　中断响应与处理过程示意图

3. 中断服务

中断服务程序的主要内容如下。

（1）保护现场。执行中断服务程序时,先保护中断服务时要使用的寄存器的内容,中断返回前再将其内容恢复。这样,中断处理程序的运行不会影响主程序的运行。具体的做法是将这些寄存器的内容压入堆栈。

（2）开中断。以便在执行中断服务程序时,能响应较高级别的中断请求。

（3）中断处理。执行输入输出或非常事件的处理,执行过程中允许 CPU 响应较高级别设备的中断请求。

（4）关中断。保证在恢复现场时不被新的中断打扰。

（5）恢复现场。中断服务程序执行结束前,应将堆栈中保存的内容按入栈相反的顺序弹出,送回到原来的 CPU 寄存器,从而保证被中断的程序能够正常地继续执行。

（6）返回。在中断服务程序的最后,需要安排一条中断返回指令,用于将堆栈中保存的FLAGS、IP、CS 的值弹出,使程序回到了被中断的地址,恢复中断前的状态。

6.1.5　8086 CPU 中断系统

1. 8086 的中断类型

8086 用 8 位二进制数表示一个中断类型,因此可以有 256 个不同的中断。这些中断又可以划分为内部中断、不可屏蔽中断、可屏蔽中断 3 类,如图 6-4 所示。

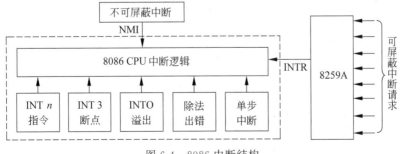

图 6-4　8086 中断结构

8086 有两根外部中断请求输入引脚,不可屏蔽中断请求信号通过 NMI 引脚输入,可屏蔽中断请求信号通过 INTR 引脚输入。所有的可屏蔽中断源共用一条 INTR 线,由可编程的中断控制器 Intel 8259A 统一管理。

8086 CPU 规定了各类中断的优先级,最高级为除法错误中断 INT 0,溢出中断 INTO 及 INT n 指令;次为不可屏蔽中断 NMI,再者为可屏蔽中断 INTR;单步中断的优先级最低。

(1) 可屏蔽中断。INTR 上引入的可屏蔽中断,受标志寄存器中的中断允许标志位 IF 控制。IF＝0 时,CPU 不响应 INTR 的中断请求,IF＝1 时,CPU 响应 INTR 的中断请求。可以用 STI 指令使 IF＝1,称为开中断;用 CLI 指令使 IF＝0,称为关中断。

系统复位后,或 CPU 响应了任何的一种中断(内部中断、NMI、INTR)后,都会使 IF＝0。因此,在这些情况下应使用 STI 指令再次使 IF＝1,确保中断开放。

8086 的可屏蔽中断源由 8259A 统一管理,每片 8259A 可以接收 8 个外部设备的中断请求。外部设备将中断请求信号送到 8259A 的输入端,8259A 根据屏蔽状态决定是否给 8086 的 INTR 端发出信号。8086 响应中断请求以后向 8259A 发出 $\overline{\text{INTA}}$ 信号,8259A 利用这个信号,将中断优先级别最高的中断类型码送给 8086。INTR 中断的类型码可以是 8～255。

(2) 不可屏蔽中断。NMI 接收上升沿触发的中断请求信号,只要输入脉冲有效宽度(高电平有效时间)大于两个时钟周期就能被 8086 锁存。CPU 对 NMI 中断请求的响应,不受中断允许标志位 IF 控制。不管 IF 的状态如何,只要 NMI 信号有效,8086 现行指令执行结束,没有 DMA 请求,都会立即响应 NMI 中断请求。NMI 中断类型码固定为 2。

(3) 内部中断。内部中断是由于执行 INT n、INTO 等指令,或是由于除法出错,或是进行单步操作而引起的中断。8086 CPU 的内部中断有 5 种类型:

① 除法错中断。在执行 DIV(无符号数除法)或 IDIV(有符号数除法)指令时,若发现除数为 0 或商超过寄存器所能表达的范围,8086 CPU 立即执行中断类型码为 0 的内部中断。

② 单步中断。8086 标志寄存器中有一个自陷标志位 TF,若 TF＝1,则 CPU 每执行完一条指令就引起一个中断类型码为 1 的内部中断。它用于实现单步操作,是一种强有力的调试手段。

③ 断点中断。指令 INT 3 产生一个中断类型码为 3 的内部中断,称为断点中断。在程序调试过程中,需要跟踪程序走向、了解程序执行过程的中间结果时,可以用 INT 3 指令临时替换原有的指令,称为设置断点。程序执行到断点处,会因执行 INT 3 指令进入类型 3 的中断服务程序。于是,原程序被暂停执行。此时可以读出程序的执行环境(指令地址,寄存器值、变量值等),供程序员调试使用。最后恢复原来的指令,继续执行被调试的程序。

④ INTO 指令。8086 标志寄存器中有一个溢出标志位 OF,若前面指令的执行结果使 OF＝1,则 INTO 指令引起中断类型码为 4 的内部中断;若 OF＝0,则此指令不起作用,程序顺序执行下一条指令。

⑤ INT n 指令。用户可以用 INT n 指令产生一个中断,n 为中断类型码。

2. 8086 的中断向量表

所谓中断向量,就是中断服务程序的入口地址。8086 的中断向量表如图 6-5 所示,它是中断类型与它对应的中断服务程序入口地址之间的换算表。中断向量表占用存储器 00000H 开始的最低地址区,每个中断向量占用 4B。中断服务程序入口的偏移地址存入两个低地址字节,入口的段基址存入两个高地址字节。256 个中断向量占用 00000H～003FFH 共 1024B 的存储器空间。

使用某个中断前,应先将中断服务程序入口地址的段基址和偏移地址分别装入中断向量表的相应单元中。专用的及 DOS 和 BIOS 软中断的中断向量,在系统初始化时装入。用户开发的应用程序需要使用某个中断类型时,可以使用 AH＝25H 的 DOS 系统功能调用,将中断服务程序入口地址装入中断向量表。若用户以自己的中断服务程序替换系统某类中断,必须将原始中断向量先保存起来,用户停止使用自己的中断向量时,再将其恢复。

图 6-5　中断向量表

3. 8086 对外部中断的响应

(1) 不可屏蔽中断 NMI。NMI 引脚引起的中断称为非屏蔽中断,它不受 CPU 内部中断允许标志 IF 的约束,它的中断优先权高于 INTR。

8086 中断系统规定 NMI 的中断类型号为 02,所以它的中断服务程序的入口地址应该放在中断向量表的 0008H—000BH 这 4B 单元中。

NMI 线上的请求信号采用边沿触发(上升沿)方式,CPU 采样到 NMI 请求时,在内部把它锁存起来,自动提供中断类型号 02,然后按以下顺序处理。

① 将类型号乘以 4,得到中断向量表地址。

② 把 CPU 的标志寄存器内容压入堆栈,保护各标志位状态。

③ 清除 IF 标志(即关中断)和 TF 标志,屏蔽 INTR 中断和单步中断。

④ 保存断点,把断点处的 CS 和 IP 内容先后压入堆栈。

⑤ 从中断向量表中取出中断服务程序的入口地址,分别送至 CS 和 IP 中。

⑥ 按 CS 和 IP 中的地址执行中断服务程序。在中断服务程序中,首先要保护现场,然后进行中断服务,服务完毕恢复现场,最后执行中断返回指令 IRET。

⑦ IRET 指令按次序恢复断点处的 IP 和 CS 值,恢复标志寄存器内容,CPU 返回到原断点处继续执行原来的程序。

IBM PC/XT 机系统中,NMI 主要用于解决系统主板上 RAM 出现的奇偶错,I/O 通道中扩展选件板上出现的奇偶校验错,以及 8087 协处理器异常中断。

(2) 可屏蔽中断 INTR。INTR 引脚引起的中断为可屏蔽中断。8086 的 INTR 中断请求信号通常来自中断控制器 8259A。外部设备的中断请求先送到 8259A,再由 8259A 向 CPU 发出 INTR 中断请求。外部设备的中断请求送到 8259A 时,按预先的约定进行中断优先权排队,并产生优先权最高的中断源的类型号。

可屏蔽中断 INTR 的响应及处理过程如下。

INTR 请求线上的信号采用电平触发方式,高电平有效。INTR 信号有效时,如果 CPU 的中断允许标志 IF=1,则 CPU 就在当前指令执行完毕后,响应 INTR 线上的中断请求。所以,要求 INTR 线上的请求信号必须至少保持到当前指令的结束。CPU 响应 INTR 中断后,进入中断响应周期,通过执行两个连续的中断响应总线周期(之间用两三个空闲状态隔开)来获得中断类型号。第一个中断响应周期,CPU 发出一个负脉冲 $\overline{\text{INTA}}$ 信号,该信号通知请求中断的外部中断系统(通常为 8259A):中断已被响应,请准备好中断类型号。第二个中断响应周期,CPU 再发出一个 $\overline{\text{INTA}}$ 信号,外部中断系统接收到第二个 $\overline{\text{INTA}}$ 负脉冲后就把中断类型号送上数据总线(低 8 位)。CPU 在 T_4 状态的前沿采样数据总线,获得中断类型号。获得中断类型号后,CPU 据此取得中断向量,随后进入中断处理过程。所以,一个可屏蔽中断响应时,CPU 实际上要执行 7 个总线周期。

① 执行第一个 INTA 总线周期,通知外部中断系统做好准备。

② 执行第二个 INTA 总线周期,从外部中断系统获取中断类型号,并将它左移两位(即乘以 4),形成中断向量表的地址,存入暂存器。

③ 执行一个总线写周期,把标志寄存器 FLAG 内容压入堆栈,随后关中断(IF=0),清单步标志(TF=0)。

④ 执行一个总线写周期,把 CS 内容压入堆栈。

⑤ 执行一个总线写周期,把 IP 内容压入堆栈。

⑥ 执行一个总线读周期,从中断向量表中读出中断服务程序入口的偏移地址写入 IP。

⑦ 执行一个总线读周期,从中断向量表中读取中断服务程序入口的段基址写入 CS。

执行上述操作之后,CPU 依据 CS、IP 中的地址进入中断服务程序执行。

对于 NMI 非屏蔽中断及前面述及的软件中断,它们的中断类型号是已知的,不需要从外部中断系统获得。CPU 在响应时不需要①、②两步,仅仅从第③步开始顺序执行到第⑦步。

6.2 可编程中断控制器 8259A

Intel 8259A 可编程中断控制器是专门用于系统中断管理的大规模集成电路芯片,在 IBM PC/XT 型微型计算机系统中使用了一片 8259A,在 PC/AT 型微型计算机系统中使用了两片 8259A。目前,PC 系列微型计算机,其外围控制芯片都集成有与两片 8259A 相当的中断控制电路。

8259A 中断控制器的具体性能如下。

(1) 具有 8 级优先权控制,通过级联可以扩展至 64 级。

(2) 每一级都可以由程序进行屏蔽或开放。

(3) 在中断响应周期,8259A 可以提供相应的中断类型号。

(4) 可以通过编程来选择 8259A 的各种工作方式。

8259A 把中断源识别、中断优先权排队、中断屏蔽、提供中断类型等功能集于一身,因而能方便地进行外部中断的管理。通过对 8259A 进行编程,就可以管理 8~64 级优先权中断。

6.2.1 8259A 引脚及内部结构

1. 8259A 引脚

8295A 采用 28 引脚的双列直插式封装,如图 6-6 所示。各引脚定义如下。

(1) $DB_7 \sim DB_0$:双向三态数据总线。

(2) A_0:地址线,输入,用于选择内部端口。由于 8259A 只有一根地址输入信号线,所以它只有两个端口地址。习惯上,把 $A_0 = 0$ 所对应的端口称为偶端口,另一个为奇端口。

(3) $\overline{CS}$:片选信号,输入、低电平有效。

(4) $\overline{RD}$:读信号,输入、低电平有效。

(5) $\overline{WR}$:写信号,输入、低电平有效。

(6) $\overline{INTA}$:中断响应信号,输入、低电平有效。

(7) INT:中断请求信号,输出、高电平有效。

(8) $CAS_2 \sim CAS_0$:3 根双向的级联线。

(9) $IR_7 \sim IR_0$:外部设备向 8259A 发出的中断请求信号,输入。

(10) $\overline{SP/EN}$:主从设备设定/缓冲器读写控制,双向双功能。

图 6-7 列出了 8259A 的内部结构。

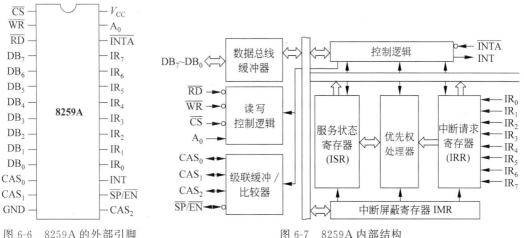

图 6-6 8259A 的外部引脚　　　　图 6-7 8259A 内部结构

2. 中断请求寄存器 IRR

IRR 是一个 8 位的锁存器,用来锁存外部设备送来的 $IR_7 \sim IR_0$ 中断请求信号。当外部中断请求线 IR_i 变为高电平时,IRR 中与之对应的第 i 位被置"1"。这个寄存器的内容可以被 CPU 读出。

3. 中断屏蔽寄存器 IMR

IMR 是一个 8 位的寄存器,用于设置中断请求的屏蔽信息。此寄存器的第 i 位被置"1"时,与之对应的外部中断请求线 IR_i 被屏蔽,不能向 CPU 发出 INT 信号。可通过软件设置 IMR 内容,确定每一个中断请求的屏蔽状态。设置 IMR 也可以起到改变中断请求优先级的效果。

4. 中断服务状态寄存器 ISR

ISR 是一个 8 位的寄存器,用于记录当前正在被服务的所有中断级,包括尚未服务完而中途被更高优先级打断的中断级。若 CPU 响应了 IR_i 中断请求,则 ISR 中与之对应的第 i 位 ISR_i 被置"1",同时 IRR 中相应位 IRR_i 清"0"。该中断处理结束前,要使用指令清除 ISR 中这一位。ISR 寄存器内容可以被 CPU 读出。

5. 优先权处理器

优先权处理器用于识别和管理各中断请求信号的优先级别。当几个中断请求信号同时出现时,优先权处理器根据控制逻辑规定的优先级规则判断这些请求信号的最高优先级。CPU 响应中断请求时,把优先权最高的 IRR 中的"1"送入 ISR。8259A 正在为某一级中断服务时,若出现新的中断请求,则由优先权处理器判断新出现的中断请求的优先级别是否高于正在处理的那一级,若是,则进入多重中断处理。

6. 控制逻辑

在 8259A 的控制逻辑电路中,有一组初始化命令字寄存器 $ICW_1 \sim ICW_4$ 和一组操作命令字寄存器 $OCW_1 \sim OCW_3$。初始化命令字在系统初始化时置入,工作过程中保持不变。操作命令字在工作过程中根据需要设定。控制逻辑电路按照编程设定的工作方式管理 8259A 的全部工作。它根据 IRR、IMR、优先权管理器的状态,通过 INT 引脚向 CPU 请求中断。中断响应期间,它使中断优先级最高的 ISR 相应位置"1",同时使对应的 IRR 位清"0",把相应的中断类型送到数据总线上。中断服务结束时,按照编程规定的方式清除 ISR 中的对应位,进行结束处理。

7. 数据总线缓冲器

这是一个 8 位的双向三态缓冲器,是 8259A 与系统数据总线的接口。8259A 通过数据总线缓冲器接收 CPU 发来的控制字,也通过数据总线缓冲器向 CPU 发送中断类型代码和状态信息。

8. 读写控制逻辑

这个电路接收 CPU 的读写命令。读写信号控制 8259A 与 CPU 交换信息的方向,片选信号 $\overline{CS}$ 和地址线 A_0 决定访问 8259A 的哪个寄存器。CPU 对 8259A 进行写操作时,用 OUT 指令使 $\overline{WR}$ 有效,把写入 8259A 的命令字通过数据总线送到相应的寄存器 ICW 和 OCW 内;CPU 对 8259A 进行读操作时,用 IN 指令使 $\overline{RD}$ 有效,把相应的 IRR、ISR 或 IMR 寄存器的内容通过数据总线读入 CPU。表 6-1 列出了对 8259A 寄存器读写时,各控制线与被访问寄存器间的关系。

表 6-1　8259A 寄存器的读写控制逻辑

$\overline{CS}$	A_0	$\overline{RD}$	$\overline{WR}$	D_4	D_3	读写操作
0	0	1	0	0	0	数据总线→OCW_2
0	0	1	0	0	1	数据总线→OCW_3
0	0	1	0	1	×	数据总线→ICW_1
0	1	1	0	×	×	数据总线→ICW_2,ICW_3,ICW_4,OCW_1
0	0	0	1			IRR 或 ISR 或中断级别编码→数据总线
0	1	0	1			IMR→数据总线

9. 级联缓冲/比较器

系统需要扩展而使用多个 8259A 时,要有一个 8259A 做主器件而其他的为从器件。级联缓冲/比较器在级联方式的主/从结构中,用来控制 8259A 的级联。与此部件相关的有 3 根级联线 $CAS_2 \sim CAS_0$ 和 1 根主从设备设定/缓冲器读写控制线 $\overline{SP}/\overline{EN}$。

如果系统使用了多片 8259A,为了减轻系统数据总线的负担,可以把各 8259 芯片的数据线汇总后通过一个双向缓冲器(8286 或 74LS245)与系统数据总线相连。这种方式称为缓冲方式。在缓冲方式下,$\overline{SP}/\overline{EN}$ 引脚用作 $\overline{EN}$,输出低电平时,开启双向缓冲器。不处于缓冲方式时,它是起 $\overline{SP}$ 作用的输入引脚,用来区别主从器件:$\overline{SP}/\overline{EN}$ 接高电平,该 8259 为主器件;$\overline{SP}/\overline{EN}$ 接低电平,则其为从器件。

$CAS_2 \sim CAS_0$:是 8259A 主从芯片之间专用的总线。对于主 8259A,$CAS_2 \sim CAS_0$ 是输出线,用于在 CPU 响应中断时输出从片选择代码,表示哪一个从器件的中断请求被响应;对于从 8259A,$CAS_2 \sim CAS_0$ 是输入线,用于接收主器件送来的从片选择代码。

6.2.2 8259A 的工作方式

1. 8259A 的工作过程

8259A 一次完整中断响应过程如下。

(1) 中断源在中断请求输入端 $IR_0 \sim IR_7$ 上提出中断请求。

(2) 中断请求被锁存在 IRR 中,并经 IMR 屏蔽,其结果送给优先权电路判优。

(3) 控制逻辑接收中断请求,向 CPU 输出 INT 信号。

(4) CPU 从 INTR 引脚接收 8259A 的 INT 信号,进入连续两个 INTA 周期。

(5) 优先权电路检出优先权最高的中断请求位,设置 ISR 中的对应位,清除 IRR 中的对应位。

(6) 若 8259A 作为主控中断控制器,则在第一个 INTA 周期将级联地址从 $CAS_0 \sim CAS_2$ 送出。若 8259A 是单独使用或是由 $CAS_0 \sim CAS_2$ 选择的从属控制器,就在第二个 INTA 周期将一个中断类型号输出到低 8 位数据总线上。

(7) 8086 读取该中断类型号,转移到相应的中断处理程序。

(8) 在中断处理结束前,中断处理程序向 8259A 发送一条 EOI(中断结束)命令,使 ISR 相应位复位,本次中断到此结束。

2. 8259A 的优先权管理

8259A 有两类确定优先权的方法:固定优先级和循环优先级。每一类中又有一些不同的实现方法。

(1) 固定优先级。这种方式下各个中断源的优先级由它所连接的引脚编号决定,一旦连接,它的优先级就已经确定。具体有全嵌套方式和特殊全嵌套方式两种。

全嵌套方式是 8259A 最常用的一种工作方式。如果对 8259A 进行初始化后没有设置其他优先级方式,那么 8259A 就按全嵌套方式工作。在全嵌套方式下,中断优先权的级别是固定的,即 IR_0 优先权最高,$IR_1 \sim IR_6$ 逐级次之,IR_7 最低。

特殊全嵌套方式一般用于 8259A 级联的情况。此时,系统中有多片 8259A,一片为主片,其他为从片。从片上的 8 个中断请求通过它的 INT 引脚连接到主片的某个中断请求输入端 IR_i 上。从片上的 8 个中断请求有着不同的优先级别,但从主片看来,这些中断请求来自同一个引脚,因此属于同一级别。假设从片工作在全嵌套方式,先后收到了二次中断请求,而且第二次中断请求有较高的优先级,那么该从片就会二次通过 INT 引脚向上一级申请中断。如果主片采用全嵌套方式,则它不会响应来自同一个引脚的第二次中断请求。而主片采用特殊全嵌套方式后,就会响应该请求。

系统中只有一片 8259A 时,通常采用全嵌套方式。系统中有多片 8259A 时,主片必须采用特殊全嵌套方式,从片可采用全嵌套方式。

(2) 循环优先级。这种方式下,各个中断申请具有大体相同的优先级,具体有优先权自动循环方式和优先权特殊循环方式这两种方法。

在优先权自动循环方式下,当某一个中断源得到中断服务以后,它的优先权就自动降为最低,而与之相邻的优先级就升为最高。例如,当前 IR_0 优先权最高,IR_7 最低。当 IR_4、IR_6 同时有请求时,首先响应 IR_4。在 IR_4 被服务后,IR_4 的优先权降为最低,而 IR_5 升为最高。以下依次为 IR_6、IR_7、IR_0、IR_1、IR_2、IR_3。随后,在 IR_6 被响应且服务后,IR_6 又降为最低,IR_7 变为最高,其余以此类推。8259A 在设置优先权自动循环方式之初,总是自动规定 IR_0 为最高优先权,IR_7 为最低。优先权自动循环方式由编程决定。

优先权特殊循环方式与优先权自动循环方式仅有一处不同:在优先权自动循环方式下,一开始的最高优先权固定为 IR_0;而在优先权特殊循环方式下,由编程确定最初的最低优先权,从而也就确定了最高优先权。例如,编程时确定 IR_6 为最低优先权,则 IR_7 具有最高优先权。

3. 中断屏蔽方式

8259A 输入的每一个中断请求都可以根据需要决定是否屏蔽,这是通过编程,写入相应的屏蔽字来实现的。具体屏蔽方式有两种。

(1) 普通屏蔽方式。这种屏蔽方式是将中断屏蔽字写入 IMR 而实现的。若写入某位为"1",对应的中断请求被屏蔽;为"0"则开放。

(2) 特殊屏蔽方式。特殊屏蔽方式是用于这样一种特殊要求的场合:在执行较高级的中断服务时,由于某种特殊原因,希望开放较低级别的中断请求。采用普通屏蔽方式是不能实现这一要求的,因为此时即使把较低级别的中断请求开放,但由于 ISR 中当前正在服务的较高中断级的对应位仍为"1",它会禁止所有优先级比它低的中断请求。采用特殊屏蔽方式并用屏蔽字对 IMR 中某一位置"1"时,会同时使 ISR 中对应位清"0",这样就不但屏蔽了当前被服务的中断级,同时真正开放了其他优先权较低的中断级。所以,先设置特殊屏蔽方式,然后在较高级别中断服务程序中重新设置屏蔽,就可以开放优先权较低的中断请求。

对屏蔽位的设置部分地改变了中断优先权。

4. 中断结束方式

中断服务完成时,必须给 8259A 发一个命令,使这个中断级在 ISR 中的相应位清"0",表示该中断处理已经结束。8259A 有几种不同的中断结束方式。

(1) 自动中断结束方式(AEOI)。在这种方式下,系统一旦进入中断响应,8259A 就在第二个中断响应周期的 INTA 信号的后沿,自动将 ISR 中被响应中断级的对应位清"0"。这是一种最简单的中断结束处理方式,可以通过初始化命令字来设定。这种方式只能用在系统中只有一个 8259A 且多个中断不会嵌套的情况。

(2) 非自动中断结束方式(EOI)。在这种工作方式下,从中断服务程序返回前,必须在程序里向 8259A 发送一个中断结束命令(EOI),把 ISR 对应位清"0"。具体做法有两种。

① 一般的中断结束方式。指令内不指定清除 ISR 中的哪一位,由 8259A 自动选择优先权最高的位。一般来说,首先结束的中断服务就是当前优先级最高的中断,这种方法实现比较简单。

② 特殊的中断结束 EOI 命令。在指令内指明要清除 ISR 中的某一位。

注意:在非自动中断结束方式下,如果在程序里忘了将 ISR 对应位清"0",那么,8259A 此后将不再响应这个中断以及比它级别低的中断请求。

5. 8259A 的查询工作方式

8259A 也可以工作在程序查询方式下,这时,8259A 收到中断请求之后不再向 CPU 发 INT 信号。CPU 通过查询 8259A 了解有无中断,如果有,转入相应的服务程序。设置查询方式的过程是,关闭中断,用输出指令把查询方式命令字送到 8259A。此后,CPU 执行一条针对 8259A 的 IN 指令,8259A 便将一个 8 位的查询字送到数据总线上。查询字格式为

$$I\ XXXXW_2W_1W_0$$

$I=1$ 表示有中断请求,$I=0$ 表示没有中断请求。$W_2W_1W_0$ 表示向 8259A 请求服务的最高优先级编码。CPU 读取查询字,利用程序判断有无中断请求。若有,便根据 $W_2W_1W_0$ 的值转移到对应的中断服务程序中。

6. 读 8259A 状态

8259A 内部的 IRR、ISR 和 IMR 状态可以通过适当的读命令读至 CPU 中,由此可以了解 8259A 的工作情况。

上述的各种工作方式,都是通过 8259A 的初始化命令字($ICW_1 \sim ICW_4$)和操作命令字($OCW_1 \sim OCW_3$)来设定的。了解了 8259A 的各种工作方式后,对各种命令字的理解也就不难了。

6.2.3 8259A 的编程

8259A 是可编程的中断控制器,使用前要根据使用要求和硬件连接方式对其进行编程设定。CPU 送给 8259A 的命令分为初始化命令字(ICW)和操作命令字(OCW)两类。

初始化命令字在系统初始化时写入,用来设定 8259A 的基本工作方式。

操作命令字可以在初始化后的任何时刻写入 8259A,用来动态地控制 8259A 的操作。

1. 初始化命令字

8259A 有 4 个初始化命令字(ICW)寄存器 $ICW_1 \sim ICW_4$。8259A 开始工作前,必须对它写入初始化命令字,使它按预定的工作方式工作。

各初始化命令字的格式如下。

(1) ICW_1 的格式如图 6-8 所示,其中各位的意义如下。

① $A_0=0$,$D_4=1$:初始化命令字 ICW_1 的标志。

② D_3(LTIM):中断请求信号触发方式设定。LTIM=1,表示电平触发;LTIM=0,表示边沿触发。

③ D_1(SNGL):单片/级联方式设定。SNGL=1,表示单片使用;SNGL=0,表示级联使用。

无论何时,当 CPU 向 8259A 送入一条 $A_0=0$、$D_4=1$ 的命令时,该命令被译码为

ICW$_1$，它启动 8259A 的初始化过程，相当于 RESET 信号的作用，自动完成下列操作。

① 清除中断屏蔽寄存器 IMR。

② 设置以 IR$_0$ 为最高优先级，依次递减，IR$_7$ 为最低优先级的全嵌套方式，固定中断优先权排序。

（2）ICW$_2$。ICW$_2$ 的格式如图 6-9 所示，其中各位的意义如下。

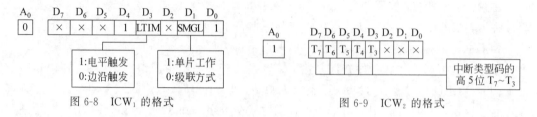

图 6-8　ICW$_1$ 的格式　　　　　图 6-9　ICW$_2$ 的格式

① A$_0$=1：对 ICW$_2$ 编程标志。

② D$_7$～D$_3$（T$_7$～T$_3$）：设定中断类型代码的高 5 位。

ICW$_2$ 应紧接在 ICW$_1$ 之后写入奇地址端口。

（3）ICW$_3$。ICW$_3$ 专用于级联方式的初始化编程，单片方式不需要写入 ICW$_3$。初始命令字 ICW$_1$ 中的 D$_1$ 位（SNGL）=0 时，8259A 工作于级联方式。级联方式下必须对主片和从片分别写入 ICW$_3$ 命令，主片和从片的 ICW$_3$ 有不同的格式。

主片的 ICW$_3$ 格式如图 6-10 所示，其中各位定义如下。

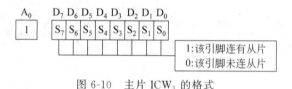

图 6-10　主片 ICW$_3$ 的格式

① A$_0$=1：对 ICW$_3$ 编程标志。

② S$_0$～S$_7$：表示中断源的类别。S$_i$=1，表示对应的 IR$_i$ 输入来自从片 8259A 的 INT 输出；S$_i$=0，表示对应的 IR$_i$ 输入来自中断源。

从片 ICW$_3$ 的格式如图 6-11 所示，其中各位定义如下。

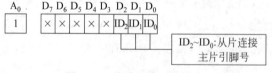

图 6-11　从片 ICW$_3$ 的格式

ID$_2$～ID$_0$：从片 ID 码（标识码），用来说明这一从片 8259A 的中断请求输出（INT 引脚）连接在主 8259A 的哪个 IR$_i$ 端。

例如，主 8259A 仅在 IR$_4$ 上连有从 8259A，从片的 ID 码为 4（100）。这时应设定主 8259A 的 ICW$_3$ 为 0001 0000，设定从 8259A 的命令字 ICW$_3$ 为 0000 0100。

（4）ICW$_4$。ICW$_4$ 的格式如图 6-12 所示，其中各位定义如下。

① A$_0$=1：对 ICW$_4$ 编程标志。

② D_1（AEOI）：选择中断结束方式。AEOI＝1，自动中断结束方式，8259A 收到第二个中断响应信号$\overline{INTA}$后自动将最高优先权的 ISR 位清"0"；AEOI＝0，在中断服务程序结束前用指令向 8259A 发送中断结束命令。

③ D_2（M/$\overline{S}$）：与缓冲位 BUF 一起使用。在缓冲方式下，M/$\overline{S}$ 位用来设定 8259A 是主片或是从片：M/$\overline{S}$＝1，该片为主片；M/$\overline{S}$＝0，该片为从片。在非缓冲方式下（即 BUF＝0），M/$\overline{S}$ 位无意义，由引脚$\overline{SP}/\overline{EN}$所接的是 V_{CC}还是 GND 来决定该 8259 是主片还是从片。

④ D_3（BUF）：设定是否选用缓冲方式。BUF＝1，设定为缓冲方式，这时$\overline{SP}/\overline{EN}$，用来作为控制缓冲器的信号输出；BUF＝0，设定为非缓冲方式。

⑤ D_4（SFNM）：选择中断嵌套方式。SFNM＝0，8259A 工作于一般全嵌套方式；SFNM＝1，8259A 工作于特殊全嵌套方式（一般仅用于级联方式下的主片）。

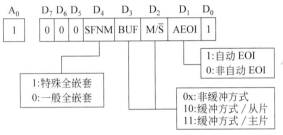

图 6-12　ICW_4 的格式

（5）8259A 的初始化。CPU 对 8259A 的初始化操作要求有一定的顺序。

① 依次写入命令字 ICW_1 和 ICW_2。

② ICW_1 中的 SNGL＝0 时，需送 ICW_3。主片和从片均需送 ICW_3，而且它们的格式不同。

③ 送入 ICW_4。

采用单片 8259A 时，初始化要写入的初始化命令字 ICW_1、ICW_2 和 ICW_4；采用级联方式时，要写入的初始化命令字 ICW_1、ICW_2、ICW_3 和 ICW_4。注意，级联方式下，每一片 8259A 都要独立地按上面顺序写入初始化命令字。

在 IBM-PC 微型计算机内，8259A 的工作方式是单片工作，边沿触发，全嵌套，中断类型为 08H～0FH，采用非缓冲方式，非中断自动结束，非特殊全嵌套方式。端口地址为 20H，21H。它的初始化程序如下：

```
MOV    AL, 00010011B              ;ICW₁：单片,边沿触发
OUT    20H, AL
MOV    AL, 00001000B              ;ICW₂：中断类型 08H~0FH
OUT    21H, AL
MOV    AL, 00000001B              ;ICW₄：非中断自动结束,非特殊全嵌套
OUT    21H, AL
```

图 6-13 中两片 8259A 进行级联，主片$\overline{SP}/\overline{EN}$连 5V（$V_{CC}$）电源，从片$\overline{SP}/\overline{EN}$接地，边沿触发，非缓冲方式，非自动中断结束，$CAS_0 \sim CAS_2$ 互连。初始化程序如下。

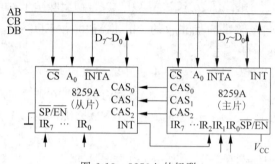

图 6-13　8259A 的级联

主片：

```
MOV    AL, 00010001B          ;ICW₁:边沿触发,级联
OUT    20H, AL
MOV    AL, 00001000B          ;ICW₂:中断类型 08H~0FH
OUT    21H, AL
MOV    AL, 00000100B          ;ICW₃:IR₂ 连有从片
OUT    21H, AL
MOV    AL, 00010001B          ;ICW₄:特殊全嵌套
                              ;非缓冲,非自动中断结束
OUT    21H, AL
```

从片：

```
MOV    AL, 00010001B          ;ICW₁:边沿触发,级连
OUT    0A0H, AL
MOV    AL, 01110000B          ;ICW₂:中断类型 70H~77H
OUT    0A1H, AL
MOV    AL, 00000010B          ;ICW₃:INT 引脚连主片 IR₂
OUT    0A1H, AL
MOV    AL, 00000001B          ;ICW₄:非特殊全嵌套,非缓冲,非自动中断结束
OUT    0A1H, AL
```

2. 操作命令字

按照一定顺序对 8259A 预置完毕后,8259A 进入设定的工作状态,准备接收由 IR 输入的中断请求信号,并按固定优先级(默认方式)来响应和管理中断请求。系统运行中还可以写入操作控制字(OCW),对 8259A 管理中断的方式进行修改和设定。8259A 共有 OCW_1、OCW_2 和 OCW_3 3 个操作控制字。与初始化命令字 ICW 不同,OCW 不是按照既定流程写入,而是按需要选择写入。

1) OCW_1

OCW_1 用来设置中断屏蔽寄存器 IMR 的值,确定对 8259A 输入信号 IR_i 的屏蔽操作。其格式如图 6-14 所示。

(1) $A_0 = 1$：对 OCW_1 编程标志。

(2) $M_7 \sim M_0$：将 OCW_1 中的某位 M_i 置"1"时,IMR 中的相应位也置"1",从而屏蔽相

应的 IR_i 输入信号。

例如,在微型计算机中,需要屏蔽 IR_4 的中断输入,同时不改变其他中断输入的屏蔽状态,可以用如下的 3 条指令实现:

```
IN    AL, 21H              ;取屏蔽寄存器当前值
OR    AL, 00010000B        ;将 D₄位置"1"
OUT   21H, AL              ;将改变后的屏蔽字写回屏蔽寄存器
```

2) OCW_2

这是个常用的控制字,它有两个作用:改变/设置中断优先级模式;发送中断结束命令(EOI 命令),其格式如图 6-15 所示。

图 6-14 操作命令字 OCW_1 的格式   图 6-15 操作命令字 OCW_2 的格式

(1) $A_0=0$,$D_4=0$,$D_3=0$:OCW_2 的标志。

(2) D_7(R):优先权模式控制位。R$=0$,固定优先权;R$=1$,循环优先权。

(3) D_5(EOI):中断结束命令位。EOI$=1$,向 8259A 发出中断结束命令;EOI$=0$,这位不起作用。

(4) $D_2 \sim D_0$($L_2 \sim L_0$):这 3 位的编码 000~111 分别对应 $IR_0 \sim IR_7$。

(5) D_6(SL):$L_2 \sim L_0$ 编码是否有效位。

(6) R、SL、EOI 这 3 个控制位常用的组合有 4 种。

① EOI$=0$,优先权模式选择/恢复命令。

• EOI$=0$,R$=1$,SL$=0$:设置一般循环优先级命令。开始时 IR_0 有最高优先级,IR_7 最低,发生中断后被响应的那级中断优先级变为最低。

• EOI$=0$,R$=1$,SL$=1$:设置特殊的循环优先级命令。开始时,($L_2 \sim L_0$)指出的中断申请优先级最低,发生中断后被响应的那级中断优先级变为最低。

可见,上面两种命令仅对设置后第一次中断的优先级有所区别。

发送 R$=0$ 的 OCW_2 命令后,取消循环优先级模式,恢复固定优先级模式。

② EOI$=1$,中断结束命令。

• EOI$=1$,SL$=0$:一般的中断结束命令。要求 8259A 将 ISR 内最高优先级的对应位清"0"。一般来说,在固定优先级的情况下,当前正在执行中断服务的中断就是优先级最高的中断。在中断服务结束前清除 ISR 对应位,使得中断结束后优先级比它低的中断能够得到响应,同时也使得它自身的下一次中断能够被响应。

• EOI$=1$,SL$=1$:特殊的中断结束命令。要求 8259A 将 ISR 内($L_2 \sim L_0$)指出的对应位清"0"。该命令用于一些特殊情况下的中断结束。

中断结束命令是一个常用的命令。PC 上一般的中断结束命令由以下两条指令实现:

```
MOV   AL, 20H
OUT   20H, AL
```

EOI＝1 时,可以同时设置优先权模式。

3) OCW₃

OCW₃ 操作控制字主要用来设置中断屏蔽方式,发查询和读出命令,其格式如图 6-16 所示,其中各位意义如下。

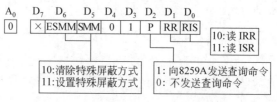

图 6-16　操作命令字 OCW₃ 的格式

（1）A_0＝0、D_4＝0、D_3＝1：对 OCW₃ 编程标志,D_7 未用。

（2）D_6（ESMM）：设置/保持屏蔽方式命令位。ESMM＝1,根据 SMM 位重新设置屏蔽方式;ESMM＝0,保持原来设置的屏蔽方式。

（3）D_5（SMM）：与 ESMM 位配合设置屏蔽方式。ESMM＝1,SMM＝1,设置特殊屏蔽方式;ESMM＝1,SMM＝0,清除特殊屏蔽方式,恢复为一般屏蔽方式。ESMM＝0 时,保持原来设置的屏蔽方式,SMM 不起作用。

（4）D_2（P）：查询命令位。P＝1,CPU 向 8259A 发送查询命令;P＝0,不发送查询命令。

（5）D_1（RR）和 D_0（RIS）：读 8259A 状态的功能位。RR＝1,RIS＝0,下一个读脉冲时读 IRR;RR＝1,RIS＝1,下一个读脉冲时读 ISR。RR＝0,这两位不起作用。

8259A 内部几个寄存器的状态可以读至 CPU 中,以供用户了解 8259A 的工作状况。具体实现是由 OCW₃ 命令字中的 RR 及 RIS 位的状态控制的。

用 OCW₃ 命令设置 RR＝1,RIS＝0 后,用 IN 指令读偶端口,可以将中断请求寄存器 IRR 的状态读入 CPU,其中包含着尚未被响应的中断源的情况。

用 OCW₃ 命令设置 RR＝1,RIS＝1 后,用 IN 指令读偶端口,可以将中断服务寄存器 ISR 的状态读入 CPU,其中包含着已经被 CPU 响应,正处在服务过程中的中断源的情况,由此可以看到是否有中断嵌套。

用 OCW₃ 命令设置 P＝1 后,用 IN 指令读偶端口,可以将中断查询字读入 CPU：

$$I\ X\ X\ X\ X\ W_2\ W_1\ W_0$$

I＝1 表示有中断请求,I＝0 表示没有中断请求。$W_2\ W_1\ W_0$ 表示 8259A 请求服务的最高优先级编码。

注意：通过 OCW₃ 设置了 P＝1 的查询命令后,8259A 不再通过 INT 引脚向 CPU 发送中断请求。要取消查询方式,可以再次发出 OCW₃,并使 P＝0。

例如,BIOS 中读取 ISR 寄存器的程序段如下：

```
MOV    AL,00001011B              ;OCW₃ 命令字,要读 ISR
OUT    20H,AL                    ;写入 OCW₃ 端口地址(A₀＝0)
NOP                             ;延时
IN     AL,20H                    ;将 ISR 内容送入 AL
```

```
MOV     AH,AL                              ;将 ISR 内容转存入 AH
OR      AL,AH                              ;是否为全 0
JNZ     AW-INT                             ;否,转硬件中断程序
...
```

6.3　中断方式输入输出

在微型计算机系统中,由于受到总线传输带宽的限制和 DMA 通道数目的限制,只有少数的高速设备可以使用 DMA 传输。程序查询方式会严重降低 CPU 的工作效率,一般用于一些 CPU 负载很轻的专用系统中。无条件程序传送方式只适合一些简单的开关量输入输出。于是,中断工作方式成为大多数 I/O 设备的首选。

本节介绍中断方式接口的组成,中断方式输入输出程序编制。

6.3.1　中断方式 I/O 接口

图 6-17 是一个中断方式传送的输入接口电路。除了作为一个输入接口所必需的地址译码、数据输入锁存与缓冲之外,为了适应中断方式传送的需要,要增加中断请求信号的发送、屏蔽和清除的相关电路。图中,输入设备完成一个数据输入后,发出选通信号,把输入数据存入锁存器,并将中断请求触发器置"1"。在中断屏蔽触发器为"0"(系统允许本接口发中断请求)的情况下,经与门 U_1 向 CPU 发中断请求信号 INTR。如果 CPU 接收这个请求,则向接口发 $\overline{INTA}$ 信号。它一方面把该外部设备接口的中断类型号(8 位,用来表示发出中断请求的设备编号)经数据总线 $D_0 \sim D_7$ 送 CPU,CPU 可根据此中断类型号找到相应的中断服务程序,转而执行相应的中断服务程序,另一方面将中断请求触发器复位,以供下一次请求中断使用。

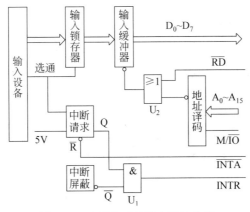

图 6-17　中断方式的输入接口电路

在执行中断服务程序期间,CPU 将执行一条输入指令:

```
IN    AL,DATA_PORT
```

这时,由地址译码电路产生对数据输入端口的选通信号,经 U_2 输出到三态缓冲器控制端。这样,已存入输入锁存器的数据通过三态缓冲器经数据总线 $D_0 \sim D_7$,送往 CPU,从而

被 CPU 接收,完成了一次数据的输入操作。中断服务程序执行完毕,CPU 返回被中断了的程序,自断点起继续执行原程序。

图 6-17 中断屏蔽触发器的作用是控制该外部设备接口的中断请求信号能否发送给 CPU。如果预先将中断屏蔽触发器置 1($\overline{Q}=0$),即使中断请求触发器被置"1",由于受到与门 U_1 的控制,该设备仍不能向 CPU 发出中断请求信号。中断屏蔽触发器可以看作该接口控制寄存器的一位,对中断屏蔽触发器的清"0"或置"1"是通过对控制端口的输出指令来实现的。

可以看出,图 6-17 是不完整的。它没有给出中断屏蔽触发器的写入电路、解决中断优先权的电路以及向 CPU 发送中断类型的电路。大多数的微型计算机使用集成的中断控制器来管理外部中断,上述功能均可由中断控制器来实现。

系统中配置了 8259A 中断控制器之后,中断屏蔽功能由 8259A 实现。同时,由于中断应答信号的传送与中断优先级有着紧密的联系,所以不再传送到接口。这时,清除接口中断请求信号的任务由数据端口读选通信号承担。也就是说,CPU 把数据取走的同时,清除了中断请求信号。使用 8259A 之后的中断输入接口如图 6-18 所示。

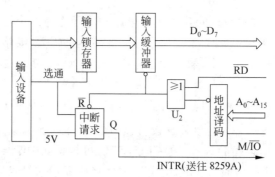

图 6-18　使用 8259A 之后的中断输入接口

6.3.2　中断方式输入输出程序设计

使用中断方式之后,一个完整的输入输出程序应由两个程序模块配合完成:主程序完成输入输出所需要的初始化工作和结束工作,中断服务程序完成数据传输和输入输出控制工作。

1. 主程序设计

在一个输入输出任务执行之初,主程序应做好对中断系统的初始化。初始化工作包括 CPU 的初始化、中断控制器 8259A 的初始化,外部设备接口的初始化以及中断服务程序初始化 4 个部分。

(1) CPU 初始化。设置堆栈,设置中断向量,开放中断。

(2) 中断控制器 8259A 的初始化。选择工作方式,设置优先级规则、清除相应的屏蔽位等。

(3) 接口的初始化。将接口恢复到初始状态,对于可编程的接口,要设置接口的工作方式,设置接口的中断开放位等。

(4) 中断服务程序的初始化。设置中断服务程序使用的缓冲区指针、计数器、状态位等。注意,中断服务程序的指针、计数器、状态位等只能存放在内存单元。进入中断服务程序,保护了有关寄存器之后,可以将指针、计数器、状态位装入寄存器使用。如果它们的值在中断服务期间发生了改变,在中断服务结束之前要存入对应的内存单元。

对于输出过程,应在主程序中启动第一次输出,否则不会发生输出中断。

在中断方式的输入输出完成之后,主程序要根据需要做好结束工作。例如,处理输入的数据;将数据存入磁盘;将 8259A 相应屏蔽位置位从而关闭这个中断等。

2. 中断服务程序设计

1)中断服务程序的执行步骤

(1)保护现场。把所有中断服务程序里要使用、会改变值的寄存器压入堆栈。注意,中断服务程序所使用的指针、缓冲区等都存放在内存储器中。为了装载指针,存取数据,需要重新装载段寄存器。因此,保护现场应包括保护段寄存器。

(2)开放中断。允许 CPU 响应优先级更高、更紧急的中断。

(3)装载数据缓冲区指针、计数器。在中断方式下,它们的值平时应存放在内存中,使用前装入对应的寄存器,这些寄存器因此需要在保护现场阶段压入堆栈保存。

(4)输入输出处理。对输入过程,要从接口数据寄存器读取数据,检查数据的正确性(例如奇偶校验),将数据存入缓冲区,修改指针和计数器(写入内存),检查输入是否结束,如果结束,设置相应的标志。对输出过程,则是把下一个要输出的数据送往接口的输出数据寄存器。

(5)保存修改过的缓冲区指针、计数器的值,以备下一次中断服务的时候使用。

(6)关闭中断。中断服务进入结束阶段,关闭中断可以避免不必要的中断嵌套。

(7)恢复现场。按照先进后出的原则,恢复各寄存器的内容。

(8)中断返回。用 IRET 指令返回被中断的程序。

2)中断服务程序设计中应注意的标出序号

中断服务程序要短小精悍,运行时间短,执行一次中断服务程序的时间要大大少于两次中断的时间间隔。对于耗费时间多的数据处理工作,应交由主程序完成。

一般情况下,应避免在中断服务程序内进行 DOS 功能调用。那样做,可能产生这些程序的重入。DOS 功能调用程序不具备重入功能,会产生难以预料的结果。需要进行控制台 I/O 操作可以使用 BIOS 调用。

在输入输出处理完成后,一定要向 8259A 发送中断结束命令;如果是级联的 8259A 的从片上的中断,则需要向主片和从片分别发送中断结束命令;否则,该设备的下一次中断就不能被响应,比它级别低的中断从此也不能被响应。

6.3.3 中断方式应用

下面,以图 6-18 所示的输入设备为例,给出一个完整的中断方式输入程序。设该输入设备的数据端口地址为 240H,使用 8259A 的 IR$_3$ 引脚申请中断,中断类型 0BH。8259A 端口地址为 20H,21H。输入回车字符表示数据块输入结束。

```
DATA        SEGMENT
IN_BUFFER   DB  100 DUP(?)          ;接收缓冲区,假设一个数据块不超过 100B
IN_POINTER  DW  ?                   ;接收缓冲区指针
DONE        DB  0                   ;完成标志,=1 表示输入已完成
```

```
DATA            ENDS
;
CODE            SEGMENT
ASSUME          CS: CODE, DS: DATA
BEGIN:  MOV     AX, SEG   IN_INTR         ;IN_INTR 是输入中断服务程序入口
        MOV     DS, AX
        LEA     DX, IN_INTR
        MOV     AX, 250BH               ;AH 为功能号,AL 为中断类型
        INT     21H                     ;装载 0BH 中断向量
        MOV     AX, DATA
        MOV     DS, AX                  ;装载数据段基址
        MOV     IN_POINTER, OFFSET IN_BUFFER  ;设置指针初值
        MOV     DONE, 0                 ;设置完成标志为"未完成"
        IN      AL, 21H
        AND     AL, 11110111B
        OUT     21H, AL                 ;清除 IR₃ 的屏蔽位
        STI                             ;开放中断
W:      CMP     DONE, 0
        JE      W                       ;等待完成
        ...                             ;结束处理
        MOV     AX, 4C00H
        INT     21H
;输入中断服务程序
IN_INTR PROC    FAR
        PUSH    DS                      ;保护现场
        PUSH    AX
        PUSH    BX
        PUSH    DX
        STI                             ;开放中断,允许响应更高级中断
        MOV     AX, DATA
        MOV     DS, AX                  ;在中断服务程序中重新装载 DS 寄存器
        MOV     BX, IN_POINTER          ;装载缓冲区指针
        MOV     DX, 240H
        IN      AL, DX                  ;从输入设备读取一个数据,同时清除中断请求
        MOV     [BX], AL                ;数据存入缓冲区
        INC     BX
        MOV     IN_POINTER, BX          ;修改指针,存入内存单元
        CMP     AL, 0DH                 ;判断输入是否结束
        JNE     EXIT
        IN      AL, 21H
        OR      AL, 00001000B           ;输入结束,置 IR₃ 屏蔽位
        OUT     21H, AL
        MOV     DONE, 1                 ;置完成标志
EXIT:   CLI                             ;关闭中断,准备中断返回
        MOV     AL, 20H
```

```
        OUT     20H, AL                    ;向 8259A 发送中断结束命令
        POP     DX                         ;恢复现场
        POP     BX
        POP     AX
        POP     DS
        IRET                               ;中断返回
IN_INTR ENDP
CODE    ENDS
        END     BEGIN
```

6.4 DMA 控制器 8237A

直接存储器传送(Direct Memory Access,DMA)是指外部设备的数据不经过 CPU,直接被送入内存储器,或者从内存储器中的数据不经过 CPU 直接被送往外部设备。一次 DMA 传送只需要执行一个 DMA 周期(相当于一个总线读写周期),因而能够满足高速外部设备数据传输的需要。下面,介绍 DMA 传输的原理,实施 DMA 传输所需要的 DMA 控制器 8237A 以及它的编程使用。

6.4.1 DMA 传输原理

1. DMA 控制器

使用 DMA 方式传输时,需要一个专门的器件来协调外部设备接口和内存储器的数据传输,这个专门的器件称为 DMA 控制器(DMAC),如图 6-19 所示。

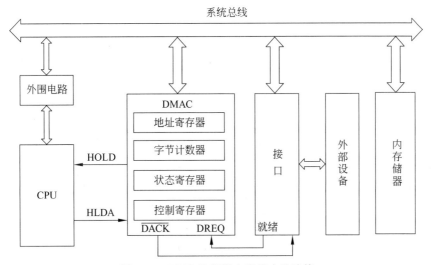

图 6-19 DMA 控制器在系统中的连接

在 DMAC 的内部,有若干个寄存器。

(1) 地址寄存器:存放 DMA 传输时存放 I/O 数据的存储单元地址。

(2) 字节计数器:存放 DMA 传输的字节数。

（3）控制寄存器：存放由 CPU 设定的 DMA 传输方式,控制命令等。

（4）状态寄存器：存放 DMAC 当前的状态,包括有无 DMA 请求,是否结束等。

在系统中,DMAC 有两种不同的作用。

（1）总线从模块：CPU 对 DMAC 进行预置操作,也就是向 DMAC 写入内存传送区的首地址、传送字节数和控制字时,DMAC 相当于一个外部设备接口,称为总线从模块。

（2）总线主模块：进行 DMA 传输时,CPU 暂停对系统总线的控制,DMAC 取得了对总线的控制权,这时的 DMAC 称为总线主模块。

2. DMA 传输过程

一次 DMA 传输的过程由以下步骤组成。

（1）外部设备准备就绪,需要进行 DMA 操作时,向 DMA 控制器发出 DMA 请求信号。DMA 控制器接到这个信号后,向 CPU 发出总线请求信号。

（2）CPU 接到总线请求信号后,如果允许,会在当前总线周期结束后发出总线应答信号,同时放弃对总线的控制。这时,DMA 控制器开始实行对总线的控制。

（3）DMAC 将内部地址寄存器的内容通过地址总线送往内存储器。对于数据输入过程,向外部设备发出外部设备读控制信号,同时向存储器发出存储器写信号。在这两个信号的作用下,1B 的数据从外部设备接口送往数据总线,而存储器从数据总线接收这个数据,写入由地址总线上的地址指定的内存单元。对于数据输出过程,情况正好相反。DMAC 向存储器发读命令,向外部设备接口发写命令,1B 的数据从存储器传送到外部设备接口,完成一次输出的操作。

（4）传送 1B 数据之后,DMAC 自动对地址寄存器的内容进行修改,指向下一个要传送的字节。同时,将字节计数器减 1,记录尚未完成的传输次数。

（5）一个数据传输结束,DMA 控制器向 CPU 撤销总线请求信号,CPU 于是也撤销允许使用总线的总线应答信号,CPU 收回对总线的控制权。

以上的过程完全由硬件电路实现,速度很快。用 DMA 方式进行一次数据传输所经历的时间称为 DMA 周期,大体上相当于一次总线读写周期的时间。

例如,要将串行通信口接收到的 200B 的数据包用 DMA 方式存入以 BUFFER 为首地址内存区域,需要的操作如下。

① 对 DMAC 进行预置：向 DMAC 写入内存首地址（BUFFER）、传输数据量（200B）、传输方向（外部设备接口→内存）、控制命令（允许 DMA 传输）等。

② 对串行通信接口进行初始化,设置串行通信的参数、允许串行输入等。

③ 此后串行接口每收到一个数据,就进入一次 DMA 周期。从串行接口接收的一个数据进入内存储器。每进入一次,DMAC 内的地址寄存器内容加 1,字节计数器内容减 1。

④ 最后一个数据的 DMA 传输结束后,DMAC 内字节计数器内容为 0。DMAC 内部状态寄存器传输完成状态位为"1",同时它还发出传输结束信号 EOP。CPU 可以通过查询知道传输已经结束,也可以利用 EOP 信号申请中断,在中断服务程序里进行结束处理。

所以,DMA 方式传输 200B 过程为：1 次对 DMAC 初始化,200 个 DMA 周期。

3. 8086 系统中的 DMA 信号

在 8086 最小系统中,CPU 通过 HOLD 引脚接收 DMA 控制器的总线请求,在 HLDA 引脚上发出对总线请求的允许信号。通常,CPU 接收到总线请求信号并完成当前总线操作以后,就会使 HLDA 出现高电平而响应总线请求,DMA 控制器就成了主宰总线的部件。此后,DMA 控制器将 HOLD 信号变为低电平时,便放弃对总线的控制。8086 检测到 HOLD 信号变为低电平后,也将 HLDA 信号变为低电平。于是,CPU 又控制了系统总线。

8086 CPU 工作于最大模式时,通过 $\overline{RQ}/\overline{GT_0}$ 和 $\overline{RQ}/\overline{GT_1}$ 引脚接收 DMA 控制器的总线请求,在同一根线上发送对总线请求的允许信号。$\overline{RQ}/\overline{GT_0}$ 引脚有较高的优先权。

6.4.2　8237A 的内部结构和外部信号

Intel 公司的 8237A 是一片 40 引脚双列直插式的大规模集成电路。它是一个可编程 DMA 控制器(DMAC),可以提供 4 个通道的 DMA 传输控制。

1. 8237A 芯片的主要特点

(1) 有 4 个完全独立的 DMA 通道,可分别进行编程,控制 4 台独立的外部设备。可以用级联的方法扩展 DMA 通道数。

(2) 每个通道的 DMA 请求均可分别允许和禁止,并对各通道进行优先级排队。

(3) 数据块最大为 64KB,每传送 1B 数据后使地址自动加 1 或减 1。

(4) DMA 请求可以由外部输入,也可以由软件设置。

(5) 可以进行从存储器到存储器的数据传输,用于对存储区域初始化。

2. 8237A 的工作方式

8237A 的每个通道可以有 4 种工作方式的选择。

(1) 单字节传输方式。在这种方式下,8237A 完成 1B 数据传输后,8237A 释放系统总线,一次 DMA 传输结束。如果收到一个新的 DMA 请求,则重新申请总线,重复上述过程。这种方式下,CPU 可以在每个 DMA 周期结束后控制总线,进行数据传输,所以不会对系统的运行产生大的影响。

(2) 块传输方式。在这种方式下,DMA 控制器获得总线控制权后,可以连续进入多个 DMA 周期,进行多个字节的传输(最多 64KB)。当字节计数器减为 -1,或者收到外部输入的强制停止命令(从 $\overline{EOP}$ 引脚输入一个低电平信号)时,8237A 才释放总线而结束传输。显然,这种方式可以获得最高的数据传输速度。在数据传输期间,CPU 不能访问总线(包括取指令)。如果一次传输的数据较多,这种方式会对系统工作产生一定的影响。

(3) 请求传输方式。这种方式与块传输类似,申请一次总线可以连续进行多个数据的传输。但是,在每传输 1B 数据后,8237A 都对外部设备接口的 DMA 请求信号线 DREQ 进行测试,如果检测到 DREQ 变为无效电平,则立刻暂停传输。当 DREQ 又变为有效电平时,就接着进行下一个数据的传输。这种方式允许外部设备由于某种原因发生的数据不连续,按照外部设备的最高速度进行数据传输,使用比较灵活。

(4) 级联传输方式。几个 8237A 可以进行级联,一片 8237A 用作主片,其余用作从片,构成主从式 DMA 系统。所谓级联,就是从片收到外部设备接口的 DMA 请求信号后,不是向 CPU 申请总线,而是向 DMA 控制器主片申请,再由主片向 CPU 申请。一片主片最多可以连接 4 片从片。这样,5 片 8237A 构成的二级 DMA 系统,可以得到 16 个 DMA 通道。级联时,主片通过软件在方式寄存器中设置为级联传输方式,从片设置成上面的 3 种方式之一。

3. 8237A 的传输类型

8237A 可以提供 4 种类型的传输。

(1) DMA 写传输(I/O→存储器)。

(2) DMA 读传输(存储器→I/O)。

(3) DMA 检验(完成某种校验过程,测试 DMA 控制器的状态)。

(4) 存储器到存储器的传输。

4. 8237A 的内部结构

8237A 的内部结构和外部连接如图 6-20 所示。

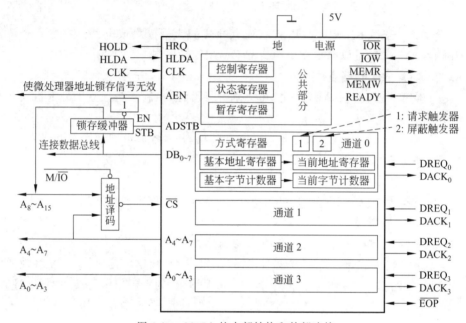

图 6-20   8237A 的内部结构和外部连接

8237A 的内部结构分成两部分:4 个 DMA 通道和一个公共控制部分。其中公共控制部分由读写逻辑和控制逻辑组成。

(1) DMA 通道。8237A 有 4 个独立的通道($CH_0 \sim CH_3$)。每个通道包括两组 16 位寄存器:地址寄存器和字节计数器,还包括一个 8 位的方式寄存器和一个 1 位的 DMA 请求触发器及一个 1 位的屏蔽触发器。4 个通道共用一个控制寄存器和一个状态寄存器。在DMA 通道工作之前,必须对相应的寄存器进行初始化设置。

地址寄存器由基地址寄存器和当前地址寄存器组成。CPU 编程时,把本通道 DMA 传输的地址初值写入基地址寄存器,再由 8237A 传送到当前地址寄存器。当前地址寄存器的值在每次 DMA 传输后自动加 1 或减 1。CPU 可以通过两次输入指令读出当前地址寄存器值(每次读 8 位),但基地址寄存器不能被读出,且一直保持初值。数据块传送完成后,可以把当前地址寄存器的内容恢复为基地址寄存器保存的初值(需要在编程时设置自动预置方式)。

字节计数器由基本字节计数器和当前字节计数器组成。与地址寄存器一样,编程时,由指令把 DMA 传输的字节数写入基本字节计数器(初值要比实际传输的字节数少 1),继而传送到当前字节计数器。每进行一次 DMA 传输,当前字节计数器自动减 1。它的值由 0 减到 0FFFFH(−1)时,产生计数结束信号 $\overline{EOP}$。同样,只有当前计数器的值可以由 CPU 通过输入指令分两次读出。

（2）读写逻辑。CPU 对 8237A 编程或读 8237A 寄存器时，CPU 控制总线，8237A 在系统总线中作为"从模块"。读写逻辑电路接收 CPU 的读（$\overline{IOR}$）、写（$\overline{IOW}$）以及由地址译码电路产生的$\overline{CS}$信号，对地址总线的低 4 位（$A_0 \sim A_3$）译码。在$\overline{IOW}$有效时，把数据总线的内容写入所寻址的寄存器，在$\overline{IOR}$有效时，把被选择寄存器的内容送到数据总线上。

DMA 周期期间，8237A 控制总线，用作主模块。如果是 DMA 写周期，读写逻辑产生$\overline{IOR}$，控制逻辑产生存储器写（$\overline{MEMW}$），数据从外部设备接口传送到存储器单元；如果是 DMA 读周期，读写逻辑产生$\overline{IOW}$，控制逻辑产生存储器读（$\overline{MEMR}$），数据从存储器单元传送到外部设备接口。

（3）控制逻辑。初始化时，CPU 通过对方式寄存器的设置，确定控制逻辑的操作方式。DMA 周期内，控制逻辑通过发出控制信号和 16 位要存取的存储单元地址来控制 DMA 过程。

（4）锁存缓冲器（外接）。使用 8237A 工作时，需要外接一个 8 位的地址锁存缓冲器。DMA 传送之前，8237A 从 $DB_0 \sim DB_7$ 把存储器地址的 $A_8 \sim A_{15}$ 送入这个锁存器。DMA 周期中，8237A 从 $A_0 \sim A_7$ 引脚发送存储器地址的低 8 位，同时将锁存器中的地址通过三态门送往系统地址总线的$A_8 \sim A_{15}$。

（5）页面地址寄存器（外接）。从上面的叙述可以看到，8237A 控制了地址总线的 16 位，所以最多只能连续传送 64KB 的数据。为了控制 8086 系统 20 位的物理地址，需要外接一个 4 位的页面地址寄存器，它的值由 CPU 写入。8237A 发送低 16 位地址时，高 4 位的地址从页面地址寄存器发往地址总线的 $A_{16} \sim A_{19}$。图 6-20 没有画出这个寄存器以及它的相关电路。

5. 8237A 的对外连接信号

1）8237A 作为从模块时的引脚信号

（1）RESET：复位输入端，高电平有效。复位时，屏蔽寄存器被置"1"，其他寄存器均清"0"。

（2）$\overline{CS}$：片选输入端，低电平有效，由 $A_4 \sim A_{15}$ 译码得到。$\overline{CS}$为低电平时，8237A 被选中，CPU 可以对 8237A 进行读写（进行预置或读取工作状态）。

（3）$A_3 \sim A_0$：最低的 4 位地址线，它们是双向信号引脚。DMAC 作为从模块时，$A_3 \sim A_0$ 作为输入端，用来选择 DMAC 内部的 16 个端口。

（4）$\overline{IOR}$：外部设备读信号，双向、三态、低电平有效。DMAC 作为从模块时，$\overline{IOR}$为输入控制信号。此信号有效时，CPU 读取 DMAC 中内部寄存器的值。

（5）$\overline{IOW}$：外部设备写信号，和$\overline{IOR}$类似，DMAC 作为从模块时，$\overline{IOW}$是输入信号。此信号有效时，CPU 向 DMAC 的内部寄存器中写入信息，进行预置。

（6）$DB_7 \sim DB_0$：8 位双向三态数据线。DMAC 作为从模块时，CPU 通过 $DB_7 \sim DB_0$ 对 8237A 进行读写。

2）8237A 作为总线主模块时的引脚信号

（1）地址信号。

① $A_3 \sim A_0$：DMAC 为主模块时，这 4 个信号工作于输出状态，提供存储器的最低 4 位地址。

② $A_7 \sim A_4$：这 4 位地址线引脚始终工作于输出状态或者浮空状态。它们在 DMA 传输时提供存储器的中间 4 位地址。

③ $DB_7 \sim DB_0$：DMAC 为主模块时，$DB_7 \sim DB_0$ 输出当前地址寄存器中的高 8 位地址，并通过信号 ADSTB 打入外部锁存器，和 $A_7 \sim A_0$ 输出的低 8 位地址一起构成 16 位地址。

④ ADSTB：地址选通信号，输出，高电平有效。此信号有效时，将 DMAC 当前地址寄存器中的高 8 位地址经 $DB_7 \sim DB_0$ 送到外部锁存器。

⑤ AEN：地址允许信号，输出，高电平有效。AEN 使地址锁存器中锁存的高 8 位地址以及页面地址寄存器的 4 位地址一起送到地址总线上，与芯片直接输出的低 8 位地址共同构成内存储器的 20 位地址。AEN 信号也使与 CPU 相连的地址锁存器无效。这样，就保证了地址总线上的信号是来自 DMA 控制器，而不是来自 CPU。

（2）对存储器/外部设备接口的读写控制信号。

① $\overline{IOR}$：DMAC 作为主模块时，$\overline{IOR}$ 输出外部设备接口的读控制信号，此信号有效时，I/O 接口部件中的数据被读出送往数据总线。

② $\overline{IOW}$：DMAC 作为主模块时，$\overline{IOW}$ 输出外部设备接口的写控制信号，此信号有效时，存储器中读出的数据被写入 I/O 端口中。

③ READY：准备就绪信号，输入，高电平有效。当所用的存储器或 I/O 接口的速度比较慢，需要延长传输时间时，使 READY 端处于低电位，8237A 会自动插入等待周期。数据准备就绪时，READY 端为高电平，表示可以进行数据传输。

④ $\overline{MEMR}$：存储器读信号，输出，低电平有效。此信号有效时，所选中的存储器单元的内容被读出，发送到数据总线。

⑤ $\overline{MEMW}$：存储器写信号，输出，低电平有效。此信号有效时，数据总线上的内容写入选中的存储单元。

（3）DMA 联络信号。

① $DREQ_{0 \sim 3}$：通道 DMA 请求信号，输入。每个通道对应一个 DREQ 信号。DREQ 的有效极性可以通过编程来选择。外部设备接口要求 DMA 传输时，使 DREQ 处于有效电平，直到 DMAC 控制器送来 DMA 响应信号 DACK 以后，I/O 接口才撤除 DREQ 的有效电平。

② $DACK_{0 \sim 3}$：通道 DMA 应答信号，输出。这是 DMAC 送给 I/O 接口的回答信号，每个通道对应一个 DACK 信号。DMAC 获得 CPU 送来的总线允许信号 HLDA 以后，便产生 DACK 信号送到相应的外部设备接口。DACK 信号的极性可以通过编程选择。进行 DMA 传输时，系统地址总线上传送的是存储器地址，该信号相当于该 I/O 接口的地址选择信号。

③ HRQ：总线请求信号，输出。8237A 收到外部设备接口发来 DREQ 信号后，如果该通道的 DMA 请求没有被屏蔽，则 DMA 控制器的 HRQ 端输出有效电平，向 CPU 发出总线请求。

④ HLDA：总线响应信号，输入。DMAC 向 CPU 发总线请求信号 HRQ 以后，CPU 发回这个总线响应信号。8237A 收到该信号后，便获得了总线控制权。HLDA 也称为总线保持应答。

⑤ $\overline{EOP}$：DMA 传输过程结束信号，双向。当 DMAC 任意一个通道计数结束时，会从

$\overline{EOP}$输出一个有效电平,作为 DMA 传输结束信号。可以使用$\overline{EOP}$信号向 CPU 申请中断,以便及时处理这一事件。另一方面,如果从外部向 DMAC 发送一个 $\overline{EOP}$信号,DMA 传输过程被强制性地结束。

3) 其他引脚信号

(1) CLK:时钟输入端,8237A 的时钟频率为 3MHz,8237A-4 的时钟频率为 4MHz,8237A-5 的时钟频率为 5MHz。后面两种 DMA 控制器是 8237A 的改进型,工作速度比较高,但工作原理及使用方法和 8237A 完全一样。

(2) 电源,地:提供 8237A 工作所需要的 5V 电源。

4) 小结

现将 8237A 有关信号在从模块工作和主模块工作时的作用小结如下。

(1) 作为从模块工作。CPU 对 8237A 进行预置或读取状态时,8237A 相当于一个 I/O 接口。这时,CPU 发来的高 12 位地址经过地址译码器产生片选信号,使得$\overline{CS}$为低电平,表示本芯片被选中。CPU 发来的低 4 位地址送到 8237A 的相应引脚,选择内部寄存器。此时,$\overline{IOR}$和$\overline{IOW}$作为输入信号,用作对 8237A 的读写控制。$\overline{IOR}$为低电平时,CPU 可以读取 8237A 内部寄存器的值,$\overline{IOW}$为低电平时,CPU 可以将数据写入 8237A 的内部寄存器中。

(2) 作为主模块工作。8237A 作为主模块工作时,它应该向总线提供要访问的内存地址。这个操作分两步实现:第一步,16 位地址的高 8 位在 ADSTB 信号的配合下,通过 $DB_7 \sim DB_0$ 输出到外部连接的地址锁存缓冲器;第二步,16 位地址的低 8 位通过 $A_7 \sim A_0$ 输出,同时,AEN 输出高电平。此信号有两个用处:一是使外部锁存器的输出三态门处于选通状态(见图 8-2),使得锁存器的高位地址送往地址线 $A_{15} \sim A_8$;二是使与 CPU 相连的 3 个地址锁存器停止工作。在 DMA 传输之前,用指令将最高 4 位地址送到一个 4 位的页面地址寄存器中。DMA 传输时,该寄存器在地址允许信号 AEN 作用下向 $A_{16} \sim A_{19}$ 输出恒定的 4 位地址。在整个数据块的传输过程中,这 4 位地址保持不变,因此 DMA 传输的字节数限制在 2^{16}B 以下。

作为主模块工作时,$\overline{IOR}$和$\overline{IOW}$是输出信号,用来控制外部设备接口的数据传输方向。8237A 还必须输出$\overline{MEMR}$和$\overline{MEMW}$来控制存储器的读写。

6.4.3　8237A 的编程使用

1. 8237A 的工作时序

8237A 使用独立的时钟,时钟的每一个周期分为两类:空闲周期和有效周期。周期也称为状态(Status)。

(1) 空闲周期 SI。8237A 复位后就处于空闲周期,在此周期,CPU 可对 8237A 作初始化编程,或者虽然已经初始化,但还没有 DMA 请求输入。空闲周期中,8237A 要检查 DREQ 的状态,以确定是否有通道请求 DMA 服务。同时也对$\overline{CS}$端采样,判定 CPU 是否要对 8237A 进行读写操作,$\overline{CS}$为低电平时,芯片进入编程工作状态。

(2) 有效周期。它由 $S_0 \sim S_4$ 这 5 种周期组成。

S_0 是等待周期。它是 8237A 接到外部设备的 DREQ 请求,并向 CPU 发出了 HRQ 后进入的一个周期,在此期间等待 CPU 让出总线控制权。在得到来自 CPU 的 HLDA 响应后,结束 S_0 状态,准备进入 DMA 操作过程。在 S_0 期间,8237A 仍可以接收来自 CPU 的读写操作。一个完整的 DMA 传输(完成一个字节传输)应包括 4 个时钟周期,即 S_1~S_4。对于速度稍慢的外部设备,也可以用 READY 信号在 S_3 与 S_4 之间产生等待周期 S_w。

S_1 周期中 8237 用 DB_0~DB_7 送出高 8 位地址 A_8~A_{15},同时使 ADSTB 有效,将高 8 位地址送入锁存器。由于 S_1 是 CPU 已经释放总线后进入的状态,所以 8237A 还使 AEN 有效。在传输一段连续的数据时,存储器地址是相邻的,它们的高 8 位地址往往是不变的。在进行下一字节的传输时,就没有必要把高位地址再锁存一次。这种情况下,S_1 可以省略。

S_2 期间 8237A 首先向外部设备送出 DACK 信号,启动外部设备开始工作。同时开始送出读数据的控制信号。如果是 DMA 读操作,就送$\overline{\text{MEMR}}$到存储器。反之,就把$\overline{\text{IOR}}$送外部设备。

S_3 期间送出写操作所需的控制信号。如果 DMA 读,就将$\overline{\text{IOW}}$送外部设备;反之则将$\overline{\text{MEMW}}$送存储器。S_3 状态结束前,检测 READY 端的状态,若为低电平,就在 S_3 之后产生一个 S_w 周期,延续 S_3 的各种状态。在 S_3 或 S_w 结束处若检测到 READY 端为高电平,就进入 S_4 周期。

S_4 周期结束本次 1B 数据的传输。如果整个 DMA 传输结束,后面紧接的是 S_1 周期,如果还要继续进行下一字节传输,再次重复进行 S_1~S_4 或者 S_2~S_4 的过程。

如果进行的是存储器之间的数据传输,1B 数据的传输要经过两个阶段:第一阶段从源地址中读出 1B 内容存入 8237A 的暂存寄存器;第二阶段将这个字节写入目的地址中。每个阶段的完成都要经过 3 或 4 个周期时间。

此外,由于 READY 的作用,还使 8237A 增加了一个 S_w 周期,使全部周期分为 7 种。

(3) 扩展写与压缩时序。

① 扩展写。通常写控制信号在 S_3 才变得有效,如采用了扩展写方式,写信号在 S_2 就开始变得有效,可以使一些需要较长时间写入的设备能得到足够的写入时间。

② 压缩时序。正常时序中,S_1 用于锁定高 8 位地址,在高 8 位地址不变时,S_1 是可以省略的。S_3 是一个延长周期,用来保证可靠的读写操作。在追求高速传输,且器件的读写速度又可以跟得上时,S_3 也是可以省略的。于是 1B 数据的传输只要两个时钟周期(S_2,S_4)就可以完成,这就是压缩时序工作方式。

2. 8237A 的端口与通道分配

8237A 是一个可编程的集成电路,占有 16 个端口地址。每个通道有两个专用的地址,其余 8 个地址由各通道共用。IBM-PC 微型计算机 8237A 的端口操作列于表 6-2 中。

与 8237A 配合工作的还有页面寄存器,端口地址为 83H,用来储存地址信号 A_{19}~A_{16},它与 8237A 发出的 16 位地址组合,得到完整的 20 位存储器地址。

表 6-2　PC/XT 的 8237A 寄存器端口操作

通道	I/O 地址	寄 存 器	
		读($\overline{\text{IOR}}$)	写($\overline{\text{IOW}}$)
0	00	读通道 0 当前地址寄存器	写通道 0 基地址与当前地址寄存器
0	01	读通道 0 当前字节数寄存器	写通道 0 基字节计数与当前字节计数寄存器
1	02	读通道 1 当前地址寄存器	写通道 1 基地址与当前地址寄存器

通道	I/O 地址	寄 存 器	
		读($\overline{IOR}$)	写($\overline{IOW}$)
1	03	读通道 1 当前字节数寄存器	写通道 1 基字节计数与当前字节计数寄存器
2	04	读通道 2 当前地址寄存器	写通道 2 基地址与当前地址寄存器
2	05	读通道 2 当前字节数寄存器	写通道 2 基字节计数与当前字节计数寄存器
3	06	读通道 3 当前地址寄存器	写通道 3 基地址与当前地址寄存器
3	07	读通道 3 当前字节数寄存器	写通道 3 基字节计数与当前字节计数寄存器
共用	08	读状态寄存器	写命令寄存器
	09	—	写请求寄存器
	0A	—	写单个屏蔽位的屏蔽寄存器
	0B	—	写工作方式寄存器
	0C	—	写清除先/后触发器命令
	0D	读暂存寄存器	写总清除命令
	0E	—	写清 4 个屏蔽位的屏蔽寄存器命令
	0F	—	写置 4 个屏蔽位的屏蔽寄存器命令

8237A 的 4 个通道分配如下。

(1) CH_0：用作动态存储器的刷新控制。

(2) CH_1：为用户预留。

(3) CH_2：软盘驱动器数据传输用的 DMA 控制。

(4) CH_3：硬盘驱动器数据传输用的 DMA 控制。

3. 8237A 通道专用寄存器

8237A 每一通道内包含 4 个 16 位的寄存器：基地址寄存器、基字节数寄存器、现行地址寄存器和现行字节数计数器。它们存放 DMA 访问的存储器地址及传输数据的字节数。每个通道内还有一个 8 位的方式寄存器，用于初始化时选定该通道的工作方式。

以上各寄存器的作用如下。

(1) 基地址寄存器和基字节数寄存器。基地址寄存器存放 DMA 传送的内存起始地址，基字节数寄存器存放 DMA 传送的字节数减 1。寄存器的内容在初始化时由程序写入，先写低字节，后写高字节，其内容在整个数据块的 DMA 传输过程中保持不变。这两个寄存器的内容只能写入，不能读出。写入后，其内容还同时传送到现行地址寄存器和现行字节数寄存器。

(2) 现行地址寄存器。存放 DMA 传送的当前地址值，每次 DMA 传送后，该寄存器的值自动增量或减量。该寄存器的值可由 CPU 读出(先低位，后高位)。若设置为自动预置，则在每次计数结束后，自动恢复为它的初始值(即保存在基地址寄存器中的初值)。

(3) 现行字节数寄存器。存放 DMA 传送过程中没有传送完的字节数减 1，每次传送后，该寄存器的值自动减 1。该寄存器的值减为 0FFFFH(−1)时，数据块传送结束，$\overline{EOP}$引脚变为低电平。该寄存器的值可由 CPU 读出。若设置为自动预置,则在每次计数结束后,自动恢复为它的初始值(即保存在基字节数寄存器中的初值)。

（4）方式寄存器。8237A 每个通道都有一个方式寄存器,控制着本通道的工作方式。方式字的格式如图 6-21 所示。

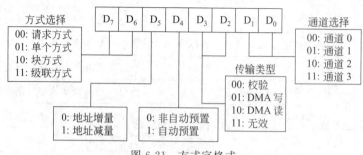

图 6-21　方式字格式

方式寄存器的最高 2 位用来设置工作方式。$D_7D_6 = 00$ 时,为请求传输方式;$D_7D_6 = 01$ 时,为单字节传输方式;$D_7D_6 = 10$ 时,为块传输方式;$D_7D_6 = 11$ 时为级联传输方式。

方式寄存器的 D_5 位指出每次传输后地址寄存器的内容是增 1 还是减 1,这样就决定了在内存中存储数据或读取数据的顺序。

D_4 位为 1 时,可以使 DMA 控制器进行自动预置。如果 8237A 被设置为具有自动预置功能,那么,在计数值到达 −1 时,当前地址寄存器和当前字节计数器会从基本地址寄存器和基本字节计数器中重新取得初值,从而为进入下一个数据传输过程做好了准备。要注意的是,如果一个通道被设置为具有自动预置功能,那么,本通道的屏蔽位必须为 0。

方式寄存器的 D_3、D_2 位用来设置数据传输类型。数据传输类型有 3 种:写传输、读传输和校验传输。写传输由 I/O 接口向内存写入数据。读传输将数据从存储器读出送到 I/O 接口。校验传输用来对读传输功能或写传输功能进行检验,这是一种虚拟传输。此时,8237A 也会产生地址信号和 $\overline{EOP}$ 信号,但并不产生对存储器和 I/O 接口的读写信号。检验传输功能用于器件测试。

方式寄存器的最低 2 位 D_1、D_0 用来指出通道号。各通道有各自独立的方式寄存器,但是使用同一个端口地址写入。

4. 8237A 通道公用寄存器

（1）控制寄存器。8237A 控制寄存器的格式如图 6-22 所示。现在结合 8237A 的工作说明控制寄存器主要的控制功能。

① 内存到内存的传输（$D_0 = 1$）。8237A 可以实现内存区域到内存区域的传输。实现这种传输时,源区的数据首先被送到 8237A 的暂存器中,然后再将它送到目的区。这就是说,每次内存到内存的传输要使用两个 DMA 周期。进行内存到内存的传输时,固定用通道 0 地址寄存器存放源地址,用通道 1 地址寄存器和字节计数器存放目的地址和计数值。传输时,目的地址寄存器的值像通常一样进行加 1 或减 1 操作,但是,源地址寄存器的值可以通过对控制寄存器设置（$D_1 = 1$）而保持不变。这样,可以使同一个数据传输到整个选定的内存区域。

② 8237A 的启动和停止。控制寄存器的 D_2 位用来启动和停止 8237A 的工作。D_2 位

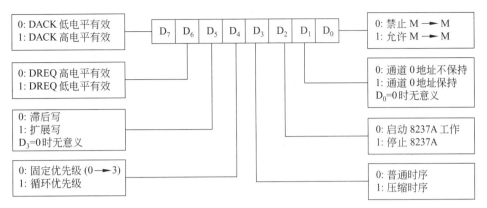

图 6-22　8237A 控制寄存器的格式

为 0 时启动 8237A 工作，D_2 为 1 时，停止 8237A 的工作。这 1 位影响所有通道，一般情况下应使它为 0（启动工作）。

③ 时序类型。8237A 用控制寄存器的 D_3 位表示采用的时序类型。使用普通时序时，每传输 1B 数据一般需要 3 个时钟周期。为了满足高速外部设备的需要，8237A 还设置了压缩时序的工作方式。这时，传输 1B 数据的时间可以压缩到两个时钟周期。使用压缩时序时，8237A 只改变低 8 位地址，因此传输的字节数限制在 256B 以内。

④ 滞后写与扩展写。在普通时序时，滞后写表示写脉冲滞后读脉冲一个时钟，扩展写表示读、写脉冲同时产生。扩展写增加了写命令的宽度。使用压缩时序时，这一位无意义。

（2）状态寄存器。如图 6-23 所示，状态寄存器的低 4 位用来指出 4 个通道的计数结束状态。例如 $D_3 = 1$ 表示通道 3 计数到达 -1，因而计数结束，余者类推。状态寄存器的高 4 位表示 4 个通道当前有无 DMA 请求。例如 $D_6 = 1$，表示通道 2 当前有 DMA 请求需要处理。

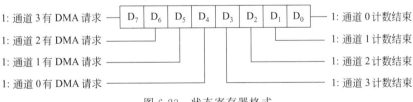

图 6-23　状态寄存器格式

（3）请求标志和屏蔽标志的设置。8237A 的每个通道都配备一个 DMA 请求触发器和一个 DMA 屏蔽触发器，它们分别用来设置 DMA 请求标志和屏蔽标志。

一般情况下，DMA 请求由硬件发出，通过 DREQ 引脚引入。但是，也可以由软件发出 DMA 请求，由程序启动 DMA 传输。

如图 6-24 所示，DMA 请求寄存器中的 D_1、D_0 位用来指出通道号，D_2 位用来表示对相应通道 DMA 请求的操作。D_2 为 1，使相应通道的 DMA 请求触发器置"1"，产生 DMA 请求，D_2 为 0，则清除该通道的 DMA 请求。

整个 8237 芯片的启动和停止由控制寄存器 D_2 设置。每个通道的启动和停止可以由屏蔽寄存器分别控制。当一个通道的 DMA 屏蔽标志为 1 时，这个通道就不能接收 DMA 请

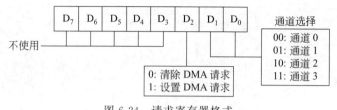

图 6-24   请求寄存器格式

求了。这时,不管是硬件的 DMA 请求,还是软件的 DMA 请求,都不会被受理。如图 6-25 所示,8237A 屏蔽寄存器的 D_1、D_0 位指出通道号。D_2 位为 1,对相应的通道设置 DMA 屏蔽;D_2 位为 0,清除该通道的屏蔽位。

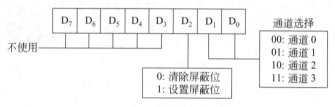

图 6-25   屏蔽寄存器格式

如图 6-26 所示,8237A 还允许使用综合屏蔽命令来设置各通道的屏蔽触发器,综合屏蔽字节的第 n 位对应第 n 个通道,$D_3 \sim D_0$ 位中某一位为 1,就可以使对应的通道屏蔽位置 "1"。用综合屏蔽命令可以一次完成对 4 个通道的屏蔽设置。

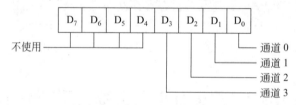

图 6-26   综合屏蔽寄存器格式

(4) 复位命令和清除先/后触发器命令。复位命令的功能和 RESET 引脚功能相同。复位命令使控制寄存器、状态寄存器、DMA 请求寄存器、暂存器以及先/后触发器都清 "0",而使屏蔽寄存器置位。对端口地址为起始地址+13 的端口实施一次写操作,也就是对该端口执行一条输出指令,就可以实现对 8237A 的复位操作。

8237A 内部有一个先/后触发器,这个触发器为 0 时,访问 16 位寄存器的低字节;为 1 时,访问高字节。该触发器在 8237A 复位时清 "0",每访问一次 16 位寄存器后,自动翻转,0 变 1 或 1 变 0。写入内存储器起始地址或字节计数器初值之前,将这个触发器清 "0",就可以按照先低位字节,后高位字节的顺序写入初值。

5. 8237A 的编程

(1) 8237A 编程的一般过程。

① 发复位命令。

② 写控制字,设置 8237A 各通道的信号极性、使用的时序等。

③ 写方式字,设置需使用的通道的工作方式。

④ 清除先/后触发器。

⑤ 写入内存储器起始地址(先写低位,后写高位)。

⑥ 写入传送的字节数−1(先写低位,后写高位)。

⑦ 清除该通道的屏蔽位。

⑧ 启动外部设备,如果是内存到输出设备,用指令设置第一次 DMA 请求。

IBM-PC 系列微型计算机的 8237A 通道 0、2、3 已分配使用,而且在开机时已对 8237A 作了初始化。在这种情况下,不允许再对它重新初始化和重新设置控制字,上述编程过程的 ①、②两步改为,将所需使用的通道置屏蔽状态(这样做是为了在其他设置未完成时避免误动作)。

(2) 应用举例。下面是一个用 DMA 方式从网络接收数据包存入内存缓冲区的程序。使用 8237A 的通道 1,8237A 端口地址 00H~0FH,页面地址寄存器地址 83H。内存缓冲区地址为 2100H:0030H,数据块以 1AH 为结束标志,总长度不超过 300B。

编程如下:

```
         MOV     AL,00000101B
         OUT     0AH,AL            ;写屏蔽寄存器,屏蔽通道 1
         MOV     AL,00000101B      ;方式字:通道 1,请求传输,地址增加
         OUT     0BH,AL            ;非自动预置,写传输
         MOV     AL, 02H
         OUT     83H, AL           ;页面地址=02H
         OUT     0CH,AL            ;清除先/后触发器
         MOV     AL, 30H
         OUT     02H,AL            ;写低位地址(30H)
         MOV     AL,10H            ;
         OUT     02H,AL            ;写高位地址(10H)
         MOV     AX,300            ;传输字节数
         DEC     AX
         OUT     03H,AL            ;写字节数为低位
         MOV     AL,AH
         OUT     03H,AL            ;写字节数为高位
         MOV     AL,00000001B
         OUT     0AH,AL            ;清除通道 1 屏蔽
         CALL    SET_NET           ;对网络设备进行设置
         PUSH    DS
         MOV     AX,2103H
         MOV     DS,AX             ;DS 置初值,缓冲区首地址 DS:0000H
WT:
         OUT     0CH, AL           ;清除先/后触发器
         IN      AL, 03H
         MOV     BL, AL
         IN      AL, 03H
         MOV     BH, AL            ;将未传输字节数送入 BX
         SUB     BX, 300-1
         NEG     BX                ;BX 中为已传输字节数
```

```
CMP     BYTE PTR[BX],1AH              ;传输是否完成
JNE     WT                           ;没完成则等待
MOV     AL,00000101B
OUT     0AH,AL                       ;完成后屏蔽通道 1
POP     DS
  ⋮
```

习 题 6

1. 什么叫中断？有哪几种不同类型的中断？

2. 什么是中断类型？它有什么用处？

3. 有哪几种确定中断优先级的方法？说明每一种方法的优劣。

4. 什么是中断嵌套？使用中断嵌套有什么好处？对于可屏蔽中断,实现中断嵌套的条件是什么？

5. 什么叫中断屏蔽？如何设置 I/O 接口的中断屏蔽？

6. 什么是中断向量？中断类型为 1FH 的中断向量为 2345H:1234H,画图说明它在中断向量表中的安置位置。

7. 叙述一次可屏蔽中断的全过程。

8. 简要叙述 8259A 内部 IRR、IMR、ISR 这 3 个寄存器各自的作用。

9. 8259A 是怎样进行中断优先权管理的？

10. 特殊全嵌套方式有什么特点？它的使用场合是什么？

11. 向 8259A 发送中断结束命令有什么作用？8259A 有哪几种中断结束方式？分析各自的利弊。

12. 某系统中有两片 8259A,从片的请求信号连主片的 IR_2 引脚,设备 A 中断请求信号连从片 IR_5 引脚。说明设备 A 在一次 I/O 操作完成后通过两片 8259A 向 8086 申请中断,8086 CPU 通过两片 8259A 响应中断,进入设备 A 中断服务程序,发送中断结束命令,返回断点的全过程。

13. 某 8086 系统用 3 片 8259A 级联构成中断系统,主片中断类型号从 10H 开始。从片的中断申请连主片的 IR_4 和 IR_6 引脚,它们的中断类型号分别从 20H、30H 开始。主、从片采用电平触发,嵌套方式,普通中断结束方式。请编写它们的初始化程序。

14. 给下面的 8259A 初始化程序加上注释,说明各命令字的含义。

```
MOV AL, 13H
OUT 50H, AL
MOV AL, 08H
OUT 51H, AL
MOV AL, 0BH
OUT 51H, AL
```

15. 设 8259A 端口地址为 20H 和 21H,怎样发送清除 ISR_3 的命令？

16. 图 6-17 能否直接用于 8086 系统？为什么？

17. 什么是 DMA 传输？DMA 传输有什么优点？为什么？

18. 叙述一次数据块 DMA 传输和一个数据 DMA 传输的全过程。

19. 什么叫 DMA 通道？它如何组成？

20. DMA 控制器 8237A 的成组传送方式和单字节传送方式各有什么特点？它们的适用范围各是什么？

21. 怎样用指令启动一次 DMA 传输？怎样用指令允许或关闭一个通道的 DMA 传输？

22. DMA 控制器 8237A 能不能用中断方式工作？请说明。

23. 如何判断某通道的 DMA 传输是否结束？有几种方法可供使用？

24. 叙述一次 DMA 控制器 8237A 编程使用的主要步骤。

25. 使用 DMA 控制器 8237A 传输 1B 数据需要多少时间？受哪些因素影响？请具体分析。

第 7 章 可编程接口芯片

在本书第 5 章,已经介绍了用于输入输出的接口电路,这些电路按照特定的要求设计,用中小规模集成电路构成,一旦加工、制造完毕,它的功能就不能改变。随着集成电路制造技术的发展,许多公司研制了可编程的、集成的接口电路芯片。所谓可编程是指芯片的功能是可选择的,通过向芯片内的方式寄存器写入特定格式的方式字,就可以选择这个芯片的工作方式。例如,可以将某数据端口设定为输入,也可以将它设定为输出。显然,芯片的可编程特性扩大了它的应用范围,使用更加方便。

按照可编程芯片的用途,它们可以分为通用接口芯片和专用控制器两类。

本章介绍可编程并行接口 Intel 8255A,计时器/计数器 Intel 8253/8254,可编程串行接口 Intel 8251A。使用这些芯片,可以方便地构成各种用途的计算机应用系统。

7.1 可编程并行接口 8255A

Intel 8255A 是 Intel 公司生产的可编程并行接口芯片。它不需要附加外部电路便可和大多数并行传输数据的外部设备直接连接,可通过软件编程的方法分别设置它的 3 个 8 位 I/O 端口的工作方式,使用十分方便。

7.1.1 8255A 的内部结构与外部引脚

8255A 的内部结构如图 7-1 所示。它由以下几部分组成。

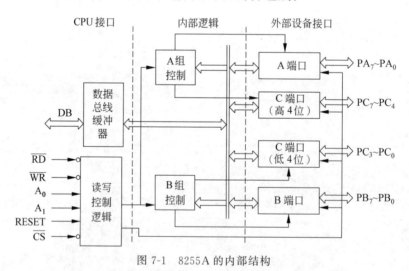

图 7-1 8255A 的内部结构

1. 3 个数据端口 A、B、C

8255A 芯片内部有 3 个 8 位的输入输出端口,分别为 A 端口、B 端口和 C 端口,可用指令将它们分别设置成输入或输出端口。它们在结构和功能上有各自的特点。

端口 A 包含一个 8 位数据输入锁存器和一个 8 位的数据输出锁存器/缓冲器。端口 A 无论用作输入口还是输出口,其数据均能受到锁存。端口 B 包含一个 8 位数据输入缓冲器和一个 8 位的数据输出锁存器/缓冲器。用端口 B 作为输出口时,其数据能得到锁存。作为输入口时,它不具有锁存能力,因此外部设备输入的数据必须维持到被 CPU 读取为止。

端口 C 包含一个 8 位数据输入缓冲器和一个 8 位的数据输出锁存器/缓冲器,作为输入口时,它不具有锁存能力。

端口 A 和端口 B 一般作为独立的 I/O 口使用,与外部设备的数据线相连。端口 C 可以作为一个独立的 8 位 I/O 口,也可以拆分为高 4 位和低 4 位两个 4 位端口,作为两个独立的 4 位 I/O 口使用。端口 C 的某些位还可以与端口 A 和端口 B 配合,用作它们的联络信号线。

2. A 组控制、B 组控制

8255A 将端口 A、B、C 分为两组:端口 A 和端口 C 的高 4 位构成 A 组,由 A 组控制逻辑电路进行控制;端口 B 和端口 C 的低 4 位构成 B 组,由 B 组控制逻辑电路进行控制。两组控制逻辑根据控制字确定各自的工作方式,执行来自 CPU 的各种命令。

3. 数据总线缓冲器

数据总线缓冲器是一个双向三态的 8 位缓冲器,是 8255A 与 CPU 之间传输信息的必经之路。

4. 读写控制逻辑

读写控制逻辑电路负责管理 8255A 的数据传输过程。它接收来自控制总线的控制信号,形成对端口的读写控制,并通过 A 组控制和 B 组控制电路实现对数据、状态和控制信息的传输。

5. 8255A 的外部引脚

8255A 是一个 40 引脚双列直插式(DIP)封装组件。其引脚排列如图 7-2 所示。各引脚信号名称和含义如下。

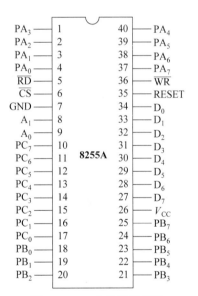

图 7-2　8255A 的引脚信号

1)与 CPU 连接的信号线

(1) $D_7 \sim D_0$:8255A 和系统的数据总线相连的双向三态数据线。

(2) $\overline{CS}$:片选信号,输入低电平表示本芯片被选中,可以进行读写,通常与地址译码电路输出端相连接。

(3) A_1、A_0:端口地址选择信号。$\overline{CS}$ 有效时,A_1A_0 为 00、01、10、11,分别选择 A、B、C 和控制端口。

(4) $\overline{RD}$:读信号,低电平有效。$\overline{CS}$ 与 $\overline{RD}$ 有效时,CPU 可以从 8255A 读端口内的信息。

(5) $\overline{WR}$:写信号,低电平有效。$\overline{CS}$ 与 $\overline{WR}$ 有效时,CPU 可以向 8255A 写入数据或命令。

(6) RESET:复位信号。它为高电平时,清除 8255A 所有内部寄存器的内容,并将 3 个数据端口置为方式 0 下的输入端口。

(7) V_{CC}、GND:电源和地线。

A_1、A_0、$\overline{RD}$、$\overline{WR}$、$\overline{CS}$信号组合所实现的各种端口操作如表 7-1 所示。

表 7-1　8255A 端口操作逻辑

$\overline{CS}$	A_1	A_0	$\overline{RD}$	$\overline{WR}$	功　能　说　明	
0	0	0	0	1		端口 A→数据总线
0	0	1	0	1	输入	端口 B→数据总线
0	1	0	0	1	(读)	端口 C→数据总线
0	1	1	0	1		非法状态
0	0	0	1	0		数据总线→端口 A
0	0	1	1	0	输出	数据总线→端口 B
0	1	0	1	0	(写)	数据总线→端口 C
0	1	1	1	0		数据总线→控制口
1	×	×	×	×		$D_7 \sim D_0$ 呈高阻状态

2) 8255A 与外部设备相连的信号线

(1) $PA_7 \sim PA_0$：A 端口与外部设备连接的数据线,由 A 端口的工作方式决定这些引脚用作输入、输出或双向。

(2) $PB_7 \sim PB_0$：B 端口与外部设备连接的数据线,由 B 端口的工作方式决定这些引脚用作输入或输出。

(3) $PC_7 \sim PC_0$：C 端口输入输出数据线,这些引脚的用途由 A 组、B 组的工作方式决定。

这 24 根信号线均可用来连接 I/O 设备,它们可以传送数字量或开关量信号,C 端口还常常用来传递控制和状态信号。

7.1.2　8255A 的控制字

8255A 有两类控制字:一类用于定义各端口的工作方式,称为方式选择控制字;另一类用于对 C 端口的某一位进行置位或复位操作,称为 C 端口置位/复位控制字。

1. 方式选择控制字

8255A 共有 3 种基本工作方式。

(1) 方式 0:基本的输入输出方式。

(2) 方式 1:带选通的输入输出方式。

(3) 方式 2:双向传输方式。

对 8255A 进行初始化编程时,通过向控制字寄存器写入方式选择控制字,可以让 3 个端口以指定的方式工作。

图 7-3 是以 8255A 的方式选择控制字的格式。

其中,D_7 位是方式选择控制字的标志位,必须为 1;D_6、D_5 位用于选择 A 组的工作方式;D_2 位用于选择 B 组的工作方式;D_4、D_3、D_1 和 D_0 位分别用于选择 A 口、C 口高 4 位、B 口和 C 口低 4 位的输入输出方向,置"1"时输入,清"0"时输出。

1	D$_6$ D$_5$	D$_4$	D$_3$	D$_2$	D$_1$	D$_0$
标志	A组方式。 00:方式0, 01:方式1 10/11:方式2	A端口方向。 1:输入 0:输出	PC$_7$~PC$_4$方向。 1:输入 0:输出	B组方式。 0:方式0 1:方式1	B端口方向。 1:输入 0:输出	PC$_3$~PC$_0$方向。 1:输入 0:输出

图 7-3　以 8255A 的方式选择控制字的格式

端口 A 可工作在 3 种工作方式中的任何一种,端口 B 只能工作在方式 0 或方式 1,端口 C 可以独立工作,也可以配合端口 A 和端口 B 工作,为这两个端口的输入输出传输提供控制信号和状态信号。只有端口 A 可工作在方式 2。

同组的两个端口,传输方向可以相同,也可以不同。

例如,某 8255A 的控制端口地址为 237H,要求将其 3 个数据端口设置为基本的输入输出方式,其中端口 A 和端口 C 的低 4 位为输出,端口 B 和端口 C 的高 4 位为输入。由图 7-3 可知,该 8255A 的方式选择控制字应为 8AH。其初始化程序如下:

```
MOV    AL,8AH
MOV    DX,237H
OUT    DX,AL
```

2. 端口 C 按位置位/复位控制字

端口 C 置位/复位控制字用于对端口 C 的任何一位置"1"或清"0",同时不影响该端口其他位的状态。该控制字格式如图 7-4 所示。需要注意的是,虽然是对端口 C 的某一位进行置"1"或清"0",但该控制字要写入控制口而不是写入 C 端口。

0	D$_6$ D$_5$ D$_4$	D$_3$ D$_2$ D$_1$	D$_0$
特征位	不使用	位选择: 000~111分别用来选择C端口的1位	置位/复位操作命令。 1:置位　0:复位

图 7-4　端口 C 按位置位/复位控制字

设 8255A 控制口地址为 237H,现要对端口 C 的最高位 PC$_7$ 置"1",将次高位 PC$_6$ 清"0",可用如下程序实现:

```
MOV    DX,237H
MOV    AL,0FH          ;PC₇ 置"1"
OUT    DX,AL
NOP                    ;延迟
MOV    AL,0CH          ;PC₆ 清"0"
OUT    DX,AL
```

7.1.3　8255A 的工作方式

1. 方式 0:基本输入输出方式

(1)方式 0 的工作特点。方式 0 称为基本输入输出方式,该方式下 5255A 对 3 个端口 24 条数据线的用途没用任何强制性的规定,完全由使用者选择决定。可将 3 个数据端口划分为 4 个独立的部分：端口 A 和端口 B 作为两个 8 位端口，端口 C 的高 4 位和低 4 位可以用作两个 4 位端口（当然也可以作为一个 8 位端口），各个端口都可以独立用作输入或输出。

（2）方式 0 的使用场合。方式 0 使用在无条件传送和查询式传送两种场合。

无条件传送一般用于连接简单的外部设备。例如，键盘和开关状态输入，状态指示灯输出。

进行无条件传送时，接口和外部设备之间不使用联络信号，CPU 可以随时对该外部设备进行读写，实现三路 8 位数据或者两路 8 位及两路 4 位数据的传输。

进行查询式传送时，端口 A 和端口 B 作为数据的输入输出端口，端口 C 的若干位用作联络信号。通常把端口 C 的一组（4 位）设置为输出，另一组（4 位）设置为输入。将端口 C 的若干个输出引脚定义为端口 A 和端口 B 的控制信号，若干个输入引脚用作端口 A 和端口 B 的外部设备状态信号输入。端口 C 两个组中剩余的引脚信号还可以用于一般的输入输出，例如控制指示灯，或者输入开关信号。这样，利用端口 C 的配合，可实现端口 A 和端口 B 的查询式数据传输。

2. 方式 1：选通输入输出方式

1）方式 1 的工作特点

方式 1 是一种选通的输入输出方式。在这种工作方式下，端口 A、端口 B 和端口 C 被划分为两个组。端口 A 和端口 B 用作 8 位数据的输入输出，端口 C 的一些引脚被规定为端口 A、端口 B 的联络信号，不能再用于一般的输入输出。这些引脚的用途如表 7-2 所示。

表 7-2 8255A 芯片工作在方式 1 时的联络信号

端口及工作方式	联 络 线	输 入	输 出
端口 A 方式 1	PC_7	未指定用途	$\overline{OBF_A}$
	PC_6	未指定用途	$\overline{ACK_A}/INTE_A$
	PC_5	IBF_A	未指定用途
	PC_4	$\overline{STB_A}/INTE_A$	未指定用途
	PC_3	$INTR_A$	$INTR_A$
端口 B 方式 1	PC_2	$\overline{STB_B}/INTE_B$	$\overline{ACK_B}/INTE_B$
	PC_1	IBF_B	$\overline{OBF_B}$
	PC_0	$INTR_B$	$INTR_B$

（1）$\overline{STB_A}$、$\overline{STB_B}$：外部设备数据输入选通信号，连接输入设备时使用，低电平有效，由外部设备送给 8255A。该信号有效表示输入设备已经将数据准备好，已经出现在端口 A 或端口 B 的数据线上。这个信号同时使该组的输入缓冲区满（IBF）信号变为有效。对于端口 A，$\overline{STB_A}$ 信号将外部设备送往端口 A 的数据锁存到端口 A 输入锁存器内，端口 B 没有输入锁存功能。

（2）IBF_A、IBF_B：输入缓冲区满信号，高电平有效，连接输入设备时使用。IBF 有效时，表示 8255A 的相应端已经接收到输入数据，但尚未被 CPU 取走，输入缓冲器已满。CPU 可以通过读端口 C 得到 IBF_A、IBF_B 的状态。该信号一方面可供 CPU 查询用，另一方面送给外部设备，阻止外部设备发送新的数据。IBF 由 $\overline{STB}$ 信号置位，由 CPU 读信号的后沿将其复位。

（3）$\overline{OBF_A}$、$\overline{OBF_B}$：输出缓冲区满信号，低电平有效，连接输出设备时使用，由 8255A 输出给外部设备。$\overline{OBF_A}$ 有效，表示相应端口已经收到了来自 CPU 的数据，它的输出缓冲器数据有效，外部设备可以取走该数据。CPU 可以通过读 C 端口得到 $\overline{OBF_A}$、$\overline{OBF_B}$ 的状态。

（4）$\overline{ACK_A}$、$\overline{ACK_B}$：输出设备接收到数据后的应答信号，下降沿/负脉冲有效，由外部设备输出给 8255A。外部设备送回 $\overline{ACK_A}$（$\overline{ACK_B}$）信号表示外部设备已经接收到数据并输出完成，它同时清除 8255A 输出的 $\overline{OBF_A}$ 或 $\overline{OBF_B}$ 信号。CPU 通过读端口 C，获知 $\overline{OBF}$ 为高（无效）时，可以输出下一个数据给 8255 的 A（或 B）端口。

（5）$INTE_A$、$INTE_B$：端口 A 和端口 B 的中断允许信号。允许端口 A 中断时，应使用端口 C 按位置位/复位控制字对 PC_4（端口 A 用于输入时）/ PC_6（端口 A 用于输出时）置"1"，否则应将 PC_4/ PC_6 复位以屏蔽端口 A 中断；同样当允许端口 B 中断时，将 PC_2 置"1"，否则将其复位。此处 PC_4/ PC_6 和 PC_2 均有双重作用，其输出锁存器锁存了中断允许信号，其输入缓冲器传输外部输入的选通信号。由于端口 C 每位的输出锁存器和输入缓冲器在硬件上是相互隔离的，这种双重用法不会造成冲突。

（6）$INTR_A$、$INTR_B$：中断请求信号，由 8255A 输出给 CPU 或中断控制器。输入数据时出现 IBF 有效信号或输出时出现 $\overline{OBF}$ 无效信号后，8255A 都会产生中断请求信号 INTR，向 CPU 申请中断，请求 CPU 输入当前数据，或者输出下一个数据。$INTR_A$ 有效表示 A 组申请中断，$INTR_B$ 有效表示 B 组申请中断。

上述 8255 联络信号的变迁如图 7-5 所示。

(a) 输入过程的信号传递　　　　　　　　　　(b) 输出过程的信号传递

图 7-5　8255 输入输出过程中的状态变化

综上所述，方式 1 的工作特点可归纳如下。

（1）端口 A 和端口 B 均可工作在方式 1 的输入或输出方式。

（2）若端口 A 和端口 B 中只有一个工作在方式 1，而另一个工作在方式 0，则端口 C 中有 3 位作为方式 1 的联络信号，端口 C 其余 5 位均可工作在方式 0 的输入或输出方式。

（3）若端口 A 和端口 B 都工作在方式 1，则需端口 C 中 6 位作为联络信号，剩下的 2 位还可工作在方式 0 的输入输出方式。

2）方式 1 的使用场合

选定方式 1，在规定一个端口的输入输出方式的同时，就自动规定了有关的联络、控制信号和中断请求信号。如果外部设备能向 8255A 提供输入数据选通信号或输出数据接收应答信号，就可采用方式 1，方便又有效地传送数据。

具体地说，方式 1 有两种用法。

（1）中断方式：将 INTE 置为 1，A 组和 B 组可以使用各自的 INTR 信号申请中断。

（2）查询方式：CPU 通过读端口 C，可以查询 IBF、$\overline{OBF}$ 信号的当前状态，决定是否立即进行数据传输。

3. 方式 2：双向输入输出方式

（1）方式 2 的工作特点。方式 2 只适用于端口 A，是双向的输入输出传输方式。在方式 2 下，外部设备可以在端口 A 的 8 位数据线上分时向 8255A 发送数据或从 8255A 接收数据，但不能同时进行。该方式需占用端口 C 的 5 位作为联络信号。端口 A 工作于方式 2 时，端口 B 可选方式 0 或方式 1。

方式 2 类似于方式 1 输入和输出的组合。C 端口各位信号的含义如表 7-3 所示。

表 7-3　8255A 芯片端口 A 工作在方式 2 时的联络信号

联　络　线	联　络　信　号	信　号　含　义
PC_7	$\overline{OBF_A}$	端口 A 输出缓冲器满信号
PC_6	$\overline{ACK_A}/INTE_1$	端口 A 外部设备收到数据的应答信号
PC_5	IBF_A	端口 A 输入缓冲器满信号
PC_4	$\overline{STB_A}/INTE_2$	端口 A 外部设备数据输入选通信号
PC_3	$INTR_A$	中断请求信号
PC_2	I/O	数据线或 B 组联络线
PC_1	I/O	数据线或 B 组联络线
PC_0	I/O	数据线或 B 组联络线

注：当端口 B 工作在方式 1 时，表中的 $PC_2 \sim PC_0$ 仍作为联络信号，含义与表 7-2 相同。

下面对 $INTE_1$ 和 $INTE_2$ 作简要说明。

$INTE_1$：输出中断允许信号。$INTE_1$ 为 1 时，8255A 输出缓冲器空时通过 $INTR_A$ 向 CPU 发出输出中断请求信号；$INTE_1$ 为 0 时，屏蔽输出中断。

$INTE_2$：输入中断允许信号。$INTE_2$ 为 1 时，8255A 输入缓冲器满时通过 $INTR_A$ 向 CPU 发出输入中断请求信号；$INTE_2$ 为 0 时，屏蔽输入中断。

（2）方式 2 的使用场合。方式 2 是一种双向工作方式，如果一个外部设备既是输入设备，又是输出设备，并且输入和输出是分时进行的，那么将此设备与 8255A 的端口 A 相连，并使端口 A 工作在方式 2 就非常方便。

7.1.4　8255A 的应用

1. 8255A 与 CPU 的连接

如图 7-6 所示，8255A 和 8086/8088 系统连接时，数据线和控制线可以直接和系统总线的对应信号相连，片选信号与地址译码器的输出相连，3 个端口的数据线和外部设备的数据线直接相连。但是对 8255A 的端口选择信号 A_1 和 A_0，在连接上有所不同。

8088 系统使用 8 位数据总线，8255A 的 A_1 和 A_0 可以直接和系统地址总线的 A_1 和 A_0 相接。在 8086 系统中，由于采用 16 位数据总线，CPU 在传输数据时，偶地址端口的数据总是通过低 8 位的数据总线输入输出，奇地址端口的数据总是通过高 8 位数据总线输入输出。所以，当 8255A 的 $D_7 \sim D_0$ 和系统数据总线的低 8 位相连时，要求 CPU 访问 8255A 的 4 个端口地址均为偶地址，而 8255A 自身又规定其 4 个片内端口地址 A_1 和 A_0 应为 00、01、10 和 11。为了同时满足 CPU 和 8255A 各自不同要求，连接时，必须将 8255A 的 A_1、A_0 和系

统地址总线的 A_2，A_1 分别相连，系统总线的 A_0 假定总为 0。也就是说，CPU 访问 8255A 的 4 个端口时，其编程地址应为 4 个连续的偶地址。图 7-6 是 8255A 和 8086 系统的连接示意图。

2. 8255A 基本输入输出应用

第 5 章曾经介绍了用一个输出端口、一个输入端口组成的键盘接口。使用可编程的通用并行接口，不但电路可以简化，相应的程序也可以得到简化。图 7-7 中，8255A 芯片端口 A 作为行线端口，端口 B 作为列线端口，采用反转法进行键盘的扫描。首先设 8255A 为方式 0，端口 A 输出，端口 B 输入。向端口 A 输出 00H，从端口 B 读入键盘列值。如果无键按下，则端口 B 读入低 4 位值为 0FH。否则，就有键按下，该数值包含了按下键所在列的信息。在确定有键按下时，将 8255A 反向设置为端口 A 输入，端口 B 输出。把端口 B 读入的列值从端口 B 输出，同时从端口 A 读入行值，该数值包含了按下的键所在行的信息。用读入的行、列值查表，可以确定是哪个键被按下。

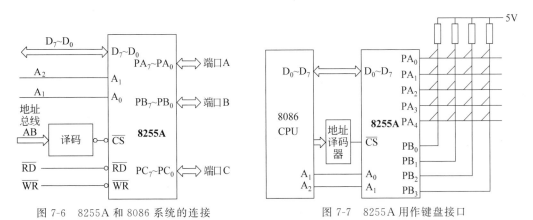

图 7-6 8255A 和 8086 系统的连接   图 7-7 8255A 用作键盘接口

由于和 8086 相连，所以 8255A 的 4 个编程地址均采用偶地址，分别设为 208H、20AH、20CH 和 20EH。8255A 的端口 A、端口 B 均采用方式 0 工作。反转法扫描键盘的 8086 汇编源程序如下：

```
           KEYSCAN    PROC   NEAR
BEGIN:     MOV        DX,20EH          ;置 8255A 控制口地址
           MOV        AL,82H           ;8255A 方式控制字
                                       ;端口 A 工作在方式 0 输出,端口 B 工作在方式 0 输入
           OUT        DX,AL            ;输出 8255A 方式控制字
LOOP1:     MOV        DX,208H          ;将端口 A 地址送入 DX
           MOV        AL,00H
           OUT        DX,AL            ;端口 A 输出 00H,扫描键盘
           MOV        DX,20AH          ;将端口 B 地址送入 DX 中
           IN         AL,DX            ;读入键盘列值
           AND        AL,0FH           ;保留低 4 位
           CMP        AL,0FH
           JE         LOOP1            ;无键按下,重新扫描
           CALL       DELAY            ;有键按下,延迟去抖动
           IN         AL,DX            ;再次读端口 B,检查有无键按下
```

```
        AND         AL,0FH          ;保留低 4 位
        CMP         AL,0FH
        JE          LOOP1           ;无键按下,重新扫描
        MOV         AH,AL           ;有键按下,列值转入 AH
        MOV         DX,20EH         ;置 8255A 控制端口地址
        MOV         AL,90H          ;8255A 方式控制字,端口 B 方式 0 输出,端口 A 方式 0 输入
        OUT         DX,AL           ;输出 8255A 方式控制字
        MOV         DX,20AH         ;将端口 B 地址送入 DX 中
        MOV         AL,AH           ;从 AH 取出列值
        OUT         DX,AL           ;向端口 B 输出列值,反向扫描
        MOV         DX,208H         ;将端口 A 地址送入 DX
        IN          AL,DX           ;从端口 A 读入行值
        AND         AL,1FH          ;保留低 5 位
        CMP         AL,1FH
        JE          BEGIN           ;无键按下,重新扫描
        CALL        KEYVALUE        ;转键值处理程序:用 AX 值查表获得按键编码,保存
        MOV         DX,20AH         ;将端口 B 地址送入 DX 中
        MOV         AL,0
        OUT         DX,AL           ;向端口 B 输出全"0"列值,反向扫描
        MOV         DX,208H         ;将端口 A 地址送入 DX
WAIT2:  IN          AL,DX           ;从端口 A 读入行值
        AND         AL,1FH          ;保留低 5 位
        CMP         AL,1FH
        JNE         WAIT2           ;未释放,等待
        RET
        KEYSCAN     ENDP
```

3. 8255A 中断方式应用

如图 7-8 所示,8255A 用作中断方式工作的并行打印机接口。

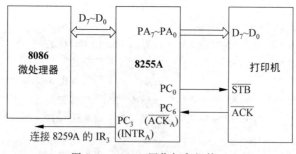

图 7-8　8255A 用作打印机接口

8255A 的 A 口工作在方式 1 输出方式,用于传送打印字符。此时,PC_6 和 PC_3 自动作为$\overline{ACK}$信号输入端和 INTR 信号输出端。打印机需要一个负脉冲作为数据选通信号,PC_7 ($\overline{OBF}$)端不能满足打印机的要求,没有使用,另外选用 PC_0 来发送选通脉冲。

假设 8255A 的 PC_3($INTR_A$)连到中断控制器 8259A 的 IR_3,对应的中断类型码为 0BH,中断服务程序名为 LPTINT,8255A 的端口地址为 0C0H～0C6H。

此例中,由中断处理程序实现 26 个英文字母的输出。主程序装载 0BH 中断向量,设置字符输出指针,对 8255A 进行方式设置和开放中断,并启动第一次输出。源程序如下:

```
.MODEL  SMALL
.DATA
        BUFFER        DB    "abcdefghijklmnopqrstuvwxyz", 0dh, 0ah
        OUT_POINTER   DW    ?            ;缓冲区输出指针,存放当前输出字符的地址
        DONE          DB    ?            ;完成标志,=1表示已输出完成
.CODE
START:  MOV    AX,SEG  LPTINT
        MOV    DS,AX
        LEA    DX,LPTINT
        MOV    AX,250BH
        INT    21H                       ;设置 0BH 中断向量
        MOV    AX,@DATA
        MOV    DS,AX                      ;装载 DS
        LEA    BX,BUFFER
        MOV    OUT_POINTER,BX             ;设置输出缓冲区指针
        MOV    DONE,0                     ;设置未完成标志
        MOV    AL,0A0H
        OUT    0C6H,AL                    ;8255A 的方式选择字,端口 A 工作在方式 1,输出
        MOV    AL,1
        OUT    0C6H,AL                    ;将 PC₀ 置"1",使选通无效
        MOV    AL,0DH
        OUT    0C6H,AL                    ;PC₆ 置"1",允许 8255A 的打印机中断
        IN     AL,21H
        AND    AL,11110111B
        OUT    21H,AL                     ;8259A 的 IR₃ 屏蔽清"0",允许打印机中断
        STI                               ;开中断
        INT    0BH                        ;调用 0BH 中断服务程序输出第一个字符
WAIT1:  CMP    DONE,   0
        NOP
        JE     WAIT1                      ;未完成,循环等待
        MOV    AX,4C00H
        INT    21H                        ;打印完成,返回操作系统
;以下为打印机输出中断服务程序:
LPTINT  PROC   FAR
        PUSH   DS                         ;保护现场
        PUSH   AX
        PUSH   DI
        STI                               ;开放中断,允许多重中断
        MOV    AX,SEG  BUFFER             ;装载输出缓冲区指针
        MOV    DS,AX
        MOV    DI,OUT_POINTER
```

```
                MOV     AL,[DI]
                OUT     0C0H,AL         ;将字符送入端口 A
                MOV     AL,0            ;将 PC₀ 置"0",产生选通信号
                OUT     0C6H,AL
                CALL    Delay           ;适当延迟
                INC     AL
                OUT     0C6H,AL         ;将 PC₀ 置"1",结束选通信号
                INC     OUT_POINTER     ;修改地址指针
                CMP     BYTE PTR[DI],0AH ;刚输出字符是"0AH"?
                JNE     NEXT
                MOV     DONE,1          ;已输出"0AH",输出完成,置完成标志
                MOV     AL,0CH
                OUT     0C6H,AL         ;将 PC₆ 置"0",关闭 8255A 的打印机中断
                IN      AL,21H
                OR      AL,00001000B
                OUT     21H,AL          ;重新屏蔽 8259A 的 IR₃ 位,关闭 8259A 的打印机中断
        NEXT:   CLI                     ;中断结束处理,关闭中断
                MOV     AL,20H
                OUT     20H,AL          ;向 8259A 发送 EOI 命令
                POP     DI              ;恢复现场
                POP     AX
                POP     DS
                IRET
        LPTINT  ENDP
                END     START
```

注意：主程序除了用 STI 指令开放中断外,还要用置位/复位命令字将 PC_6 置"1",也就是将 $INTE_A$ 置"1",使 8255A 处于中断允许状态。此外,还应在主程序中通过调用中断服务程序输出第一个字符,否则中断不会产生。

在输出最后一个字符'0AH'之后,中断服务程序置完成标志"DONE",同时关闭 8255A 中断,屏蔽 8259A 的 IR_3 中断。所以,最后一个字符输出后没有中断发生。读者也可以修改上面的程序,使得最后一个中断请求可以得到响应。

本程序在打印结束后没有恢复原来的中断向量。如果系统原来已经设置了这个向量,那么,在主程序首部要读出这个向量并保护,结束前把保护的原向量写回中断向量表。

4. 8255A 在 PC 中的应用

早期 PC/XT 微型计算机系统的 8088CPU 用的是一片 8255A 芯片,系统分配的端口地址为 60H～63H,工作在基本输入输出方式。端口 A 用于键盘接口电路,接收串并转换后的键盘扫描码。端口 B 的 PB_7 和 PB_6 用于控制键盘接口电路,PB_1 和 PB_0 用于控制发声系统。端口 C 连接系统配置开关。

80286 以上的微型计算机系统中,8255A 的对应电路被集成到多功能芯片内部。为了保持兼容性,系统保留了 8255A 的端口地址和它的相应功能。也就是说,仍然可以用 60H 地址读取键盘扫描码,用 PB_1 和 PB_0 控制发声系统。

7.2 可编程计时器／计数器 8254

计算机系统中经常要用到定时信号,如定时检测、定时扫描和时钟定时等,定时方法通常有以下 3 种。

（1）软件定时：执行一个循环程序,通过延迟时间来实现定时,时间的长短通过循环次数和循环嵌套层数来调节。这种方法不需要专用的硬件,方法简单、灵活。但是,软件延迟要占用 CPU 时间,降低了 CPU 的效率,而且定时精度不高。

（2）不可编程的硬件定时：用计数器等元件组成一个专用的计时电路也能实现定时。这种方法不占用 CPU 时间,电路也不复杂。缺点是缺少灵活性,在电路连接好后,定时时间和范围就不能改变。

（3）可编程的硬件定时：用大规模集成电路构成的可编程计时器/计数器电路,定时时间可以通过软件来设置。对芯片设置初值后,计数器开始工作,CPU 就可以去做其他工作,定时时间到,电路会产生一个信号,向 CPU 提出中断请求,告诉 CPU 定时时间已到。由于这种方法定时精确,使用方便,灵活性大,因而得到广泛的应用。

许多场合还需要对脉冲信号进行计数。例如,产品包装流水线上对产品计数,将若干个小包装组合为大的出厂包装。

计数器与计时器的工作方式本质上是类似的：它们都是用脉冲对计数器进行"减 1"计数,计数完成后发出完成信号。可以通过设计,用同一个电路实现计时器和计数器的功能。

本节介绍 Intel 8254 计时器/计数器芯片,它是一种能够完成上述功能的可编程器件。早期的 PC 中使用 Intel 8253 作为系统的计时器/计数器,现代微型计算机采用的 Intel 8254 是它的增强型。

7.2.1 8254 的内部结构与外部引脚

Intel 8254 集成了 3 个独立的 16 位计时器/计数器,有 6 种工作方式,既可以实现精确定时,又可对外部脉冲进行计数,最高计数频率为 10MHz（8253 最高计数频率为 2MHz）。

8254 的内部由数据总线缓冲器、读写控制逻辑、控制寄存器和 3 个结构相同的计数器组成,如图 7-9 所示。

1. 数据总线缓冲器

数据总线缓冲器是 8254 与系统数据总线相连的接口电路,8 位双向三态。CPU 对 8254 进行读写的操作都是通过数据总线缓冲器进行的。

2. 读写控制逻辑

读写逻辑接收来自 CPU 的控制信号。片选信号$\overline{CS}=0$ 时,由 $A_1 A_0$ 信号选择芯片内部寄存器寻址,由读信号$\overline{RD}$和写信号$\overline{WR}$完成对选定寄存器的读写操作。

3. 计数器 0～2

8254 有 3 个结构完全相同,功能互相独立的计时器/计数器通道：0、1 和 2。每个通道包含一个控制字寄存器和 3 个 16 位的寄存器,如图 7-10 所示。CPU 把定时/计数用的设定值写入初值寄存器,随后被送入计数单元（减 1 计数器）进行定时/计数操作。计数单元和状

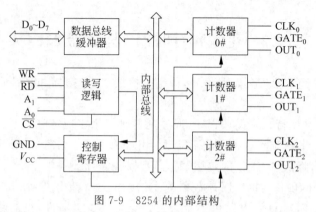

图 7-9　8254 的内部结构

态寄存器的内容可以送入输出锁存器,供 CPU 读取。

　　每个计数器有 3 根专用的信号线。2 根输入信号:时钟信号 CLK 和门控信号 GATE;1 根输出信号 OUT。每个通道工作时,都是对 CLK 端输入的脉冲进行计数,也就是对计数器的当前值做减 1 操作。计数值减到 0 时,由输出端 OUT 输出结束信号,输出信号的波形由工作方式确定。此外,可以用 GATE 引脚上的门控信号控制计数过程。

　　8254 用作计时器时,CLK 引脚的输入信号是周期恒定的时钟脉冲。8254 的计时时间 T 取决于时钟脉冲周期 t_c 和计数器的初值 n,即

$$T = t_c \times n$$

　　例如,在某微型计算机中,8254 输入的时钟脉冲频率是 1MHz,脉冲周期 $t_c = 1\mu s$,设置计数器初值 $n = 1000$,则计时时间 $T = 1\mu s \times 1000 = 1ms$。

　　8254 用作计数器时,CLK 引脚上输入的计数脉冲的间隔可以不相等。

4. 控制寄存器

　　控制寄存器是一个只能写入的寄存器,它接收来自 CPU 的控制字,由此确定各计数器通道的工作方式、读写格式和计数的数制。

5. Intel 8254 的引脚

　　如图 7-11 所示,8254 使用单一的 5V 电源,有 24 个引脚,各主要引脚的功能如下。

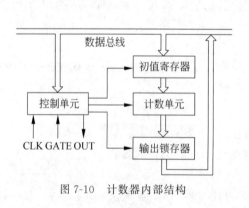

图 7-10　计数器内部结构

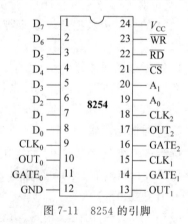

图 7-11　8254 的引脚

　　(1) $\overline{CS}$ 片选信号,低电平有效。$\overline{CS}$ 为低电平时,CPU 才能对 8254 进行读写操作。

（2）$\overline{\text{RD}}$、$\overline{\text{WR}}$ 读写控制信号，低电平有效。接系统总线的外部设备读写信号 $\overline{\text{IOR}}$ 和 $\overline{\text{IOW}}$。

（3）$D_7 \sim D_0$ 8254 的数据线，与系统数据总线相连。

（4）$A_1 A_0$ 用于片内端口的选择。$A_1 A_0$ 分别为 00、01、10、11 时，分别选择通道 0、1、2 和控制端口。

如果系统数据总线为 8 位，可以将 $A_1 A_0$ 与地址总线的最低两位 $A_1 A_0$ 对应连接；如果系统数据总线为 16 位，通常将 8254 的 8 位数据线接到系统数据总线的低 8 位，地址线 $A_1 A_0$ 与系统地址总线的 $A_2 A_1$ 对应连接，并假设 $A_0 = 0$。

（5）每个通道有 3 根对外的信号线：CLK、OUT 和 GATE。

8254 的读写操作逻辑如表 7-4 所示。

表 7-4　8254 读写操作逻辑

$\overline{\text{CS}}$	$\overline{\text{RD}}$	$\overline{\text{WR}}$	A_1	A_0	操 作 功 能
0	1	0	0	0	计数初值装入计数器 0
0	1	0	0	1	计数初值装入计数器 1
0	1	0	1	0	计数初值装入计数器 2
0	1	0	1	1	写控制寄存器
0	0	1	0	0	读计数器 0
0	0	1	0	1	读计数器 1
0	0	1	1	0	读计数器 2
0	0	1	1	1	无操作
1	×	×	×	×	无操作
0	1	1	×	×	无操作

7.2.2　8254 的工作方式

8254 内部的每个计时器/计数器通道都有 6 种可编程选择的工作方式，分别用作计数器（方式 0,1）、计时器（方式 2,3）、选通信号发生器（方式 4,5）。

1. 方式 0：计数器方式

其工作时序如图 7-12 所示。

写入方式 0 控制字后（图中标有 CW＝10H），输出 OUT 变为低电平，并在计数过程中一直维持低电平。赋初值后（图中标为 $N = 4$），在下一个 CLK 脉冲的下降沿，初值进入计数器。此后每个 CLK 时钟下降沿，计数器进行减 1 计数。计数

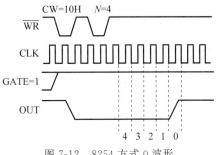

图 7-12　8254 方式 0 波形

值减到零时，OUT 输出变为高电平，本次计数到此结束。可以看出，写入计数常数之后，OUT 引脚处于低电平的时间为 $N + X$，其中 N 为计数常数，X 为写入计数常数到下一个 CLK 脉冲下降沿的间隔，大小是随机的，但总是小于一个 CLK 脉冲周期。

如果不改变工作方式,再次写入计数常数就可以启动下一次的计数。

OUT 信号可用于向 CPU 发出中断请求。

GATE 用于控制计数过程。GATE 为高电平,允许计数;GATE 为低电平,暂停计数,GATE 重新为高电平时又恢复计数。但是 GATE 不影响 OUT 输出端的电平。

如果在计数过程中写入新的计数值,则在写入新值后下一个 CLK 的下降沿,计数器按新的初值重新开始计数。

2. 方式 1:可重触发的单稳态触发器

工作波形如图 7-13 所示。

写入控制字后,OUT 输出高电平,写入计数初值后 OUT 继续保持高电平。GATE 上升沿到达后,OUT 输出低电平,并在 CLK 脉冲下降沿进行减 1 计数;计数值减到 0 时,输出 OUT 变为高电平,从而产生一个宽度为 N 个时钟周期的负脉冲。

计数结束后,若再来一个 GATE 信号上升沿,则下一个时钟周期的下降沿又以上次写入的初值开始计数,不需要重新写入初值。也就是说,可以用门控信号重新触发计数。

在计数过程中,若再来一个门控信号的上升沿,则在下一个时钟下降沿从初值起重新计数,即终止原来的计数过程,开始新一轮计数。

计数过程中可以写入新的初值,它不会影响正在进行的计数过程。在下一个门控信号到来后,按新值开始计数。

3. 方式 2:分频器(计时器)

工作波形如图 7-14 所示。

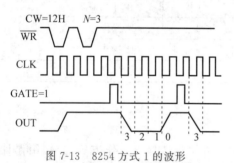

图 7-13 8254 方式 1 的波形   图 7-14 8254 方式 2 的波形

写入控制字后,输出端 OUT 变成高电平。写入计数初值后,如果 GATE 为高电平,计数器开始减 1 计数。减到 1 时(不是 0),输出端 OUT 变为低电平,维持一个 CLK 周期,然后 OUT 又变成高电平,同时从初值开始新的计数过程。以这种方式工作时,每次计数结束后自动重装计数初值,计数器连续工作,输出固定频率的脉冲信号,$f_{OUT} = f_{CLK}/N$,因此称为分频器。

方式 2 中,GATE 信号为低电平时终止计数。GATE 的上升沿使计数器恢复初值,并从初值开始计数。

如果在计数过程中写入新的计数初值,不会影响正在进行的计数过程,只有计数器减到 1 之后,计数器才装入新的计数初值,并按新的初值开始计数。

4. 方式 3:方波发生器(计时器)

在方式 3 下,8254 仍然对 CLK 信号进行分频,$f_{OUT} = f_{CLK}/N$,但是 OUT 引脚上输出

的波形与方式 2 有所不同。

如图 7-15(a)所示,当计数初值为偶数时 OUT 输出连续的高、低电平均为 $N/2$ 个 CLK 脉冲周期的周期信号。如图 7-15(b)所示,当计数初值为奇数时 OUT 输出高电平为($N+1$)/2 个 CLK 脉冲周期的周期信号,低电平为($N-1$)/2 个 CLK 脉冲周期的周期信号。也就是说,高电平比低电平多一个 CLK 周期。

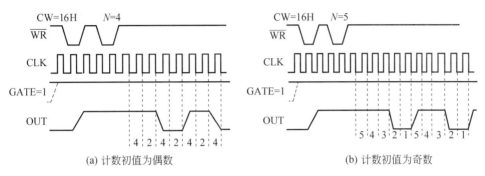

(a) 计数初值为偶数   (b) 计数初值为奇数

图 7-15   8254 方式 3 的波形

与方式 2 一样,方式 3 对 N 个 CLK 脉冲进行减法计数到 0 之后,会自动将初值装入计数单元,重新开始计数,输出频率为 f_{CLK}/N 的连续信号。

如果在计数过程中写入新的初值,而 GATE 信号一直维持高电平,则新的初值不会立即影响当前的计数过程,在此轮计数结束后的下一个计数周期,才按新的初值计数。

5. 方式 4：软件触发选通

工作波形如图 7-16 所示。

写入方式控制字后,OUT 输出高电平。写入初值,经过一个 CLK 脉冲开始减 1 计数,计到 0 时(注意:不是减到 1 时),OUT 输出为低电平,持续一个 CLK 脉冲周期后再恢复到高电平。这种工作方式不能自动重装初值。要启动下一次计数,必须重新写入计数初值。

GATE=1 时,允许计数;GATE=0,禁止计数,并把输出维持在当时的电平。

如果 GATE=1 时在计数过程中改变计数值,则在写入新值后的下一个时钟下降沿计数器按新的初值开始计数。

6. 方式 5：硬件触发选通

工作波形如图 7-17 所示。

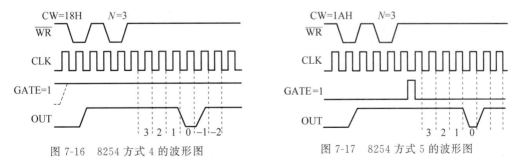

图 7-16   8254 方式 4 的波形图   图 7-17   8254 方式 5 的波形图

写入 8254 方式字后,OUT 输出高电平。写入计数初值后,计数器并不立即开始计数。

GATE 端输入上升沿触发信号后,计数开始。计数器减到 0 时,输出一个持续时间为一个时钟周期的负脉冲,然后输出恢复为高电平,并自动装入初值,等待下一个 GATE 触发信号。输出负脉冲可以用作选通脉冲,它是通过硬件电路产生的门控信号上升沿触发得到的,所以叫硬件触发选通脉冲。这时 8254 相当于一个硬件触发的选通信号发生器。

若计数过程中,又有一个门控信号的上升沿出现,则立即终止现行的计数过程,且在下一个时钟下降沿又从初值开始计数。

如果在计数过程中写入新的初值,则新的初值不会立即影响当前的计数过程,直到下一个门控信号上升沿到来后,才从新的初值开始进行减 1 计数。

7. 8254 的 6 种工作方式比较

表 7-5 对 6 种工作方式进行了归纳,以便于读者更好地掌握它们之间的联系和区别。

表 7-5　计数初值 N 与输出波形

方　式	功　　能	输　出　波　形
0	计数器	写入初值后经 $N+X$ 个时钟周期 OUT 变高($X<1$)
1	可重触发的单稳态触发器	输出宽度为 N 个时钟周期的负脉冲
2	分频器	每隔 $N-1$ 个时钟周期,输出 1 个时钟周期的负脉冲
3	方波信号发生器	输出占空比为 1/2 或($N+1$)/($2N$)的连续方波
4	软件触发选通	写入初值后经 N 个时钟周期,输出 1 个时钟周期的负脉冲
5	硬件触发选通	门控信号触发后经 N 个时钟周期,输出 1 个时钟周期的负脉冲

各种不同工作方式的特点比较如下。

方式 0：计数器方式,计数过程由程序启动。写入方式字后,每写一次计数值进行一次计数,每个计数初值只能使用一次。

方式 1：计数器方式,计数过程由外部触发信号启动。写入方式字和计数值后,可以由触发脉冲多次启动计数,写入的初值能够重复使用。

方式 2：计时器方式,由程序启动。写入方式字和计数值后,可以不间断地输出周期恒定的定时信号。

方式 3：计时器方式,由程序启动。写入方式字和计数值后,可以不间断地输出定时信号。它与方式 2 有不同的输出波形。

方式 4：选通信号发生器方式,计数过程由程序启动。写入方式字后,每写一次计数值进行一次计数,每个计数初值只能使用一次。

方式 5：选通信号发生器方式,计数过程由触发信号启动。写入方式字和计数值后,可以由触发脉冲多次启动计数,写入的初值能够重复使用。

7.2.3　8254 的控制字与初始化

8254 是可编程接口芯片,使用前必须先对它进行初始化编程。8254 的初始化编程有以下两个步骤。

（1）向 8254 写入控制字,用于确定所选通道的工作方式和计数格式,写入控制字的同时起到复位作用。

（2）向 8254 的通道写入计数初值,每个通道都有一个独立的端口地址。每个通道在写入控制字和计数初值之后开始工作。

1. 8254 的方式控制字

方式控制字用于设定各计数通道的工作方式,各数据位的作用如图 7-18 所示。

D_7	D_6	D_5	D_4	D_3	D_2	D_1	D_0
SC_1	SC_0	RW_1	RW_0	M_2	M_1	M_0	BCD
00：选择计数器 0 01：选择计数器 1 10：选择计数器 2 11：读出控制字		00：数据锁存命令 01：只读写低位字节 10：只读写高位字节 11：先读写低位字节,后读写高位字节		000~101：选择方式 0~5 110：选择方式 2 111：选择方式 3			0：二进制计数 1：BCD 计数

图 7-18　8254 的方式控制字格式

（1）D_7、D_6 为计数器/读出控制字选择位。控制字的 D_7D_6 两位为 00,01,10 时分别选择 3 个计数通道,用于设定这个通道的工作方式。D_7D_6 两位为 11 时选择控制寄存器,用于读出控制寄存器内容。

（2）D_5、D_4 为读写方式选择位。

① $D_5D_4=00$,表示锁存计数器的当前计数值,以便读出。

② $D_5D_4=01$,表示写入时,只写入计数初值低 8 位,高 8 位清"0";读出时,只读出低 8 位的当前计数值。$D_5D_4=01$ 时,这个通道只使用低 8 位进行计数。

③ $D_5D_4=10$,表示写入时,只写入计数初值高 8 位,低 8 位清"0";读出时,只能读出高 8 位的当前计数值。$D_5D_4=10$ 时,这个通道仍然进行 16 位计数。

④ $D_5D_4=11$,计数初值为 16 位,分两次用同一个地址写入计数初值寄存器,先写低 8 位,后写高 8 位。读出时,先读低 8 位,后读高 8 位。

（3）D_3、D_2、D_1 为工作方式选择位。$D_3D_2D_1$ 取值 000~101 分别代表方式 0~5。

（4）D_0 为计数格式选择位。$D_0=0$,按二进制格式计数;$D_0=1$,按 BCD 码格式计数。

2. 8254 的读出控制字

读出控制字的格式如图 7-19 所示。

11	D_5	D_4	D_3	D_2	D_1	0
标志	0：锁存计数值	0：锁存状态	1：选中计数器 2	1：选中计数器 1	1：选中计数器 0	标志

图 7-19　8254 的读出控制字格式

读出控制字 D_7D_6 必须为 11,D_0 必须为 0,这 3 位合起来构成 8254 的读出控制字的标志。$D_5=0$ 锁存计数值,以便 CPU 读取;$D_4=0$ 将状态信息锁存进状态寄存器;$D_3\sim D_1$ 用来选择计数器 0~2。无论是锁存计数值还是锁存状态信息,都不影响计数。

读出命令可以同时锁存 3 个计数器的计数值/状态信息,CPU 读取其中一个计数器的计数值/状态信息时,该计数器自动解锁,其他计数器不受影响。

注意：写入读出控制字之后,状态值/计数值被锁存,可以从输出寄存器读出。如果同时锁存了状态值和计数值,第一次读这个通道的输出锁存器,得到的是状态值,格式如图 7-20 所示。第二次读到的是被锁存的计数器的当前值。

D_7	D_6	D_5	D_4	D_3	D_2	D_1	D_0
OUTPUT	NULL COUNT	RW_1	RW_0	M_2	M_1	M_0	BCD
1: 本计数器 OUT 引脚为 1 0: 本计数器 OUT 引脚为 0	1: 无效计数 0: 计数值有效	由控制字设定的计数器工作方式					

图 7-20 8254 的状态字格式

3. 8254 的状态字

状态字的格式如图 7-20 所示。D_7 表示输出 OUT 引脚的输出状态,$D_7=1$ 表示 OUT 端当前输出高电平,$D_7=0$ 表示 OUT 当前输出低电平;D_6 表示是否已经装入计数初值,$D_6=0$ 表示已装入初值,读取的计数值有效;$D_5 \sim D_0$ 各位是由方式控制字确定的,与方式控制字的对应位相同。

4. 8254 初始化编程

8254 是可编程定时芯片,在使用之前必须要初始化。初始化分为两步:第一步是向控制寄存器写入方式控制字,以确定所要使用的计数器的工作方式;第二步,向使用的计数器写入计数初值。

例如,某微型计算机系统中 8254 的端口地址为 40H~43H,要求计数器 0 工作在方式 0,计数初值为 0DEH,按二进制计数;计数器 1 工作在方式 2,计数初值为 1000D,按 BCD 码计数。写出初始化程序。

按要求,计数器 0、计数器 1 的控制字格式如图 7-21 所示。

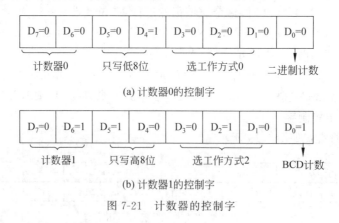

(a) 计数器0的控制字

(b) 计数器1的控制字

图 7-21 计数器的控制字

初始化程序如下:

```
MOV     AL,10H                    ;写通道 0 控制字
OUT     43H,AL
MOV     AL,0DEH                   ;写通道 0 计数初值
OUT     40H,AL
MOV     AL,65H                    ;写通道 1 控制字
OUT     43H,AL
MOV     AL,10H                    ;写通道 1 计数初值(BCD 码的高 8 位)
OUT     41H,AL
```

例如,设 8254 端口地址为 3FF0H～3FF3H,要求计数器 2 工作在方式 5,二进制计数,初值为 20800。按上述要求完成 8254 的初始化,如图 7-22 所示。

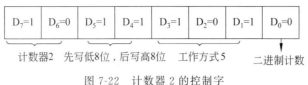

图 7-22 计数器 2 的控制字

初始化程序如下:

```
MOV     DX,3FF3H                ;DX 指向控制端口
MOV     AL,0BAH                 ;控制字
OUT     DX,AL
MOV     DX,3FF2H                ;DX 指向通道 2
MOV     AX,20800                ;装入计数初值
OUT     DX,AL                   ;写初值低 8 位
NOP                             ;延迟
MOV     AL,AH                   ;装入初值高 8 位
OUT     DX,AL                   ;写初值高 8 位
```

7.2.4 8254 的应用

1. 8254 控制扬声器

IBM-PC 微型计算机中,配置有一个小扬声器,用于发出一些提示性的信息。扬声器驱动电路如图 7-23 所示。其中,61H 端口是计算机主板上 8255A 的端口 B,Timer2 就是 8254(早期 PC 配置的是 8253)计数器 2,它的 CLK2 引脚连接了 $f=1.19\text{MHz}$ 的信号。工作在计时器方式时,从 OUT2 引脚输出频率为 f/N 的周期信号。GATE2 引脚用于控制 Timer2 的工作:GATE2＝1,计时器工作,OUT2 输出周期信号;GATE2＝0,计时器不工作,OUT2 固定输出高电平"1"。可以看出,有两种方法使扬声器发声。

方法 1:将 PB_0 清"0",关闭 Timer2,将 PB_1 交替置"1"和清"0",使扬声器发声。

方法 2:将 PB_0、PB_1 均置"1",使 Timer2 工作,产生固定频率的信号,使扬声器发声。

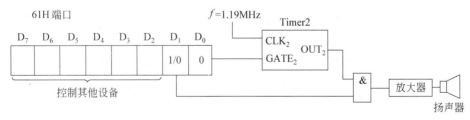

图 7-23 扬声器接口电路

下面的子程序使用第二种方法使扬声器发声,声音频率由 DX 寄存器的值决定,声音的延续时间由 BX 寄存器内的值决定。

```
SOUND   PROC
```

```
        PUSH    AX                      ;保护现场
        PUSH    CX
        MOV     AL, 10110110B
        OUT     43H, AL                 ;设置 Timer2 为工作方式 3
        MOV     AL, DL                  ;设置 Timer2 时间常数,控制 OUT₂ 输出频率
        OUT     42H, AL
        MOV     AL, DH
        OUT     42H, AL
        IN      AL, 61H                 ;读 61H 端口当前值
        OR      AL, 00000011B           ;使 PB0=1,PB1=1,开启扬声器
        OUT     61H, AL
TRIG:
        MOV     CX, 0
        LOOP    $
        DEC     BX
        JNZ     TRIG                    ;延迟,控制发声时间
        IN      AL, 61H
        AND     AL, 11111100B           ;使 GATE2=0,停 Timer2,停止发声
        OUT     61H, AL
        POP     CX                      ;恢复现场
        POP     AX
        RET
SOUND   ENDP
```

2. PWM 脉宽调制

在工业生产和仪器、仪表中,经常需要对交、直流电动机进行转速的调节。有多种可以使用的调速方法,PWM(脉宽调节)实现容易,调速准确,因此得到广泛的使用。这种方法用一个开关电源对电动机供电,通过控制电源开、关的时间比例,控制实际输出的有效电压,从而控制电动机的转速。例如,以 5ms 为周期,在每个周期里,2ms 时间里 8254 输出高电平,电动机供电;余下的 3ms 时间里 8254 输出低电平,电动机断电,向电动机输出的有效电压就是最大电压的 40%。保持周期 5ms 不变,调节 8254 输出高电平的时间,就可以调节输出的电压,进而调节电动机的转速。

用 8254 的一个通道产生周期信号,另一个通道产生高电平信号,输出周期固定、占空比可变的脉冲信号,就可以实现电动机调速的目的。

如图 7-24 所示,设 8254 端口地址为 240H～243H。让计数器 0 工作在方式 2(分频器),产生周期和宽度固定的脉冲信号。计数器 1 工作在方式 1,把 OUT₀ 连接到 GATE₁。由方式 1 的特点可以知道,OUT₁ 信号与 OUT₀ 具有相同的周期。计数器 1 输出 OUT₁ 用作 PWM 脉冲。可以看出,PWM 脉冲周期由计数器 0 决定,宽度由计数器 1 决定。

设系统时钟频率为 2MHz(时钟周期 $0.5\mu s$)。设 PWM 周期 $T=5ms$,该周期信号由计数器 0 控制输出:方式 2,计数初值为 $5ms/0.5\mu s=10000$。PWM 脉冲宽度由计数器 1 控制产生:方式 1,计数值为 N 时($0\sim10000$),低电平时间为 $0.5\mu s\times N$,输出有效电压为最大值的 $(10000-N)/10000$。程序如下:

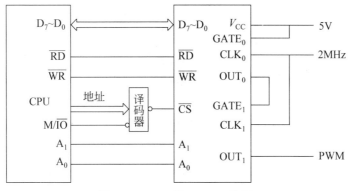

图 7-24　8254 用于 PWM 控制

```
PWM:
        MOV     DX,0243H          ;将 8254 控制端口地址送入 DX
        MOV     AL,34H            ;计数器 0,方式 2,写 16 位,二进制
        OUT     DX,AL             ;控制字写入控制寄存器
        MOV     AX,72H            ;计数器 1,方式 1,写 16 位,二进制
        OUT     DX,AL             ;控制字写入控制寄存器
        MOV     DX,0240H          ;将 8254 计数器 0 端口地址送入 DX
        MOV     AX,10000          ;计数器 0 的计数初值
        OUT     DX,AL             ;写入初值低 8 位
        MOV     AL,AH             ;计数器 0 的计数初值高 8 位
        OUT     DX,AL             ;写入初值高 8 位
        MOV     DX,0241H          ;将 8254 计数器 1 端口地址送入 DX
        MOV     AX,N              ;计数器 1 的计数初值
        OUT     DX,AL             ;写入初值低 8 位
        MOV     AL,AH             ;计数器 1 的计数初值高 8 位
        OUT     DX,AL             ;写入初值高 8 位
```

将 8254 产生的 PWM(OUT$_1$)信号连接到开关电源控制端,PWM=0 时,开关电源断电,PWM=1 时,开关电源供电,由此可以控制电动机的转速。

3. 电动机转速测量

为了测量电动机的转速,可以在电动机轴上安装一个转盘,上面有 8 个均匀分布的小孔。转盘一侧是发光源,另一侧是光电转换电路。转盘上的小孔转到发光源位置时,光透过小孔使光电三极管导通,产生一个正脉冲。记录单位时间内脉冲的个数,可以得到电动机的转速。

图 7-25 是使用 8254 进行电动机转速测量的电路。通道 1 用来产生定时信号,工作在方式 3。基准时钟频率为 250kHz,如果通道 1 每 0.1s 产生一次中断,则通道 1 的计数初值为 $0.1s \times 250kHz = 25000$。通道 0 用来对转速传感器产生的脉冲进行计数,以方式 0 工作。设 0.1s 内计数脉冲数为 COUNT,则转速 N 为

$$N = 10 \times COUNT/8 \times 60 = COUNT \times 75 （转每分）$$

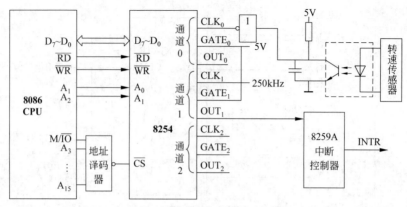

图 7-25　8254 测量电动机转速电路

程序如下：

```
DATA  SEGMENT
    COUNT  DW  0                    ;存放 0.1s 内计数脉冲的个数
    SPEED  DW  0                    ;存放计算得到的电动机转速
DATA  ENDS
CODE  SEGMENT
    ASSUME  CS:CODE,DS:DATA
START: MOV  AX,DATA
       MOV  DS,AX
    ;设置计数器 0、计数器 1 的工作方式
       MOV  DX,0243H               ;将 8254 控制端口地址送入 DX
       MOV  AL,30H                 ;计数器 0,方式 0,读写 16 位,二进制
       OUT  DX,AL                  ;控制字写入控制寄存器
       MOV  AL,74H                 ;计数器 1,方式 2,读写 16 位,二进制
       OUT  DX,AL                  ;控制字写入控制寄存器
    ;设置计数器 0、计数器 1 的初值
       MOV  DX,0240H               ;将 8254 计数器 0 端口地址送入 DX
       MOV  AL,00H                 ;计数器 0 的计数初值(0)
       OUT  DX,AL                  ;写入初值低 8 位
       NOP                         ;延时
       OUT  DX,AL                  ;写入初值高 8 位
       MOV  DX,0241H               ;将 8254 计数器 1 端口地址送入 DX
       MOV  AX,25000               ;定时 0.1s,计数初值为 25000
       OUT  DX,AL                  ;写入初值低 8 位
       MOV  AL,AH
       OUT  DX,AL                  ;写入初值高 8 位
       …                           ;装载中断向量,清屏蔽位,开放中断
    ;计算转速
       MOV  AX,COUNT               ;取计数器当前值
       MOV  BX,75
       MUL  BX                     ;计算转速
```

```
            MOV     SPEED,AX                    ;保存转速
     ...                                        ;输出并显示电动机转速
                                                ;定时中断程序
TIME_INT PROC    FAR
            PUSH    DS
            PUSH    AX
            PUSH    DX
            STI                                 ;开放中断
            MOV     AX,DATA
            MOV     DS,AX
            MOV     AL,0F0H                     ;读 8254 计数器 0 计数值的控制字(16 位)
            MOV     DX,0243H                    ;将控制寄存器地址送入 DX
            OUT     DX,AL
            MOV     DX,0240H                    ;将计数器 0 的端口地址送入 DX
            IN      AL,DX                       ;读取低 8 位数据
            XCHG    AL,AH
            IN      AL,DX                       ;读取高 8 位数据
            XCHG    AL,AH
            NEG     AX                          ;把减法计得到的当前值转换为脉冲个数
            MOV     COUNT,AX                    ;将计数脉冲数送入 COUNT 字单元保存
                                                ;重新设置计数器 0
            MOV     DX,0243H                    ;将 8254 控制端口地址送入 DX
            MOV     AL,30H                       ;计数器 0,方式 0,写 16 位,二进制
            OUT     DX,AL                       ;控制字写入计数器 0 控制寄存器
            MOV     DX,0240H                    ;8254 计数器 0 端口地址送入 DX
            MOV     AX,0                        ;计数器 0 的计数初值 0
            OUT     DX,AL                       ;写入初值低 8 位
            NOP
            OUT     DX,AL                       ;写入初值高 8 位
            CLI                                 ;关闭中断
            MOV     AL,20H
            OUT     20H,AL                      ;中断结束命令
            POP     DX
            POP     AX
            POP     DS
            IRET
TIME_INT ENDP
CODE     ENDS
            END     START
```

7.3　串行通信的基本概念

计算机与外部设备之间或计算机与计算机之间的信息交换均可称为通信。通信的基本方式可分为并行通信和串行通信两种。

并行通信是指数据的各位同时传送,如第 7.1 节所述的 8255A 与外部设备交换数据,就

是采用并行通信的方式。这种方式的数据传输速度快,接口电路简单,但使用的通信线多,随着传输距离的增加,通信成本增加,可靠性下降。并行通信适合距离较短的场合。

串行通信则是将要传送的数据按照一定的数据格式一位一位地按顺序传送。串行通信的信号在一根或一对信号线上传输。发送时,把一个数据中的各二进制位一位一位地发送出去,发送完 1B 数据后,再发送 1B 数据;接收时,从线路上一位一位地接收,把它们拼接成 1B 数据送给 CPU 处理。

计算机主机内部的部件之间,如 CPU 与存储器、CPU 与接口电路之间,大多采用并行方式传输数据。串行数据传输主要出现在接口与外部设备、计算机与计算机之间。例如,键盘、鼠标和接口之间采用串行方式传输,它们的接口与 CPU 之间仍然是以并行方式传输数据。

图 7-26 是这两种通信方式的示意图。并行通信中,数据有多少位,就需要多少根传输线,因此传送速度快,接口电路简单。串行通信只需一对传输线,并且可以利用现有的电话线作为传输介质,这样可降低传输线路的成本,特别是远距离数据传送时,这一优点更加突出。串行通信的主要缺点是需要进行并串和串并的转换,增加了硬件成本。

图 7-26　并行通信和串行通信

7.3.1　串行数据通信

1. 数据传送方式

串行通信时,数据在两个站 A 与 B 之间传送,按传送方向可分成单工、半双工和全双工 3 种方式,如图 7-27 所示。

(1) 单工方式。只允许数据按照一个固定的方向传送,如图 7-27(a)所示。

(2) 半双工方式。收发双方均具备接收和发送数据的能力,但半双工只有一对传输线,尽管可以双向传输,但同一时刻只能有一个站发送,另一个站接收,如图 7-27(b)所示。

(3) 全双工方式。有两对传输信号线,每个站任何时刻既可以发送,又可以接收,如图 7-27(c)所示。

2. 信号方式

通信线表示信号的方式有如下两类。

(1) 单端信号:用一根信号线上的电平表示该信号。例如,用 2.5V 表示"1",用 0.3V 表示"0"。

(2) 差分信号:用两根信号线(例如 D_+,D_-)电平之差表示信号,如 $V_{D+} = 250\text{mV}$,$V_{D-} = -250\text{mV}$

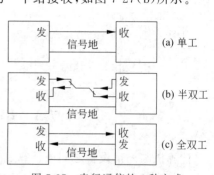

图 7-27　串行通信的 3 种方式

表示信号"1"，$V_{D+}=-250\mathrm{mV}$，$V_{D-}=250\mathrm{mV}$ 表示信号"0"。

3. 通信速率

通信速率反映数据传输速率的快慢，主要有数据传输速率和波特率两个指标。

(1) 数据传输速率(比特率)。它的定义为每秒传送二进制数码的位数，因此又称比特率，以位/秒(b/s)为单位。以字符为单位时，数据传输速率等于每秒传送的位数除以每个字符使用的位数。例如每秒传送 1200 位，每个字符包含 10 位(1 个起始位，7 个数据位，1 位奇偶校验位，1 位停止位)，则数据传输速率为

$$1200/10=120(字符/秒)$$

(2) 波特率。它的定义为每位传送时间的倒数。每次传送 1 位时，波特率和比特率相等。使用调相技术可以同时传输 2 位或 4 位，这时，数据传输速率大于波特率。一般异步通信的波特率在 50～19 200baud/s。

波特率和串行接口内的时钟频率并不一定相等。时钟频率可选为波特率的 1 倍、16 倍或者 64 倍。由于异步通信双方各自使用自己的时钟信号，若是时钟频率等于波特率，则双方的时钟频率稍有偏差加上初始相位不同就容易产生接收错误。采用较高频率的时钟，在一位数据内有 16 或 64 个时钟，捕捉信号的正确性就容易得到保证。

4. 信号的调制/解调

计算机中二进制数据一般由 TTL 型电平表示，高于 2.4V 表示逻辑"1"，低于 0.5V 表示逻辑"0"。这种信号在远距离传输时由于受到线路特性的影响，信号会发生衰减和畸变，以致传到接收端时，已经是一个难以分辨的信号。如果从这样的信号中提取数据，会使误码率(传输错误的比率)大大上升。解决这个问题的方法是改变信号传输形式。

用一个信号控制另一个信号的某个参数(例如：幅值，频率，相位)使之随之变化的过程称为调制。这两个信号分别称为调制信号和被调制信号。经调制后参数随调制信号变化的信号称为已调制信号。从已调制信号中还原出被调制信号的过程称为解调。

在发送端，调制器把数字信号变成交变模拟信号(例如把数码"1"调制成 2400Hz 的正弦信号，把数码"0"调制成 1200Hz 的正弦信号)送到传输线路上。接收端，解调器把交变模拟信号还原成数字信号，送到数据处理设备，如图 7-28 所示。

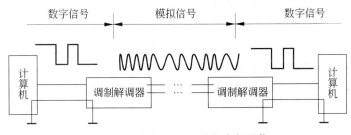

图 7-28　通过 Modem 进行串行通信

由于通信的任意一端都会兼有接收和发送的要求，也就是同时需要调制器和解调器的功能。所以，常把调制器和解调器做在一起称为调制解调器(Modem)。现在调制和解调电路已经集成为一个芯片，只要给这种芯片加上少量的外部附加电路，就能构成一个完整的调制解调器。使用调制解调器可以实现计算机的远程通信。

进行串行通信时，把计算机称为数据终端设备(Data Terminal Equipment，DTE)，而把

调制解调器和其他通信设备称为数据通信设备(Data Communication Equipment,DCE)。

7.3.2 串行通信的方式

按照串行通信收发双方同步的方式,串行通信可分为异步和同步两类。同步通信靠同步时钟信号来实现数据的发送和接收,而异步通信是一种利用一帧字符中的起始位和停止位来完成收发同步的通信方式。

1. 同步传送方式

同步方式通信时,发送方一方面要发送数据信号,同时还要发送一个用于同步的时钟信号。同步时钟信号的一个周期和一位数据是对应的。在同步时钟信号一个周期的时间里,数据线上同步地发送 1 位数据。同步方式因此得名。同步时钟信号可以单独用一根信号线传送,也可以和数据信号组合以后在一根信号线上传送。

同步传送的第二个特点是数据连续传送。若干个数据组成一个数据块。通信开始以后,发送方连续发送信息流,直到这个数据块传送结束。

同步方式通信有面向字符的同步方式和面向比特的同步方式两种。

面向字符同步方式的数据块用一个或者两个同步字符作为数据块的开始。同步字符由用户约定,经常采用 ASCII 码中代码为 16H 的 SYNC (同步)字符。随后是由字符组成的信息,每个字符由相同位数的二进制组成,字符之间没有间隔。这样,每位的开始由同步的时钟信号提供,而每一个数据块的开始由同步字符提供,其信号格式如图 7-29 所示。

面向比特同步方式的数据块用一组特殊的二进制信息 01111110 开始,随后是需要发送的各位二进制信息,最后仍以 01111110 结束。

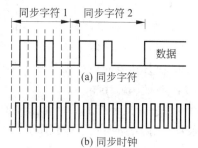

图 7-29 面向字符的同步传送

2. 异步传送方式

异步通信以帧(Frame)为传送单位,内部包含了一个字符的信息。传送时,各个帧既可以连续传送,也可以断续传送,由发送方根据需要来决定。数据传输的速率(波特率)是双方事先约定好的。异步传送的另一个特点是,双方各自用自己的时钟信号来控制发送和接收。

一个帧由起始位开始,停止位结束。两个帧之间为空闲位,一帧信息由 7~12 位二进制组成。格式如图 7-30 所示。组成每帧数据的 4 个部分如下:

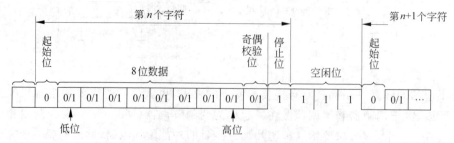

图 7-30 异步通信数据帧格式

（1）起始位。传输线上没有数据传输时，处于连续的逻辑 1 状态。一帧数据以 1 位逻辑 0 开始，它告诉接收方一帧数据开始，该位称为起始位。

（2）数据位。起始位之后紧接着传送的是数据位，数据位的个数为 5～8 位，位数由收发双方约定，先发送低位。

（3）奇偶校验位。数据位之后是奇偶校验位。通信双方要事先约定采用奇校验还是采用偶校验。如果是奇校验传输，那么数据位和校验位中 1 的总个数为奇数个；反之，偶校验传输时，数据位和校验位中 1 的总个数为偶数个。奇偶校验位并不是必不可少的，可以采用无校验传输。

（4）停止位。最后传输的是停止位，它可以是 1 位、1.5 位或 2 位的逻辑 1 信号，标志着一帧数据的结束。

7.3.3 串行通信接口

微型计算机系统内部的数据传送大多采用并行传送。计算机与外部设备之间的数据传送可以是并行方式，也可以是串行方式。如果采用串行方式，则需要在计算机与外部设备之间设置一个串行接口电路，其作用是把计算机的并行数据转换成串行数据发送出去，或者，把接收到的外部串行数据转换成并行数据送入计算机内部。

图 7-31 是可编程串行接口的典型结构。图中各部分的作用如下。

（1）数据总线收发器。它是双向的并行数据通道，CPU 与串行接口之间通过它传送数据、状态和控制命令。

（2）控制寄存器。它用来接收 CPU 的各种控制信息。

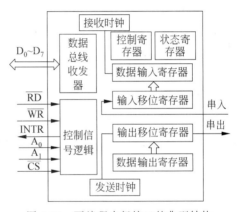

图 7-31　可编程串行接口的典型结构

（3）状态寄存器。它指示串行通信过程中的状态。

（4）输入输出移位寄存器。串行接口与外部设备之间进行数据传送的通道，用来完成并行和串行两种数据的相互转换。

（5）数据输入寄存器。数据输入寄存器与输入移位寄存器相连接。输入移位寄存器每接收一位外部输入的数据，就把寄存器内容向右移动一位，所接收的数据填满移位寄存器后，将一个完整的并行数据送入数据输入寄存器暂存，这就完成了一次串联到并联的转换。CPU 可以读取数据输入寄存器的数据从而完成一个数据的输入过程。

（6）数据输出寄存器。数据输出寄存器与数据输出移位寄存器相连接，CPU 把要输出的数据写入数据输出寄存器。这个寄存器的数据被并行送往输出移位寄存器，在发送移位脉冲的作用下，数据逐位右移输出。全部的内容输出后，就完成了一个串行数据的输出过程。

（7）控制信号逻辑。接收 CPU 发来的控制信号，产生内部各寄存器的读写信号。

除了上述部件，串行接口需要从外部输入发送和接收时钟信号，它们分别用作发送和接收数据所需的移位脉冲。

接口的片选信号用来选择这个芯片,用 A_0、A_1 进行片内端口的寻址。

7.3.4 RS-232-C 标准

为了使通信能够顺利地进行,通信双方必须就通信的规则事前进行约定,这种约定好的在通信过程中双方共同遵守的规则称为通信协议。它包括收、发双方的同步方式、数据格式、传输速率、差错校验方式及其纠正方式、通信进程的控制等。

串行通信协议包括串行异步通信协议和串行同步通信协议。这里主要介绍串行异步通信协议。

随着串行通信技术在计算机领域的广泛应用,电子工业协会 EIA 在 1969 年公布了一个 RS-232-C 串行通信接口标准(草案)。这个标准对串行接口电路中所使用信号名称和功能、信号电平等作了统一的规定。标准的提出为串行接口部件的互联提供了统一的规范。

RS-232-C 串行通信接口标准规定如下。

1. 信号电平

RS-232-C 标准采用负逻辑,规定逻辑“1”的电压范围为 $-3\sim-15\mathrm{V}$,逻辑“0”的电压范围为 $3\sim15\mathrm{V}$。通常使用 $\pm12\mathrm{V}$ 作为 RS-232-C 电平。这个电平与计算机本身及 I/O 接口芯片采用的 TTL 电平不匹配,为此,必须要用专门的电路来实现电平转换。

2. 信号定义

表 7-6 给出了 RS-232-C 接口部分常用信号的定义。

表 7-6　计算机通信中的 RS-232-C 接口信号

符　号	方　向	功　能	9引脚连接器的引脚号	25引脚连接器的引脚号
TxD	输出	发送数据	3	2
RxD	输入	接收数据	2	3
$\overline{\mathrm{RTS}}$	输出	请求发送	7	4
$\overline{\mathrm{CTS}}$	输入	发送允许	8	5
$\overline{\mathrm{DSR}}$	输入	数据设备就绪	6	6
GND		信号地	5	7
$\overline{\mathrm{DCD}}$	输入	载波检测	1	8
$\overline{\mathrm{DTR}}$	输出	数据终端就绪	4	20
$\overline{\mathrm{RI}}$	输入	响铃指示	9	22

3. 接插件

RS-232-C 一般使用 25 引脚或 9 引脚的 D 型接插件进行连接,如图 7-32 所示。

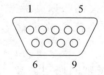

图 7-32　9 引脚 D 型接插件

7.4 可编程串行通信接口 8251A

Intel 8251A 是可编程的串行通信接口芯片,它的主要特点如下。

(1) 用于串行异步通信时,每个字符的位数可以是 5～8 位;可以设定奇校验、偶校验或不设校验。校验位的插入、检错及剔除都由芯片自动完成;停止位可选 1 位、1.5 位或 2 位。波特率为 0～19.2kbaud/s,时钟频率可设为波特率的 1 倍、16 倍或 64 倍。

(2) 用于串行同步通信时,波特率的范围为 0～56kbaud/s;可设为单同步、双同步或者外同步;同步字符可由用户自行设定。

此外,8251A 接收、发送数据分别有各自的缓冲器,可以进行全双工通信。此外,它还提供与外部设备特别是调制解调器的联络信号,便于直接和通信线路相连。

7.4.1 8251A 的外部引脚

8251A 是一个采用 NMOS 工艺制造的 28 引脚双列直插式封装的组件,其外部引脚排列如图 7-33 所示。

1. 与 CPU 连接的引脚

(1) $D_7 \sim D_0$:数据线,与系统数据总线相连。

(2) RESET:复位信号,输入,高电平有效。复位后 8251A 处于空闲状态直至被初始化编程。

(3) $\overline{RD}$:读信号,输入,低电平有效。

(4) $\overline{WR}$:写信号,输入,低电平有效。

(5) $C/\overline{D}$:控制/数据端口选择输入线。8251A 内部占用两个端口地址,$C/\overline{D}$ 为 0 时选择数据端口,传输数据(读或写),为 1 时选择控制端口,传输控制字(写)或状态信息(读)。通常把它和地址总线的 A_0(8088)或 A_1(8086)相连。

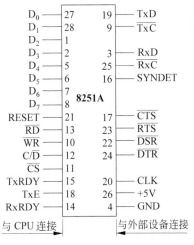

图 7-33 8251A 的外部引脚

(6) $\overline{CS}$:选片信号,输入,低电平有效。$\overline{CS}$ 为低电平时 CPU 才能对 8251A 操作。

(7) TxE:发送缓冲器空闲状态,输出,高电平有效。TxE＝1,表示发送缓冲器中没有要发送的字符,CPU 把要发送的下一个数据写入 8251A 后,TxE 自动复位。

(8) TxRDY:发送准备好状态,输出,高电平有效。发送寄存器空且允许发送($\overline{CTS}$ 脚电平为低,同时命令字中 TxEN 位为 1)时 TxRDY 为高电平。CPU 向 8251A 写入一个字符后 TxRDY 恢复为低电平。TxRDY 可以用来向 8259A 申请发送中断。

(9) RxRDY:接收准备好状态,输入,高电平有效。接收器接到一个字符后 RxRDY 为 1,字符被 CPU 读取后恢复为 0。RxRDY 可用来向 8259A 申请接收中断。

2. 与外部设备或调制解调器连接的引脚

(1) TxD:串行数据输出。CPU 并行输出给 8251A 的数据从这个引脚串行发送出去。

(2) RxD:串行数据输入,高电平表示数字 1,低电平表示数字 0。

(3) SYNDET:同步状态输出,或者,外同步信号输入。此引脚仅对同步方式有意义。

以下 4 根引脚用来连接调制解调器。

（1）$\overline{\text{DTR}}$：数据终端（计算机）准备好，输出，低电平有效。8251A 命令字位 D_1 为 1 时 $\overline{\text{DTR}}$ 有效，用于向调制解调器表示数据终端已准备好。

（2）$\overline{\text{DSR}}$：数据设备（Modem）准备好，输入，低电平有效。Modem 准备好时 $\overline{\text{DSR}}$ 有效，向 8251A 表示数据设备已准备就绪。CPU 可通过读取状态寄存器的 D_7 位检测该信号。

（3）$\overline{\text{RTS}}$：请求发送信号，输出，低电平有效。8251A 命令字位 D_5 为 1 时将 $\overline{\text{RTS}}$ 置为有效，请求调制解调器做好发送准备（建立载波）。

（4）$\overline{\text{CTS}}$：清除发送（允许传送）信号，输入，低电平有效。调制解调器做好传送准备时将 $\overline{\text{CTS}}$ 置为有效，作为对 8251A 的 $\overline{\text{RTS}}$ 信号的响应。

注意：如果 8251A 不使用调制解调器直接和外界通信，应将 8251A 的 $\overline{\text{DSR}}$、$\overline{\text{CTS}}$ 接地。

3. 时钟信号

（1）$\overline{\text{RxC}}$：接收器时钟，输入，它控制接收器接收字符的速率，在 $\overline{\text{RxC}}$ 的上升沿采样串行数据输入线。同步方式下，$\overline{\text{RxC}}$ 的频率应等于波特率，异步方式下，应等于波特率的 1 倍/16 倍/64 倍（初始化时选择）。

（2）$\overline{\text{TxC}}$：发送器时钟，输入，在 $\overline{\text{TxC}}$ 的下降沿数据由 8251A 移位输出。对 $\overline{\text{TxC}}$ 频率的要求同 $\overline{\text{RxC}}$。

（3）CLK：时钟信号，输入，用于产生 8251A 内部时序，周期为 $0.42\sim1.35\mu s$。要求 CLK 的频率至少应是接收、发送时钟（$\overline{\text{RxC}}$、$\overline{\text{TxC}}$）频率的 30 倍（对同步方式）或 4.5 倍（对异步方式）。

4. 8251A 的工作过程

（1）接收器的工作过程。异步方式中，接收器接收到有效的起始位后，开始接收后续的数据位、奇偶校验位和停止位。然后将数据送入数据输入寄存器。此后 RxRDY 输出高电平，表示已收到一个字符，CPU 可以来读取。

同步方式接收时，首先要检测信号线上的同步字符，在确定接收到同步字符之后，才开始接收数据信息。同步字符可以由 8251A 来检测（内同步），也可以由外部（例如 Modem）来检测（外同步）。

若程序设定 8251A 内同步接收，则 8251A 先搜索同步字符，同步字符事先已写入同步字符寄存器。RxD 线上每收到一位信息就移入接收寄存器并和同步字符寄存器内容比较，若不相等则接收下一位后再比较，直到两者相等。此后 SYNDET 输出高电平，表示已搜索到同步字符。接下来便把接收到的数据逐个地装入接收数据寄存器。

若程序设定 8251A 外同步接收，则 SYNDET 脚用于输入外同步监测信号（来自 Modem），SYNDET 脚上的电平正跳变表示已经收到了同步字符，8251A 开始接收数据。

（2）发送器的工作过程。异步方式中，发送器在数据前加上起始位，并根据程序的设定在数据后加上校验位和停止位，组成"一帧"信息。然后从低位开始，从 TxD 引脚逐位发送。

同步方式中，发送器先发送同步字符，然后逐位地发送数据。若 CPU 没有及时把数据写入发送缓冲器，则 8251A 用同步字符填充，直至 CPU 写入新的数据。

7.4.2　8251A 的内部寄存器

8251A 芯片占用两个端口地址，由 $C/\overline{D}$ 引脚上输入的电平进行选择。每个端口内有

$2\sim4$ 个不同的寄存器,如表 7-7 所示。寄存器的选择由 C/$\overline{\text{D}}$、读写信号和读写的先后顺序来控制。

表 7-7　8251A 内部寄存器

C/$\overline{\text{D}}$ 引脚电平	选 择 端 口	选择寄存器	允许的操作
C/$\overline{\text{D}}$=0	数据端口	数据输入寄存器 数据输出寄存器	读操作 写操作
C/$\overline{\text{D}}$=1	控制端口	方式控制字寄存器 命令字寄存器 同步字符寄存器 状态寄存器	写操作 写操作 写操作(仅同步方式) 读操作

1. 方式控制字寄存器

方式控制字确定 8251A 的通信方式(同步/异步)、校验方式(奇校验/偶校验/不校验)、数据位数(5/6/7/8 位)及波特率参数等。方式控制字的格式如图 7-34 所示。它应在复位后写入,只需写入一次。

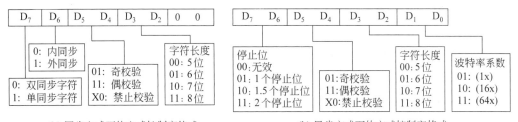

(a) 同步方式下的方式控制字格式　　(b) 异步方式下的方式控制字格式

图 7-34　8251A 的方式控制字

2. 命令字寄存器

命令控制字使 8251A 处于规定的状态以准备发送或接收数据。命令控制字的格式如图 7-35 所示。它应在写入方式控制字后写入,用于控制 8251A 的工作,可以多次写入。

EH	IR	RTS	ER	SBRK	RxE	DTR	TxEN
1: 允许搜索同步字符	1: 内部复位,返回方式字	1: 使 $\overline{\text{RTS}}$ 有效 (=0)	1: 清除全部错误标志	1: 发送终止字符	1: 接收允许	1: 使 $\overline{\text{DTR}}$ 有效 (=0)	1: 允许发送

图 7-35　8251A 的命令控制字格式

方式控制字和命令控制字本身无特征标志,使用相同的端口地址,8251A 是根据写入先后次序来区分这两者的:复位后第一次写入者为方式控制字,后继写入者为命令控制字。

3. 同步字符寄存器

8251A 工作在内同步方式时,需要由程序员把使用的同步字符存入该寄存器,供搜寻同步字符使用。可以有单同步字符和双同步字符两种选择。

4. 状态寄存器

状态寄存器存放 8251A 的状态信息,供 CPU 查询,状态控制字的格式如图 7-36 所示。

DSR	SYNDET	FE	OE	PE	TxE	RxRDY	TxRDY
1：输入准备好（DSR=0）	同管脚	帧格式错	溢出（数据覆盖错）	奇偶校验错	同管脚	同管脚	发送完成

图 7-36　8251A 的状态控制字格式

7.4.3　8251A 的应用

与所有的可编程器件一样,8251A 在使用前也要进行初始化。初始化要在 8251A 处于复位状态时开始。

异步方式下 8251A 的初始化过程。

(1) 写入方式字。

(2) 写入控制字。

同步方式下 8251A 的初始化过程。

(1) 写入方式字。

(2) 写入同步字符(1 个或 2 个)。

(3) 写入控制字。

以上操作都是通过对控制端口顺序进行写操作实现的。为了避免把方式字写入其他寄存器,可以在初始化开始之前,向控制端口先后写入 3 个"00H",1 个"40H"。前面 3 个"00H"是无效命令,用来跨过方式控制字和同步字符阶段。最后一个"40H"作为控制字写入控制端口,对 8251A 进行内部复位。此后就可以对 8251A 进行正式的初始化编程了。

例如,设 8251A 控制口地址 301H,数据口地址 300H,按下述要求对 8251A 进行初始化。

(1) 异步工作方式,波特率系数为 64(即数据传送速率是时钟频率的 1/64),采用偶校验,总字符长度为 10(1 位起始位,8 位数据位,1 位停止位)。

(2) 允许接收和发送,使错误位全部复位。

(3) 查询 8251A 状态字,接收准备就绪时,从 8251A 输入数据,否则等待。

程序如下：

```
        MOV    DX,301H              ;8251A 控制口地址
        MOV    CX, 3
        MOV    AL,  0
INIT:   OUT    DX, AL
        NOP
        LOOP   INIT                 ;向 8251A 控制端口写 3 个"0"
        MOV    AL, 40H
        OUT    DX,  AL              ;写入控制字,使 8251A 内部复位
        NOP
        MOV    AL,01111111B         ;方式控制字
        OUT    DX,AL                ;发送方式控制字
        NOP
```

```
        MOV     AL,00110111B          ;操作命令字
        OUT     DX,AL                 ;发送操作控制字
WT:     MOV     DX,301H
        IN      AL,DX                 ;读入状态字
        TEST    AL,02H                ;检查 RxRDY=1?
        JZ      WT                    ;RxRDY≠1,接收未准备就绪,等待
        MOV     DX,300H
        IN      AL,DX                 ;读入数据
        ...
```

习　题　7

1. 8255A 的方式选择控制字和端口 C 按位控制字的端口地址是否一样,8255A 怎样区分这两种控制字? 写出端口 A 作为基本输入,端口 B 作为基本输出的初始化程序。

2. 用 8255A 的端口 A 接 8 位二进制输入,端口 B 接 8 只发光二极管显示二进制数。编写一段程序,把端口 A 的读入数据送入端口 B 显示。

3. 用 8255A 作为两台计算机并行通信的接口电路,用于查询方式工作,画出接口电路,写出查询方式的输入输出程序。

4. 设计一个用 8255A 作为 8 个七段显示器的接口电路,编写程序,把内存地址 ADDRA 开始存储的 8 个数(范围:0~9)在这 8 个七段显示器上显示。

5. 8254 计时器/计数器的计时与计数方式有什么区别? 8254 在方式 0 工作时,各通道的 CLK、GATE 信号有什么作用? 各通道的控制字地址都相同,8254 是怎样区分的?

6. 设 8254 的端口地址为 0240H~0243H,通道 0 的输入 CLK 频率为 1MHz,为使通道 0 输出 1kHz 的方波,编写初始化程序。如果让通道 0 与通道 1 级联(即 OUT_0 接 CLK_1)实现 1s 定时,则初始化程序如何编制?

7. 编制一个使 PC 的 8254 产生 600Hz 方波的程序,并使该方波送至扬声器发声。

8. 在 RS-232-C 接口标准中,引脚 TxD、RxD、$\overline{RTS}$、$\overline{CTS}$、$\overline{DTR}$ 和 $\overline{DSR}$ 的功能各是什么?

9. 为什么 Intel 8251A 芯片初始化时需要先送 3 个"00H",1 个"40H"? 是否每次都需要?

第8章 数模转换与模数转换

电子计算机所处理的信号分为数字（Digit）和模拟（Analog）两种。从键盘读入的字符代码,送往磁盘存储的文件信息,是以二进制表示的数字量。经常使用的语音信号,送往VGA显示器的视频信号,以及工业生产过程中温度、流量等物理量都是随着时间连续变化的模拟量。微型计算机内部采用二进制表示的数字量进行信号的输入、存储、传输、加工与输出。为了使用计算机对模拟量进行采集、加工和输出,需要把模拟量转换成便于数字计算机存储和加工的数字量（A/D 转换）,或者把数字量转换成模拟量（D/A 转换）。因此,A/D 与 D/A 转换是计算机用于多媒体、工业控制等领域的一项重要技术。

常常把 D/A 与 A/D 转换的相关器件集中制作在一块接口电路板上,称为模拟量输入输出通道,如图 8-1 所示。它主要由以下几个部件组成。

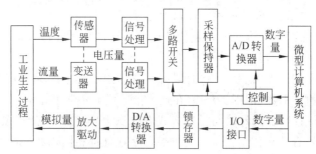

图 8-1 模拟量输入输出通道的组成

（1）传感器（变送器）。把外部的物理量（声音、温度、压力、流量等）转换成电流或电压信号。

（2）信号处理。传感器输出的信号通常比较微弱,不能满足 A/D 转换的要求,需要经过放大,获得A/D 转换所要求的输入电平。

安装在现场的传感器及其传输线路容易受到干扰信号的影响,常常需要加接滤波电路,滤除干扰信号。

（3）多路开关（Multiplexer）。需要监测或控制的模拟量往往多于一个,许多模拟量变化缓慢。这时,可以使用多路模拟开关,轮流接通其中的一路,使多个模拟信号共用一个 A/D 转换器进行 A/D 转换。

（4）采样/保持器（Sample Holder）。进行 A/D 转换需要一定的时间,在此同时,模拟信号随时间不断地变化。如果在一次转换期间,输入的模拟量有较大的变化,那么转换得到的结果会产生误差,甚至发生错误。A/D 转换期间保持输入信号不变的电路称为采样/保持电路。转换开始之前,采样/保持电路采集输入信号（采样）,转换进行过程中,它向 A/D转换器保持固定的输出（保持）。对于变化缓慢的模拟量,采样/保持电路可省略。

（5）A/D 转换器（Analog Digit Converter, ADC）。它是输入通道的核心环节,作用是将电压表示的模拟量转换成数字量,送计算机处理。

（6）D/A 转换器（Digit Analog Converter，DAC）。D/A 转换器将数字量转换成模拟量输出，用于控制设备的工作。

8.1　数　模　转　换

8.1.1　数模转换的原理

实现数模转换（D/A）的方法比较多，这里介绍其中的两种。

1. 权电阻 D/A

图 8-2 是权电阻 D/A 转换的典型电路。电路由位切换开关、权电阻、运算放大器和反馈电阻组成。

图中，$d_3 \sim d_0$ 是被转换的二进制数字量，在 DAC 内部，它们用来控制位切换开关：取值 0 时位开关断开，该路无电流输入；取值 1 时开关合上，该位有电流输入。

权电阻的阻值按二进制的权值配置，即按 1：2：4：8 的比例配置。开关接通时（$d_i=$ 1，$i=3,2,1,0$），放大器的各路输入电流分别是 V_R/R、$V_R/(2R)$、$V_R/(4R)$、$V_R/(8R)$，其中 V_R 为基准电压。经运算放大器求和，输出的模拟量与输入的二进制数据 d_3、d_2、d_1、d_0 成比例。

当输入的二进制位数比较多时，权电阻的阻值大小差别很大，给制造带来困难，同时也难以保证精度。所以，权电阻 D/A 转换器原理简单，但实际应用不多。

2. R-2R T 型电阻网络 D/A 转换器

实际应用的 D/A 转换器，普遍采用 R-2R 的 T 型电阻网络。如图 8-3 所示，电路由 4 路 R-2R 电阻网络、4 位切换开关、一个运算放大器和一个反馈电阻 R_f（＝2R）组成。该电路特点如下。

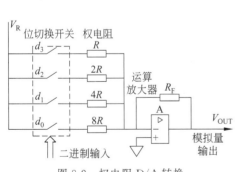

图 8-2　权电阻 D/A 转换

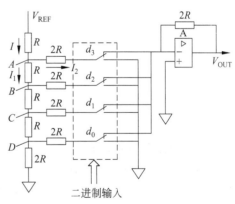

图 8-3　T 型网络 D/A 转换

（1）4 个双向开关由 4 位数字量 d_3、d_2、d_1、d_0 控制，$d_i=1$，动触点与运算放大器反相输入端连接；$d_i=0$，动触点与模拟地连接。由于运算放大器的反相输入端具有虚地的特点，无论各开关动触点接通的是哪一个触点，这个动触点都可以看作是地。

（2）于是，结点 D 向右和向下的对地电阻都是 2R，对地等效电阻为 R。同样，结点 C、B、A 向下或向右的对地电阻都是 2R，对地等效电阻都是 R。

（3）基准电源V_{REF}对"地"总电阻为$2R$,流向 A 的总电流$I=V_{REF}/(2R)$,其中$I/2$电流流向开关d_3,$I/2$流向结点 B。流入 B 点的$I/2$电流又分流为$I/4$流向开关d_2,$I/4$流向结点 C……流向各开关的电流依次为$I/2$,$I/4$,$I/8$,$I/16$。

（4）流向运算放大器反相输入端的总电流为$(I/2)d_3+(I/4)d_2+(I/8)d_1+(I/16)d_0=[V_{REF}/(2R)](d_3/2+d_2/4+d_1/8+d_0/16)$,电流的大小与数字量$d_3$、$d_2$、$d_1$、$d_0$成正比。

（5）于是,运算放大器的输出电压V_{OUT}为

$$V_{OUT}=-2R\sum I_i=-\frac{2RV_{REF}}{2R}(d_3\times 2^{-1}+d_2\times 2^{-2}+d_1\times 2^{-3}+d_0\times 2^{-4})$$

$$=-\frac{V_{REF}}{2^4}(d_3\times 2^3+d_2\times 2^2+d_1\times 2^1+d_0\times 2^0)$$

这样,数字量d_3、d_2、d_1、d_0转换成了大小成比例的模拟电压信号V_{OUT}。可见,R-2R 电阻网络把数字量转换成大小成比例的电流,运算放大器把电流信号进一步转换成电压信号。

数字量到模拟量转换需要的时间,一般约为$500ns(1ns=10^{-9}s)$。

8.1.2　数模转换芯片——DAC0832

DAC0832 是 CMOS 工艺制造的 8 位 D/A 转换器,其引脚和内部结构如图 8-4 所示。DAC0832 由两级 8 位寄存器(输入寄存器和 DAC 寄存器)和一个 8 位 D/A 转换器组成。

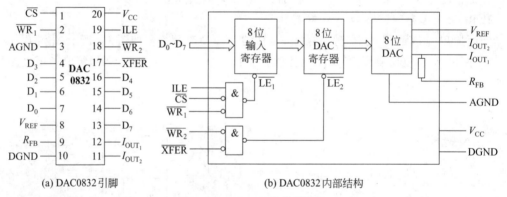

图 8-4　DAC0832 的内部结构

1. DAC0832 的引脚信号

（1）$D_0\sim D_7$:8 位数字量输入。

（2）ILE:数据锁存允许信号,高电平有效。

（3）$\overline{CS}$:输入寄存器选择信号,低电平有效。

（4）$\overline{WR_1}$:输入寄存器的"写"选通信号,低电平有效。由控制逻辑可以看出,当 ILE=1,$\overline{CS}=0$,$\overline{WR_1}=0$ 时,芯片内输入寄存器的锁存信号$\overline{LE_1}=0$,$D_0\sim D_7$ 输入的数据进入输入寄存器;$\overline{LE_1}=1$ 时,锁存已输入数据。

（5）$\overline{XFER}$:数据转移控制信号,低电平有效。

（6）$\overline{WR_2}$:DAC 寄存器的"写"选通信号。当$\overline{XFER}=0$,$\overline{WR_2}=0$ 时,DAC 寄存器的锁

存信号$\overline{LE}_2=0$，数据从输入寄存器进入 DAC 寄存器；$\overline{LE}_2=1$时，锁存输入寄存器状态。

（7）V_{REF}：基准电压输入（$-10\sim10$V）。

（8）R_{FB}：反馈信号输入，芯片内已连接了反馈电阻。

（9）I_{OUT_1}和I_{OUT_2}：电流输出引脚。I_{OUT_1}与I_{OUT_2}的和为常数，I_{OUT_1}随 DAC 寄存器的内容线性变化。

芯片有两套电源，数字电源是V_{CC}和 DGND、模拟电源是V_{REF}和 AGND。

基准电源V_{REF}的电压直接影响转换后的模拟量大小，为了保证输出模拟量的稳定、准确，应采用高精度基准电源。

数字信号以"0"和"1"两种形式出现，这种脉冲特性会导致瞬间电流的较大变化。如果数字信号"地"上的脉冲电流直接流入模拟信号的"地"，会导致模拟输出信号的波动。因此，在模拟和数字电路并存的情况下，必须把所有数字地单独连接在一起，所有模拟地单独连接在一起，最后在某一点上（仅限在一个点上），再把两个"地"连接。这样，既能实现两个"地"的等电位，又避免了数字信号对模拟信号的干扰。

DAC0832 转换器输出模拟的电流信号，且信号功率较小，所以在输出端通常要加接运算放大器。如图 8-5 所示的电路有两级输出：第一级运放输出单极性电压V_{OUT_1}，第二级运放输出双极性电压V_{OUT_2}，用户可以根据自己的需要选择。

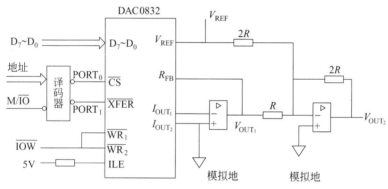

图 8-5　DAC0832 与外部的连接

2. DAC0832 的应用

DAC0832 具有直通输入、单缓冲、双缓冲 3 种工作方式。

（1）直通输入。把$\overline{CS}$、$\overline{WR}_1$、$\overline{WR}_2$、$\overline{XREF}$全部接地，DAC0832 对$D_7\sim D_0$输入的数字信号不进行锁存，直接将它转换成模拟信号输出。这时必须由其他电路（例如 8255A）锁存数字信号，向 DAC0832 输出。

（2）单缓冲。使用一级锁存器，占用一个端口地址。第一级锁存器：端口地址选通连接$\overline{CS}$，写信号$\overline{IOW}$连接$\overline{WR}_1$，ILE 接 5V 电源；第二级锁存器"直通"（$\overline{WR}_2$和$\overline{XREF}$接地）。执行一次输出指令可以将数据写入 DAC0832 输入锁存器并且转换输出。

（3）双缓冲。如图 8-5 所示，使用二级锁存器，使用两个端口地址，$A_0=0$时选中输入寄存器，$A_0=1$时选中 DAC 寄存器。这时，输出一个数据需要执行两条输出指令：第一条指令将数据写入 DAC0832 的输入寄存器；第二条指令将数据从输入寄存器送往 DAC 寄存器，DAC0832 输出新的模拟量。下面程序在双缓冲方式下输出一个要转换的数据。

```
        MOV    AL, NUM                        ;将被转换的数据送入 AL
        MOV    DX, PORT0                      ;将输入寄存器地址送入 DX(A₀=0)
        OUT    DX, AL                         ;将被转换的数据送到输入寄存器
        INC    DX                             ;A₀=1,得到 DAC 寄存器地址
        OUT    DX, AL                         ;将被转换的数据送到 DAC 寄存器
```

上述程序中第二次向 DAC0832 输出时,由地址译码输出的 PORT₁ 产生 DAC0832 需要的 $\overline{\text{XFER}}$ 信号,AL 中的内容不起作用。

输出锯齿波的程序段如下:

```
        MOV    AL, 0
J1:     CALL   OUTPUT                         ;输出当前值
        INC    AL                             ;产生下一个输出值
        JMP    J1
```

输出三角波的程序段如下:

```
S0:     MOV    AL, 0                          ;AL 中置初值 0,输出三角波的上升段
S1:     CALL   OUTPUT                         ;调用输出子程序,输出一个值
        INC    AL                             ;产生上升段下一个值
        JNZ    S1                             ;上升段未结束,继续输出
        DEC    AL                             ;恢复到最大值
S2:     CALL   OUTPUT                         ;输出三角波的下降段
        DEC    AL                             ;产生下降段的下一个值
        JNZ    S2                             ;下降段未结束,继续输出
        JMP    S1                             ;下降段结束,输出下一个三角波
```

子程序 OUTPUT 被上面两段程序共用。

```
OUTPUT      PROC  NEAR
        MOV    DX, PORT0                      ;DAC0832 端口地址
        OUT    DX, AL                         ;向输入寄存器输出
        INC    DX
        OUT    DX, AL                         ;向 DAC 寄存器输出
        PUSH   AX
        MOV    AX, N                          ;延迟的时间常数
WT:     DEC    AX
        JNZ    WT                             ;延迟
        POP    AX
        RET
OUTPUT      ENDP
```

从上面的程序可以看出,三角波、锯齿波的周期取决于每一位的输出时间,而每一位的输出时间又决定于时间常数 N。

系统中存在多片 DAC0832 时,各芯片的输入寄存器使用各自独立的端口地址,而各芯片的 DAC 寄存器共用同一个端口地址,也就是说,各芯片的 $\overline{\text{XFER}}$ 输入端同时连接到一个共用的 DAC 端口选通信号,n 个 DAC0832 芯片共使用 $n+1$ 个端口地址。这时,将各路待

转换输出的数字量先后写入各芯片输入寄存器,然后对共用的 DAC 寄存器端口启动“写”操作(即执行对该端口的 OUT 指令),各芯片输入寄存器的数据同时进入 DAC 寄存器,同时启动 DA 转换,同时输出新的模拟量,实现各 DAC 芯片的同步工作。

8.2 模 数 转 换

8.2.1 信号变换中的采样、量化和编码

A/D 转换的过程要经过采样、量化和编码 3 个阶段。

1. 采样

对某一时刻模拟量的瞬时值进行测量或者 A/D 转换,称为采样。

按照香农定理,采样频率一般要高于或至少等于输入信号最高频率的 2 倍。实际应用中,采样频率可以达到信号最高频率的 4~8 倍。对于变化较快的输入模拟信号,A/D 转换前可采用采样保持器,如图 8-1 所示,使转换期间 A/D 转换器输入的模拟信号的大小保持固定。

2. 量化

用一个计量单位对模拟信号进行计量,称为量化。它的作用是把采样值取整为计量单位的整数倍。这个计量单位也称为量化单位,用符号 Δ 表示,它等于输入信号的最大范围/数字量的最大范围,对应于数字量 1。例如,把 0~4V 的模拟电压转换成 3 位二进制数表示的数字信号,那么量化单位 $\Delta = 4V/2^3 = 0.5V$,也就是说,模拟输入的每 0.5V 电压转换为数字“1”。模拟电压在 0~0.5V,量化为 0Δ;在 0.5~1V,量化为 1Δ;在 1~1.5V,量化为 2Δ……图 8-6 描述了用这样的量化方法对模拟电压 $V(t)$ 采样和量化的结果。

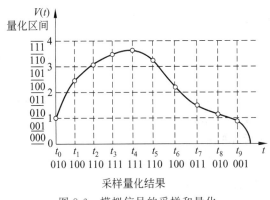

图 8-6 模拟信号的采样和量化

3. 编码

量化得到的结果一般用二进制表示,0 对应最小模拟信号输入,111…11 对应最大模拟信号输入。对有正负极性(双极性)的模拟量常采用偏移码表示。例如,8 位二进制偏移码 0000 0000 代表模拟信号负电压满量程,1000 0000 代表模拟信号 0,1111 1111 代表模拟信号正电压满量程。模拟信号电压为负时对应数字编码的符号位为 0,为正时对应符号位为 1。

8.2.2 模数转换的原理

1. 双积分型 A/D 转换器

双积分式也称二重积分式,其结构如图 8-7(a)所示。这种方式的转换分为两个阶段。

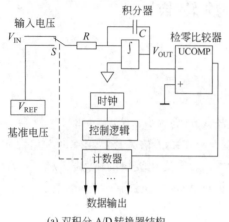

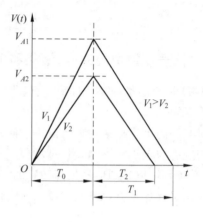

(a) 双积分 A/D 转换器结构　　　　(b) 模拟信号大小与积分时间的关系

图 8-7　双积分型 A/D 转换器

（1）用模拟输入电压对电容积分,也就是对电容充电,时间为 T_0,这个时间是预先设置好的。由于充电时间固定,模拟输入电压越高,电容上充的电荷越多。

（2）让电容对参考电源 V_{REF} 反向积分,也就是将积分电容放电,直至积分电容电压为 0,记录其时间为 T_1(或 T_2 等)。电容上充的电荷越多,放电时间越长。

模拟输入电压 V_{IN} 与参考电压 V_{REF} 之比,等于上述两个时间之比,即 $V_{IN}/V_{REF}=T_1/T_0$。由于 V_{REF}、T_0 固定,通过测量放电时间 T_1,可求出输入模拟电压的大小。

由于双积分型 A/D 转换是测量输入电压 V_{IN} 在 T_0 时间内的平均值,因此这种方式具有低通滤波的作用,对常态干扰(串模干扰)有很强的抑制作用,尤其对正负波形对称的干扰信号,抑制效果更好。

双积分型的 A/D 转换器电路简单,抗干扰能力强,精度高,但是转换速度比较慢,通常为毫秒(ms)级,适用于低频信号的测量。

2. 跟踪计数式 A/D 转换器

跟踪计数式 A/D 转换由可逆计数器、D/A 转换器、模拟信号比较器和控制逻辑组成。图 8-8 展示了 8 位跟踪计数式 A/D 转换器的逻辑结构。

转换开始后,可逆计数器的当前值由 D/A 转换器转换成模拟信号 V_O,与需要转换的模拟信号 V_X 进行比较。如果 $V_X > V_O$,则计数器加 1 计数;如果 $V_X < V_O$,计数器减 1 计数。重复以上过程,最终计数器的值就是模拟量 V_X 所对应的数字量。

跟踪计数式 A/D 转换器结构简单,有较强的抗干扰能力,但是转换时间随输入信号的大小而不同,转换速度稍慢。

3. 逐次逼近型 A/D 转换器

逐次逼近型(也称逐位比较式)A/D 转换是广泛应用的一种转换方式,它主要由逐次逼近寄存器 SAR、D/A 转换器、比较器以及时序和控制逻辑等部分组成,如图 8-9 所示。它从

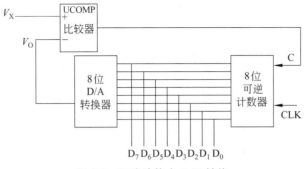

图 8-8 跟踪计数式 A/D 转换

SAR 的最高位开始,逐位设定 SAR 寄存器中的数字量,经 D/A 转换得到电压 V_c,与待转换模拟电压 V_X 进行比较。通过比较,逐次确定各位的数码应是"1"还是"0"。图 8-9(b)展示了 4 位 A/D 逐次逼近的过程。转换结果能否准确逼近模拟信号,主要取决于 SAR 和 D/A 的位数。位数越多,越能准确逼近模拟量,但随着位数增加,转换时间变长,电路也更复杂。

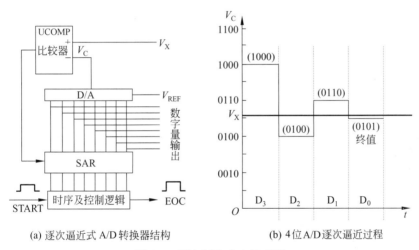

(a) 逐次逼近式 A/D 转换器结构 (b) 4位A/D逐次逼近过程

图 8-9 逐次逼近式 A/D 转换

逐次逼近 A/D 转换器的主要特点如下。

(1) 转换速度较快,转换时间为 $1\sim100\mu s$,分辨率可达 18 位,特别适用于高精度、高频信号的 A/D 转换。

(2) 转换时间固定,不随输入信号的大小而变化。

(3) 抗干扰能力弱于双积分型和可逆计数器型。如果在模拟信号输入采样过程中,有干扰信号叠加在模拟信号上,会造成较大的转换误差,因此需要采取适当的滤波措施。

8.2.3 模数转换器的主要技术指标

(1) 分辨率。分辨率反映 A/D 转换器对输入微小变化的响应能力,通常用数字量最低位(LSB)所对应的模拟输入电平值(用量化单位 Δ 表示)。由于分辨率直接与转换器的位数有关,所以也可以简单地用数字量的位数来表示分辨率。

值得注意的是,分辨率与精度是两个不同的概念,不要把两者混淆。即使分辨率很高,也可能由于温度漂移、线性度等原因,而使其精度不够高。

(2) 精度。精度有绝对精度和相对精度两种表示方法。

① 绝对误差(精度):绝对误差等于实际转换结果与理论结果之差,通常以数字量的最小有效位(LSB)的分数值表示。例如,± 1LSB、$\pm(1/2)$LSB 等。

② 相对误差(精度):绝对误差占转换范围的百分比。

例如,10 位 A/D 芯片,满量程为 10V,若绝对误差为 $\pm(1/2)$LSB,则量化单位 $\Delta = 8.77$mV,其绝对误差为 $\pm(1/2)\Delta = 4.88$mV,相对误差为 ± 4.88mV$/10$V$ = \pm 0.048\%$。

(3) 转换时间。完成一次 A/D 转换所需要的时间,即发出转换命令到转换结束信号开始有效的时间。

转换时间的倒数称为转换速率。例如,AD 574 的转换时间为 25μs,转换速率为 40kHz。

(4) 量程。模拟输入信号的电压范围分为单极性、双极性两种类型。

① 单极性量程通常为 $0 \sim 5$V、$0 \sim 10$V、$0 \sim 20$V。

② 双极性量程通常为 $-5 \sim 5$V、$-10 \sim 10$V。

(5) 工作温度范围。温度会对 A/D 转换器的工作产生影响。民品 A/D 转换器的工作温度范围为 $0 \sim 70$℃,军品为 $-55 \sim 125$℃。

8.3　典型模数转换芯片

A/D 转换芯片的类型很多,生产厂家也很多。下面介绍应用最广泛的两个芯片。

8.3.1　ADC0809

ADC0809 是逐次逼近型 8 位 A/D 转换芯片。片内有 8 路模拟开关,可以同时连接 8 路模拟量。输入模拟信号为单极性,量程 $0 \sim 5$V,典型转换时间 100μs。片内有三态输出缓冲器,可直接与总线连接。该芯片有较高的性能价格比,适用于对精度和采样速度要求不高的场合或一般的工业控制领域。

1. ADC0809 的组成

如图 8-10 所示,ADC0809 的逻辑结构分为 4 部分。

(1) 模拟输入部分。ADC0809 模拟输入部分由地址锁存与译码逻辑,8 选 1 多路模拟开关组成。它从 $IN_0 \sim IN_7$ 引脚输入 8 路单端模拟信号,由三位地址输入 ADDC、ADDB、ADDA,选择 8 路中的1路输入。ALE 为高电平时,3 个地址信号被锁存。输入地址为 000,001,$\cdots$,111 时,分别选择模拟信号 IN_0,IN_1,$\cdots$,IN_7。

(2) A/D 变换器部分。由逐次逼近寄存器 SAR(8 位)、比较器、电阻网络等组成。

(3) 基准电压输入 V_{REF+} 和 V_{REF-}。它们是进行 A/D 转换的基准。为了保证转换结果的正确和稳定,应设置独立于数字电源的 V_{REF+} 和 V_{REF-}。它们同时还决定了输入模拟电压的范围。加在两个引脚的电压必须满足以下条件:

① $V_{REF+} + V_{REF-} = V_{CC}$,$-0.1V\leqslant$偏差值$\leqslant 0.1$V;

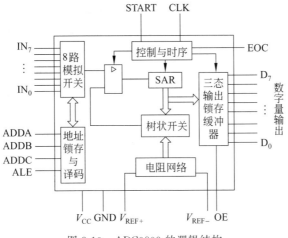

图 8-10　ADC0809 的逻辑结构

② $V_{CC} \geqslant V_{REF+} \geqslant V_{REF-} \geqslant 0$。

转换精度要求不高时,可以简单地把 V_{REF+} 接到 V_{CC}(5V)电源上,V_{REF-} 接地。

2. ADC0809 的工作过程

如图 8-11 所示,ADC0809 的一次转换分为以下几个阶段。

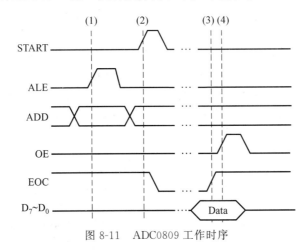

图 8-11　ADC0809 工作时序

(1) 信号选择:在 ALE 信号的作用下,地址引脚 ADDC～ADDA 上的信号被锁存。随后,由地址引脚选择的模拟信号被多路开关接通,进入 AD 转换部分。

(2) A/D 转换:在启动脉冲 START 的作用下,A/D 转换开始,EOC 输出低电平。

(3) 转换完成:转换结束信号 EOC 由低电平变为高电平,该信号可以作为状态信号由 CPU 查询,也可以作为中断请求信号通知 CPU 一次 A/D 转换已经完成。

(4) 数据传输:CPU 在查询式 I/O 程序或中断服务程序中执行读 ADC0809 数据端口的指令,该指令经地址译码电路产生高电平的 OE 有效信号,打开输出三态缓冲器,转换结果通过系统数据总线进入 CPU。此后,EOC 恢复为低电平。

3. ADC0809 芯片应用

ADC0809 与系统有 3 种常见的连接方法。

(1) 占用 3 个 I/O 端口：ADDC～ADDA 连接数据总线，端口 1 选择信号连接 ALE，用来向 0809 输出模拟通道号并锁存；端口 2 选择信号连接 START，用于启动转换；端口 3 选择信号连接 OE，用于读取转换后的数据结果。

(2) 占用两个 I/O 端口：ADDC～ADDA 连接数据总线，端口 1 选择信号连接 ALE 和 START，用来向 ADC0809 输出模拟通道号并锁存，同时启动转换；端口 2 选择信号连接 OE，读取转换后的数据结果。

(3) 不占用独立的 I/O 端口：通过并行接口芯片(例如 Intel 8255A)连接。

图 8-12 为 ADC0809 芯片通过 8255A 与 8088 系统的连接。

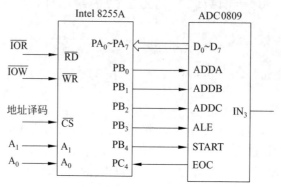

图 8-12　ADC0809 与 8 位微型计算机的连接

ADC0809 的输出数据通过 Intel 8255A 的 PA 口输入，地址输入信号 ADDA、ADDB、ADDC，地址锁存信号 ALE，转换启动信号 START 由 Intel 8255A 的 PB 口的 PB_0～PB_4 提供。A/D 转换的状态信息 EOC 由 PC_4 输入。CLK 连接外部时钟信号(1MHz 以下)。

Intel 8255A 设定 A 口为输入，B 口为输出，均为方式 0，PC_4 为输入。以查询方式读取转换后的结果，A/D 转换程序如下：

```
START:  MOV   AL,   98H        ;8255A方式字:方式0,A口输入,B口输出
        MOV   DX,   03FFFH      ;8255A控制端口地址
        OUT   DX,   AL          ;送8255A方式字
        MOV   AL,   0BH         ;选IN₃输入端和地址输入信号
        MOV   DL,   0FDH        ;8255A的B口地址(高8位地址不变)
        OUT   DX,   AL          ;送IN₃通道地址,同时使ALE=1
        MOV   AL,   1BH         ;PB₄=1,亦START=1
        OUT   DX,   AL          ;启动A/D转换
        MOV   AL,   03H         ;
        OUT   DX,   AL          ;PB₄=0,撤销START和ALE信号
        MOV   DL,   0FEH        ;8255A的C口地址
TST:    IN    AL,   DX          ;读C口状态
        AND   AL,   10H         ;查询EOC状态
        JZ    TST               ;如未转换完,再测试,转换完则继续
        MOV   DL,   0FCH        ;8255A的PA端口地址
        IN    AL,   DX          ;从A端口输入转换结果
        ...
```

8.3.2 AD574A

AD574A 是一个快速逐次逼近式 8 位/12 位 A/D 转换器,可与 8 位或 16 位数据总线直接连接,如图 8-13 所示。12 位数据可以一次输出(连接 16 位 CPU),也可以分二次输出(连接 8 位 CPU)。12 位转换时间为 $25\mu s$,精度 $\pm 1LSB$。

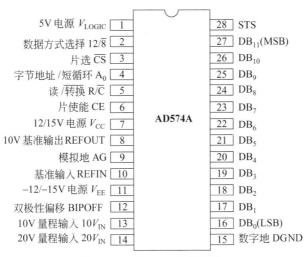

图 8-13 AD574A 外部引脚

1. AD574 的引脚信号

AD574 由两部分组成:一部分为 12 位数据转换器和电源基准,另一部分为逐次比较寄存器、转换控制电路、时钟、比较器和总线接口。

AD574 共有 28 根引脚,DIP 封装,主要信号如下。

(1) 12 位数字量输出:$DB_{11} \sim DB_0$,DB_{11} 为最高位(MSB),DB_0 为最低位(LSB)。

(2) 模拟量输入:$10V_{IN}$ 及 $20V_{IN}$,可以双极性 $\pm 5V$ 或 $\pm 10V$ 输入,也可以单极性 $0 \sim 10V$ 或 $0 \sim 20V$ 输入。

(3) 控制信号:AD574 的逻辑控制信号共有 7 个,它们对芯片的控制逻辑列于表 8-1。

① $\overline{CS}$:片选信号,低电平有效。

② CE:芯片允许信号,高电平有效。

③ $R/\overline{C}$:读出和转换控制信号,等于 1 时为读命令;等于 0 时为转换命令。

④ $12/\overline{8}$:数据输出格式选择控制线,$12/\overline{8}=1$ 时 12 位同时输出;$12/\overline{8}=0$ 时高 8 位、低 4 位分两次输出,按左对齐格式输出。

⑤ A_0:启动转换时,$A_0=0$,启动 12 位转换;$A_0=1$,启动 8 位转换。12 位转换完成后,如果选择分字节读出,A_0 用于选择读高位($A_0=0$)/低位字节($A_0=1$)。

⑥ STS:状态输出信号。转换过程中,STS 为高电平,转换完成后,该引脚为低电平。

⑦ BIP:输入信号极性选择,接地时输入单极性信号;接 10V 电源时输入双极性模拟信号,此时输出数字量为二进制偏移码。

表 8-1　AD574A 逻辑控制真值表

CE	$\overline{CS}$	R/$\overline{C}$	12/$\overline{8}$	A_0	工 作 状 态
1	0	0	×	0	启动 12 位转换
1	0	0	×	1	启动 8 位转换
1	0	1	1	×	允许 12 位并行传输
1	0	1	0	0	允许高 8 位并行传输
1	0	1	0	1	允许低 4 位加上尾随 4 个零输出
×	1	×	×	×	不工作
0	×	×	×	×	不工作

2. AD574A 的应用

AD574A 工作在 12 位转换方式,连接 8 位数据总线(如图 8-14 所示)。直接读取(固定延迟)方式实现一次转换的程序如下:

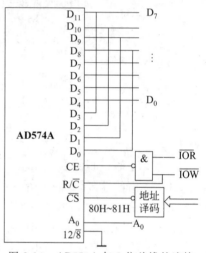

图 8-14　AD574A 与 8 位总线的连接

```
OUT    80H, AL        ;启动 12 位转换
CALL   DELAY
;延迟,等待转换结束
IN     AL, 80H        ;读入高 8 位数据
MOV    AH, AL
IN     AL, 81H
;读入低位字节,转换值在 AX 的高 12 位中
MOV    CL, 4
SHR    AX, CL
;把转换值移入 AX 低 12 位
```

8.4　数据采集系统

图 8-15 所示为某公司硬铬电镀自动流水线微型计算机集散控制系统,其全部电镀工艺参数(温度、电流、安培小时累计)检测控制、行车程序控制动作均由微型计算机控制。它是一个以工业控制 PC 为核心的数据采集系统。

8.4.1　数据采集系统的构成

工控 PC 与普通 PC 在体系结构上基本相同,但是工控 PC 使用标准化的机箱,整机抗震、防尘能力强;有抗干扰能力极强的电源和主板,能 24 小时连续工作。这些特点使它比普通的 PC 更能满足于工业现场控制的需要。近年来还出现了嵌入式 PC,在数据处理、工业控制和视频等领域得到越来越广泛的使用。工控 PC 有多种操作系统的支持和丰富的软件平台,软件开发以高级语言为主,设计周期短,软件的调试、移植较汇编语言方便。工控 PC 配有各种商品化的 I/O、A/D、D/A 接口卡。这些接口卡安装在专用机箱内,结构紧凑,性

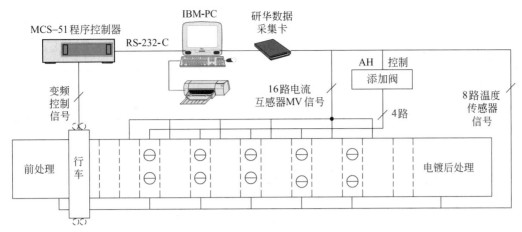

图 8-15　硬铬电镀自动流水线微型计算机集散控制系统

能稳定,用户像搭积木一样可迅速组装成一套完整数据采集系统,不必自己从头开始去开发硬件。改进功能,系统升级非常方便。

8.4.2　PCL 818 多功能接口卡

这是一块 ISA 总线接口的多功能数据采集卡,有 16 路开关量 I/O 及 16 路 A/D(12位)输入,1 路 D/A 输出。A/D 转换使用 AD574A 并配以 16 路模拟开关,可以通过编程控制模拟信号的量程,基地址(BASE)可由开关设定。

表 8-2 列出了该卡端口地址。

表 8-2　PCL 818 多功能接口卡端口地址分配

地　　址	读	写
$BASE_0$	A/D 转换结果的低位字节	软件触发器(启动 A/D 转换)
$BASE_1$	A/D 转换结果的高位字节	A/D 量程控制
$BASE_2$	多路器当前通道($D_3 \sim D_0$)	多路器通道选择($D_3 \sim D_0$)
$BASE_3$	开关量输入的低位字节($DI_0 \sim DI_7$)	开关量输出的低位字节($DO_0 \sim DO_7$)
$BASE_4$	未使用	D/A 转换的低位字节
$BASE_5$	未使用	D/A 转换的高位字节
$BASE_6$	未使用	未使用
$BASE_7$	未使用	未使用
$BASE_8$	状态(EOC 在 D_7 位)	清除中断请求
$BASE_9$	控制寄存器	控制寄存器
$BASE_{10}$	未使用	计数器使能
$BASE_{11}$	开关量输入的高位字节($DI_8 \sim DI_{15}$)	开关量输出的高位字节($DO_8 \sim DO_{15}$)
$BASE_{12}$	计数器 0	计数器 0

地 址	读	写
BASE$_{13}$	计数器 1	计数器 1
BASE$_{14}$	计数器 2	计数器 2
BASE$_{15}$	未使用	计数器控制器

地址为 BASE$_0$ 和 BASE$_1$ 的两个端口内部各位的含义如表 8-3 所示。

表 8-3　BASE$_0$ 与 BASE$_1$ 的对比

BASE$_1$（只读）—A/D 转换结果高位字节								BASE$_0$（只读）—A/D 转换结果低位字节与通道号							
位	D$_7$	D$_6$	D$_5$	D$_4$	D$_3$	D$_2$	D$_1$	D$_0$ 位	D$_7$	D$_6$	D$_5$	D$_4$	D$_3$	D$_2$	D$_1$	D$_0$
值	AD$_{11}$	AD$_{10}$	AD$_9$	AD$_8$	AD$_7$	AD$_6$	AD$_5$	AD$_4$ 值	AD$_3$	AD$_2$	AD$_1$	AD$_0$	C$_3$	C$_2$	C$_1$	C$_0$

8.4.3　软件设计

下面以 8 路温度数据采集软件为例进行介绍。

1. 定时中断方式采样及数字滤波

工业控制过程中,对多个点的数据采集通常采用定时巡回采集的方法。也就是说,每间隔一个固定的时间,对所有点先后进行一次 A/D 转换,记录这些数据。IBM-PC 内有一个 1CH 中断,每 55ms 进入一次,就在 1CH 定时中断服务程序中对 8 路温度模拟量进行查询式输入,一路 A/D 转换时间小于 40μs,8 路采样所耗费的时间小于 0.5ms。

AD 574 是逐次比较型 A/D 转换器,抗干扰能力差,有必要对转换结果进行数字滤波。基于温度变化缓慢的特点,这里采用了移动算术平均的方法,即将本次的采样值与前 15 次的采样值相加后求算术平均,作为本次滤波后的 A/D 转换值。为此,构造一个环状的先进先出(FIFO)队列,每采样一次,把本次采样值替换 FIFO 队列中最早进入的采样值。由于 12 位 A/D 值储存于 16 位的无符号整型单元内,高 4 位恒为 0,累加不会溢出。本例中,对于 8 个点的数据采集,构造了二维数组 sample[8][16],每一路温度存入数组的一行 sample[i],

滤波后 A/D 值 $= \left(\sum\limits_{j=0}^{15} \text{sample}[i][j] \right) \Big/ 16$。

2. 非线性标度变换

现场温度首先通过温度传感器转换成电流、电压等信号,然后经过放大和 A/D 转换成数字信号输入计算机。这些转换、运算环节均带有非线性。因此,A/D 转换结果需要经过特定的计算,部分抵消非线性引起的误差,才能够得到真实的现场温度,这个计算称为非线性补偿。可以采用查表内插或建立函数等方法来计算,具体的公式可以参考检测与转换技术方面的资料。

3. 数据采集程序

对 N 路温度 A/D 采样计算的部分 C 语言程序清单:

```
#include "dos.h"
#define N  8                        /* 采样点数 N=8 */
```

```
#define  BASE  0x300                    /* PCL 818 卡基地址 */
#define  INTERRUPT  0x1c                /* 定时中断类型号 */

static  unsigned  t[N],  sum[N]={0},  sample[N][16]={0},  sp=0;
void  interrupt  far (*oldhandler)();
                                        /* 定义 oldhandler 为指向中断服务程序的指针 */


main()
{ int    i, j;

void    far  handler();                 /* 函数 handler()声明 */
oldhander=getvect(INTERRUPT);           /* 读出原 1CH 中断向量 */
setvect(INTERRUPT, handler);            /* 把新的 1CH 中断向量写入向量表 */
  …
}
unsigned int AD818(int scan)
                                /* 函数 AD818 从 PCL818 卡采集一次数据,scan 为通道号 */
{  int  lbit, hbit, it=0, result;
outportb(BASE+2, scan);                 /* 向 PCL818 输出通道号 */
outportb(BASE +1, 0);                   /* A/D 输入量程控制 */
outportb(BASE +9, 0);                   /* 不使用中断或 DMA */
outportb(BASE +0, 0);                   /* 启动 A/D 转换 */
do  { it=it+1;
    result=inportb(BASE +8) &128;      /* 读出 A/D 状态寄存器,查询 EOC,等待 A/D 转换完成 */
  } while (result==0 && it <=10000);
lbit=inportb(BASE+0) & 0xf0;            /* 读入低 8 位,清除其中无效的最低 4 位 */
hbit=inportb(BASE+1);                   /* 读入高 8 位 */
if (it<=10000)  return(hbit * 16+lbit/16);   /* 采集正常,拼接二段数据 */
else      return(0);                    /* 采集数据超时,PCL818 卡有故障 */
}
void interrupt far handler()            /* 55ms 定时中断服务程序,采集每个点的数据 */
{   int  isp,s;
    for (isp=0;isp<=N-1;isp++)  {
    s=AD818(isp);                       /* 采集一个点的数据 */
    sum[isp]=sum[isp]-sample[isp][sp]+s; /* 求 16 个采样值的和 */
    sample[isp][sp]=s;                  /* 将本次采样值替换最早的采样值 */
    t[isp]=nonlinear(sum[isp]/16);      /* 平均值求并非线性补偿后得到现场温度 */
    }
    if (++sp==16) sp=0;                 /* 移动 FIFO 队列末指针 */
    oldhandler();    }                  /* 进入原 1CH 中断服务程序,此后返回断点 */
}
```

习 题 8

1. A/D 转换和 D/A 转换在微型计算机应用中分别起什么作用?

2. 叙述将 D/A 转换器连接到微型计算机的基本方法。

3. 修改图 8-5,将 DAC0832 的两级锁存合为一级使用,画出连接图,并编写输出三角波和锯齿波的程序。

4. 一个 8 位 D/A 转换器的满量程为 10V。分别确定模拟量 2.0V 和 8.0V 所对应的数字量。

5. 简述逐次逼近式 A/D 转换器的工作原理。

6. 若 A/D 转换器输入模拟信号的最高频率为 100kHz,采样频率的下限是多少? 完成一次 A/D 转换时间的上限是多少?

7. 在使用 A/D 转换器和 D/A 转换器的系统中,地线连接时应注意什么?

8. 怎样用一个 A/D 转换器芯片测量多路信息?

9. 一台工控 PC 有两块 PCL 818 卡,基地址分别为 $BASE_1$、$BASE_2$,试编制采样 24 路(一块卡为 16 路,一块卡为 8 路)模拟量的 C 语言程序。

第 9 章　现代微型计算机

9.1　80x86 系列微处理器

1971 年,美国旧金山南部森特克拉郡(硅谷)的 Intergrated Electron 公司(即 Intel 公司)首先制成 4 位微处理器 Intel 4004,进而研制出由它组成的第一台微型计算机 MCS-4。此后,微处理器的性能和集成度几乎每隔 1 年半就提高一倍,而价格却降低一半。几十年来,微处理器和微型计算机的发展日新月异,产品像潮水般地涌向市场,推动着社会、经济的大发展。当今微型计算机的性能已远远超过了若干年前的小型计算机。

1978 年,随着超大规模集成电路(VLSI)技术的发展,Intel 公司研制了第三代微处理器芯片——16 位的 Intel 8086。在随后的几十年里,Intel 公司延续着向上兼容的原则,陆续研制了一系列的微处理器芯片,统称为 80x86 系列。其中有 16 位的 8086、8088、80186、80286,32 位的 80386、80486、Pentium 系列、64 位双核 Pentium D 系列、酷睿(Core)系列微处理器。

9.1.1　16 位 80x86 微处理器

1. 8088 微处理器

Intel 公司在推出 8086 之后,为了充分利用 8 位微型计算机多年来的技术成果,推出了介于 16 位与 8 位之间的准 16 位微处理器 Intel 8088。

8088 与 8086 有着十分相似的内部结构,完全相同的指令系统,它们之间的区别主要在于 8088 对外只有 8 根数据线引脚,访问 16 位的操作数需要两个总线周期。8088 的这一特点使它能够十分方便地与 8 位接口芯片相连接。1980 年,IBM 公司使用 8088 成功地开发了 16 位微型计算机——IBM-PC。

2. 80186 和 80286 微处理器

8086 被广泛使用之后,Intel 公司结合 VLSI 技术的新发展,力图把大型计算机的技术融合到微处理器中,以提高微处理器的整体性能。首先研制的 80186 没有获得广泛的应用。

1982 年 Intel 推出了增强型 16 位微处理器 80286,集成度达 13 万管/片,时钟频率提高到 5～25MHz,采用了分离的 16 根数据线和 24 根地址线,不再分时使用,可以寻址 16MB 的地址空间。

与 8086/8088 CPU 相比,80286 增加了运行多任务所需要的任务切换功能、存储管理功能和多种保护功能。

80286 有两种基本工作方式:实地址方式和虚地址保护方式。在实地址方式下,80286 和 8086 一样,使用 20 根地址线寻址 1MB 的内存空间,DOS 应用程序占用全部系统资源。在保护方式下,80286 具有虚拟内存管理和多任务处理功能,可以通过硬件控制在多任务之间进行快速切换。

IBM 公司用 80286 作为处理器生产了著名的 IBM-PC/AT 微型计算机,它的许多技术被沿用至今。

9.1.2　32 位 80x86 微处理器

1. 80386 微处理器

1985 年,Intel 公司推出了 32 位的微处理器 80386,片内集成 27.5 万个晶体管,时钟频率为 16～33MHz。它与 8086 向上兼容,具有 32 位数据和 32 位地址,通用寄存器也扩展到 32 位,芯片内还集成了存储管理部件和保护机构。80386 有 3 种工作模式:实地址模式、虚地址保护模式和虚拟 8086 模式,这几种模式一直沿用至今。

80386 内部由中央处理器 CPU、存储器管理部件 MMU、总线接口部件 BIU 这 3 部分组成,如图 9-1 所示。

中央处理器由指令预取部件 IPU、指令译码部件 IDU 和执行部件 EU 组成。指令预取部件从存储器按顺序取出 16B 的指令代码到预取队列。指令译码部件负责对指令队列内的指令译码,将译码后的 3 条指令存入译码指令队列。执行部件包括运算器 ALU、4 个支持 8 位、16 位操作的 32 位通用寄存器 EAX、EBX、ECX、EDX,4 个支持 16 位操作的 32 位通用寄存器 ESI、EDI、EBP、ESP,1 个 64 位的多位移位加法器,它们共同执行各种数据处理和运算。指令预取、译码部件与执行部件并行工作,使取指令、译码与指令的执行在时间上"重叠"。集成在片内的存储器管理部件(MMU)是 80386 的一个重要特点,由分段部件和分页部件组成,负责管理多至 4GB 的物理内存和 64TB 的虚拟内存。分段部件管理逻辑地址空间,进行逻辑地址向线性地址的变换,从而实现任务之间的隔离和指令、数据的重定位。分段部件还提供 4 个特权级(0～3),将应用程序和操作系统相互隔离,使系统具有较好的安全性和完整性。存储器中的每段可分为一页或几页,每页大小固定。线性地址空间的"页"可以映射到物理地址空间。分页部件通过二级页表实现线性地址向物理地址的转换。80386 增加了两个附加段寄存器 FS、GS。为了完成虚拟存储管理功能,在 MMU 内增设了与 6 个段寄存器对应的 64 位段描述符寄存器,4 个存放地址转换表等信息的系统地址寄存器。9.3 节将要对存储管理技术作进一步的介绍。

80386 微处理器的预取、译码、执行、分段、分页、总线接口这 6 个部件相互配合,形成 6 条并行操作的流水线,提高了指令的执行速度。

2. 80486 微处理器

1989 年,Intel 公司推出了集成 120 万个晶体管的 32 位微处理器 80486。在 80486 中集成了一个 80386 体系结构的主处理器、一个与 80387 兼容的数字协处理器和一个 8KB 的高速缓冲存储器(Cache)。80486 DX 首次采用了时钟倍频技术,使内部部件以输入时钟的倍频运行。80486 还支持外部的二级 Cache,支持多处理器系统。

9.1.3　Pentium 系列微处理器

1. Pentium 微处理器

Intel 公司在 1993 年推出了全新一代的 32 位微处理器 Pentium(奔腾,以 P5 代称),内部集成了 320 万个晶体管,具有 64 根数据线和 32 根地址线。

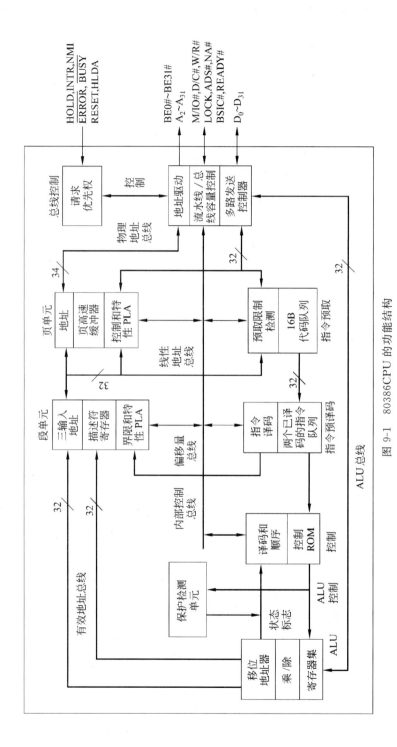

图 9-1 80386CPU 的功能结构

Pentium 共有 3 个执行部件，其中两个是整数执行部件 U、V，一个是浮点执行部件。每个整数部件由 5 级流水线组成：指令预取(PF)、首次译码(D_1)、二次译码(D_2)、指令执行(EX)和写回寄存器(WB)。浮点流水线由 8 级组成：指令预取(PF)、首次译码(D_1)、二次译码(D_2)、取操作数(EX)、执行 1(X_1)、执行 2(X_2)、结果写回(WF)、错误报告(ER)。浮点流水线的前四级操作由"V 流水线"配合"U 流水线"完成，后四级操作由浮点部件完成。通过上述流水线，微处理器可以在一个时钟周期内同时执行两条整数指令，或者一条浮点指令，这种结构被称为超标量结构。

Pentium 处理器内部 16KB 的一级 Cache 分为独立的 8KB 指令 Cache 和 8KB 数据 Cache，使取指令和取数据可以同时进行。Pentium 采用了分支预测技术(也称为转移预测技术)，处理器效率得到提高。在工作模式上，除了实地址模式、虚地址保护模式和虚拟 8086 模式以外，增加了一个系统管理模式(实际上在 486DX 微处理器中就已经出现)。

1996 年，Intel 公司推出了一款 Pentium 的改进型 32 位微处理器 Pentium MMX(多能奔腾)，它增加了 57 条 MMX(多媒体扩展指令集)指令，采用了 SIMD(单指令流多数据流)技术，提高了对多媒体数据的处理能力。

2. Pentium 2/Pentium 3 微处理器

1996 年 Intel 公司宣布了它的第六代微处理器 Pentium Pro(高能奔腾)。片内集成了多达 550 万个晶体管，具有 64 根数据线和 36 根地址线，物理地址空间 64(2^6)GB，虚拟存储空间 64TB。

1997 年 5 月和 1999 年 2 月，Intel 公司先后发布了 Pentium Ⅱ(奔腾 2 代)和 Pentium Ⅲ(奔腾 3 代)，它们采用 P6 核心结构，都属于 32 位微处理器。Pentium Ⅱ集成了 750 万个晶体管，加强了 MMX 技术，能同时处理两条 MMX 指令。L1 Cache 增加到了 32KB，并配备了 512KB 的 L2 Cache，在 CPU 一半的频率下工作。Pentium Ⅱ采用了双独立总线结构，前端总线 FSB 负责主存储器的访问，后端总线与 L2 Cache 连接。它采用动态执行和寄存器重命名等 RISC 技术来执行 x86 指令。Pentium Ⅱ微处理器的内部结构如图 9-2 所示。

动态执行技术主要包括以下内容。

(1) 多路分支预测：对程序的流向进行分析，以便程序的几个分支可以同时在处理器内部执行。

(2) 数据流分析：对译码后的指令进行数据相关性和资源可用性分析，判断该指令能否与其他指令同时执行。

(3) 推测执行：将多个程序流向的指令序列优化后送往处理器的执行部件执行，充分发挥各部件的效能。多个分支的运行结果作为预测结果保留，将最终确定为预测正确的分支预测结果作为最终结果加以保存。

为了减少不同分支指令争用同一个寄存器的情况，Pentium Ⅱ增设了 40 个可以重新命名的内部寄存器，在指令流运行结束后写回通用寄存器，从而解决了多分支运行时争用寄存器的问题。

Pentium Ⅲ微处理器集成了 $9.5×10^6 ～ 28×10^6$ 个晶体管，它的前端总线频率(FSB)提高到 133MHz，并且将 256KB 的 L2 Cache 集成到芯片内部，和 CPU 以相同的频率工作，与运算部件的数据通路从 64 位扩展到 256 位，使整体性能大大提高。它增加了新的 70 条 SSE 指令，使得多媒体信息的处理能力得到进一步提高。Pentium Ⅲ微处理器内置了一个

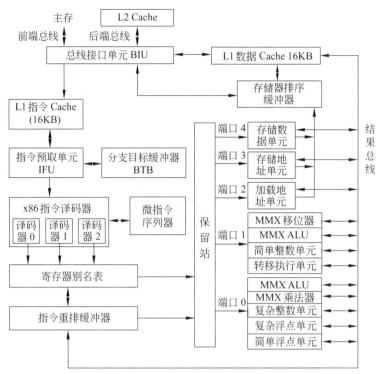

图 9-2　Pentium Ⅱ 微处理器内部结构

引起争议的产品序列号(PSN),能唯一标识一个微处理器。

为了适应不同需求,Intel 公司还推出了面向低档微机的 Celeron(赛扬)、面向服务器和工作站的 Xeron(至强)和面向可移动领域的移动型 Pentium Ⅱ、Pentium Ⅲ。

3. Pentium 4 微处理器

2000 年底,Intel 公司推出了新内核结构的 32 位微处理器 Pentium 4,2001 年推出它的改进型。Pentium 4 采用了称为 NetBurst 的新型微体系结构,采用超级管道技术,使用长达 20 级的分支预测/恢复管道。Pentium 4 增加了由 144 条新指令组成的 SSE2,这 144 条新指令提供 128 位 SIMD 整数算法操作和 128 位 SIMD 双精度浮点操作。

2002 年推出的主频超过 3.06GHz 的新型 P4 处理器首次采用了超线程技术。它把一个物理的处理器划分成两个动态的逻辑处理器,使它们同时执行两个线程。超线程技术挖掘了处理器的内部潜力,进一步提高了处理能力。

9.1.4　32 位微处理器的寄存器

80x86 微处理器由 16 位升级为 32 位后,它的寄存器对应升级为 32 位。本着兼容的原则,原 16 位寄存器成为新的 32 位寄存器一部分,仍然可以使用。为了新的工作方式和存储管理的需要,增加了一些用于控制的寄存器,如图 9-3 所示。

1. 数据寄存器

16 位 80x86 处理器原有的 4 个通用数据寄存器扩展为 32 位,更名为 EAX、EBX、ECX 和 EDX。仍然可以使用原有的 16 位和 8 位寄存器,如 AX、BX、CX、DX、AH、AL、BH、BL……

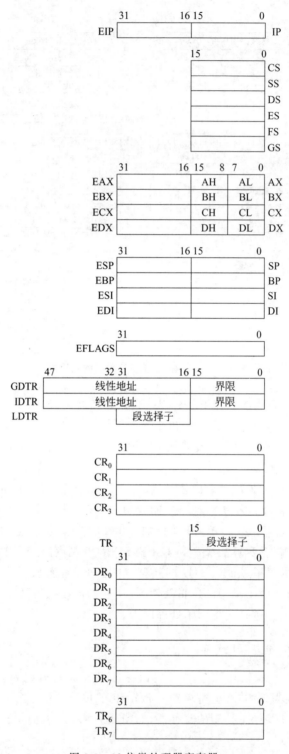

图 9-3 32 位微处理器寄存器

2. 地址寄存器

原有的 4 个主要用于内存寻址的通用寄存器同样扩展为 32 位,更名为 ESI、EDI、EBP 和 ESP。在实地址模式下仍然可以使用原有的 16 位寄存器 SI、DI、BP 和 SP。

指令指针寄存器扩展为 32 位,更名为 EIP,实地址下仍然可以使用它的低 16 位 IP。在原有的 4 个段寄存器基础上,增加了 2 个新的段寄存器 FS 和 GS。段寄存器长度仍然为 16 位,但是,它存放的不再是 16 位二进制表示的段基址,而是划分成 3 组的该段的信息。其中 13 位存储了代表这个段的一个编号,称为段选择子。这个段的具体信息(起始地址、段的长度、段的属性……)组成 64 位的段描述符,存放在两张称为段描述符表的表格中。一张表格存放的是当前任务所使用的段的信息,称为局部段描述符表(Local Descriptor Table, LDT)。另一张表格存放了系统所使用的段的信息,称为全局段描述符表(Global Descriptor Table,GDT)。这 13 位二进制的段选择子就是这个段的段描述符在表中的顺序号。16 位段寄存器的另一位称为表指示器(Table Indicator,TI),指出本段的描述符在哪一张描述符表中。16 位段寄存器的最低二位表示它的"特权级",取值为 0~3(参见图 9-13)。

为了快速获得段的信息,每个段寄存器还有一个与之配套的 64 位的段描述符寄存器。向段寄存器装入一个新的段选择子的同时,处理器会同时把它的描述符装入对应的段描述符寄存器。这些寄存器不能由指令来存取,对程序员是不可见的。

32 位微处理器增加了 4 个系统地址寄存器。它们是存放全局段描述符表首地址和表长度的 GDTR(48 位),存放局部段描述符表选择子的 LDTR(16 位),存放中断描述符表(Interrupt Descriptor Table,IDT)首地址和表长度的 IDTR(48 位),存放任务段选择子的任务寄存器 TR(16 位)。

3. 控制寄存器

标志寄存器也扩展为 32 位,更名为 EFLAGS。除了原有的状态、控制标志,增加了 2 位表示 I/O 操作特权级别的 IOPL,表示进入虚拟 8086 方式的 VM 标志等。

32 位微处理器增加了 5 个 32 位的控制寄存器,命名为 CR_0~CR_4。CR_0 寄存器的 PE=1 表示目前系统运行在保护模式,PG=1 表示允许进行分页操作。CR_3 寄存器存放页目录表的基地址。第 9.3 节将介绍 32 位处理器的存储管理技术。

此外,还有 8 个用于调试的寄存器 DR_0~DR_7,2 个用于测试的寄存器 TR_6~TR_7。

9.1.5 32 位微处理器的工作方式

从 Intel 80386 开始的 32 位微处理器具有多种工作方式,其目的是在充分发挥处理器功能的基础上,尽可能地兼容原有产品,兼容原有的大量软件。32 位微处理器有 4 种不同的工作方式:实地址方式、保护方式、虚拟 8086 方式和系统管理方式。

1. 实地址方式

32 位微处理器刚加电或者复位时,就进入实地址方式。实地址方式使用 16 位 80x86 的寻址方式、存储器管理和中断管理。实地址方式下使用 20 位地址寻址 1MB 空间,可以使用 32 位寄存器(需要在指令前加上寄存器扩展前缀),使用特权级 0,可以执行大多数指令。

实地址方式用于在开机后为进入保护模式做准备,也可以把 32 位处理器用作一片高速 16 位处理器使用。

2. 保护方式

保护方式是 32 位微处理器的基本工作方式。保护方式下微处理器支持多任务运行环境，对任务进行隔离和保护，进行虚拟存储管理。保护方式能够充分发挥 32 位处理器的优良性能。

3. 虚拟 8086 方式

虚拟 8086 方式是保护模式下某个任务的工作方式，允许在保护模式下运行多个 8086 程序。

虚拟 8086 方式使用 8086 的寻址方式，每个任务使用 1MB 的内存空间。虚拟 8086 方式的任务以最低特权级运行，不能使用特权指令。

4. 系统管理方式

系统管理模式（System Management Mode，SMM）主要用于电源管理，SMM 可以使处理器和外围设备部件进入休眠状态，在有键盘按下或鼠标移动时唤醒系统，使之继续工作。利用 SMM 可以实现软件关机。

9.1.6　64 位微处理器

32 位微处理器经过多年的发展，性能得到了空前的提高，有力促进了互联网和多媒体技术的应用。但是，技术革命的浪潮总是那样咄咄逼人，永远不会满足于现状。32 位微处理器经过了多年发展之后，微处理器的下一步将要走向何方？在这个问题上，出现了两种不同的声音。

可以说，正是微型计算机技术几十年的发展，推动着全世界进入信息社会。微型计算机所使用的各种应用软件，已经成为人类社会一笔硕大无比的共有财富。但是，这些财富同时也意味着过去，它同时也阻挡着技术前进的脚步。究竟是在兼容的道路上，背着越来越沉重的财富包袱，艰难地走下去，还是另辟蹊径，走出一条崭新的道路？兼容意味着要为十几，甚至几十年前的短视、不成熟付出代价，而且随着时间的推移，这个代价将越来越沉重，甚至难以承受。然而，甩开包袱，用最新的计算机科学理论，设计全新的微处理器架构，听上去固然不错，但是，这个包袱是可以随便甩掉的吗？这是摆在半导体工业领航者面前一个极其难以决断，但又必须加以选择的棘手的问题。

1. x86-64 和 EM64T 技术

为了适应不断增长的网络及多媒体数据高速处理的需要，作为 Intel 主要竞争对手的 AMD 公司以及其他一些公司沿用了兼容的市场策略，积极研制和开发"兼容"当前 32 位微处理器的 64 位微处理器。

1999 年，AMD 公司首先提出了 x86 系列微处理器的 64 位扩展架构 x86-64，并在后来应用到它的 Opteron 及 Athlon 64 微处理器之中，得到了市场的广泛认可。此后，2004 年底，Intel 公司也提出了 IA-32e（Intel Architecture-32 Extend，Intel 32 位体系结构扩展），后来又改名为 EM64T（Intel Extended Memory 64 Technology，Intel 64 位内存扩展技术），出现在 Prescott 核心的 Pentium 4 处理器上。x86-64 和 IA-32e 都兼容原有的 x86 指令系统，但这两者之间却并不完全兼容。

在上述 64 位架构中，原 32 位 x86 处理器的 32 位寄存器被扩展为 64 位，命名为 RAX，RBX，…，增加了 8 个 64 位的通用寄存器 $R_8 \sim R_{15}$，一个 64 位的指令指针 RIP。整数部件扩展为 64 位,可以进行 64 位的整数运算。

EM64T 的运行模式分为传统的 IA-32 模式(遗留 32 位模式)和 IA-32e 扩展模式两大类。在传统的 IA-32 模式下,64 位架构的处理器作为 32 位 x86 处理器使用,工作在保护模式、实地址模式和虚拟 8086 模式下。在 IA-32e 扩展模式下,它可以工作在 32 位兼容模式下,以 64 位处理器的身份兼容运行 32 位处理器的程序,或者工作在真正的 64 位模式下,运行 64 位程序。需要注意的是,IA-32e 模式必须在 64 位操作系统的支持下才能运行,如表 9-1 所示。

表 9-1 支持 EM64T 技术微处理器的运行模式

模式名称		特 征	操作系统支持
遗留模式(Legacy Mode)		以 32 位处理器方式,直接运行 32 位/16 位程序,程序无须重新编译	32 位操作系统
IA-32e 模式	兼容模式 (Compatibility Mode)	直接运行 32 位保护模式程序,无须重新编译 16 位虚拟 8086 模式程序运行需要得到操作系统及相关程序支持	64 位操作系统
	纯 64 位模式 (Full 64 bit Mode)	运行使用 64 位指令集编写的 64 位程序,使用 EM64T 支持的最大容量内存	

从 Intel 的 Prescott 核心的 Pentium 4 处理器和 AMD 的 Opteron 及 Athlon 64 微处理器开始,两个公司生产的微处理器都采用了各自的 64 位扩展技术,因此,此后生产的微处理器都可以称为 64 位的微处理器。

为了进一步提升处理器的性能,AMD 公司、Intel 公司先后推出了在一个微处理器芯片中集成两个 64 位处理器的新结构。两个处理器有各自的 L1 Cache,共享 L2 Cache。在 Pentium 4 后期已经出现了具有两个内核的处理器产品。

处理器性能的提升,同时带来了高功耗、高发热量的问题,阻碍了性能的进一步提升。为此,Intel 公司在 2006 年推出了称为 Core(酷睿)的新架构。酷睿处理器一改之前不断增加流水线级数,通过提升频率提高性能的老路,反而将流水线从 Prescott 核心的 31 级降低为 14 级,以降低能耗为出发点,通过优化整体结构提高性能。此外,内核的许多单元在空闲时可以进入深度睡眠状态,以降低功耗。Core 核心还包含了新的指令集 SSE4。酷睿 i7 处理器更是集成了 4 个内核,同时支持超线程运行,最多可以同时运行 8 个线程。

竞争永远不会停息,技术进步的浪潮更是一浪高过一浪。AMD 公司在推出领先 64 位微处理器之后,又率先推出了内含图形处理器(GPU)的新一代处理器,称为 APU。Intel 公司继而也推出了称为 Sandy Bridge 结构的第二代酷睿处理器。在优化多核结构的同时,把图形处理器融合在处理器的内部,与其他处理器共享 L3 高速缓存。这些特性,使得新一代处理器的性能有了进一步的提升,它内含的图形处理功能已经超过了入门级独立显卡。

2012 年 4 月 22 日,Intel 公司在北京宣布推出以 lvy Bridge 为新内核的第三代酷睿 i 处理器。它采用开创性的 3D 晶体管制造技术和 22nm 光刻技术,使得芯片的散热设计功耗(TDP)最低仅为 35W。和 7 系列 PCH 芯片配用之后,新一代处理器支持 PCI 3.0 规范,支持最新的 USB 3.0 技术,进一步提升了系统内外的数据传输速度。内含的图形处理器支持 3D 显示技术、无线显示技术,使得新一代处理器显示在多媒体、娱乐应用上又前进了一大步,已经能够和独立显卡一竞高低。

表 9-2 列出了 Intel 第一代酷睿处理器 i7-960、第二代酷睿处理器 i7-2700K 以及第三代酷睿处理器 i7-3770T 的主要技术特性。

表 9-2　第一代、第二代和第三代酷睿 i7 处理器的主要技术特性

产 品 名 称	Intel Core i7-960	Intel Core i7-2700K	Intel Core i7-3770T
代号(内核)	Bloomfield	Sandy Bridge	lvy Bridge
发行日期	Q4'09	Q4'11	Q2'12
内核数/线程数	4/8	4/8	4/8
时钟频率/最大 Turbo 频率/GHz	3.2/3.46	3.5/3.9	2.5/3.7
高速缓存类型	8 MB Intel Smart Cache	8 MB Intel Smart Cache	8 MB Intel Smart Cache
总线类型/系统总线速率	QPI/4.8 GT·s^{-1}	DMI/5 GT·s^{-1}	DMI/5 GT·s^{-1}
指令集/指令集扩展	64 位/SSE 4.2	64 位/SSE4.1,4.2,AVX	64 位/SSE4.1,4.2,AVX
工艺制程/nm	45	32	22
最大散热设计功耗(TDP)/W	130	95	45
最大内存大小/内存类型	24GB/DDR 3-800,1066	32GB/DDR 3-1066,1333	32GB/DDR 3-1333,1600
内存通道数/最大内存带宽/(GB/s)	3/25.6	2/21	2/25.6
处理器显卡	No	Yes	Yes
显卡型号		Intel HD Graphics 3000	Intel HD Graphics 4000
显卡基本频率/最大动态频率		850 MHz/1.35 GHz	650 MHz/1.15 GHz
英特尔清晰视频高清晰度技术/双显示兼容		Yes/Yes	Yes/3 台显示器
英特尔 InTru 3D 技术		Yes	Yes
英特尔无线显示器			Yes
PCI Express 修订版		2.0	3.0
封装大小/mm^2	42.5×45.0	37.5×37.5	37.5×37.5
支持的插槽	FCLGA 1366	LGA 1155	LGA 1155

为了和之前内嵌的图形处理器(GPU)相区别,Intel 把内置的图形处理器以及相关电路称为处理器显卡或核心显卡。该显卡型号为 Intel HD Graphics 3000,支持双显示器和高清图形显示。该处理器还内含了一个高速 PCI-E 总线接口,供连接外接的独立显卡使用。

从第二代开始,酷睿芯片的编号由四位数字组成:第一位,芯片所属的"代"号,如上面 2700 中的"2",3700 中的"3";第二位,处理器的等级,数字愈大等级愈高;第三位代表处理器内置核心显卡;第四位代表处理器所使用的电压。数字后面可以有 0-2 个字母,进一步表示该芯片的某些特性。例如,"X"代表"极致性能版","P"代表无内置核心显卡等。

时至 2020 年 2 季度,酷睿家族迎来了第十代 10nm 制程,代号为 Ice Lake 的产品,性能到达了一个新的高度,代表了当今微处理器芯片的最高水平。随后,又推出了代号为 Comet Lake(14nm 制程)的系列产品。

表 9-3 列出了"U 系列"(低电压),和"Y 系列"(超低电压)两组 Comet Lake 产品的主要性能。

表 9-3　第十代 Intel 酷睿 Comet Lake 处理器的技术特性

系列	处理器型号	核心/线程数量	图形执行单元数据	缓存/MB	标称 TDP/可配置最高 TDP	基本频率/GHz	最大单核睿频频率/GHz	最大全核睿频频率/GHz	工艺制程/nm	内存支持
U 系列	Intel Core i7-10710U	6/12	24	12	15W/25W	1.1	4.7	3.9	14	LPDDR4×2933 LPDDR3 2133 DDR4 2666
	Intel Core i7-10510U	4/8	24	8	15W/25W	1.8	4.9	4.3	14	LPDDR4×2933 LPDDR3 2133 DDR4 2666
	Intel Core i5-10210U	4/8	24	6	15W/25W	1.6	4.2	3.9	14	LPDDR4×2933 LPDDR3 2133 DDR4 2666
	Intel Core i3-10110U	2/4	23	4	15W/25W	2.1	4.1	3.7	14	LPDDR4×2933 LPDDR3 2133 DDR4 2666
Y 系列	Intel Core i7-10510Y	4/8	24	8	4.5W/7W/9W	1.2	4.5	3.2	14	LPDDR3 2133
	Intel Core i5-10310Y	4/8	24	6	5.5W/7W/9W	1.1	4.1	2.8	14	LPDDR3 2133
	Intel Core i5-10210Y	4/8	24	6	4.5W/7W/9W	1	4	2.7	14	LPDDR3 2133
	Intel Core i3-10110Y	2/4	24	4	5.5W/7W/9W	1	4	3.7	14	LPDDR3 2133

LPDDR(Low Power Double Rate SDRAM,低功耗双倍速率 SDRAM)也写作 mDDR (mobile DDR SDRAM),使用更低的工作电压,更低的功耗,特别适用于移动式电子产品。

表 9-4 列出了第十代酷睿 Ice Lake 3 个顶级微处理器芯片的主要性能。

表 9-4　第十代 Intel 酷睿 Ice Lake 处理器顶级芯片的技术特性

芯片型号	i9 10900	i9 10900TE	i9 10855H
适用场合	台式机	嵌入式系统	移动应用
内核数	10	10	8
最大线程	20	20	16
最高睿频/GHz	5.20	4.50	5.30
Cache/MB	20	20	16
最大内存及类型	128GB×2,DDR4-2933	128GB×2,DDR4-2933	128GB×2,DDR4-2933
TDP/W	65	35	45
芯片封装	FCLGA 1200	FCLGA 1200	FCBGA 1440
参考售价/美元	439~449	444	556
芯片尺寸/mm²	37.5×37.5	37.5×37.5	42×28
内置显卡	Intel 超核心显卡 630	Intel 超核心显卡 630	Intel 超核心显卡
显卡特性	基本频率 350MHz,最大内存 64GB,4K 支持 60Hz,可连接 3 台显示器		
HDMI 性能	4096×2160,30Hz	4096×2160,30Hz	4096×2340,30Hz

2. IA-64 架构

Intel 公司与 HP 公司一起,综合全球计算机科学最新的研究成果,开发了全新的 64 位微处理器架构 IA-64(Intel architecture-64,Intel 64 位体系结构)。它具有全新的体系结构,全新的指令系统,不再直接兼容之前的 80x86 系列微处理器。

IA-64 架构的主要特征可以概括为 EPIC(显式并行指令计算)。

(1) 长或超长指令字(LIW/VLIW)。IA-64 微处理器执行的基本单位由传统的指令改变为束(Bundle)。束长 128 位,含有 3 条指令和 1 个属性字段,处理器每次能够取一束或多束。

每条指令 41 位,称为音节(Syllable),同束的指令不一定具有源程序中的顺序。

每束中含有 5 位属性,指出指令的类型,所用的资源及其相关性。

(2) 由机器指令显式表明的指令级并行性。在 IA-64 架构中,指令的并行性在程序的编译阶段由编译软件已经确定,而且通过机器指令显式表述出来。与之相对比,传统的超标量结构中(例如 Pentium 4 内的超标量结构),指令的并行执行是由微处理器硬件根据现场临时决定的。显然,前者拥有更充裕的时间,可以进行更精细的判断,从而能得到更多的指令并行执行带来的好处。

(3) 转移断定。IA-64 架构内有 64 个 1 位的断定寄存器,每条 IA-64 指令都包含对某个断定寄存器的引用。仅当断定值为 1 时,该指令的执行结果才被硬件真正接收。对于控制结构程序,比较指令产生断定寄存器的值,各分支内程序指令则引用各自断定寄存器的值。这样,原来不同分支互相排斥的特性被淡化,继而是各分支程序齐头并进的局面。指令执行的并行度得到提高,转移预测产生的错误及其后果能够很大程度上得到减轻。

(4) 推测装入和高级装入。传统的处理器在指令的执行过程中才执行取操作数命令,如果未能在 Cache 中取到该操作数,则该指令的执行将被迫暂停,造成流水线效率的降低。IA-64 架构将取操作数的过程划分为两个操作。

① 在该指令执行前,提前安排一条推测装入指令,预先将操作数装入。

② 在原指令位置,设置一条推测检查指令,检查预装入是否如期完成。如果未能提前装入,再启动读操作数的操作。

推测装入同样要使用断定寄存器。

为了避免提前装入过时的数据,IA-64 还开发了高级装入技术,使用高级装入和装入检查指令实现。

IA-64 架构也采用多个执行单元来提高执行效率,但是它和传统超标量结构有着明显的区别,如表 9-5 所示。

表 9-5　传统超标量结构与 IA-64 体系结构的对比

传统超标量结构	IA-64 体系结构
多个并行执行单元	多个并行执行单元
类 RISC 指令,每字一条指令	类 RISC 指令,3 条组成一束
运行时重排序和优化指令流	编译时重排序和优化指令流
转移预测,只在一个分支上推测执行	转移预测,沿分支的两路同时推测执行
仅在需要时才由存储器装入数据,并首先搜索 Cache	在需要之前由存储器装入数据,并首先搜索 Cache

2001 年 5 月,Intel 推出了 IA-64 架构的第一个 64 位微处理器 Itanium(安腾),它采用"IA-64 架构＋超标量"技术来提升指令的并行性。

IA-64 的指令系统与 IA-32 指令系统不兼容。但是 Itanium 微处理器内设置了 IA-32 译码和控制逻辑硬件,使得现有 32 位应用程序可以不加改动直接在 Itanium 上运行,但是由于体系结构上的差异,速度还不及运行在 32 位 x86 处理器上。

已经有 4 个 64 位操作系统支持 Itanium,如 64 位的 Windows XP 等。

一种新的体系结构的广泛应用,有赖于大量的应用软件能够转移到新的体系上,显然这需要时间。目前,Itanium 微处理器主要用于服务器,在个人计算机上还没有得到推广使用。

9.2　32 位 80x86 汇编语言程序设计

从 80386 开始,Intel 系列微处理器进入 32 位,对应的面向机器的汇编语言也同步进入 32 位。

9.2.1　32 位汇编语言源程序格式

32 位 80x86 汇编语言源程序与 16 位相比,主要有以下不同。

(1) 在程序的首部添加处理器伪指令。

(2) 对每一个段说明它的 16/32 位属性。

(3) 可以使用新的 32 位指令和新的存储器操作数寻址方式。

1. 处理器伪指令

使用 8086 以上微处理器指令时,需要在程序首部使用处理器伪指令用来说明本程序使用的指令系统。例如:

```
.8086  .286  .386  .386P  .486  .486P  .586  .586P  .686  .686P  .MMX  .XMM
```

字母 P 表示可以使用该处理器保护模式下的特权指令。未出现处理器伪指令时,自动指定为".8086",这时不能使用 32 位指令。

2. 段的属性

对于 32 位微处理器,有两种不同的段组织方式。

(1) 16 位段:使用 16 位偏移地址,每个段的长度在 64KB 以内。

(2) 32 位段:使用 32 位偏移地址,每个段的长度在 4GB 以内。

32 位 MPU 工作在实地址方式、虚拟 8086 方式时,使用 16 位段,工作在保护方式时,一般使用 32 位段。

段的这一属性用保留字 USE16 或 USE32 说明。例如:

```
.386
CODE  SEGMENT   USE16                    ;使用 16 位段
```

使用简化段格式时,请注意微处理器伪指令与内存方式的出现顺序。

(1) 使用 16 位段:

```
.MODEL   SMALL
.386
```

(2) 使用 32 位段:

```
.386
.MODEL   SMALL
```

3. 32 位 80x86 指令操作数

32 位 MPU 的指令允许使用 8 位/16 位/32 位的寄存器、立即数、存储器操作数。

它的存储器操作数寻址方式与 16 位 MPU 相比较,有以下不同。

(1) 任何一个通用寄存器都可以用来间接寻址,都可以用作基址寄存器或变址寄存器。例如:

```
MOV    EDX, [EAX]                ;寄存器间接寻址,使用 DS
ADD    DWORD PTR[EBP+2], 40      ;寄存器相对寻址,使用 SS
OR     BL, 3[EBP][EDX]           ;相对的基址(EBP)变址(EDX)寻址,使用 SS
XOR    CX, 6[ECX][EBP]           ;相对的基址(ECX)变址(EBP)寻址,使用 DS
```

（2）变址寄存器可以乘上系数 1、2、4 或 8。例如：

```
MOV    ECX, 2[ESI][4 * EBP]              ;相对的基址变址寻址,使用 DS
MOV    ECX, 12H[EBP][8 * EBX]           ;相对的基址变址寻址,使用 SS
```

32 位 MPU 在 16 位段内可以继续使用 16 位 8086 MPU 存储器操作数寻址方式,也可以使用 32 位寻址方式,但是必须保证有效地址的高 16 位为 0。

9.2.2　32 位 80x86 指令系统

32 位 80x86 指令系统主要由以下几组指令组成。

（1）原 8086 CPU 的 16 位指令。

（2）扩展了操作数长度的原 16 位指令：允许使用 32 位的寄存器、立即数、存储器操作数,使用 32 位寻址方式。例如：

```
MOV  EBX, BUFFER[EAX+ 4 * ECX]
```

（3）使用原 16 位指令的指令助记符,但是扩展了功能的指令。例如：

```
IMUL   EDX, 3                           ;(EDX←(EDX)×3)
```

（4）原 16 位指令的自然延伸。例如：

```
MOVSD(字符串指令,每次传送 4 字节)
```

（5）新增的 32 位指令。例如：

```
CVTSS2PI   EBX, XMM2(SSE 指令)
```

其中,使用频率最高的是前面 4 类指令,不妨称为核心指令。可以看出,32 位 80x86 指令兼容原 16 位指令,并且以原 16 位指令为基础。本节介绍前 4 类指令,其余指令请参阅附录。

1. 扩展了操作数长度的指令

在 32 位 MPU 上,原来使用 8/16 位操作数的 16 位指令可以使用 32 位操作数,包括 32 位的寄存器,32 位的立即数,32 位的存储器操作数。

具体来说,有以下 4 组指令。

（1）传送类指令：MOV、IN、OUT。

（2）算术运算类指令：ADD、ADC、INC、SUB、SBB、DEC、NEG、CMP、MUL、IMUL、DIV、IDIV。

（3）逻辑运算类指令：AND、OR、NOT、XOR、TEST。

（4）移位与循环指令：SHR、SHL、SAL、SAR、ROR、ROL、RCR、RCL。例如：

```
IN     EAX, DX                          ;读 32 位端口(端口地址在 DX 中)
MOV    EAX, 12345678H                   ;32 位立即数送入 32 位寄存器 EAX
ADD    DWORD PTR[ECX], EDX              ;32 位 EDX 寄存器内容加入 32 位内存变量
```

2. 扩展了指令功能的 32 位指令

一些原 16 位指令在 32 位 MPU 上,允许使用更灵活的操作数和寻址方式。具体如下。

（1）移位与循环类指令。这 8 条指令允许使用不大于 255 的立即数给出移位/循环次

数。例如：

```
ROR     EAX, 12                           ;EAX 寄存器循环右移 12 次
```

（2）IMUL 允许有更灵活的操作数个数与类型。例如：

```
IMUL    AX, 3                             ;AX←(AX)×3
IMUL    ECX, X                            ;ECX←(ECX)×(X),X 是双字变量
IMUL    EDX, EBX, -5                      ;EDX←(EBX)×(-5)
```

3. 16 位指令自然延伸得到的 32 位指令

这组指令的操作码助记符与 16 位指令不同，但可以由 16 位指令的指令助记符自然延伸得到。具体有以下 5 类。

（1）字符串指令：MOVSD、SCASD、LODSD、STOSD 和 CMPSD。每次传输、处理 4 字节数据，之后变址寄存器+4 或-4。

（2）数据符号扩展指令 CWDE 和 CDQ。

```
CWDE                                      ;将 AX 符号扩展为 32 位,送入 EAX
CDQ                                       ;将 EAX 符号扩展为 64 位,送入 EDX、EAX
```

（3）堆栈指令 PUSHAD、POPAD、PUSHFD 和 POPFD。PUSHAD、POPAD 将 8 个 32 位通用寄存器入栈/出栈。PUSHFD 和 POPFD 将 32 位 EFLAGS 寄存器入栈/出栈。

（4）地址装载指令 LFS 和 LGS。取 32 位存储器，送 16 位寄存器（指令操作数）和 16 位段寄存器（FS,GS）。

（5）转移控制类指令 JECXZ 和 IRETD。

① JECXZ：ECX 寄存器全 0 时转指定标号。

② IRETD：32 位中断返回指令，从堆栈先后弹出 EFLGS、EIP 和 CS 寄存器内容。

4. 其他 32 位指令

（1）MOVSX 指令允许将较短的源操作数（8 位/16 位）符号扩展后送入较长的目的操作数（16 位/32 位）。例如：

```
MOVSX   EDX, BX                           ;BX 中 16 位操作数符号扩展为 32 位,送入 EDX
```

（2）MOVZX 指令允许将较短的源操作数（8 位/16 位）0 扩展后送入较长的目的操作数（16 位/32 位）。例如：

```
MOVZX   DX, DL                            ;DL 中 8 位操作数 0 扩展为 16 位送入 DX,
                                          ;等效于将 DH 清"0"
```

（3）32 位 MPU 的条件转移指令使用 2B 相对位移量，可以实现 64KB 范围内的转移（不包括 JECXZ）。

9.2.3　32 位 80x86 汇编语言程序设计

32 位 80x86 汇编语言程序在 16 位/32 位模式下有不同的要求。

1. 16 位模式下的 32 位 80x86 汇编语言程序

所谓 16 位模式就是指 MPU 工作在实地址模式，或者虚拟 8086 方式。这时的 MPU 只能

访问 1MB 以内的存储器,每个段最大 64KB,但是可以使用 32 位寄存器,处理 32 位数据,使用 32 位的寻址方式(有效地址高 16 位必须为 0)。例 4-13 曾经计算数 1~5 的阶乘,存入 FRA 数组。下面的程序用 32 位 MPU 汇编语言重新编写,不同之处使用了加粗字体。

```
.MODEL  SMALL                        ;16位模式
.386                                 ;使用 32 位 MPU 指令集
.DATA
FRA        DW    5 DUP (?)
.CODE
START:     MOV   AX, @DATA
           MOV   DS, AX
           MOV   EBX, 1              ;EBX 中存放待求阶乘的数
           MOV   CX, 5               ;求阶乘次数(循环次数)
LOOP0:     CALL  FRACTOR             ;调用 FRACTOR 求阶乘
           MOV   FRA[2 * EBX-2], AX  ;保存结果(阶乘值)
           INC   BX                  ;产生下一个待求阶乘的数
           LOOP  LOOP0               ;循环控制
           …                         ;以下程序与原程序相同
```

可见,充分利用 32 位的寻址方式可以简化程序。

使用 32 位寻址方式后的程序在连接时,需要在命令行增加"/3"选择项:

```
TLINK/3   EX413B;        (假设改写后的源程序文件名为 EX413B.TXT)
```

2. 32 位模式下的 32 位 80x86 汇编语言程序

运行在保护模式下的 32MPU 程序使用 32 位模式,具体地说:使用 FLAT(平坦)内存模式。整个程序只有一个段,最大 4GB。使用 32 位寻址方式,偏移地址 32 位。

在 Windows 操作系统下,用户界面操作、消息传递等大量工作可以通过调用应用程序接口(API 函数)实现。

限于篇幅,这里不作详细介绍,感兴趣的读者可以参考相关书籍。

9.3　微型计算机体系结构

自从第一台 IBM-PC 面世之后,新的微处理器不断推出。为了充分发挥新型微处理器的性能,PC 系列微型计算机的系统结构也随之变化。

9.3.1　80x86 微型计算机结构

1. PC/XT 微型计算机结构

PC/XT 的系统结构如图 9-4 所示。

IBM 公司以 8088 为 CPU 构建了第一代 PC——IBM-PC,该计算机以盒式录音机作为外存储设备,使用不够方便。不久,IBM 公司推出了它的增强型——IBM-PC/XT,它采用 10~20MB 的硬盘驱动器作为辅助存储设备,在一段时间内获得了广泛的认同。该机采用以 CPU 为中心的简单结构,通过若干缓冲和锁存电路把 8088 CPU 的信号连接到它的系统

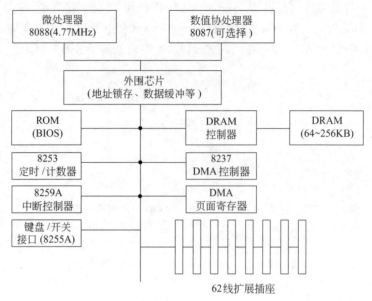

图 9-4   PC/XT 微型计算机的系统结构

板上,构成了 62 线的 XT 总线。它的系统板上除了 8088 CPU 及其外围电路,还集成了 ROM、RAM、计时器/计数器 8253、中断控制器 8259、DMA 控制器 8237、键盘、扬声器接口 以及 8 个 62 引脚的 XT 总线扩展插槽。它的显示器接口、打印机接口、串行通信接口都是 以接口卡的形式通过 62 脚插槽与系统相连接的。主板上最多提供 256KB 的 DRAM 存储 器,更多的存储器需要做成接口卡与系统相连。

XT 总线包括 8 位数据线,20 根地址线,使用与 CPU 相同的 4.77MHz 的时钟信号。由于 8088 CPU 传输一次数据需要 4 个以上的时钟周期,所以 XT 总线的数据传输率约为 1.2MB/s。

2. PC/AT 微型计算机结构

图 9-5 展示了 80286 为 CPU 的 PC/AT/ISA 总线的典型结构。

为了适应新的 CPU 的推出,IBM 公司推出了新一代的微型计算机——IBM PC/AT, 该机型对 8 位的 XT 总线进行了扩充,构成 16 位的 AT 总线。此后,Intel 和其他公司联合, 推出了与 AT 总线兼容的,公开的总线标准——ISA(Industry Standard Architecture,工业 标准体系结构)。ISA 总线使用 24 位地址、16 位数据、15 级硬件中断和 7 个 DMA 通道,使 用 6~8MHz 时钟信号,最高数据传输率为 8MB/s。由于 ISA 总线与 XT 总线兼容,所以把 ISA 插槽做成两段:第一段提供 XT 信号,可以继续使用 XT 总线的接口卡;第二段提供 ISA 所增加的信号,同时插入两个插槽就得到完整的 ISA 信号。

随着 CPU 主频的不断提高,要求内存储器的速度也要相应提高,内存储器和外部设备 使用同一时钟的单一总线结构已经成为提高系统性能的瓶颈。在这样的情况下,出现了分 级总线的微型计算机结构:把 CPU 与内存储器直接相连,称为 CPU 局部总线;经过外围芯 片(组)产生 I/O 总线,与相对低速的其他 I/O 设备相连接。

9.3.2   Pentium/酷睿系列微型计算机结构

自从 1987 年 Intel 公司生产出 8086 CPU 之后,每隔三四年,微处理器就要升级换代一

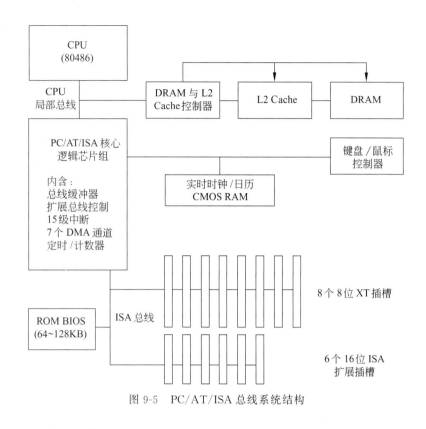

图 9-5　PC/AT/ISA 总线系统结构

次。早期微型计算机的体系结构很大程度上依赖于所使用的处理器,微处理器性能的提升一方面迅速带动了微型计算机整机性能的提升,另一方面则带来了系统结构的不稳定性,这给系统其他电路的研制、生产带来了巨大的压力。为了获得一个稳定、高性能的系统结构,Intel 于 1991 年底提出,1993 年联合其他公司推出了 PCI 总线规范。它独立于 CPU,完全兼容当时已有的 ISA/EISA/微通道总线,具有 133MB/s 的数据传输速率,能够满足当时高性能图形接口和其他高速外部设备的需要。随着同年高性能微处理器 Pentium 的推出,Pentium＋PCI 成为新一代微型计算机的代名词。

1. 南北桥结构

南北桥结构支持多级总线的系统组成。这样的系统通常由处理器总线(Host Bus),局部总线(PCI)和遗留总线(ISA)三级组成,如图 9-6 所示。处理器总线连接运行在最高速度上的高速缓存(Cache)和主存储器;PCI 总线连接显示适配器、网络适配器、硬盘驱动器这一类高速设备;ISA 总线则连接传统的并行口、串行口、软盘驱动器、键盘、鼠标等相对低速的外部设备。各级之间信号的速度缓冲、电平转换、控制协议转换由称为桥的电路实现。根据桥两端电路的不同,有 CPU/PCI 桥(Host Bridge),PCI/ISA 桥,PCI/PCI 桥等。

在这个 PCI/ISA 系统结构图中,CPU/PCI 桥处于上部,按照地图的习惯,被称为北桥。该芯片内部除了 CPU/PCI 桥电路之外,同时集成了主存储器控制器、PCI 总线控制器、AGP 总线接口。PCI/ISA 桥位于图的下方,被称为南桥,它同时还集成了 IDE 辅助存储器接口、两个 8259 中断控制器、两个 DMA 控制器、8253/8254 计时器/计数器和实时时钟,此外还增添了通用串行总线(USB)接口、I/O APIC 等。传统的较低速的接口则集成在称为

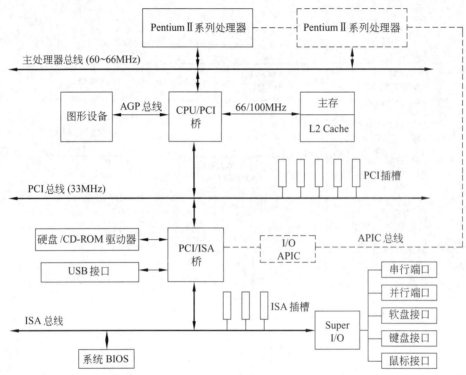

图 9-6　南北桥结构的 Pentium Ⅱ 微型计算机

Super I/O 的电路中。

从 Pentium Ⅱ 开始的 CPU 还提供专用的引脚,通过南桥芯片的 I/O APIC 接口连接多于一个的 CPU,构成多 CPU 的系统。

2. 两个中心结构

南北桥结构初步建立了存储器—高速外部设备—低速外部设备的分级总线结构。但是,南桥芯片连接的高速外部设备都要通过 PCI 总线与处理器相连接。随着新一代辅助存储器等外部设备工作速度的提升,PCI 总线逐渐成为新的信息传输瓶颈。为此,Intel 公司又推出了称为中心结构的新结构体系,如图 9-7 所示。

(1) 称为存储控制中心(Memory Control Hub, MCH)的芯片的主要任务是建立处理器与系统其他设备的高速连接。它连接微处理器,通过存储器总线连接主存储器,通过中心高速接口与称为 I/O 控制中心(I/O Control Hub, ICH) 的芯片连接,它还集成了 AGP 或 PCI-E×16 图形总线接口,电源管理部件和存储管理部件。有的 MCH 芯片还同时集成了图形接口,可以直接连接显示设备,称为图形存储控制中心(GMCH)。

(2) I/O 控制中心芯片(ICH)负责建立 I/O 设备与系统的连接。在它的内部集成了:

① IDE 辅助存储器接口(PATA,SATA)。

② 若干个 USB 接口。

③ 内置了 PCI/PCI-E 总线控制器,连接 PCI/PCI-E 总线。

④ 内置了 AC'97/高清晰度音频控制器,提供音频编码和调制解调器编码接口。

⑤ 通过 LPC I/F 和 Super I/O 芯片相连。该芯片内置相关接口,连接软盘驱动器、键

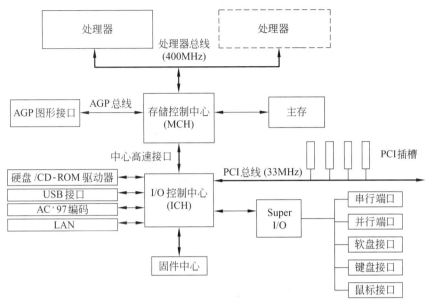

图 9-7　中心(Hub)结构的微型计算机

盘、鼠标等相对低速的外部设备,同时提供传统的并行、串行接口。

⑥ 称为固件中心(FWH)的芯片主要用来存储系统的 BIOS,它也连接到 ICH 芯片上。

由于传统的低速接口与设备已经由 Super I/O 芯片连接,早期 ISA 总线的声卡等接口或者集成在芯片组内部,或者改用 PCI 总线以提高性能,ISA 总线使用得越来越少,在 PC'99 规范中已经取消了 ISA 总线,需要使用时可通过 PCI-ISA 桥芯片引出。

与此同时,总线技术也在不断发展之中,出现了许多串行的总线,如 PCI-E、SATA、USB,使得中心结构微型计算机的性能不断提高。

鉴于南桥、北桥的称谓十分形象直观,也把中心结构里的存储控制中心芯片称为北桥,IO 控制中心芯片称为南桥,读者要将南北桥结构中的南北桥芯片加以区分。

中心结构进一步完善了多级总线结构,得到了广泛的使用。

3. 新一代 Intel SNB 结构

第二代酷睿 i 处理器采用名为 Sandy Bridge(SNB)的内核,内含了两个通道的内存控制器,PCI Express 总线控制器以及内置的处理器显卡,这使得两个中心结构内的存储控制芯片 MCH 失去了继续存在的理由。由称为平台控制中心(Platform Control Hub,PCH)单个芯片管理整个系统的局面终于出现。图 9-8 展示了第二代酷睿处理器＋PCH 构成的新一代微型计算机结构。

由图 9-8 可以看到,SNB 处理器连接了两个通道的 DDR3 内存储器,同时提供 16 信道的 PCI-Express 接口,供独立显卡使用。由于不再连接 MCH 芯片,CPU 向外的总线由原来的 QPI 改为 DMI(Direct Media Interface,直接媒介接口)。CPU 内部处理器显卡所生成的显示信号,由 FDI (Flexible Disply Interface,灵活显示接口),传送到 PCH 芯片,经由 PCH 产生 3 种数字显示信号(HDMI、DVI 等),一种模拟显示信号(VGA),连接系统显示器。该系统的 PCI 和 PCI-E 总线,通用串行总线 USB 都由 PCH 芯片提供。

辅助存储器接口 SATA、千兆以太网接口、无线通信接口以及传统外部设备如键盘、鼠

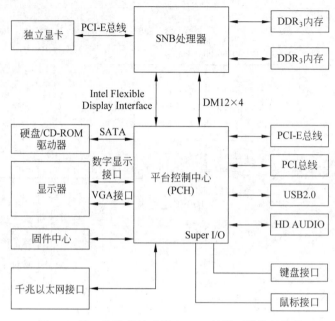

图 9-8　第二代酷睿处理器＋PCH 的微型计算机结构

标等接口,也都由 PCH 一并提供。

9.4　存储管理技术

处理器的迅速升级换代,使得人们对微型计算机整体性能的期望值迅速提高。人们希望能够在微型计算机上同时运行更多的任务,高速地处理大量的数据,这就对存储器的存取速度和容量提出了更高的要求。以前在大型计算机上使用的高速缓存技术和虚拟存储技术就是解决上述矛盾的有效方法之一。本节介绍在 32 位微型计算机上使用的这两项技术。

9.4.1　高速缓存技术

对于半导体存储器件而言,低价格、大容量、高速度是一组永恒的矛盾,用单一工艺制造的半导体存储器难以同时满足上述 3 方面的要求。解决这个问题的有效方法就是发挥不同存储器件各自的长处,采用多层次的存储系统。

1. 多级存储体系

所谓多级存储体系就是把几种不同容量、速度的存储器合理地组织在一起,使它们能较好地同时满足大容量、高速度、低价格的要求。当然,这是以增加技术复杂程度为代价的。

图 9-9 展示了存储系统的层次结构。该系统由高速缓存(Cache)、主存、辅存 3 类存储器组成。3 类存储器构成了两个层次的存储系统。

(1) 高速缓存-主存层次。高速缓存(Cache)存储器由小容量的高速静态存储器构成,集成在 CPU 的内部。Cache 的速度很快,可以与处理器相匹配,同时也不会显著提高系统成本。Cache 存储处理器当前使用的指令和数据,它和处理器之间以字为单位进行读写。

主存一般由大容量的动态存储器组成,它的单位成本低于 Cache,速度相对较慢。

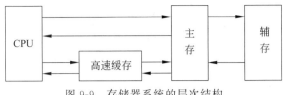

图 9-9　存储器系统的层次结构

Cache 和主存构成计算机的内存储器。Cache 与主存之间以页为单位进行读写。

处理器需要读取指令或数据时，将主存中该指令或数据所在的页整体同时读入 Cache。这样，当处理器需要再次读入该页内的指令和数据时，可以从 Cache 内快速读取，从而加快程序的执行速度。由于程序具有局部性的特征，在一个短的时间段内，程序和数据集中在一个小的存储区域内，因此，使用 Cache 可以有效地提高系统性能。

可以看出，这一层次主要解决存储系统的速度问题。

（2）主存-辅存层次。辅助存储器由大容量的磁表面存储器或光存储器构成，它的显著特征是具有很低的位存储价格。辅助存储器上储存着大量的程序和数据，在大部分时间里，它们处于静止的状态，也就是没有被使用。处理器仅把目前使用的程序和数据装入主存。辅存和主存之间以块为单位进行读写交换。

显然，这一层次主要解决存储系统的容量问题。

以上两个层次的组合，本质上来说，是以主存储器为中心，充分利用 Cache 的高速度，辅助存储器的大容量和低成本，使存储系统较好地解决容量—速度—价格之间的矛盾。

2. 映射方式

设置高速缓冲存储器之后，处理器需要的指令和数据首先在 Cache 中寻找，如果找到，则从 Cache 中快速读取，这种情况称为命中。如果未能在 Cache 中找到，则称为失靶，这时需要从主存中读取指令或数据所在页存入 Cache，同时将该指令或数据送入处理器。

为了确定 CPU 所要的指令或数据是否在 Cache 中，Cache 中不但要存储指令/数据信息本身，还要同时储存该指令/数据在主存的地址信息，这项信息记录在相联存储映像表中。为了简化查找和匹配过程，主存页按照某种规则进入 Cache 的指定位置，称为映射方式。具体有以下几种不同的映射方式。

（1）直接映像法。假设某处理器使用 32 位主存地址，可寻址 4GB 的主存空间。它使用 16KB 的 Cache，混合存储指令和数据信息，Cache 中每字节的地址用 14 位二进制表示，如图 9-10(a)所示。

假设每 16 字（每字为 32b＝4B）设为一页。于是，Cache 被划分为 256 页，每字节的地址可以用 8 位页地址加上 6 位页内地址表示，如图 9-10(a)所示。主存每字节的地址可以划分为 18 位组号，8 位页地址再加 6 位页内地址表示，如图 9-10(b)所示。

直接映像法规定，主存中的一页只能进入与它页地址相同的 Cache 页中。

假设在 Cache 为"空"时，处理器访问物理地址 12345678H 的主存单元，按照图 9-10(b)，可以划分为，组号＝048D1H，页地址＝59H，页内地址＝38H。

于是，该地址相邻的 64B 内容（1 页）同时被读出，存入 Cache 中编号为 59H 的页中。相联存储映像表中该页的标记（Tag）被置为 048D1H。

随后，处理器需要访问物理地址为 12345644H 的主存单元，它的地址划分为，组号＝

8位	6位
页地址	页内位置

(a) Cache 内部存储单元的地址

18位	8位	6位
组号	页地址	页内位置

(b) 主存中存储单元的地址

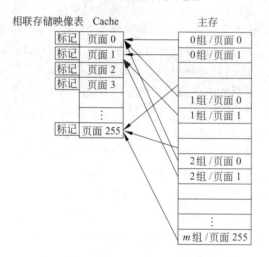

(c) 主存页面与 Cache 页面的直接映射

图 9-10　直接映像法

048D1H,页地址＝59H,页内地址＝04H。于是,Cache 管理逻辑查找相联存储映像表中页面为 59H 的标记项,发现该标记(048D1H)与主存物理地址的组号相等,发出命中信息,Cache 第 59H 页面中页内地址为 04H 的字被读出,送往处理器。

此后,如果处理器需要访问物理地址为 12341678H 的主存单元,它的地址划分为,组号＝048D0H,页地址＝59H,页内地址＝38H。于是,Cache 管理逻辑再次查找相联存储映像表中页面为 59H 的标记项,发现该标记(048D1H)与主存物理地址的组号(048D0H)不相等,发出失靶信息,主存中编号为 048D0H 的 64 字节(1 页)被读出,存入 Cache 第 59H 页面中,对应的标记也修改为 048D0H。

从图 9-10(c)可以看出,当一个新的主存页面需要进入 Cache 时,原来的页面被覆盖。直接映像法采用简单的映射关系,查找方便。但是每个主存页面只与 Cache 中唯一的一个页相映射,这增加了页面冲突的可能性,会增加不合理的页面更换。

(2) 全相联映像法。克服上述缺点的简单办法就是,主存的一页可以进入 Cache 的任何一页中。

仍以 32 位主存地址,16KB Cache 为例,由于没有页号的限制,主存地址仅划分为两部分：26 位页地址,6 位页内地址。同样由于没有页号的限制,处理器发出主存物理地址之后,Cache 管理逻辑需要把主存的页号与所有的标记逐一进行比较,以确定是否命中。对于一个有 256 页的 Cache 而言,进行 256 次 26 位二进制代码的比较并不是一件轻而易举的事

· 268 ·

情。因此,全相联映像法只适用于小容量的 Cache 使用,如图 9-11 所示。

(a) Cache 内存储单元的地址

(b) 主存内存储单元的地址

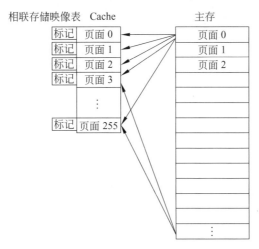

(c) 主存页面与 Cache 页面的全相联映像

图 9-11　全相联映像法

（3）组相联映像法。组相联映像法是对以上两种方法的折中。它把 Cache 划分成若干大小相等的组,每个组由相同数量的页组成。允许主存的一个页与同一组内的多个页面进行映射。

以 32 位主存地址,16KB Cache 为例。假设 Cache 每组由两个页组成(称为两路组相联),共 128 个组。如图 9-12 所示,Cache 内字节地址由 7 位组号、1 位页面号、6 位页内地址组成。主存地址由 19 位区号、7 位页面号和 6 位页内地址组成。每个区包含 128 个页,每区内的页数等于 Cache 的组的数量。位于主存每个区内的 0♯页面可以和 Cache 内 0 组两个页面中的任一个相映射,1♯页面可以和 Cache 内 1 组两个页面中的任一个相映射……处理器访问主存时,Cache 管理逻辑需要将主存地址的区地址部分与一个组内两个页面的标记同时进行比较,以确定是否命中。

组相联映像法减少了冲突的可能性,比较次数等于 Cache 内每组的页面数。目前的微处理器多采用这种方法。

3. 替换算法

一个新的主存页面写入 Cache,Cache 中原有的页面就被覆盖或者说被替换。对于实施全相联映像法和组相联映像法的 Cache 来说,主存页的进入位置有一个以上的选择,管理逻辑需要决定覆盖或者替换哪一个 Cache 页。

7位	1位	6位
组地址	页地址	页内位置

(a) Cache内的存储单元地址

19位	7位	6位
区地址	页地址	页内位置

(b) 主存内存储单元的地址

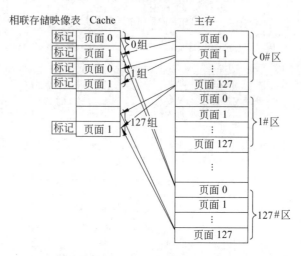

(c) 主存页面与Cache页面的组相联映像

图 9-12　组相联映像法

确定被替换页面的常用方法有以下两种。

（1）先进先出法（FIFO）。选择最早进入的页为被替换的页，这种方法实现简单，但不够合理，因为最早进入的页仍然可能是现在频繁使用的页。

（2）近期最少使用算法（LRU）。这种算法比较合理，但是实现起来稍微复杂一些。

4. Cache 和主存一致性问题

使用高速缓存之后，一项数据可能同时储存在两个地方。处理器把数据写入 Cache，尚未写入主存时，就会产生 Cache-主存内容的不一致性。

对于这个问题，目前有两种处理方法。

（1）写回法（Write Back）。处理器执行写操作时，信息只写入 Cache，该页被替换时，才将它写回主存。

（2）写直达法（Write Through）。处理器执行写操作时，信息在写入 Cache 的同时也写回主存。

使用写回法，一个主存页面调入 Cache 后最多回写一次（内容未修改则不需要写回），节省了回写时间，但是一致性保持不如写直达法。

5. 突发总线周期（Burst Bus Cycle）

主存和 Cache 之间以页为单位进行信息交换，这意味着，每次传送都是对连续的若干字进行的。为了缩短传输时间，新型主存器件都支持突发总线传输方式。

所谓突发总线传输,就是向主存储器发送起始地址之后,连续传送多个字的数据。以 Pentium 为例,它的 Cache 每页为 64B,与主存之间一个周期可以传输 64 位也就是 8B 信息。主存页调入 Cache 时,管理逻辑向主存发出该页的起始地址,同时发出突发总线请求信号。主存在收到上述信号,并适当延时之后,在连续的 8 个周期内每次发送 8B(64 位)信息,最终把一页内容写入 Cache。

使用突发总线传输方式减少了发送地址信号和重复启动读写产生的等待时间,可以得到很高的数据传输速率。

9.4.2　虚拟存储技术

现代微型计算机普遍采用多任务的操作系统。让计算机同时运行多个任务,可以提高 CPU 的利用率,提高计算机的性能,但是,与此同时也带来了管理上的若干新问题。

问题 1:系统中有多个任务处于运行状态,要避免因为某个任务的崩溃导致整个系统的崩溃。为此,需要在任务之间、任务与操作系统之间实施存储空间的隔离和保护。

问题 2:多任务运行环境增加了对主存容量的需求,而且这个需求处在动态变化之中,静态配置的物理主存容量难以满足上述要求。

问题 3:每个任务的运行,都会向操作系统申请使用内存,任务撤销时,将内存释放。由于每个任务需要的内存数量各不相同,系统运行一段时间之后,主存空间将出现许多碎片。清理这些碎片会带来许多复杂的问题。

为了解决上述矛盾,现代微型计算机普遍采用了虚拟存储技术。

所谓虚拟存储技术,是将主存储器和辅助存储器的一部分统一编址,看作一个完整的虚拟存储空间。正在使用的虚拟存储器的一部分被置入主存储器(实存),暂时未使用的则保存在辅助存储器中。从 80386 开始的微处理器都内置了存储管理部件(MMU),用硬件和软件相结合的方法,完成虚存和实存之间的调度。

大多数的虚拟存储管理使用三级地址空间:逻辑地址、线性地址、物理地址。

1. 段存储管理

段存储管理完成逻辑地址向线性地址的转换。

在程序员使用的地址空间里,每个存储单元可以表示为"段名:段内偏移地址"的形式。这样的地址称为逻辑地址。

8086 CPU 不支持虚拟存储管理,段寄存器直接记录了该段的起始地址信息。将段起始地址与偏移地址相加,就得到了该存储单元的物理地址。

80386 开始的 32 位微处理器中,段的信息被记录在段描述符中,包含 32 位段起始地址,20 位段界限值(段长度),4 位段类型,2 位段描述符优先级,以及其他信息共 64 位。

操作系统所使用段的段描述符顺序存放,组成全局段描述符表(Global Descriptor Table,GDT)。GDT 表的首地址记录在全局段描述符表寄存器(GDTR)中。

每个任务所使用段的段描述符组成局部段描述符表(Local Descriptor Table,LDT)。

在整个系统中,GDT 表只有一张,LDT 表每个任务一张。但是从任务的角度看,段描述符表只有两张:GDT 和 LDT。

16 位段寄存器中不再直接含有段起始地址的信息,其中的 1 位段描述符表指示符(TI)记录该段是记录在 GDT(=0)还是在 LDT(=1)中,13 位段描述符表索引记录了该段描述符在表中的顺序编号,另外 2 位存储了该任务的请求优先级(RPL)。这 16 位信息称为段选择子。

使用段选择子和两张段描述符表可以把逻辑地址转换成线性地址,如图 9-13 所示。GDT 和 LDT 两张表格存储在主存储器中。在保护状态下,每条指令的执行都伴随着逻辑地址向线性地址的转换过程。为了提高指令执行速度,在 32 位处理器内部除了在段寄存器中存有段选择子之外,还增设了与该段寄存器对应的段描述符寄存器。在装载段选择子的同时,主存中对应的 64 位段描述符信息同时进入该寄存器。图 9-13 所示的由段选择子向段基地址的转换过程仅仅是原理性的说明,段基地址可以从段描述符寄存器中直接获得,并不存在实际的查表过程。

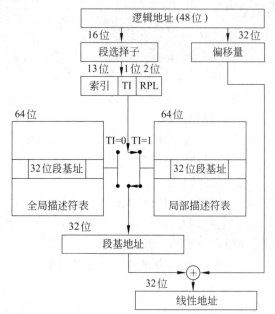

图 9-13　逻辑地址到线性地址的转换

从理论上来说,16 位段选择子可以选择两张表中共 $2^{13} \times 2 = 2^{14}$ 个不同的段。每个段最大可达 2^{32} B。因此,通过段存储管理最多可管理 $2^{32} \times 2^{14}$ B $= 2^{46}$ B $= 64$ TB 的虚拟地址空间。

2. 页存储管理

线性地址空间仍然是一个虚拟的地址空间,物理地址空间是实际的存储空间,它们都划分成若干大小相等的页(例如:4KB)。页存储管理部件负责完成线性地址向物理地址的转换。

线性地址空间里每个页面的信息记录在一个 32 位的页表项中,包括 32 位物理地址的高 20 位(低 12 位与线性地址的低 12 位相同),目前是否在实存中,以及该页的使用情况等相关信息。每 1024 个页面组成一个页组,它们对应的页表项构成一张 4KB 的页表。系统用一张页组表记录所有页组的信息。页组表由 1024 个页组目录项组成,32 位的页组目录项具有与页表项类似的格式,只不过它记录的是 1024 个特殊的页—页组表的相关信息。

于是,32 位线性地址可以划分如下。

(1) 10 位页组目录项索引:记录该线性地址单元所在的页组。

（2）10 位页表项索引：记录该线性地址单元在该页组的哪一个页中。

（3）12 位页内偏移地址：记录该线性地址单元在该页内的相对位置。

上述结构如同每位中学生的学号可以由"入学年份：班级：班内序号"组成。

线性地址向物理地址的转换通过查二次表实现如图 9-14 所示。

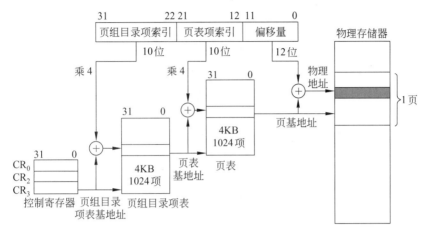

图 9-14　线性地址到物理地址的转换

用高 10 位查页组目录项表,得到该页组的页组表的首地址。

用次 10 位在刚得到的页组表中查到该页的起始物理地址。

页的起始物理地址加上低 12 位的页内偏移地址,得到完整的 32 位物理地址。

页组目录项表的首地址存放在处理器的 CR_3 寄存器中。由于页表和页组目录项表每一项占用 4B,所以两个 10 位的索引值都要乘以 4 与表的基地址相加,找到该目录项。系统中应有一张页组目录项表,最多 1024 张页表,这些表存放在主存储器中。实际使用时,把目前经常使用的表项转储在处理器内部称为转换检测缓冲器(TLB)的小型高速缓存中,以提高查表速度。

在 Pentium Ⅱ 开始的第六代微处理器中,使用页目录指针表(PDPT)。如果仍然以 4KB 为一页,32 位线性地址被划分为 4 部分。

（1）2 位 PDPT 项号用来查 PDPT 表,得到页目录表的首地址。

（2）9 位页目录项号用来查页目录表,得到页表的首地址。

（3）9 位页面号用来查页表,获得 24 位的页基地址。

（4）24 位基地址,与 12 位页内偏移地址组合,得到 36 位物理地址。

可以看出,它的基本方法与上面所述的是一致的。

3. 虚拟存储管理

32 位 80x86 微处理器用 CR_0 寄存器的 PE 位控制它的工作方式。

（1）PE＝0：处理器工作在实地址方式下,处理器仍然使用 16 位 80x86 处理器的地址生成方式,用 20 位地址访问 1MB 的地址空间。

（2）PE＝1：处理器工作在保护方式下,自动启用段存储管理机制。如果 CR_0 寄存器的 PG 位为 1,同时启动页存储管理机制,实现段/页二级虚拟存储管理。如果 PG＝0,则禁止使用页存储管理机制,由段存储管理产生的线性地址就是访问存储器要求的物理地址。

使用虚拟存储管理解决了多任务系统对存储管理提出的要求：

（1）扩大了程序可访问的存储空间。虚拟地址空间一般大于物理地址空间，更大于实际安装的存储器容量，这使得大程序、多任务的运行不受实际存储器容量的限制。

（2）便于实施多任务的保护和隔离。在进行二次地址转换的同时，存储管理机构还对任务的访问权限、偏移量的大小进行检查，一旦发现越权访问或者偏移量大于段长度的错误，立刻产生保护中断，交由操作系统处理。这样做，保护了正常程序的运行，使得多任务操作系统的运行不会受到错误程序或恶意攻击的影响。

（3）便于操作系统实现内存管理。一个程序的运行，通常需要一段连续的存储空间。在实地址方式下，如果已有的存储空间是若干不连续的片段，为了程序的正常运行，需要移动其他程序使用的地址空间，使空闲的存储空间连接在一起。可是在保护方式下，每个地址都要经过逻辑—线性—物理二次地址的转换过程。一个程序所使用的连续的逻辑地址空间，可以映射到物理上不连续的存储器页。因此，物理上的不连续并不影响程序的使用。

9.5　多任务管理与 I/O 管理

虚拟存储管理提供了运行多任务所必需的存储空间隔离和保护机制，现代 32 位微处理器的内部还集成了其他面向多任务运行所需要的管理逻辑，本节介绍它的多任务管理和 I/O 管理功能。

9.5.1　多任务管理

1. 保护机制

在保护模式下，处理器实施对任务和资源的保护机制。它设定了 4 个不同的特权级，用两位二进制表示。其中 0 级最高，可以访问系统的一切资源，供操作系统内核使用。有些特殊的指令只能在 0 级执行，称为特权指令；1 级次之，大多数的操作系统任务运行在这一层；3 级最低，供一般用户程序使用，它不能使用具有 0～2 级特权的资源。

特权级出现在以下 3 个地方。

（1）段描述符。每个段描述符内包括 2 位的描述符特权级 DPL，表示这个段（资源）的级别。

（2）选择子。每个段选择子最低 2 位是它的请求特权级 RPL。

（3）当前执行程序。每个当前执行程序有一个当前特权级 CPL，存放在段寄存器 CS 和 SS 的最低 2 位。CPL 表示该任务所拥有的特权级。

访问一个段时，要求 CPL 和 RPL 同时具有高于或等于 DPL 的特权级，否则将出现保护异常。为了使得一般用户程序能够得到具有较高特权级的操作系统的服务，处理器特别提供了一种称为"调用门"的机制。"调用门"设在较低的特权级上，通过它可以得到较高特权级的操作系统的服务。类似的还有任务门、中断门和自陷门。

2. 任务结构

一个任务由两部分组成：一个任务的执行空间和一个任务状态段（Task Status Segment，TSS）。任务执行空间由该任务的代码段、堆栈段和若干个数据段组成。任务状态段 TSS 是存储器内一个特殊的"段"，它储存了该任务的运行状态（包括各寄存器内容），使用的存储空间,允许使用的 I/O 端口等信息,如图 9-15 所示。当前任务的 TSS 段的选择子装载在处理器的任务寄存器 TR 中。

3. 任务的转换和连接

任务状态段作为一个"段",它的段描述符存放在全局描述符表(GDT)中。该描述符的"类型"字段包含一个"忙"标志位 B,B=1 表示该任务正在执行。

处理器内 16 位的任务寄存器 TR 存放了当前正在执行任务的 TSS 的选择子。TR 还包括一个不可见的 64 位描述符寄存器,那里存放了 TSS 段描述符,它是 GDT 中对应描述符的副本,它使寻找该段的操作更加快速和简便。

指令 LTR 和 STR 用于装载和保存任务寄存器 TR 的 16 位可见部分,其中 LTR 是一条特权指令,只能由 0 级特权的程序执行。

用 JMP 或 CALL 指令启动一个新的任务时,形式为"段选择子:偏移地址"的目标地址中,"段选择子"应该指向 GDT 中新任务的 TSS 段。处理器执行这条 JMP 或 CALL 指令时,会进行一系列的正确性检查。确认检查无误后,将当前任务的所有通用寄存器、所有段寄存器中的选择子、EFLAGS、EIP 存入该任务自身的 TSS,然后将新任务的选择子、描述符装入 TR 寄存器(可见的和不可见的),并且将对应 TSS 段中所保存的通用寄存器、段寄存器(段选择子)、EFLAGS、EIP 副本装入处理器对应的寄存器中。在 CS:EIP 的控制下,一个新的任务开始执行。

除了上述 JMP 和 CALL 指令,IRET 指令、INT n 指令中断和异常也会导致任务的转换。

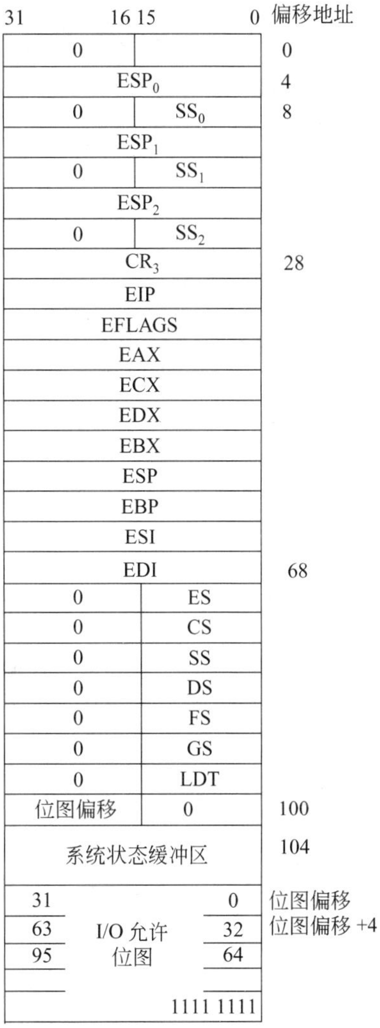

可以看出,32 位处理器的任务转移比起 16 位处理器的程序转移要复杂得多,它对任务的保护功能也强得多。但是,由于这一系列的过程由处理器硬件完成,所以仍然能够实现快速的任务转换。

图 9-15 任务状态段 TSS

用 CALL 指令调用一个新任务时,处理器还将当前任务的 TSS 的选择子复制到新任务 TSS 中的先前连接域中,并将 EFLAGS 寄存器的 NT(Nesting Task,嵌套任务)位置"1"。新任务执行返回指令时,从 TSS 中找到保存的原 TSS 选择子并返回。

但是,用 JMP、CALL 指令调用同一个任务中其他程序段时,形式为"段:偏移地址"的目标地址中,"段选择子"是目标段的选择子,在进行权限检查之后,该"段选择子"及其描述符被存入 CS 寄存器,"偏移地址"进入 EIP,于是,目标程序被执行。对于 CALL 指令,原来程序的返回信息"CS:EIP"被压入堆栈,在返回时恢复到 CS 和 EIP 中,以便顺序执行后续的指令。可以看出,在同一个任务中 CALL 和 JMP 指令的执行和 16 位微处理器中十分相似。

9.5.2　I/O 管理

在多任务的运行环境中,如果多个任务都要对同一个 I/O 端口进行访问,则势必会造成混乱。因此,必须对 I/O 操作进行必要的管理。有两项措施来避免混乱的发生。

（1）处理器标志寄存器 EFLAGS 中 IOPL（2 位）规定了执行 I/O 操作所需要的特权级。

（2）任务状态段 TSS 中有一个最多 64KB 组成的 I/O 允许位图（IOM）,它的每一位对应一个对应位置的 I/O 端口,为 0 表示该端口允许这个用户进行 I/O 操作。

对于运行在虚拟 8086 方式的任务,用 IOM 来控制对 I/O 端口进行访问,对位图对应位为 1 的端口进行访问将产生保护异常。

在保护方式下,处理器首先检查当前任务的 CPL,如果 CPL 的特权级高于或等于 EFLAGS 中由 IOPL 规定的特权级,I/O 操作不会受限制,否则将进一步检查 IOM,对 IOM 为 1 的端口进行操作将产生保护异常。

实际使用时,经常采用如下的方法,在 IOM 中封锁对端口的访问,当前任务一旦执行 I/O 指令,立即产生保护异常,进入由操作系统设置的异常处理程序,在操作系统的控制下进行间接的 I/O 操作。

9.6　现代微型计算机中断系统

在实地址方式下,32 位 80x86 微处理器采用与 16 位 80x86 相同的中断管理机制。也就是说,用 1KB 大小的中断向量表（Interrupt Vector Table,IVT）存储各中断服务程序入口地址的 16 位段基址与 16 位偏移地址,这些中断向量按照中断类型的顺序存放。

可是,在保护模式下,32 位 80x86 微处理器在中断管理上采用了若干新的方法,本节介绍它所采用的基本方法。

9.6.1　保护方式下的中断管理

1. 中断描述符表（IDT）

保护方式下用中断描述符表来指出各中断处理程序的入口地址。每一个中断类型对应一个 64b 的中断门描述符,包括 16 位的"段选择子",32 位的偏移地址,它的类型代码以及特权级等信息。如果是由某种异常引起的中断,例如处理器内部的除法溢出,处理器外部的页面故障（访问存储器需要的页面不在物理存储器中）,则对应一个陷阱门。它和中断门描述符的区别仅仅是类型代码不同。

一个中断类型还可以对应于一个任务门。64 位的任务门包含了一个任务状态段的选择子（16 位）,但不含有偏移地址的信息。3 种"门"的格式如图 9-16 所示。

图 9-16 中,P 是存在位,P＝1 表示该段已经在物理内存中,DPL 是"描述符特权级"。与 DOS 方式下的中断向量表（IVT）不同,IDT 可以放在内存的任何位置,它的首地址（线性地址）存放在中断描述符表寄存器 IDTR 中。

2. 中断响应过程

一次中断发生后,处理器首先将 EFLAGS、CS、EIP 先后压入堆栈,清除 EFLAGS 中的

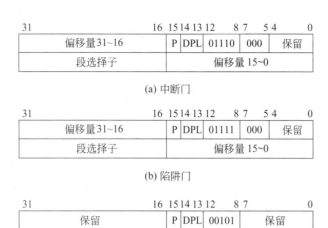

(a) 中断门

(b) 陷阱门

(c) 任务门

图 9-16　中断门、陷阱门和任务门描述符

IF 和 TF 标志,将中断门中的段选择子装入 CS,并依照其内容,从 GDT 或 LDT 表中找到中断服务程序的段描述符,装入 CS 寄存器对应的描述符寄存器,中断门中的偏移地址装入 EIP 寄存器。此后,进入由 CS:EIP 所指出的中断服务程序。

如果中断类型对应一个陷阱门,除了不清除 IF 标志位外,其他过程与上述相同。由于不清除 IF,中断处理过程能够被新的外部中断打断,这意味着它的中断优先级较低。

出于保护的需要,不同特权级的任务不能使用同一个堆栈。如果中断服务程序与被中断程序有不同的特权级,还需要在将 EFLAGS、CS、EIP 压入堆栈后进行堆栈的切换,新的堆栈指针(SS:ESP)存放在当前任务的 TSS 段中。为了保证正确的返回,需要把原来的堆栈指针也压入堆栈保护。

如果中断类型对应一个任务门,段选择子被装入 TR 寄存器,依照段选择子的内容,从 GDT 中取出 TSS 描述符装入 TR 对应的描述符寄存器,然后将当前任务的所有通用寄存器、所有段寄存器中的选择子、EFLAGS、EIP 存入该任务的 TSS,将对应 TSS 段中所保存的通用寄存器、段寄存器(段选择子)、EFLAGS、EIP 副本装入处理器对应的寄存器中。在 CS:EIP 的控制下,一个新的任务开始执行。这类似于用 JMP 和 CALL 指令连接一个新任务。

可以看出,使用任务门时,中断任务与被中断任务完全隔离。但中断响应需要耗费较多的时间。

9.6.2　I/O 控制中心的中断管理功能

在新的两个中心微型计算机结构中,处理器以外的中断管理功能是由 I/O 控制中心(ICH)芯片完成的。

1. 串行中断

在以前的 PC 中,外部中断请求信号连接在中断控制器 8259A 的中断输入引脚上,所连接的引脚的编号与它的中断类型、中断优先级相对应。这种方式的优点是直观和简单,缺点是连线多,缺乏灵活性,不便于系统的扩充。

在新一代的 PC 中,采用了一种新的中断请求形式——串行中断,它用一根信号线(SERIRQ)来传递中断请求信号。所有支持串行中断的中断源都可以用一个三态门连接到这根线上发送各自的中断请求信号,如图 9-17 所示。

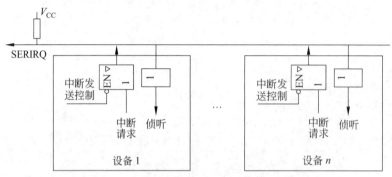

图 9-17　串行中断请求

SERIRQ 信号线上的信息组织成"包",用 PCI 的时钟信号(PCICLK)对"包"内的信号进行同步。在 PCICLK 的控制下,"包"信息被划分为开始帧、数据帧和停止帧。

(1) 开始帧:由 4、6 或 8 个 PCI 时钟周期的低电平组成,表示一个"包"的开始。开始帧可以由 ICH 控制器发起,也可以由一个外部设备发起。如果由一个外部设备发起,外部设备仅输出第一个周期的低电平信号,后续信号由 ICH 控制器发出。

(2) 数据帧:开始帧结束后,是多个连续的数据帧。每个中断源以它的中断类型为序,占用一个数据帧发送自己的中断请求信号。每个数据帧由 3 个 PCI 时钟周期组成。第一个周期为取样阶段,对于 PCI 设备中断,低电平表示有中断请求,对于 ISA 设备,高电平表示有中断请求。第二个周期为恢复阶段,由设备输出高电平或悬浮态,SERIRQ 信号线由上拉电阻保持为高电平。第三个阶段为翻转阶段,设备输出端为悬浮态,SERIRQ 信号线保持为高电平。数据帧的个数由 ICH 所支持的串行中断个数决定。

(3) 停止帧:数据帧结束后,由 ICH 发送 2～3 个 PCI 时钟周期的停止帧。如果是 2 个周期,任何设备都可以启动下一个"包",称为静态模式。如果是 3 个周期,下一个"包"只能由 ICH 发起,称为连续模式。

使用串行中断减少了发送中断请求需要的引脚数,但每个设备的相应逻辑变得复杂了。在开始帧出现之后,每个设备都要侦听 SERIRQ 信号线上的信号,以便在属于它的数据帧中发送正确的信号。

传统的外部设备,如键盘、鼠标等设备的接口集成在称为 Super I/O 的芯片中。它们的中断请求由 Super I/O 芯片转换成串行中断信号送往 ICH(参考图 9-7)。ICH 内的控制逻辑在收到来自 SERIRQ 信号线的串行中断信号后,将它们转换成独立的中断请求信号送往内部的 8259A 中断控制逻辑。

2. ICH 内 8259A 的连接

ICH 内集成了相当于两片 8259A 的中断管理逻辑。主片 8259A 使用 20H 和 21H 两个端口地址,提供了 IRQ_0、IRQ_1、IRQ_3～IRQ_7 的中断接入管理。从片 8259A 的中断请求输出 INT 连接在主片的 IR_2 引脚上,提供了 IRQ_8～IRQ_{15} 的中断接入管理,它使用 0A0H 和 0A1H 两个端口地址。

表 9-6 列出了两片 8259A 所连接的中断请求信号。

表 9-6　ICH 内部的中断请求输入信号

8259A 芯片	8259A 输入	典型的中断源	连接的引脚/功能
主片	0	内部	内部时钟/计数器 0 的输出
	1	键盘	通过 SERIRQ 来的 IRQ_1
	2	内部	从片 8259A 的级联请求
	3	COM_2	通过 SERIRQ 来的 IRQ_3
	4	COM_1	通过 SERIRQ 来的 IRQ_4
	5	并行端口/普通	通过 SERIRQ 来的 IRQ_5
	6	软盘驱动器	通过 SERIRQ 来的 IRQ_6
	7	并行端口/普通	通过 SERIRQ 来的 IRQ_7
从片	0	内部实时时钟	内部实时时钟（RTC）
	1	普通	通过 SERIRQ 来的 IRQ_9
	2	普通	通过 SERIRQ 来的 IRQ_{10}
	3	普通	通过 SERIRQ 来的 IRQ_{11}
	4	PS/2 鼠标	通过 SERIRQ 来的 IRQ_{12}
	5	内部	处理器 FERR♯ 输出
	6	IDE 接口 1	来自 IDE 接口或通过 SERIRQ 来的 IRQ_{14}
	7	IDE 接口 2	来自 IDE 接口或通过 SERIRQ 来的 IRQ_{15}

9.6.3　APIC 中断

新型微型计算机为了进一步提高性能，在内部可以连接多于一片的微处理器。多处理器系统带来了一个新的问题：由哪一个处理器来启动系统；一个外部中断到达之后，交给哪一个处理器去处理。为了解决多处理器环境下处理器之间的联络、任务分配和中断处理，新一代微型计算机采用了高级可编程中断控制子系统（Advanced Programmable Interrupt Controller，APIC）。图 9-6 展示了这种系统的结构，图 9-7 的系统也支持 APIC，但是没有画出相关的 APIC 连接。

该子系统由 3 部分组成。

（1）Local APIC：这一部分逻辑集成在微处理器中，包括了 8259A 和 8254 的功能。它可以接收并响应来自 APIC 子系统的外部中断请求、经 APIC 子系统传来的其他处理器发来的中断请求，以及处理器内部产生的中断请求。

（2）I/O APIC：它集成在 ICH 或南桥芯片的内部，支持 24 个 APIC 中断。

（3）APIC 总线：这是由 3 根线组成的一组同步总线，其中 $APICD_0$ 和 $APICD_1$ 传送数据，APICCLK 传送时钟信号。这组总线连接所有的 Local APIC 和 I/O APIC。

系统中只有单片微处理器时，可以通过设定绕过方式，不使用 APIC。

APIC 对中断的处理与传统的 8259A 有不少的区别,主要表现如下。

① 中断信号在 APIC 上串行传送。

② 无须中断响应周期。

③ 中断优先级与中断类型号相独立,中断类型号不决定它的中断优先级。

④ 多中断控制器,APIC 允许连接多个中断控制器。

⑤ 更多的中断,支持 24 个中断。

习 题 9

1. 查找相关资料,用列表方式给出 8086 至 Core 10 各代微处理器的地址、数据线引脚数量,并推算出各自的内存寻址空间。

2. 什么是 MMX 指令?它有什么特点?

3. 什么是动态执行?使用动态执行技术会带来什么好处?

4. 32 位微处理器有哪几种工作方式?各有什么特点?

5. 叙述 XT 总线与 ISA 总线的异同之处。

6. 什么是分级总线?使用分级总线有什么好处?

7. 简述两个中心结构与南北桥结构的区别,同时说明两个中心结构的优越之处。

8. CPU 与 Cache、Cache 与主存、主存与辅存之间的数据传输各有什么特点?为什么?

9. 什么是相联存储映像表?说明它的结构和用途。

10. 为什么要进行 Cache 和主存的“映像”?有哪几种相联映像的方法?比较各自的利弊。

11. 什么是突发总线周期?它有什么优点?

12. 逻辑地址是怎样转换成线性地址的?简要叙述转换过程。

13. 线性地址是怎样转换成物理地址的?简要叙述转换过程。

14. 分析使用虚拟存储管理带来的利弊。

15. 32 位微处理器实施保护机制的目的是什么?有哪些主要措施?

16. 说明操作系统在保护模式下启动一个任务的过程。

17. 32 位微处理器如何实施对 I/O 过程的管理?

18. 简要叙述保护方式与实地址方式下中断管理方法的区别。

19. 什么是串行中断?它有什么优点?

20. 什么是 APIC 中断?它有什么用途?

第10章 微型计算机总线

计算机总线是一组信号线的集合,是计算机各部件之间进行信息传输的通道。

总线技术对于现代微型计算机的整体性能起着越来越大的作用,有人甚至总结为"微型计算机=微处理器+总线"。本章首先论述总线的基本原理、主要技术指标、现代微型计算机总线技术发展趋势,然后具体介绍现代微型计算机主要的几种总线。

10.1 总线技术原理

在一次信息传输中,总线传输的发起方称为主模块,传输的响应方称为从模块。

在正常情况下,总线上信息的发送方只有一个,发送方多于一个时会因产生竞争而导致信号传输的失败。当有多个总线主模块时,为了避免竞争的发生,需要设置总线控制器,对这些主模块的总线传输请求进行裁决,合理分配总线的使用权。

在一般情况下,信息的接收方只有一个,少数情况下可以有多个接收方,称为广播方式。

10.1.1 总线的基本概念

1. 总线上的信号

总线上传递的信号主要有地址信号、数据信号和控制信号3种类型,用来传递这些信号的信号线分别称为地址总线、数据总线和控制总线。

总线上的信号有两种不同的表示方式。

(1) 单端方式。每一路信号对应一根信号线,一组这样的信号共用一根或者若干根相互连接在一起的信号地,然后用信号线与公共地线之间的电压表示所传输的信号。在 TTL 电路里,电压高于 2.5V 表示"1",电压低于 0.5V 表示"0"。在"0"和"1"之间有一段无效的信号,通常是因器件失效或者原信号上叠加了干扰信号所致。设置这样的门槛,有助于提高传输系统的抗干扰能力。

(2) 差分方式。每一路信号用两根信号线(D_+、D_-)传输。$V_{D+} > V_{D-}$ 表示信号"1",$V_{D+} < V_{D-}$ 表示信号"0"。例如,连接串行接口硬盘驱动器的 SATA 总线,它的一对信号线,总是一根电压为 250mV,另一根为 -250mV,始终保持 500mV 的电压差。

2. 总线上的信号传输

(1) 信号的传输方式。总线上传输的信号通常由若干位二进制构成,人们熟知的地址、数据都由若干位二进制组成。如果这些二进制信号通过不同的信号线在总线上同时传输,称为并行方式;反之,这些信号在同一根(组)信号线上按时间先后,依次逐位传递,称为串行方式。

(2) 信号传输的定时方式。总线上的两个设备要进行信息传送,就必须实现同步。也就是说,必须使信息的接收方知道一位信息从什么时候开始,一个数据从什么时候开始。实现信号传输同步的方法称为定时方式。定时方法分为3种。

① 同步传输。信号的发送方和接收方使用同一个时钟信号,每一次信息(地址、数据)的传输占用一个时钟周期。例如,某总线时钟频率 33.3MHz,表示每个时钟周期(1/33.3MHz＝30ns)可以进行一次信息传递,传递的信息可以是地址、数据等。这个公用的时钟信号可以单独占用一根信号线,也可以将它混合到需要传输的信号中,这一过程称为调制。

② 异步传输。异步传输没有统一的时钟信号,它使用额外的联络信号在发送方和接收方之间进行一次握手(Handshaking)过程,实现双方的同步。常见的握手信号是主设备发往从设备的请求(Request)和从设备发往主设备的应答(Acknowledge)。握手的方式有非互锁、半互锁和全互锁 3 种。

以打印机接口与打印机之间的信号传递为例。打印机接口收到 CPU 送来的字符编码后,通过数据线发往打印机。但是,此刻打印机并不知道数据线上发来了新的数据。接口在 CPU 的控制下,向打印机发出"数据选通"(请求)信号。打印机收到该信号后,从数据线上接收字符编码,打印输出,并在随后回送"确认"(应答)信号,该字符的输出过程结束。整个过程没有时钟信号的参与,属于"半互锁"的握手方式。

第 7 章介绍的异步串行通信是另一个异步传输的例子。异步串行通信采用起止式的信号编码,用逻辑"0"信号表示一个帧开始,也就是一个数据或者一个数据的第一位即将开始。这个起始位就是一个特殊形式的请求信号。第二位数据的起始时间,等于第一位的开始时间加上双方预先约定的每一位的延续时间,其余各位依次类推。异步串行通信只有请求信号,没有应答信号,属于非互锁的握手方式。由于发送方和接收方的时钟频率可能存在误差,累积时间长了会导致错位,所以,异步方式下每个字节前面都要发送一个起始位,将"以前"的误差清"0",而且每次传送的数据位不能太多,传送速度也不能太快。

③ 半同步传输。半同步方式是同步方式和异步方式的组合,传输的开始时间需要由时钟信号和握手信号共同确定,一次信息的传输可以占用一个以上的时钟周期。

半同步方式使得不同工作速度的设备可以连接在同一个频率的同步总线上,进行信息传输,具有较大的灵活性,使用握手信号还能提高信号传输的可靠性,因此得到了广泛的使用。不少称作同步的总线本质上属于半同步总线范畴,例如 PCI 总线。

组合上述总线传输的各种方式,理论上总线可以进行如下划分。

- 并行总线:同步并行传输总线、半同步并行传输总线、异步并行传输总线。
- 串行总线:同步串行传输总线、半同步串行传输总线、异步串行传输总线。

读者不妨把熟知的总线按上述分类进行一次划分,测试一下对总线的理解程度。

3. 总线数据传输的过程

一次总线传输的过程可以分为以下 4 个阶段。

(1) 总线申请与裁决。

(2) 总线寻址。

(3) 数据传送。

(4) 错误检测。

要在总线上进行信号传送,主模块首先要申请总线的使用权。多个主模块同时申请总线使用权时,需要由总线控制器根据某种算法做出裁定,把总线的控制权赋予某个主模块。

主模块取得总线控制权后,在总线上发送从模块的地址,通知该模块进行信息传输,这个过程称为寻址。

从模块给出确认信号后,传输过程开始。传输过程中,还要检测信号传输的正确性。

综上所述,一次完整的数据传输过程可能需要耗费若干个总线时钟周期。

4. 总线标准(协议)

为了使不同类型的设备能够在总线上相互连接,进行信息交换,需要对总线上各信号的名称、功能、电气特性、时间特性等做出统一的规定,这就是总线标准,也称为总线协议。

各种总线标准都有详尽的规范说明,其文档常常有上百页,几十万字。主要包括以下几个部分。

(1)机械结构规范:规定模块尺寸、总线插头、边沿连接器、插座等规格及位置。

(2)性能规范:规定总线上每根线(引脚)的信号名称、功能,对它们相互作用的协议(例如定时关系)进行说明。

(3)电气规范:规定总线每根信号线的有效电平、动态转换时间、负载能力、各电气性能的额定值及最大值。

5. 总线的指标

(1)总线宽度。总线上同时传输的数据位数,称为总线宽度或位宽。位数越多,一次传输的信息就越多。ISA 总线宽度为 16 位,PCI 总线宽度常见为 32 位。

(2)总线时钟频率。同步、半同步总线都有一个基准时钟,这个时钟信号的频率称为总线时钟频率。

现代计算机总线广泛采用倍频技术来提高总线的信号传输速度。如前面已经介绍的 DDR 存储器,总线时钟为 133MHz 时,存储器内部以 266MHz 的频率工作,在一个总线时钟周期内传输 2 次数据。总线设备传输信息的实际频率称为总线工作频率,每个总线时钟周期内实际传输的数据次数称为总线数据周期数。显见,总线工作频率=总线时钟频率×总线数据周期数。早期微型计算机的总线数据周期数小于 1,例如,XT 总线 4 个时钟周期读写一次数据,它的总线数据周期数等于 0.25。现代微型计算机的总线数据周期数常大于 1,例如,DDR2 存储器的总线数据周期数等于 4,DDR3 存储器的总线数据周期数等于 8。

为了和总线时钟频率加以明显的区分,总线工作频率常常以 MT/s(每秒 10^6 次数据传输)和 GT/s(每秒 10^9 次数据传输)作为单位。

总线时钟频率与总线工作频率名称相近,含义也比较接近,读者应仔细区别。人们熟知的前端总线(FSB),它的工作频率目前均在 800MT/s 以上,它所使用的基础时钟频率还仍然处于 133MHz、166MHz、200MHz。

(3)总线带宽与总线数据传输率。总线上单位时间内传输信息(包括地址、数据等各种信息)的数量称为总线带宽(Baud),等于总线宽度与总线工作频率的乘积:

ISA 总线的带宽=16b×8MHz=128Mb/s=16MB/s

PCI 总线的带宽=32b×33.3MHz=1064Mb/s=133MB/s

总线数据传输率定义为总线上单位时间内传输的数据信息的数量。在主从设备传输数据之前,通常需要发送地址信息,对从设备寻址,在设备之间进行联络等,此后才真正地传输数据,这使得总线数据传输率总是小于总线带宽。例如,ISA 总线 3 个时钟周期传输一次数据,它的数据传输率=16/3MB/s=5.3MB/s。

现代微型计算机普遍采用"突发总线传输",这使得精确地计算"总线数据传输率"变得稍微复杂。例如,某微处理器外部输入的基准时钟频率为200MHz(外频),存储器总线位宽为64,数据周期数为4,连接的存储器以"5-1-1-1-…"方式工作。这时,总线工作频率=总线时钟频率×总线数据周期数=200×4MHz=800MHz。假设一次"突发总线传输"连续读写8次数据,则读写这8次数据使用了(5+1+1+1+1+1+1+1)=12个工作周期,于是

$$总线带宽=800MHz×64b=6400MB/s$$

$$总线数据传输率=800MHz×(8/12)×64b=4267MB/s$$

可见,总线带宽由总线本身决定,数据传输率不但取决于总线本身,还取决于连接在总线上的设备的工作速度和工作方式。对于某个具体总线来说,总线带宽是一个相对固定的值,而数据传输率随连接的设备而不同。为了简化对总线的叙述,许多资料上不再强调数据传输率的概念,统一以总线带宽概之。也有的资料将总线工作频率称为数据传输速率,读者要小心加以区分。

10.1.2 现代微型计算机的总线

1. 微型计算机总线技术的发展

微型计算机的总线技术随着微处理器性能的提升而不断发展。

早期微型计算机的总线仅仅是CPU引脚的延伸,第1章讲述的XT总线就是如此。这时候,一组总线连接了微型计算机的几乎所有设备,构成了完整的"计算机系统",这样的总线称为系统总线。由于微处理器芯片的总线驱动能力有限(一般只能驱动1个标准TTL电路),因此,微处理器芯片与系统总线之间必须加接驱动器,以提高总线负载能力,如图10-1所示。

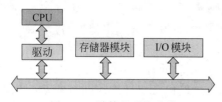

图10-1 计算机系统总线

随着系统规模的扩大,总线上连接的设备越来越多。不同的设备具有不同的工作速度,要求使用不同的工作频率。但是,为了使所有挂接在总线上的设备都能够正常工作,总线频率只能取各设备允许的最高工作频率的最小值。这使得需要高速运行的设备不能正常运行,或者,性能得不到发挥。总线上挂接的设备增加后,还使总线负载增加,这也会影响总线上信号的传输速度。

为了解决这个矛盾,可以在CPU与高速外部设备之间增加一条直接通路,称为局部总线或高速总线。这样,不同传输要求的设备被分类连接在不同性能的总线上,系统资源的配置趋于合理,满足不同设备的不同需要。使用局部总线后,系统内有多条不同级别的总线,这种结构称为分级总线结构(见图10-3)。

用于连接主机和外部设备接口的标准总线称为I/O总线。

除此以外,现代微型计算机内还有连接微处理器与微处理器,微处理器与"存储控制中心(MCH,也称为北桥)"芯片的处理器总线,连接存储器控制器与主存储器的存储器总线,以及南北桥连接总线和外围I/O总线等。

2. 处理器总线(系统总线、前端总线)

处理器总线连接微处理器与微处理器,微处理器与北桥/平台控制中心芯片。由于传统意义上的"系统总线"已经不复存在,处理器总线也被称为系统总线。

在 Pentium Pro 和 Pentium Ⅱ 处理器上,处理器对外有两组连接:一组信号线与北桥芯片连接,称为前端总线(Front Side Bus,FSB);另一组信号线与片外 L2 Cache 相连,称为后端总线。现代微处理器将 L2 Cache 集成在处理器内部,"后端总线"因此不再存在,但是"前端总线"的名称却被保留了下来,成为比"处理器总线"或"系统总线"更为流行的称谓。

自 Pentium 开始,处理器总线位宽变为 64,它的时钟频率等同于微处理器接收到的基本时钟信号频率(外频),数据周期数早期为 1,后期发展为 2、4 等。资料中"FSB 为 800MHz"实际上是时钟频率为 200MHz,数据周期数 4,FSB 工作频率=时钟频率×数据周期数=200×4MHz=800MHz。

Intel 公司在新一代微处理器酷睿中,对处理器总线进行了改进,用两个方向各 20 对差分信号代替了前面使用的 64 位处理器总线,称为快速通道互联(Quick Path Interconnect,QPI)。QPI 总线实现了 MCH 芯片与 4 个处理器内核之间点对点的双向连接(芯片内部 4 个处理器与三通道内存控制器之间也实现了点对点的双向连接),工作频率 3.2GHz,每一通道位宽 5～20 位,带宽 25.6GB/s。

以 Sandy Bridge 为核心的第二代酷睿处理器使用 4 信道的双向 DMI 2.0(Direct Media Interface,直接媒介接口)总线与 PCH(Platform Control Hub,平台控制中心)芯片连接。该总线采用差分方式,点对点传输,单向传输可以达到 5GT/s(每秒进行 5×10^9 次数据传输),4 组双向传输的理论峰值可以达到 4GB/s(已扣除 8b/10b 编码损耗)。

3. 内存总线

内存总线连接北桥芯片中的存储器控制器与主存储器芯片,在 Sandy Bridge 结构体系中,微处理器直接连接内存。

从 Pentium 开始,内存总线位宽变为 64,采用双通道或三通道技术进一步扩展了内存总线的位宽和带宽。

连接 DDR 存储器时,内存总线时钟频率等于微处理器外频,数据周期数为 2。连接 DDR2 存储器时,内存总线时钟频率等于微处理器外频的两倍,相对于内存总线的数据周期数仍为 2(相对于基准时钟的数据周期数则为 4)。

第二代酷睿处理器将 DDR3 内存控制器集成在处理器内部,连接单通道 DDR3-1333 存储器时,内存总线的带宽可以达到 10.6GB/s,连接双通道 DDR3-1333 内存时,带宽则可以达到 21GB/s。

4. 北、南桥芯片连接总线

在 Sandy Bridge 体系出现之前,南、北桥芯片之间的通道是系统的咽喉所在,是微处理器、内存储器与各种外部设备信息交换的集中通道。

南、北桥芯片连接总线由南、北桥芯片设计厂商自行设计,如 Intel 的 Hub Link,AMD 的 Hyper Transport 等。

Intel 的 Hub Link 是一条 16 位的专用并行总线(2.0 版),时钟频率 66.6MHz,数据周期数 8,它的带宽为 66.6MHz×16b×8=1066MB/s。

5. I/O 总线

顾名思义,I/O 总线用来连接各种 I/O 设备。目前使用的主要有以下几种。

(1) PCI/PCI-Express 总线。在早期"南、北桥结构"的 Pentium 计算机中,PCI 总线称为主 I/O 总线,它连接南桥和北桥芯片,连接几乎所有的 I/O 设备。由于 PCI 总线带宽的限制,它很快成为系统的瓶颈。采用"两个中心结构"后,南桥芯片与北桥芯片通过专用连接总线直接相连,PCI 总线改为从南桥芯片引出,主要用作"扩展总线",连接用户的个性化 I/O 设备,例如连接第二块 PCI 显卡。PCI-Express 是 PCI 总线的新发展,具有更高的带宽和更灵活的组合使用方式,在第 10.3 节专门论述。

（2）ATA/SATA 总线。用于连接硬盘、光盘驱动器,在第 5.4.2 节中已经介绍。

（3）USB 总线。它是一种串行方式工作的通用外部 I/O 总线,将在第 10.4 节和第 10.5 中作详细介绍。

（4）IEEE 1394 总线。用于连接视频、音频设备的一种 I/O 总线,在第 5.4.5 节中已经介绍。

10.1.3 现代微型计算机总线的"串行化"趋势

在一个以"串行"方式连接的系统中,系统内最终的信息传输速度等于构成系统的各部件(包括可以进行信息收、发的各种设备和所有的传输通道)传输速度的最小值。这个"最小值"所在的位置,就是系统信号传输的瓶颈。系统性能的提高过程,就是一个不断地找出瓶颈,通过改进,克服"瓶颈"的过程。

早期的微型计算机中,信息传输通道是一个简单的"处理器-总线-存储器/IO 接口"串行结构,信息传输速度处于较低的水平上。IBM/PC 微型计算机总线时钟频率 4.77MHz,带宽仅为 4.77MHz×8b=4.77MB/s。在这一阶段,微处理器和半导体存储器交替成为系统瓶颈。为了克服这一阶段的瓶颈,工程技术人员采用了多方面的技术手段,包括革新半导体工艺、采用新的芯片体系结构,在微处理器内部增设容量小,速度快的"高速缓冲存储器"等。这些措施,有力地提升了系统的性能。

随着微处理器、半导体存储器芯片内部结构,工艺制造水平的不断提升,连接"处理器-存储器/IO 接口"的中间环节(传输总线)逐渐地成为提升系统性能的最大瓶颈。

1. 并行传输总线的技术限制

并行传输总线技术相对简单,接口电路简单,在早期微型计算机内得到广泛应用。但是,它自身的技术特性限制了性能的进一步提升。

（1）对于以"并行传输"为特征的传统总线,增加位宽无疑是一个最为便捷的提升带宽的方法。从 PC/XT 总线的 8 位,到 ISA 总线的 16 位,PCI 总线的 32 位,Pentium 开始的 64 位内存总线,以及 Core i7 处理器的三通道内存总线(64 位×3),留下了通过提升位宽,进而提升带宽的清晰的"技术轨迹"。但是,增加位宽意味着需要更多的信号线。以 Intel Core i7 处理器为例,每个内存通道数据线 64 位,加上地址信号,各种辅助信号(包括四相差分形式的时钟信号 8 根),建立每个内存通道需要 110 余根信号线,3 个通道总计三百多根。这使得 Intel Core i7 的芯片引脚达到创纪录的 1366 根,给主板的制造增加了不少成本。例如,采用更多的布线层制造主板。通过增加总线位宽来提升总线带宽已经难以为继。

（2）"并行总线"都采用"同步"或"半同步"方式进行数据传输。提升"并行总线"带宽的第二个可选方案就是提升总线的时钟频率,或者工作频率。从 PC/XT 总线的 4.77MHz,到 ISA 总线的 8～12MHz,PCI 总线的 33.3MHz,到 Intel Core i7 处理器内存总线的 266MHz,同样留下了通过提升工作频率,从而提升带宽的清晰的"技术轨迹"。但是,提升频率同样面临着一系列问题。

① "并行"总线的信号线呈"平行"分布,它们与"信号地"之间存在"分布电容"。随着信号频率的提高,信号传输的畸变、信号间的相互干扰日益加剧。例如,用于连接 IDE 硬盘或光驱的 ATA-33 总线时钟频率 8.3MHz,数据周期数 2,位宽 16,带宽为 8.3MHz×16b×2＝33MB/s。将时钟频率提高到 16.6MHz(ATA -66 总线)后,出现了明显的信号干扰,导致传输误码率上升。为此,不得不在每两根信号线之间增加一根"信号地",使原本 40 线的连接线缆增至 80 线。到 ATA -133 时,时钟频率已提升至 33MHz,继续提高频率之路越走越难。

② 克服信号互相干扰的另一措施是提高信号电平,通过提高"门槛"来过滤干扰信号。但是,提高信号电平意味着信号的"翻转"需要更多的时间,要求使用较低的时钟频率,这显然是与提升带宽的初衷相悖,走进了一条"死胡同"。

③ "并行"总线用"时钟"信号在发送方和接收方之间进行数据传输的同步,一旦布线长度稍有差异,同步传送的信号之间会产生"时移"。对于高频工作下的并行总线,信号传输已经被压缩在一个极短的时间段内,如果信号之间产生了相位偏移,势必导致信号传输的错误。

综上所述,并行传输总线性能的进一步提高面临着极大的挑战。出路在哪里?答案是,新一代的"串行"传输总线。

2. 新一代串行传输总线技术原理

在微型计算机发展的早期,"串行总线"几乎就是低性能总线的代名词。新一代串行总线综合了现代信号传输技术、网络技术以及计算机体系结构研究的最新成果,采用了差分信号、自同步信号编码、分组传送、点对点传输、全双工多信道传送这 5 项主要技术,使得串行总线在现代微型计算机中大放异彩,成为进一步提升现代微型计算机性能的重要技术途径。

(1) 差分信号。信号传输过程中,会接收到各种干扰信号,包括来自"外部"的干扰信号和信号线之间的相互干扰。很多时候,干扰信号同时叠加到各路信号线上,称为共模干扰。由于信号线之间的"平行"走向,它们收到的干扰信号大小、相位基本相同,因此不会改变差分方式信号线上的电位差,不会改变它们所代表的逻辑值。但是,如果"共模"干扰施加到单端方式的信号线上,则可能将原来的"0"改变为"1",或者,将原来的"1"改变为"0"。

由于差分信号所具有的较强的抗干扰能力,使用差分信号后,可以降低信号使用的电压。USB 2.0 总线在高速传输时,两根差分信号线上的电压差仅为 0.4V。较低的信号电压意味着信号在两种状态之间的翻转耗时更少,从而可以采用更高的工作频率。USB 2.0 总线高速传输时的时钟频率为 480MHz,在 USB 3.0 中,每秒传输更达到 5G 次,PCI-Express 2.0 总线时钟频率已达到 5.0GHz,将来渴望达到 10GHz。

(2) 自同步信号编码。新一代串行方式总线毫无例外都采用了"同步方式"进行信号传送,而且把每一位的同步信号与数据信号调制在一起,如 USB 2.0 采用的"不归零翻转-0(NRZI-0)",SATA、PCI-Express 以及 USB 3.0 采用的 8 位/10 位编码。这样做,一方面解决了发送方与接收方的"同步",而且,由于同步信号与数据信号在同一根(对)信号线上传送,避免了分别传送带来的相位偏移,使得信号在极高的频率下仍然能够可靠地接收。

(3) 分组传送。分组传送是现代网络中普遍采用的信息传输方式。信息包(Package)由地址信息、数据信息和 CRC 校验码 3 部分组成。与单个数据传送相比,采用分组传送的好处如下。

① 一组数据信息共用地址信息,提高了信息的有效比例。

② 一组数据信息共用地址信息,减少了信号传输中的寻址次数,提高了总线利用率。

③ 采用较强的校验手段(CRC),能够及时发现传输错误,可以通过重发纠正错误,提高了信息传输的可靠性。

④ 便于使用"存储转发"方式,提高整个传输系统的信息吞吐量。

(4) 点对点传输。传统总线信道由多个设备共享。新一代串行总线采用"点对点"的连接方式,整个总线由若干"设备 A-信道-设备 B"的小段组成。信道由设备 A 和 B 独享,避免了信道的竞争以及由竞争带来的"仲裁"过程,使总线常处于高速运转的状态。

(5) 全双工多信道传送。并行总线受到布线数量的限制,均采用"半双工"方式工作,在某一个时刻,只能进行单方向的信息传送。新型串行总线采用"全双工"方式,在两个方向上各设一对信号线,在同一个时刻可以双向传输信号。例如,PCI-Express 2.0 时钟频率 5GHz,采用 8b/10b 编码,单向带宽为 $5\text{GHz} \times (8/10) \times 1\text{b} = 500\text{MB/s}$,双向带宽则达到 1000MB/s。

串行总线为了进一步提高带宽,常常布设了多个"信道(Lane)"同时进行传输。例如,PCI-Express×16 使用 16 组信道,单向带宽就已达到 $500 \times 16\text{MB/s} = 8\text{GB/s}$。多信道传输时,各信道之间无须"同步",各自独立地传送信息,是并行和串行两种类型传输技术的智能结合。

不同的"串行总线"有着不同的设计目标和使用环境,采用的具体技术会有所不同。例如,USB 2.0 总线仍然以"半双工"方式工作。

3. 新一代串行传输总线在现代微型计算机中的应用

新一代串行传输总线具有较强的抗干扰能力,提供高频率、高带宽的信号传输,在现代微型计算机中得到了越来越多的应用。

目前已采用串行传输技术的总线有处理器总线(QPI,DMI)、主 I/O 总线(PCI-Express)、外围 I/O 总线(USB 总线、IEEE 1394 总线、SATA 总线)等。

Intel 公司正在准备将内存总线改造为串行总线。在内存控制器的内部增加"并行-串行"转换电路,以串行的方式在内存总线上传输地址和数据信息。同时,在内存模块增加"并行-串行"转换芯片,称为 FB-DIMM(Full Buffer DIMM,全缓冲 DIMM 模块)。

10.2 ISA 总线

工业标准体系结构(Industrial Standard Architecture,ISA)起源于 IBM-PC 微型计算机的出现。1981 年 IBM 生产出以 Intel 8088 为 CPU 的 PC 时,同时推出了用于 PC 功能扩充的 8 位总线,称为 PC 总线,后来又发展成 PC/XT 总线。这种总线通过 62 线的插槽连接各种设备,提供 8 位数据、20 位地址和一些其他信号。由于这种总线完全公开,大量的板卡生产商在此基础上开发了许多的扩充卡,如内存卡、ROM 卡、数据采集卡、扩充 BIOS 卡等,还有 IBM 自带的显示卡、串/并接口卡、软硬盘接口卡等。

1984 年 IBM 推出以 Intel 80286 为 CPU 的 IBM-PC/AT 之后,数据总线由原来的 8 位扩展为 16 位,地址总线由 20 位扩展到 24 位,这个"AT 总线"后来演变成 ISA 总线。ISA 总线主要性能指标如下。

(1) 24 位地址线,可寻址 16MB 内存和 64KB 的 I/O 地址空间。

(2) 16 位数据线。

（3）工作频率 8～12MHz，总线带宽 16MB/s。

（4）15 路中断请求，7 组 DMA 联络信号。

ISA 插槽由基本的 62 线 XT 插槽和扩展的 36 线插槽两部分组成。使用基本插槽时，可以使用 8 位数据及 20 位地址。同时使用两组插槽时，可以使用 16 位数据、24 位地址。除了数据和地址线的扩充外，ISA 总线还增加了若干个中断请求与 DMA 联络信号。

图 10-2 列出了 ISA 总线信号。从图中可以看出，ISA 的信号与 PC/AT 所使用 CPU 及外围芯片有着十分密切的关系。ISA 的 24 位地址与 16 位数据可以看作是 80286 引脚信号的自然延伸，它的 IRQ、DRQ、DACK 则是由两片 8259 和两片 8237 级联产生的。

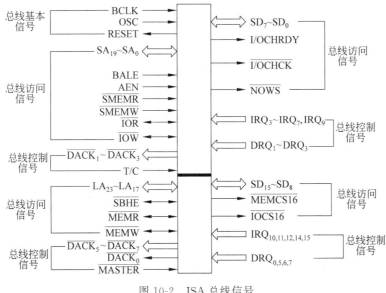

图 10-2　ISA 总线信号

ISA 总线不支持突发（Burst）传输方式，除了 DMA 方式外，CPU 是唯一的主设备，其他 ISA 设备均是从设备。

由于 ISA 总线的开放特性，许多厂商设计制造了各种 ISA 总线的 I/O 接口。ISA 的 I/O 空间仅有十六进制的 1XX、2XX 和 3XX，共 768 个地址供使用，其中不少端口已分配给"常规"的设备使用，如串/并口、软硬盘驱动接口和显卡等，新设计 I/O 扩充卡的端口地址不能与它们冲突。另外，扩充卡之间使用的地址也不能发生冲突。为解决这个矛盾，ISA 卡设计时多采用跳线开关（Switch），允许对卡的 I/O 起始地址（BASE）进行选择。

10.3　PCI 总线与 PCI-Express 总线

20 世纪 80 年代末期，图形界面操作系统的普及，图形用户接口（Graph User Interface，GUI）的巨大需求对总线的性能提了更高的要求。例如，在显示视频图像时，如果分辨率为 640×480，30 帧/s，显示彩色深度为 24 位，则该显卡每秒数据流量为

$$640 \times 480 \times 30 \times 24/8 = 27.648\text{MB/s}$$

一条总线一般可挂接 3～5 个高速外部设备，总线的最大传输速率应为高速外部设备的

3～5 倍,由此可计算出总线带宽为

$$27.648 \times 3 \sim 27.648 \times 5 \text{MB/s} = 82.944 \sim 138.24 \text{MB/s}$$

这是当时的 EISA、MAC 等总线的标准无法满足的。

微处理器技术的发展,呼唤着新一代总线和新的微型计算机体系结构。1991 年,由 Intel 公司发起,联合 IBM、Compaq、Apple 等公司共同制定了 PCI(Peripheral Component Interconnect,外部设备互连)总线标准。PCI 总线支持 32 位数据传输、多总线主控和突发方式(Burst),带宽 133 MB/s。先进的性能为它的发展提供了有利条件,PCI 因此成为 20 世纪 90 代的标准总线。新推出的 PCI-Express 总线兼容 PCI 体系,提供更高的传输性能, 为 PCI 体系延续了新的生命。

10.3.1 PCI 总线的特点

1. 突发总线传输

传统的存储器访问,都是发送一个地址,传送一次数据。PCI 支持突发数据传输模式, 在发送一次地址并适当等待之后,可以在若干个时钟周期内连续地多次传送数据。在总线带宽不变的情况下,这种传输方式有效地提高了总线数据传输率。

2. 支持多总线主控

挂接在 PCI 总线上的设备有"主控"和"从控"两类。主控设备可以通过向总线发送控制信号,主动地进行数据传输。PCI 总线允许多处理器系统中任何一个处理器或其他有总线主控能力的设备成为总线主控设备。

3. 独立于处理器

PCI 是一种独立于处理器的总线标准,支持多种处理器,适用于多种不同的系统。在 PCI 总线构成的系统中,接口和外围设备的设计是针对 PCI 而不是 CPU 的,所以当 CPU 因为过时而更换时,接口和外围设备仍然可以正常使用。

4. 即插即用

PCI 具有即插即用、自动配置的功能。该总线的接口卡上都设有"配置寄存器",系统加电时由初始化程序给这些设备分配端口地址等系统资源,从而避免不同 PCI 板卡上的设备在使用时发生冲突,Microsoft 公司把这一特性称为即插即用(Plug and Play)。

5. 多总线共存

PCI 总线通过"桥"芯片进行不同标准信号之间的转换。例如,使用 Host-PCI 桥连接处理器和 PCI 总线,使用 PCI-ISA/EISA 桥连接 PCI 和 ISA/EISA。这一特点使得多种总线可以共存于一个系统中。

10.3.2 PCI 总线体系结构

图 10-3 是使用 PCI 总线的一种系统结构。可以看出,Host-PCI 桥是构成系统的一个核心芯片,它把微处理器与 PCI 总线连接起来。这个桥电路还包含了 PCI 总线控制器,有多个设备申请使用总线时,由它进行裁决,分配总线的使用权。

另一类"桥"用于生成"多级总线"结构,例如 PCI-ISA/EISA 桥、PCI-USB 桥、PCI-PCI 桥等。多级总线把不同传输速度、不同传输方式的设备分门别类地连接到各自"适合"的总线上,使得不同类型的设备共存于一个系统,合理地分配资源,协调地运转。

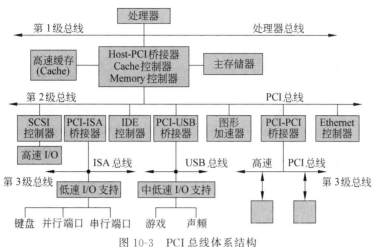

图 10-3　PCI 总线体系结构

10.3.3　PCI 总线信号

PCI 信号线分为必备的和可选的两大类。对于主设备,至少需要 49 条必备信号,对于从设备则需要 47 条必备信号。利用这些信号线可以实现接口控制、总线申请、传输数据、地址信号等功能。按功能分组的信号如图 10-4 所示。

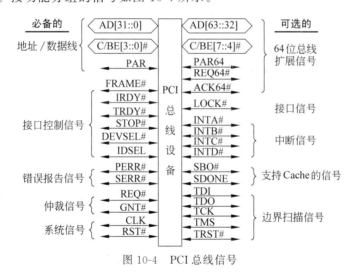

图 10-4　PCI 总线信号

图 10-4 中,♯号表示低电平有效,否则为高电平有效。

信号类型定义如下。

(1) IN:标准的输入信号。

(2) OUT:具有驱动能力的输出信号。

(3) T/S:双向的三态输入输出信号。

(4) S/T/S:低电平有效的三态信号,在某一时刻只能属于一个主设备并被其驱动。

(5) OD:漏极开路信号,允许多个设备共同驱动。

1. 系统信号

（1）CLK IN：时钟信号，33.3MHz（PCI 2.0 为 66.6MHz），为所有 PCI 传输提供时序基准。

（2）RST♯ IN：复位信号。

2. 地址和数据信号

（1）AD［31::0］，T/S：地址和数据分时复用信号。一个 PCI 总线的传输中包含了一个地址信号周期和接着的一个或多个数据周期。地址周期中 FRAME♯有效，AD［31::0］上含有一个 32 位的物理地址。在数据周期，IRDY♯和 TRDY♯同时有效，AD［31::0］上是 8～32 位的数据信号。AD［7::0］为最低字节，AD［31::24］为最高字节。

（2）C/BE［3::0］♯，T/S：总线命令（Command）和存储体选择（Bank Enable）复用信号。地址周期，C/BE［3::0］♯上传输命令信号，表示本次总线操作的种类。在 32 位总线的系统中，字长 32 位的主存储器由 4 个 8 位的存储体（Bank）组成，编号依次为 0，1，2，3，分别连接到数据线 AD［7::0］、AD［15::8］、AD［23::16］、AD［31::24］。地址周期结束之后，C/BE［3::0］♯分别选择 Bank0～Bank3，表示本次总线传输使用哪几个存储体。它使得一次数据传输可以是 8 位、16 位、24 位或 32 位。

（3）PAR，T/S：对 AD［31::0］和 C/BE［3::0］♯的奇偶校验位。

3. 接口控制

（1）FRAME♯，S/T/S：FRAME♯有效预示总线传输的开始，它由当前主设备驱动。

（2）IRDY♯，S/T/S：主设备准备好信号。

（3）TRDY♯，S/T/S：从设备准备好信号。

（4）STOP♯，S/T/S：STOP♯有效表示当前从设备要求主设备停止数据传送。

（5）LOCK♯，S/T/S：LOCK♯有效时，当前的主、从设备将独占总线资源。

（6）IDSEL♯，IN：初始化设备选择，参数配置读写时，用于接口选择信号。

（7）DEVSEL♯，S/T/S：设备选择，它有效表示总线上某一从设备已被选中。

4. 仲裁信号

（1）REQ♯，T/S：总线请求信号，任何主设备请求使用总线必须发出该请求，由 PCI 主控制器仲裁。每个 PCI 总线主设备有一根独用的 REQ♯信号。

（2）GNT♯，T/S：总线允许信号，PCI 主控制器批准主设备请求后，发回给主设备。与 REQ♯信号一样，每个 PCI 总线主设备有一根独用的 GNT♯信号。

5. 出错报告信号

（1）PERR♯，S/T/S：奇偶校验错信号，由数据接收设备发出。

（2）SERR♯，O/D：系统错误信号，报告地址奇偶错等可能引起灾难性后果的系统错误。

6. 中断信号

（1）INTA♯，O/D：中断请求信号，该信号允许与时钟信号不同步。

（2）INTB♯，INTC♯，INTD♯，O/D：多功能设备的中断请求信号。

10.3.4　PCI 总线周期和地址空间

1. PCI 总线周期

PCI 上基本的总线传输机制是突发成组传输，适用于存储空间和 I/O 空间。一个突发分组由一个地址期和一个(多个)数据期组成。

图 10-5 给出了 PCI 总线的读操作时序。一次典型的读操作过程如图 10-5 所示。

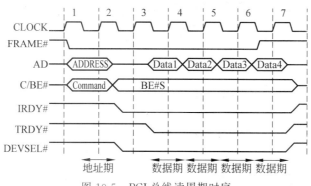

图 10-5 PCI 总线读周期时序

(1) 主设备获得总线使用权后,将 FRAME♯ 置为有效,表示一次总线周期开始。同时在 C/BE♯ 上发送 PCI 总线命令(如表 10-1 所示),在 $AD_0 \sim AD_{31}$ 上发送地址信号,PCI 总线进入“地址期”。此后,主设备将 IRDY♯ 信号置为有效,表示主设备已经就绪,随时可以接收数据。并且在 BE♯0~3 上发送字节选择命令,表示要求 32 位总线传输哪几个字节的数据。

表 10-1 PCI 总线命令

$C/BE_3 \sim C/BE_0$	命　　令	$C/BE_3 \sim C/BE_0$	命　　令
0000	INTA 序列	1010	配置读入
0001	特殊周期	1011	配置写入
0010	I/O 读周期	1100	存储器多行读
0011	I/O 写周期	1101	双寻址周期(64 位)
0100	存储器读	1110	存储器一行读
0111	存储器写	1111	存储器写并无效

(2) 从设备从 C/BE♯ 获知主设备的读命令,在地址期中从 $AD_0 \sim AD_{31}$ 上得到存储器或 I/O 地址,被选中的设备发出 DESEL♯ 有效信号表示响应。同时,从设备内部的读操作开始进行。从设备将要求的数据读出后,将 TRDY♯ 置为有效,并将读出的数据送往 $AD_0 \sim AD_{31}$ 信号线,PCI 总线进入“数据期”。主设备在主时钟信号的控制下,从 $AD_0 \sim AD_{31}$ 上读入需要的数据。

(3) 如果主设备执行突发总线周期(默认方式),则将 FRAME♯ 和 IRDY♯ 信号继续保持有效。从设备在这两个信号的控制下,将下一组数据送往 $AD_0 \sim AD_{31}$ 信号线,进入下一个数据期。如果从设备不能在下一个时钟周期如期送出数据,则将 TRDY♯ 信号置为无效,数据传输将产生停顿。

(4) 主设备在发出读最后一组数据的命令之后,将 FRAME♯ 信号置为无效,表示数据传输即将结束。在最后一项数据传输后,主设备撤销 IRDY♯ 信号,从设备撤销 TRDY♯ 和 DEVSEL♯ 信号,一次 PCI 突发总线传输结束。总线控制器发现 FRAME♯ 信号撤销后,开始下一次总线仲裁。总线的仲裁和总线上的数据传输是同时进行的。

PCI 总线的数据传输不但依靠时钟信号作为定时基准,而且还使用了"联络"信号。从这一点来说,PCI 总线属于半同步总线。

2. PCI 的地址空间

PCI 总线定义了 3 个物理地址空间:内存地址空间、I/O 地址空间和配置地址空间。前两个是 80x86 体系原有的,第三个是 PCI 特有的,它用于进行 PCI 的硬件资源配置。

PCI 总线上每个设备都有自己的地址译码电路,不需要进行统一译码。PCI 支持正向和负向两种类型的地址译码。所谓正向译码就是设备监听地址总线,判断访问地址是否落在它的地址范围,如果是,使 DELSEL♯ 有效以示应答,响应速度较快。负向译码是指没有一个设备做出响应时,由一个指定的设备(负向译码设备)做出响应。由于它要等到总线上其他所有设备都拒绝之后才能行动,所以速度较慢。ISA 总线设备一般没有发送 DELSEL♯ 信号的能力,所以负向译码通常由 PCI/ISA 扩展桥担当。

10.3.5　PCI 配置空间

Pentium 以上处理器的 PC 推出了由计算机自动配置各种资源的方法——即插即用(Plug and Play,P&P)。它要求每块支持 P&P 的板卡设置一组称为配置空间的寄存器,这些寄存器中保存了该板卡对系统资源的需求。Windows 系统启动时,BIOS 程序读出这些参数,综合每块板卡对资源的需求,对系统资源进行统一分配。由此可见,PCI 设备的地址是由系统动态分配的,是可变的。

1. PCI 头标区

PCI 配置空间是长度为 256B 的一段内存空间,前面的 0~63B 称为头标区,具有统一的格式,如图 10-6 所示。64~255B 的配置空间用于存放该设备个性化的一些信息。

31		16	15	0	
设备标识 (Device ID)			制造商标识 (Vendor ID)		00H
状态 (Status)			命令 (Command)		04H
分类码 (Class Code)				版本标志	08H
BIST	头类型 (Header Type)		延迟定时器	Cache行大小	0CH
基地址寄存器 (Base Address Register)					10H
					14H
					18H
					1CH
					20H
					24H
卡总线 CIS 指针 (Card CIS Pointer)					28H
子系统标识 (Subsystem ID)			子系统制造商标识 (Subsystem Vendor ID)		2CH
扩展 ROM 基地址 (Expansion ROM Base Address)					30H
保留				容量指针	34H
保留					38H
Max_Lat	Max_Gnt		中断引脚	中断线	3CH

图 10-6　PCI 配置空间头标区

（1）制造商标识（Vendor ID）：由 PCI 组织分配给 PCI 设备制造厂家的唯一编码,子系统制造商标识（Subsystem Vendor ID）也由该组织给出。

（2）设备标识（Device ID）：生产厂对这个产品的编号,类似的还有子系统标识（Subsystem ID）。操作系统根据子系统制造商标识和子系统标识识别设备类型,装载对应的驱动程序。

（3）分类码（Class Code）：代表该卡上设备的功能,如网卡、硬盘卡、扩展桥、多媒体卡等,它们都对应一个唯一的编码。

（4）基地址寄存器（Base Address Registers）：PCI 卡上通常有自己的存储器或者以存储器编址的寄存器和 I/O 空间。为了使得驱动程序和应用程序能够对它们进行访问,需要申请一段 PCI 空间的存储区域。基地址寄存器中部分的位是只读的,这些"位"的数量和所在的位置表述了该板卡对存储空间类型、大小的要求,最终分配得到的地址由 PCI 配置程序写入基地址寄存器可读写部分。32b 的基地址寄存器格式如图 10-7 所示。第 0 位是只读位,为 0 表示申请存储器空间,这时用第 1～2 位表示存储空间的类型,第 4～31 位用来表示申请地址空间的大小,用其中可读写的位数表示。第 0 位为 1 时表示申请 I/O 空间。

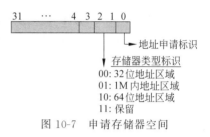

图 10-7　申请存储器空间

例如,一个设备需要 32 位地址空间内 1MB 的存储空间,那么它的基地址寄存器 31～20 位是可读写的寄存器,其他位用硬件保证为零（只读）。PCI 控制器通过如下方式确定设备所需存储空间的大小,并分配一个区域给设备:

写全"1"到该寄存器,随后读出该寄存器,计算出申请空间的大小。上例中读出高位 12 个 1,低位 20 个 0,它表示需要在 32 位地址空间（$d_1 d_0 =00$）中申请 1MB（$d_{19} \sim d_4$ 为 0）的地址范围。

综合所有设备与主板的空间需求,分配一个 1MB 地址空间给该设备。将 1MB 地址空间的首地址（该地址的低 20 位为 0）写入基地址寄存器的 31～20 位。

此后,PCI 设备用这个寄存器的高 12 位内容与 PCI 总线上地址的高 12 位进行比较,如果相等,表示访问本设备,需要做出响应。

每个基地址寄存器占用 4B（申请 32 位地址空间）或者 8B（申请 64 位地址空间）。基地址寄存器共占用 24B 的头标区空间,最多可以容纳 6 个 4B 的基地址寄存器。所以,PCI 设备最多可以申请 6 段 32 位地址区域的空间。

一块 PCI 卡上具备一个以上功能时,称为多功能卡。每个功能可以有不同的设备标识（Device ID）、功能类型、存储器和 I/O 地址空间及中断资源。每个功能都要有一个自己的配置空间。配置空间的头类型（Header Type）用于指明是单功能卡或多功能卡,第 7 位为 1 时代表多功能卡,每块 PCI 卡最多可容纳 8 个功能部件。

2. 访问配置空间

通过 PCI 控制器对配置空间读写的周期称为配置周期,该周期中使用 IDSEL♯引脚作为选择信号。

系统上电后,屏幕上可以看到配置空间的一些信息:

PCI Device　Listing ...

```
Bus No.    Device No.    Func No.    Vendor No.    Device ID    Device Class    IRQ
0          7             1           8086          7111         IDE             14
0          7             2           8086          7112         Serial Bus      11
0          16            0           5333          0440         Display         11
```

前两行分别表示 IDE 控制器(功能号 1)、USB 控制器(功能号 2),它们在一起组成的一个设备号为 7 的 PCI 多功能设备。系统中存在 PCI-PCI 桥时,桥后面的 PCI 总线同主 PCI 总线有不同的总线号,第二级总线(主 PCI)总线号为 0,第三级总线上的 PCI 总线号为 1、2 等。

可以通过 BIOS 调用

```
INT 1AH
```

获取 PCI 的配置信息,AH 置为功能号 0B1H,AL 中为子功能号。

(1) PCI_BIOS_PRESENT。查看 PCI_BIOS 是否存在,若存在,获取版本号。

① 入口:

[AL]=01H

② 出口:

[EDX]="PCI"ASCII 字符串
[AH]=存在状态,00=存在,01=不存在
[BX]=版本号

(2) FIND_PCIDEVICE。查找指定厂商和设备号的 PCI 板卡的总线号、设备号、功能号。

① 入口:

[AL]=02H
[CX]=设备 ID 值(0,…,65535)
[DX]=厂商 ID 值(0,…,65534)
[SI]=索引号(0,…,n)

② 出口:

[AH]=返回代码:SUCCESSFUL(=0), DEVICE_NOT_FOUND, BAD_VENDOR_ID
[BH]=总线号(0,…,255)
[BL]=设备号(高 5 位),功能号(低 3 位)
[CF]=完成状态,1=错误,0=成功

(3) READ_CONFIG_BYTE/READ_CONFIG_WORD/READ_CONFIG_DWORD
按字节/字/双字读取配置空间数据。

① 入口:

[AL]=08H/09H/0AH
[BH]=总线号(0,…,255)
[BL]=设备号(高 5 位),功能号(低 3 位)
[DI]=配置空间相对位移(0,…,255)/(0,2,4,…,254)/(0,4,8,…,252)

② 出口:

[AH]=返回代码：SUCCESSFUL(=0),BAD_REGISTER_NUMBER

[CL]/[CX]/[ECX]=读到的字节/字/双字

[CF]=完成状态,1=错误,0=成功

（4）WRITE_CONFIG_BYTE/WRITE_CONFIG_WORD/WRITE_CONFIG_DWORD
对设备的配置空间按字节/字/双字进行写。

① 入口：

[AL]=0BH/0CH/0DH

[BH]=总线号(0,…,255)

[BL]=设备号(高 5 位),功能号(低 3 位)

[DI]=配置空间相对位移(0,…,255)/(0,2,4,…,254)/(0,4,8,…,252)

[CL]/[CX]/[ECX]=要写入的字节/字/双字

② 出口：

[AH]=返回代码：SUCCESSFUL,BAD_REGISTER_NUMBER

[CF]=完成状态,1=错误, 0=成功

下面的程序可以得到某 PCI 显卡动态分配得到的地址空间：

```
MOV     AH, 0B1H              ;PCI 总线设备 BIOS 调用的功能号
MOV     AL, 02H               ;读取总线号,设备号,功能号的子功能号
MOV     CX, 0440H             ;DEVICE ID,某显卡设备标识
MOV     DX, 5333H             ;VENDOR ID,显卡设备生产厂商标识
MOV     SI, 0
INT     1AH                   ;得到总线号、设备号、功能号
JC      ERROR                 ;错误时转 ERROR
MOV     AH, 0B1H              ;PCI 总线设备 BIOS 调用的功能号
MOV     AL, 09H               ;读取配置空间数据的子功能号
MOV     DI, 10H               ;PCI 基地址寄存器
INT     1AH
AND     AH, AH
JNZ     ERROR
AND     CX, 0FFF0H            ;D3~ D0 为标志位
MOV     AX, CX
    ⋮
ERROR:  ⋮                     ;出错处理
    ⋮
```

10.3.6 PCI 总线设备开发

由于 PCI 协议比较复杂,给设计者开发 PCI 接口卡带来了一定的困难。为了降低 PCI
的使用难度,PCI SIG 提供了一套 PCI 系统开发工具,许多元件制造商也纷纷推出 PCI 协议
控制芯片。

AMCC 公司生产的 S5933X 是在 PCI 总线与用户应用电路之间完成 PCI 协议转换的
芯片,使用户能像 ISA 总线那样轻松完成接口电路设计。它提供了 3 个物理总线接口：PCI

总线接口、外加总线接口和可选的 NV(非易失)存储器接口。数据传送可以在 PCI 总线与外加总线之间进行,也可以在 PCI 总线与 NV 存储器之间进行。PCI 总线与外加总线之间的数据传送可以按以下 3 种方式进行。

(1) PASSTHRU。它是 S5933 的一种工作方式,在此工作方式下用户可将 PCI 板上的 I/O 空间和存储空间映射到系统中。PASSTHRU 方式不支持主控(Master),仅支持从控方式(Slaver)。

(2) MAILBOXES。它供 PC 与 PCI 板上微处理器之间传输参数用,其速度很低。

(3) FIFO。先进先出队列及控制电路,数据写入 FIFO 后,按写入的先后顺序读出,供 PCI 板上进行大量数据传输用,S5933 也用该功能模块来支持主控 DMA。

PCI 规范允许 PCI 设备自带一个 ROM,在系统上电(POST)访问配置空间时,将该扩展 ROM 复制到 RAM 并加以执行。一般设备的驱动程序必须在被调用时才能被执行,而 PCI 接口卡上 ROM 在系统初始化时就能得到执行,S5933 的 NV 存储器接口提供了这类功能。

10.3.7　PCI-Express 总线

PCI 总线推出之初,工作频率 33.3MHz,传输带宽 133MB/s,性能比起(E)ISA 总线有了很大的改善,基本上满足了当时的需要。但是,在 PCI 总线长达十几年的使用过程中,PC 的应用领域不断扩大、外围设备性能与工作速度迅速提升,而 PCI 总线本身的性能却停滞不前,使得 PCI 已经不能满足新一代高性能 PC 的需要。

早在 2001 年,Intel 公司已经宣布要用一种新的技术取代 PCI 总线和多种芯片的内部连接,称为第三代 I/O 总线技术(3rd Generation I/O,3GIO)。2001 年底,包括 Intel、AMD、DELL、IBM 等二十多家业界主导公司组成了 PCI-SIG(PCI 特别兴趣小组),并开始起草 3GIO 规范的草案。2002 年草案完成,并把 3GIO 正式命名为 PCI Express 1.0,目前 PCI Express 3.0 已经开始投入使用。

在物理层面上,PCI Express 总线独辟蹊径,以差分信号和串行传输为其基本模式,在软件层面上却又与原有的 PCI 总线兼容。由于 PCI Express 总线的优异性能,它已经成为新一代主流总线。

1. PCI-Express 总线信号

PCI-Express 总线采用了新的信号传送技术,主要特征归结如下。

(1) 采用差分信号。PCI Express 总线采用差分信号传输,用一对(2 根)信号线传递一位二进制信息,差分信号的峰值为 0.8~1.2V。使用差分信号可以降低信号电压,提高传输频率和可靠性。

(2) 全双工通信。一对差分信号线在某个时刻只能在一个方向上传送信息。PCI Express 用两对(4 根)信号线实现信息的"全双工"传送。相对于 PCI 总线在单一时间周期内只能实现单向传输,PCI Express 能提供更高的传输速率。

(3) 采用点对点连接。PCI Express 采用点对点连接方式,每个设备都有自己的专用连接,比起 PCI 总线的共享并行方式,它不存在设备对信道的竞争,不需要进行总线仲裁,简化了总线管理。

(4) 串行/并行灵活组合的传送方式。使用 2 对信号线时,PCI-Express 可以进行一位二进制的"全双工"串行通信,称为 PCI-Express×1,如图 10-8(a)所示。允许对信号线的数目进行扩充,使用两组(4 对/8 根)信号线时,可以同时进行 2 位二进制信号的"并行"双向通信,带宽比×1 增加了一倍,称为 PCI-Express×2,如图 10-8(b)所示。此外,信号线还可以扩充为 4/8/12/16/32 组,分别称为 PCI Express×4、×8、×12、×16 及×32,灵活地实现串行/并行组合式的数据通信。

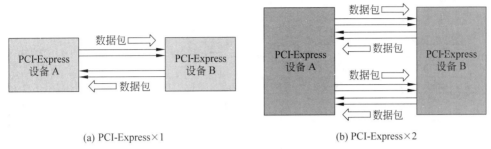

(a) PCI-Express×1   (b) PCI-Express×2

图 10-8   PCI Express 总线信号的传送

PCI-Express×1 的单向信号传输速率为 2.5Gb/s,除去编码损耗,实际带宽约为250MB/s,双向可达 500MB/s,比 33MHz PCI 总线的速度快一倍左右。PCI Express×16单向就能够提供 4GB/s 的带宽,远远超过 AGP 8X 的 2.1GB/s 的带宽。PCI-Express 2.0 将单向信号传输速率提高到 5Gb/s,数据传输速率进一步得到提升。ICH10 开始的"南桥"芯片支持 PCI-Express 2.0。

PCI Express 总线信号线由基本信号线和数据传输信号线组成,基本信号线 22 根,×1数据传输线有 14 根,如表 10-2 所示。

表 10-2   PCI Express×1 的信号线

	信号线名称	数　量	说　　明
基本信号	12V 电源、3.3V 电源、3.3V 辅助电源、GND、保留	4、3、1、3、1	电源和地线
	JTAG1/2/3/4/5	5	JTAG
	SMCLK、SMDAT（SMBus）	1、1	SMBus 总线信号
	WAKE♯、PERST♯、PRSNT1♯	1、1、1	总线唤醒,复位,热插拔检测
数据传输信号	PETp0、PETn0	1、1	差分输出线 0
	PERp0、PERn0	1、1	差分输入线 0
	GND、保留	6、1	地线保留
	REFCLK＋、REFCLK－	1、1	参考时钟
	PRSNT2♯	1	热插拔检测

以后,每增加一路双向数据传输,就要增加差分输入输出线 4 根,地址线 3 根或 4 根,热插拔检测线每组 1 根。这样,×1、×4、×8 和×16 的信号线根数分别为 36 根、64 根、98 根和 164 根。

目前台式 PC 中提供的 PCI Express 总线有×1 和×16 两种。×16 可以取代 AGP 供连接显卡使用。

2. PCI Express 的层次结构

PCI Express 总线采用分层设计,如图 10-9 所示。这样的设计与 PCI 总线的寻址方式兼容,保证现有的应用程序和驱动程序可以不加改变地在 PCI Express 总线上使用。

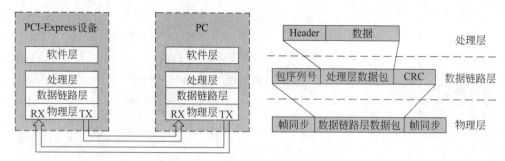

图 10-9　PCI Express 的层次结构

PCI-Express 结构共分为 4 层,从下到上分别为物理层(Physical Layer)、数据链路层(Link Layer)、处理层(Transaction Layer)和软件层(Software Layer)。

(1) 物理层。物理层决定了总线接口的物理特性,如点对点串行连接、差分信号驱动、热插拔、可配置带宽等。PCI Express×1 链接包含两个低电压差分信号对(4 线的接收和发送对)的双向连接。数据时钟使用 8 位/10 位解码方式来达到高的数据速率,使用信号的跳变来同步,不需要使用单独的同步时钟信号。

PCI Express 总线可以通过速度的提高和先进的编码技术来升级,这些速度的提高、编码的改进均只影响物理层,所以,PCI Express 架构升级是非常方便的。

(2) 数据链路层。数据链路层的主要职责就是确保数据包的完整性,即确保数据包可靠、正确地传输。它采用的方法是在数据包前添加序列号和在数据包后添加冗余校验码。

(3) 处理层。处理层的作用主要是接收从软件层送来的读、写请求,建立一个请求包传送到数据链路层。处理层同时接收从数据链路层传来的响应包,并与原始的软件请求关联。

处理层包括 4 个地址空间,其中 3 个是 PCI 接口原有的,如内存、I/O 和配置地址空间,另外一个是 PCI Express 接口新增加的,它就是信息空间。

(4) 软件层。软件使用的兼容对 PCI Express 总线来讲是至关重要的。软件兼容性表现在两个方面:一是设备的初始化,二是使用时。PCI Express 启动时,无论是系统检测、发现硬件设备,还是在系统中使用资源,如内存、I/O 空间和中断等,都可以像 PCI 一样运行,不需要进行任何的改动。

3. 使用交换器实现设备互连

由 PCI Express 总线构建的系统包括根组件(Root Complex)、交换器(Switch)和各种终端设备,如图 10-10 所示。根组件可以集成在存储控制中心(MCH)芯片中,用于处理器和内存子系统与 I/O 设备之间的连接。在 PCI Express 架构中新增加的设备是交换器(Switch),它取代了原有架构中的 I/O 桥接器,用来连接各种设备或 PCI Express 扩展插槽。交换器可以提供两个或多个端口,每个端口可以连接一个 PCI Express 设备,实现多个设备的互连。通过使用 PCI Express-PCI 桥接设备,可以在 PCI Express 系统中提供 PCI 扩展插槽。

图 10-10 所示的 PCI Express 结构是一个高端的服务器系统,它实际上已经将 PCI

Express 总线作为系统内部的数据交换总线。除了处理器的 FSB 和内存总线以外,其余的数据交换都由 PCI Express 总线来完成。根组件和交换器组成了 PCI Express 的数据交换网络(Fabric)。

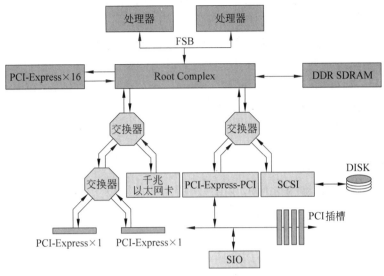

图 10-10　PCI Express 系统结构

4. 支持与 PCI 兼容的地址空间

PCI Express 支持与 PCI 相同的内存、I/O 和配置地址空间,而且还将 PCI 的配置空间从 256B 扩大到 4KB。原有的应用程序和 PCI 设备的驱动程序,不加修改地就可以在 PCI Express 总线系统中运行,而新的应用程序和驱动程序可以从扩大的配置空间中得到好处。

PCI Express 总线同时提供了一个新的信息地址空间,这可以使 PCI Express 设备相互交换信息。一部分信息是 PCI Express 的标准信息,用来出错报告、中断以及电源管理中的信息交换。而另一部分的信息由设备开发商定义。

5. PCI-E 3.0

当前使用的 PCI Express 3.0 和之前的 PCI-E /1.x/2.x 的主要区别如下。

(1)最大数据传输率从 5Gb/s 提升到 8Gb/s,继续支持 2.5GHz、5GHz 信号机制,以保持对 PCI-E 2.x/1.x 的向下兼容。这样,PCI-E 3.0 单信道(x1)单向带宽可接近 1GB/S,16 信道(x16)双向带宽理论上可以达到惊人的 32Gb/s。

(2)取消了传统的 8b/10b 编码,采用信号强化(Enhanced Signaling)、数据完整性(Data Integrity)、PLL 改善、时脉数据恢复、传输接收均衡和通用扩展等多项新技术。

10.4　USB 2.0 总线

传统的接口电路,每增加一种设备,就需要为它准备一种接口或插座,还要为它们准备各自的驱动程序。这些接口、插座各不相同,给使用和维护带来了困难。由 Intel 等公司开发的 USB 总线(Universal Serial Bus,通用串行总线)采用通用的连接器,使用热插拔技术,使得外部设备的连接、使用大大简化,受到了普遍的欢迎,已经成为流行的外围 I/O 总线。

10.4.1 USB 2.0 总线的构成

1. USB 硬件

（1）USB 主控制器/根集线器。PC 上必须有一个 USB 主控制器和一个根集线器（Root Hub），它们合称为 USB 主机（Host）。

USB 主控制器是硬件、固件和软件的联合体，负责 USB 总线上的数据传输，它把并行数据转换成串行数据以便在总线上传输，把收到的数据翻译成操作系统可以理解的格式。

根集线器集成在主系统中，提供 2 个或 4 个接入端口，检测外部设备的连接和断开，执行主控制器发出的请求并在设备和主控制器之间传递数据。

USB 主机的主要作用如下。

① 为 USB 设备提供电源（5V 时最大 500mA）。

② 检测 USB 设备的加入或去除。

③ 管理主机与 USB 设备之间的数据流。

④ 管理主机与 USB 设备之间的控制流。

⑤ 收集 USB 设备的状态与活动属性。

（2）USB 设备（Device）。在 USB 系统中为主机提供单个功能的器件称为 USB 设备，也称为功能件（Function）。实际的 USB 设备可以是单功能的，也可以是多功能的。U 盘、USB 鼠标、USB 键盘和 USB 集线器等都是 USB 设备。

（3）USB 集线器（USB Hub）。USB 集线器也是一个 USB 设备。除了根集线器之外，USB 总线上还可以连接附加的集线器，最多允许连接 5 层集线器。每个集线器可以提供 2 个、4 个或多个接入点，连接更多的 USB 设备。也可以把集线器与 USB 设备集成在一起，组成多功能 USB 设备（复合设备）。

2. USB 总线拓扑结构

USB 的物理连接是一个层次型的星形结构，集线器（Hub）位于每个星形结构的中心。星形结构的每一段都是主机、集线器或某一功能件之间的连接。完整的拓扑结构如图 10-11 所示。

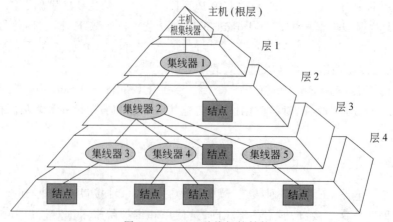

图 10-11 USB 总线拓扑结构

由于集线器的作用,从逻辑上讲,每一个 USB 设备都好像直接挂在主机/根集线器上。

3. 设备地址和端点

USB 总线上的每个设备都有一个由主机分配的唯一地址,用 7 位二进制表示。一个新的 USB 设备连接到系统时,使用默认的 0 号地址与 USB 主机通信。配置过程结束后,由主机分配一个 1～127 的地址,同时"收回"0 号地址,将它留给下一个新接入 USB 总线的设备使用。因此,USB 设备和集线器(包括根集线器)的总数不能超过 127 个。

每个设备还有一个或多个端点(Endpoint),端点编号为 0～15,用 4 位二进制表示。USB 设备用不同的端点号代表对该设备不同类型的传输要求。控制传输中默认使用 0 号设备地址的 0 号端点,因此,每个设备必须要有端点 0。

4. 管道

管道是主机软件和设备端点之间的一个逻辑连接,是主机和设备交换数据的通道。设备接入到系统后,主机和设备之间会建立一个默认控制管道,该管道使用设备的端点 0。一个设备可以同时使用多个管道,设备移除后,与该设备所连的所有管道也被移除。

USB 总线为多个设备所共享,因此,不同设备和主机软件传输的信息在总线上会交织在一起,但某一管道中传输的数据只属于连接该管道两端的主机软件和设备端点所拥有。

10.4.2 USB 2.0 总线信号传输

1. USB 协议版本及传输速度

USB 2.0 允许 3 种规格的传输速度:高速(High-Speed)480Mb/s、全速(Full-Speed)12Mb/s 以及低速(Low-Speed)1.5Mb/s。后两种传输速度兼容 USB 1.1 标准(1.1 版本中的"高速"在 2.0 版本中改称为"全速")。不同传送速度的设备可以相互通信。

2. 接口信号及电气特性

USB 2.0 总线使用一个 4 针的标准插头,信号定义如表 10-3 所示。VBUS 为 USB 设备提供电源(4.75～5.25V),5V 时最大可提供 500mA 的电流。D_+ 和 D_- 是一对差分信号线,连接到总线上的主机和所有设备。USB 2.0 总线采用"半双工"方式传送信号,任何一个时刻,要么信号从主机发往 USB 设备,要么从 USB 设备发往主机,不能同时在两个方向上传输。

表 10-3　USB 信号定义

引　　脚	信 号 名 称	导 线 颜 色	引　　脚	信 号 名 称	导 线 颜 色
1	V_{BUS}	红	4	GND	黑
2	D_-	白	外壳	屏蔽	多股线
3	D_+	绿			

3. 总线信号和数据编码

USB 2.0 总线采用 NRZI-0(Non Return to Zero Invert-0,不归零翻转-0)编码对二进制数字信号进行"调制"。它定义电压跳变为"0",电压保持不变为"1"。如果发送的信息包含连续的 6 个以上的 1,那么就在 6 个 1 后强制性地加上填充位 0,使信号发生跳变,确保传输中发送和接收的同步。NRZI-0 编码最终在 D_+、D_- 信号线上以差分的形式传输,如图 10-12

所示。

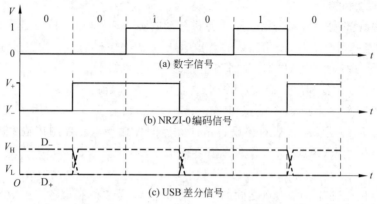

图 10-12　USB 信号的编码和调制

信号在总线上发送时，每个字节从最低位开始发送。

高速和全速/低速分别采用不同的信号电压，如表 10-4 所示。

表 10-4　部分总线状态信号电平　　　　　　　　单位：V

总 线 状 态	信 号 电 平			
	VD$_+$		VD$_-$	
	Max	Min	Max	Min
全速/低速 差分 1	3.6	2.8	0.3	0.0
全速/低速 差分 0	0.3	0.0	3.6	2.8
高速 差分 1	0.44	0.36	0.01	−0.01
高速 差分 0	0.01	−0.01	0.44	0.36
低速空闲	0.8		3.6	2.7
全速空闲		2.7	0.8	
高速空闲	0.01	−0.01	0.01	−0.01
复位	0.3		0.3	
包结束标志(EOP)	0.3		0.3	

表 10-4 中，包结束标志信号要求持续 1 位传输时间以上，复位信号要求持续 10ms 以上。

传送过程中接收方对数据的正确性进行检测，发现错误通过"握手包"通知发送者，要求重新发送。检测、通知和再发送都由硬件来完成，不需要程序干预。

4. USB 的传输类型

USB 总线上的传输是以"主-从"方式进行的。任何一次传输都由 USB 主机发起，USB 设备只能被动地根据主机的要求，接收主机发来的信息，或者回送主机所要求的信息，或者对主机发来的信息做出应答。传输只能在 USB 主机和设备之间进行，USB 设备之间不能直接进行信号传输。

为了满足不同特点的外部设备的需要,USB 总线有 4 种不同的传输类型。

(1) 控制传输:一个 USB 设备接入总线后,USB 主机询问该设备的类型,为该设备分配地址,这个"配置"设备的过程称为控制传输。

(2) 中断传输:键盘、鼠标等低速设备的数据传输是断续进行的,这些设备的信号传输使用"中断传输"方式。USB 主机通过定时查询的方法了解这些设备有无传输要求。通过设置查询时间间隔,可以把对设备响应的延迟控制在允许范围之内。中断传输仅仅使用于输入设备,打印机这样的设备使用下面叙述的批量传输。显然,这里的"中断"与第 5 章所叙述的外部设备中断在含义上是不同的,USB 设备没有主动向主机申请"中断"的权利。

(3) 批量传输:供打印机、数码相机、扫描仪等中高速设备使用。这些设备传输的数据通常是"成批"的,而且是不定期的。批量传输的优先级较低,随时可以让位于有时间要求的传输。

(4) 实时传输:主要用于视频、音频等对传输速度有严格要求的外部设备。对于这一类设备来说,传输的"实时"性比"正确"性更显得重要。为了"快",它宁可部分地牺牲传输的"正确"性。

控制传输的数据格式在 USB 规范中有明确的规定,其他传输的数据格式由具体的应用决定。

所有的 USB 设备都必须支持控制传输,除此之外,不一定要支持所有的传输类型。低速设备除了支持控制传输外,只支持中断传输方式。

各种传输类型的传输速度/数据包大小如表 10-5 所示。

表 10-5　各种传输类型的速度/数据包大小

传输类型	低　　速		全　　速		高　　速	
	每个端点最大数据传输速率/(KB·s^{-1})	数据包大小/B	每个端点最大数据传输速率/(KB·s^{-1})	数据包大小/B	每个端点最大数据传输速率/(KB·s^{-1})	数据包大小/B
控制	24	8	832	8,16,32,64	15872	64
中断	0.8	1~8	64	1~64	24576	1~1024
批量	不支持		1216	8,16,32,64	53248	512
实时	不支持		1023	1~1023	24576	1~1024

10.4.3　USB 事务与 USB 帧

USB 主机与设备之间的一次基本的信息传送过程称为事务(Transaction)。有 3 种类型的事务。

(1) 设置事务。USB 主机对新接入的设备进行询问、分配设备地址等操作。

(2) 输入事务。USB 设备把数据/信息送往主机。

(3) 输出事务。USB 设备接收来自主机的数据/信息。

1. 事务的组成

每个事务通常需要在 USB 主机和设备之间先后传输以下 3 种类型的"包"。

（1）令牌包（Token，也称为标志）。令牌包是一个事务的第一个包，由主机发往需要与它通信的从设备。令牌包含从设备的地址、端点号、传输方向和本次事务的类型。

（2）数据包。根据事务的不同类型，数据包可以由主机发往从设备，也可以由从设备发往主机。数据包最大长度为 1KB，如果需要传输的数据超过 1KB，则需要划分为几个事务来完成。

（3）握手包（Handle Shake）。数据包传送结束后，由数据接收方给数据发送方回送一个握手包，提供数据是否正常接收的反馈信息。如果有错误，需要重发。

实时传输为了提高传输速度，事务中一般不含有握手包，其他传输类型都需要握手包。

一个事务内的各个包必须连续传送，不能够被分割。

USB 每一种类型的传输由若干个阶段组成，一个阶段由一个或多个事务组成，如表 10-6 所示。

表 10-6　不同类型传输的组成

传输类型	阶段（Stage，事务）	相位（Phase，包）	传输类型	阶段（Stage，事务）	相位（Phase，包）
控制	设置	标志（TOKEN，令牌）	批量	数据（输入或输出）	标志
		数据（Data）			数据
		握手（Handshake）			握手
	数据（输入或输出）	标志	中断	数据（输入或输出）	标志
		数据			数据
		握手			握手
	状态（输入或输出）	标志	实时	数据（输入或输出）	标志
		数据			数据
		握手			

2. USB 帧

USB 主机把总线时间划分为一个个等长的时间片，每一个时间片称为帧（低速和全速）或微帧（高速）。帧的长度为 1ms，微帧的长度为 125μs。每个帧由 SOF（Start Of Frame）包引导，后面是多个连续的事务，如图 10-13 所示。USB 主机负责管理总线上的数据传输，它每隔 1ms 就发送一个 SOF 信息包，以此来控制总线上的数据传输。高速传输时，再将一帧分隔成 8 个 125μs 的微帧。低速设备收不到 SOF 包。

图 10-13　USB 帧/USB 微帧

USB 2.0 总线由所有设备共享，每个设备都在侦听主机发出的数据。主机所发的数据中包含设备地址信息，只有该地址的设备才会接收数据。

USB 主机和设备之间的一次数据传输包括一个或多个事务。数据量少的传输可能只需要一个事务,如果数据量很大则需要多个事务。多个事务可以连续传送,也可以间隔传送,一次传输的多个事务甚至可以占用几个 USB 帧。

3. USB 2.0 包的格式

USB 2.0 包的一般格式如图 10-14 所示。

图 10-14   USB 2.0 包格式

USB 包由一个 8 位的同步序列(SYNC)引导,同步序列由连续 7 个 0 后跟一个 1 组成。每个包的结束都由发送方发出一个包结束标志(EOP)来表示,EOP 信号如表 10-4 所示。

同步序列之后是 8 位二进制组成的"包标识(PID)"(如表 10-7 所示)。PID 的低 4 位表示事务的种类,高 4 位是低 4 位的反码,用于错误校验。根据事务的不同,PID 之后可能是一个设备地址和端点号、数据、状态信息或一个帧的编号。包的最后是 CRC 校验位,数据包使用 16 位 CRC 校验码,其他包使用 5 位 CRC 校验码。

(1) 令牌包格式。SETUP、OUT 及 IN 令牌包格式如图 10-15 所示。

包标识(8位)	设备地址(7位)		设备端点(4位)		CRC校验位(5位)	
PID	地址0位 …	地址6位	端点号0位 …	端点号3位	CRC4 …	CRC0

图 10-15   令牌包格式

在 SETUP、OUT 及 IN 令牌包中,包标识(PID)各不相同,如表 10-7 所示。其余部分格式相同。这些包均由主机发往指定设备的指定端点。

表 10-7   USB 的包标识(PID)

包　类　型	名字	PID[3:0]	PID[7:0]	描　　　　述
令牌	OUT	0001	11100001	主机到设备事务的端点地址
	IN	1001	01101001	设备到主机事务的端点地址
	SOF	0101	10100101	帧开始标记和帧编号
	SETUP	1101	00101101	主机到设备的 setup 事务的端点地址
数据	DATA0	0011	11000011	有偶同步位的数据包
	DATA1	1011	01001011	有奇同步位的数据包
	DATA2	0111	10000111	实时传输数据包使用(高速)
	MDATA	1111	00001111	实时、中断高速传输时使用
握手(交换)	ACK	0010	11010010	接收器接收到无错误数据包
	NAK	1010	01011010	接收器不能接收数据或者发送者不能发送数据
	STALL	1110	00011110	一个控制请求不支持或端点被中止
特殊	PRE	1100	00111100	主机发送的先导,允许到低速设备的下游通信

主机需要设置设备时,发送 SETUP 令牌包到指定设备及端点,开始一次控制传输。

主机需要向设备发送数据时,先向设备发送 OUT 令牌包,然后发送数据包,从而向设备发送数据。主机需要接收设备数据时,先向设备发送 IN 令牌包,设备接收到 IN 包后,向主机发送数据包,完成设备向主机的数据传输。

(2) 数据包格式。数据包格式如图 10-16 所示。

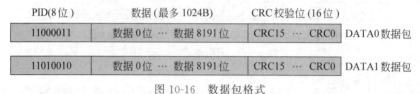

图 10-16　数据包格式

DATA0 和 DATA1 数据包除标识(PID)不同外,其余格式相同。一次数据传输中需要多个数据传输事务时,则交替使用 DATA0 和 DATA1 数据包。根据不同的传输方式,数据包的发送方可能是主机,也可能是设备。

注意：数据包中既没有地址和端点的信息,也没有数据传输方向的信息,这些都要依赖于数据包前的令牌包中的相关内容,这也就是一次事务中的包必须连续传送,而不能被中断的原因。

(3) 握手(交换)包格式。3 种握手包格式如图 10-17 所示。

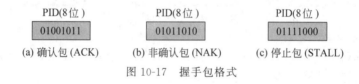

图 10-17　握手包格式

握手包只有包标识,无其他信息。握手包出现在一次事务的最后,是数据接收方向数据发送方的回答。

对于设备,确认包(ACK)表示数据包被正确接收到,非确认包(NAK)表示设备接收的数据包校验错。停止包(STALL)用来报告它不能完成传输,要求软件进行干预。

对于主机,收到正确的数据包后,会发送确认包(ACK)给设备。如果收到的数据包错误,则不发送任何信息,稍后主机会重发 IN 令牌包,要求设备再次发送数据包。

10.4.4　批量传输、中断传输和实时传输

1. 批量传输

批量传输使用在对传输速度没有严格要求的场合,只有全速和高速设备才可以使用批量传输。批量传输可以传送大量的数据而不会阻塞总线,因为它可以让其他类型的传输先执行。一次批量传输包含一个或多个输入或输出事务,如图 10-18 和图 10-19 所示。每个传输必须是单方向的,不同方向的传输必须在不同的管道中进行。

如果主机需要从设备读取数据,便可使用输入事务。图 10-18 所示为批量传输输入事务处理的各种情况。主机首先发出 IN 令牌包,令牌包中含有目的设备的地址和端点。目标设备收到 IN 令牌包后,向主机发出数据包。如果数据量太多,在一次输入事务中不能发

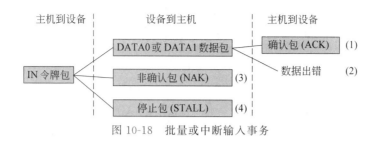

图 10-18　批量或中断输入事务

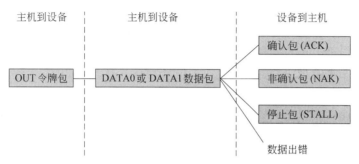

图 10-19　批量或中断输出事务

完,则在连续的几个输入事务中交替使用 DATA0 和 DATA1 数据包。

如图 10-18 所示,输入事务可能发生的 4 种状态,分别叙述如下。

(1) 主机无错误地收到设备发来的数据包,向设备回复一个确认包(ACK),一次输入事务完成。所要求的数据量已经传输完,或者一个数据包的信息少于最大数据,或收到一个零长度的数据包时,批量传输结束。

(2) 如果主机收到的数据错误,则不向设备回复任何信息。设备收不到主机的确认包,会产生超时状态,输入事务处理结束。稍后主机可能会重新启动一次新的输入事务来读取数据。

(3) 如果设备忙,不能返回数据时,回送非确认包(NAK)。

(4) 设备进入错误状态,不能返回数据时,发送停止包(STALL)。

如图 10-19 所示,是批量传输中输出事务的情况。这时候是主机送出数据包,设备接收数据包后,回复主机握手包,其过程和批量输入类似。

各种传输类型的传输速度和数据包大小如表 10-5 所示。

2. 中断传输

中断传输用于要求在规定时间内完成数据传输的场合,传输结构和批量传输相同,如图 10-18 和图 10-19 所示。USB 的中断传输以查询方式工作,主机要不断地查询 USB 设备有无传输要求。中断传输把对设备最大延迟控制在可以接受的时间范围之内。查询周期在高速时为 $125\mu s \sim 4s$;全速时为 $1 \sim 255ms$;低速时为 $10 \sim 255ms$。中断传输是低速设备除控制传输外唯一支持的传输类型。Windows 中包含启用设备中断传输的驱动程序,只要设备符合 HID(Human Interface Device,人机接口设备)规范,应用程序就可以执行设备的中断传输,使用该设备。

3. 实时传输

实时传输也称为同步传输,它要求以固定速率或者在限定时间内传输数据,并且可以容忍偶尔的传输错误。例如,传输实时声音和视频信号时,为了声音和图像的连续播放,需要保证一定的传输速度,并且不能中断,偶有错误也不会影响收听和收看。其事务结构如图 10-20 所示。

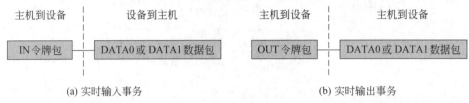

(a) 实时输入事务　　　　　　　　　(b) 实时输出事务

图 10-20　实时输入事务和输出事务

由于容忍偶尔的传输错误,它取消了握手阶段。

10.4.5　控制传输

控制传输是 USB 2.0 支持的 4 种传输中结构最复杂,同时也是唯一由 USB 规范定义的传输类型。主机使用控制传输来读取设备的信息和对设备进行配置。控制传送包括一个设置阶段、一个可选的数据阶段以及一个状态阶段,每个阶段由一个或多个事务组成。由于主机需要读取设备信息并配置设备,控制传输可分为控制读出和控制写入两种,如图 10-21 所示。

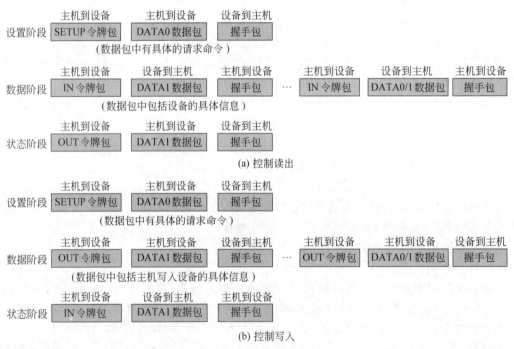

图 10-21　控制读出事务和控制写入事务

1. 设置阶段

设置阶段主机向设备发出一个设备请求。其过程是,主机向设备发出 SETUP 令牌包,然后发出 DATA0 数据包,数据包中包含一个 8B 的请求;设备收到数据包后回答主机一个确认包,设置阶段结束。

8B 的请求分成 5 个字段,其中 bRequest 字段的 11 个标准的 USB 请求命令如表 10-8 所示。所有的设备都必须响应这些请求命令。大部分请求都是成对出现的。Get 命令从设备读取信息,Set 命令用于向设备写入数据和配置设备。

表 10-8　标准的 USB 请求码

请求(bRequest)	数值	描　　　述
Get_Status	0	主机要求一个设备、接口或端点的状态
Clear_Feature	1	主机要求禁用一个在设备、接口或端点上的特征
Set_Feature	3	主机要求启用一个在设备、接口或端点上的特征
Set_Address	5	主机为设备指定一个地址
Get_Descriptor	6	主机需要一个指定的描述符,如厂商名等
Set_Descriptor	7	主机为设备新增或更新一个描述符
Get_Configuration	8	主机需要设备的配置数据
Set_Configuration	9	主机指示设备使用所选择的配置
Get_Interface	10	如果设备的配置支持多个毫不相关的接口,主机要求目前的配置数据
Set_Interface	11	如果设备的配置支持多个毫不相关的接口,主机要求设备使用一个指定的配置
Synch_Frame	12	设备设置与报告一个端点的同步帧

2. 数据阶段

数据阶段用来传输具体的数据,如设备的描述符、设备的报告等。根据需要传输的数据量,可以没有数据阶段,或者在数据阶段中有一个或多个数据输入或数据输出事务。Get 命令使用输入事务,Set 命令则使用输出事务。数据阶段的第一个数据包使用 DATA1,以后交替使用 DATA0 和 DATA1 数据包。

如果在设置阶段的命令中已经包含所需要传输的数据,例如主机为设备设置地址时,地址的信息可以包含在请求的 8B 中,这样就不需要数据阶段。

使用长度为 0 的数据包表示控制传输成功,NAK 表示接收方忙,STALL 表示端点暂停。

3. 状态阶段

状态阶段是数据阶段的接收方回应数据发送方的一个应答信号。状态阶段报告整个控制传输是否成功的信息。如果数据阶段使用输出事务或没有数据阶段,则状态阶段使用输入事务;如果数据阶段使用输入事务,则状态阶段使用输出事务。即使用与数据阶段相反方向的事务,状态阶段仍使用 DATA1 数据包。

10.4.6　USB 设备的检测和配置

1. 描述符

记录 USB 设备特性的一组信息称为描述符,这些信息按照规定的格式表示和存储。每个设备的特性通过一组"描述符"反映出来。所有的 USB 设备都必须对标准的 USB 请求码中 USB 描述符请求做出响应。表 10-9 为几种常用设备描述符的简单介绍。

表 10-9　USB 设备描述符类型

描述符类型	数值	描述符包含的内容描述
Device(设备描述符)	01	USB 版本、设备类别、最大数据包大小、供应商及产品 ID 等
Device_Qualifier	02	同时支持全速与高速的设备使用
Configuration(配置描述符)	03	接口数量、最大供电量等
Other_Speed_Configuration	04	同时支持全速与高速的设备使用
Interface(接口描述符)	05	接口数目和可选的配置、端点的数目、协议等
Endpoint(端点描述符)	06	端点地址、属性、最大包大小等
String(字符串描述符)	07	制造商、产品、配置等的字符串描述

设备描述符是设备连接时主机第一个读取的描述符,它包含设备的基本信息。同时支持全速与高速的设备在不同速度工作时,它的设备描述符中有的内容不一样,因此必须有一个 Device_Qualifier 描述符用来存放目前不使用的速度下的设备描述符的内容。

每一个设备都至少有一个配置描述符用来描述该设备的特性和能力。基于同样原因,同时支持全速与高速的设备还要有一个 Other_Speed_Configuration 描述符。

每一个接口要使用一组端点,接口描述符包含该接口所支持的端点的信息。

每一个被接口使用的端点都有一个端点描述符。端点 0 没有描述符,因为 USB 设备都必须支持端点 0。

2. USB 设备的检测和配置过程

集线器的 D₊ 和 D₋ 线上各有一个 15kΩ 的下拉电阻,没有 USB 设备连上时,D₊ 和 D₋ 线都为低电平。全速和高速设备在 D₊ 线上有一个 1.5kΩ 的上拉电阻,而低速设备在 D₋ 线上有一个 1.5kΩ 的上拉电阻。当集线器有 USB 设备连接上时,D₊ 和 D₋ 线中会有一根变成高电平。集线器通过监视 D₊ 和 D₋ 线来判断有哪一种速度的设备连上了 USB 总线。

图 10-22 是主机向某 USB 设备取描述符的命令以及随后设备的回答过程。

集线器发现 D₊ 线变成高电平时,再次向设备发出询问,高速设备会响应这个询问,而全速设备则不会响应。这样集线器就知道所连接上的 USB 设备的速度。反过来,对高速 USB 设备来讲,如果发现集线器的这个询问,就知道它所连接的集线器是支持高速的,否则集线器是不支持高速的。到此,集线器和设备都知道了对方的速度,接下来的通信以双方所共同支持的最高速度进行。

由于刚连接上的设备默认采用地址 0。这样,主机便向地址 0 端点 0 发出取描述符的命令(Get_Descriptor),设备则回答主机的请求。

接下来主机要设置设备的地址,图 10-23 是其设置过程。主机发出 Set_Address 命令(设备的地址假设为 2)。地址已经包含在命令中,所以设置地址不需要数据阶段。

现在主机需要知道 USB 设备完整的设备描述符,因此再次向设备发出取描述符的命令。这时设备已经有了新的地址 2,所以主机向地址 2 端点 0 发出命令。由于完整的设备描述符比较长,因此需要多个数据阶段来传输,如图 10-24 所示。

	SETUP	ADDR(地址)	ENDP(端点)	CRC5	主机到设备
设	B4	00	00	08	主机到设备
置	DATA0	DATA		CRC16	主机到设备
阶	C3	80 06 00 01 00 00 12 00		C396	
段	ACK				设备到主机
	4B	取描述符命令			
	IN	ADDR(地址)	ENDP(端点)	CRC5	主机到设备
数	96	00	00	08	主机到设备
据	DATA1	DATA		CRC16	设备到主机
阶	D2	12 01 00 01 00 00 00 08		CBE1	
段	ACK				主机到设备
	4B	设备描述符内容			
	OUT	ADDR(地址)	ENDP(端点)	CRC5	主机到设备
状	87	00	00	08	主机到设备
态	DATA1	DATA		CRC16	主机到设备
阶	D2			0000	
段	ACK				设备到主机
	4B				

图 10-22　主机取设备描述符

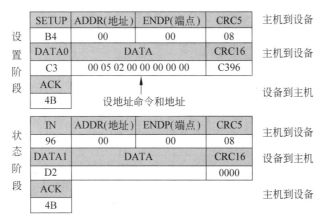

	SETUP	ADDR(地址)	ENDP(端点)	CRC5	主机到设备
设	B4	00	00	08	主机到设备
置	DATA0	DATA		CRC16	主机到设备
阶	C3	00 05 02 00 00 00 00 00		C396	
段	ACK				设备到主机
	4B	设地址命令和地址			
	IN	ADDR(地址)	ENDP(端点)	CRC5	主机到设备
状	96	00	00	08	设备到主机
态	DATA1	DATA		CRC16	
阶	D2			0000	主机到设备
段	ACK				
	4B				

图 10-23　主机设置 USB 设备地址

接着主机需要了解设备的更多的信息,因此主机向设备发出 Get_Configuration 命令来得到设备的配置描述符、接口描述符和端点描述符等信息。

主机根据设备的描述符中的产品 ID,在系统的 INF 文件中为 USB 设备寻找一个合适的驱动程序。根据设备的要求和系统的具体资源情况,驱动程序会向设备送出一个配置设置命令(Set_Configuration)和配置号,要求设备使用一个设置配置。这些命令的传输过程和上述的过程基本类似。

至此,USB 设备的连接过程完毕,等待客户软件来使用该设备。

设置阶段	SETUP	ADDR(地址)	ENDP(端点)	CRC5	主机到设备
	B4	02	00	08	
	DATA0	DATA		CRC16	主机到设备
	C3	80 06 00 01 00 00 12 00		C396	
	ACK				设备到主机
	4B	取描述符命令			

数据阶段	IN	ADDR(地址)	ENDP(端点)	CRC5	主机到设备
	96	02	00	08	
	DATA1	DATA		CRC16	设备到主机
	D2	12 01 00 01 00 00 00 08		CBE1	
	ACK				主机到设备
	4B	设备描述符内容			

数据阶段	IN	ADDR(地址)	ENDP(端点)	CRC5	主机到设备
	96	02	00	08	
	DATA0	DATA		CRC16	设备到主机
	D2	B4 04 01 00 00 00 01 01		CBDE	
	ACK				主机到设备
	4B	设备描述符内容			

数据阶段	IN	ADDR(地址)	ENDP(端点)	CRC5	主机到设备
	96	02	00	08	
	DATA1	DATA		CRC16	设备到主机
	D2	00 01		CBE1	
	ACK				主机到设备
	4B	设备描述符内容			

状态阶段	OUT	ADDR(地址)	ENDP(端点)	CRC5	主机到设备
	87	02	00	08	
	DATA1	DATA		CRC16	主机到设备
	D2			0000	
	ACK				设备到主机
	4B				

图 10-24　主机取 USB 设备描述符

10.4.7　USB 控制器

由于 USB 协议相当庞杂,因此很多芯片制造厂商推出许多 USB 控制器芯片来帮助开发 USB 设备。这些 USB 控制器用来负责具体的通信协议,从而使开发人员用不着太关心底层的协议和数据传输情况。

1. USB 控制器芯片简介

大部分芯片制造厂商都有自己的 USB 控制器芯片。这些芯片有 3 种类型,一种是专门为 USB 应用设计的;另一种是带有 CPU 功能的 USB 控制器,这种芯片很多是兼容常用的 CPU,如 8051 等;最后一种是只处理 USB 协议,它只能作为外部设备芯片来使用。

表 10-10 和表 10-11 列举了一些常用 USB 控制器芯片。

表 10-10　与现有 CPU 芯片兼容的 USB 控制器芯片

芯片制造厂商	兼容芯片	USB 控制器芯片
AMD	Intel 80C186	AM186
Atmel	Atmel AVR	AT43USB325(低速,全速)、AT76C712(全速)
	8051	AT89C5132(全速)
Cypress	8051	CY7C646xx(全速)、CY7C680xx(高速)
Microchip	PIC	PIC18F245x(全速)

表 10-11　无 CPU 功能的 USB 控制器芯片

芯片制造厂商	USB 控制器芯片
Lucent	USS820C(全速)
National Semiconductor	USBN9603(全速)
NetChip	NET2888(全速)
Philips	PDIUSB11(全速)、PDIUSB12(全速)

2. USB 设备举例

图 10-25 是一个 USB 光机式鼠标的电路图。使用的芯片是 CY7C63000,这是一个低速的 USB 控制芯片。

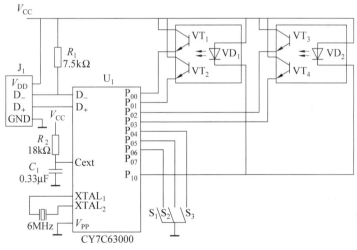

图 10-25　USB 光机式鼠标控制逻辑

R_1 为低速 USB 设备的上拉电阻。VT1、VT2 和 VT3、VT4 分别为 X 轴和 Y 轴的光敏三极管。VD_1 和 VD_2 分别为 X 轴和 Y 轴的发光二极管,通过 P10 可以关闭这两个二极管以进入节电模式,鼠标唤醒时再点亮二极管。R_2 和 C_1 组成一个充放电电路,间歇性地进入暂停状态,其过程如下:电容充电超过临界电压,Cext 端口产生中断,唤醒控制器,检查鼠标动作。如果鼠标有动作,向主机报告相应的动作;如鼠标无动作,则电容放电,同时进入暂停状态,等待电容充电后,再一次中断唤醒。RC 时间常数要选得恰到好处,使得鼠标的反应时间和节电达到平衡。

10.5 USB 3.0 总线

随着大容量存储设备、大容量数据文件(例如:高清视频文件)的出现,USB 2.0 总线最高 480Mb/s 的传输速度已经难以满足人们对大容量信号高速传输的需要。为此,USB 3.0 Promoter Group 于 2008 年 11 月 12 日发布了 USB 3.0 规范 1.0 版本。

1. USB 3.0 总线结构

USB 主机、USB 集线器和 USB 设备的整体结构如图 10-26 所示。图中,虚线所示为原 USB 2.0 信号,使用半双工方式,兼容 USB 2.0 的主机和设备。实线所示是 USB 3.0 新增信号,它使用全双工方式,提供 5Gb/s 的传输速度。

可见,USB 3.0 是在原来 2.0 的基础上,"增添"了超高速传输所需的信号线、相关硬件以及传输规范得到的,兼容原来的 USB 2.0 规范。

2. USB 3.0 的速度

USB 3.0 能提供超高速(SuperSpeed)和非超高速(non-SuperSpeed,即 USB 2.0 的速度)两类速度。这样,USB 3.0 实际上提供了 4 种数据交换的速度:超高速(SuperSpeed)5 Gb/s、高速(High-Speed)480Mb/s、全速(Full-Speed)12Mb/s 以及低速(Low-Speed)1.5Mb/s。可以看出,USB 3.0 的超高速提供了比 USB 2.0 的高速高 10 倍的速度。

3. USB 3.0 的信号和连接线缆

如图 10-27 所示,USB 3.0 的连接电缆由 8 条连接线组成。

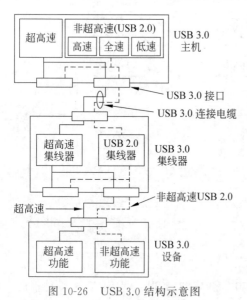

图 10-26　USB 3.0 结构示意图

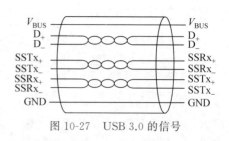

图 10-27　USB 3.0 的信号

电源线 V_{BUS}、地线 GND 是原来就有的。D_+ 和 D_- 是一对符合 USB 2.0 规范的信号线,双向传输,以半双工方式工作。

USB 3.0 规范新增加了两对单向传输的连接线。$SSTx_+$ 和 $SSTx_-$ 这对差分信号用于信号发送,SSRx+ 和 SSRx- 用于信号接收,两对单向传输的信号线组合成一对全双工工作的双向总线。

可见,USB 3.0 采用的是双总线结构,一条提供超高速的数据传输,另一条提供非超高速(即 USB 2.0 速度)数据传输,两条总线可以同时工作。

4. USB 3.0 和 USB 2.0 的兼容性

USB 3.0 总线兼容 USB 2.0 主机和 USB 2.0 设备:USB 2.0 的设备可以连接到 USB 3.0 的主机上,USB 3.0 的设备也可以连接到 USB 2.0 的主机上。当然,在这两种情况下,数据传输只能以 USB 2.0 的速度进行。

USB 3.0 规范包含了原 USB 2.0 规范和新增的 USB 3.0 超高速传输规范两个部分。为了叙述的方便,下面叙述中的 USB 3.0 特指 USB 3.0 中的超高速传输规范。

10.5.1 USB 3.0 总线的构成和拓扑结构

USB 3.0 总线的构成及拓扑结构和 USB 2.0 的类似,也是由主机、集线器和设备等组成,是以主机为根的层次型的星状结构。主机和设备之间,可以有最多 5 层的集线器。

但是,两者数据在集线器中传输的方法是不同的。USB 2.0 采用广播的方式进行数据包传输。在 USB 3.0 中,有的数据以广播方式传输,大多数的数据则采用路由的方式进行传输。

在 USB 3.0 传输的某些数据包中含有一个路由串,格式如图 10-28 所示。

24 23 22 21	20 19 18 17	16 15 14 13	12 11 10 9 8	7 6 5
第5层集线器	第4层集线器	第3层集线器	第2层集线器	第1层集线器

图 10-28 USB 3.0 的路由串

路由串一共 20 位,分给 5 层集线器用,每一层占 4 位,每个集线器的端口号为 0~15。规范中规定,集线器的上传端口使用 0 端口号,下传端口使用 1~15 的端口号。这样,逻辑上一个 USB 3.0 集线器的下游最多可以连接 15 个设备或集线器。

图 10-29 是一个两层集线器的例子,集线器 1 连接在 USB 主机上,集线器 2 接在集线器 1 的 1 号端口上,一个 USB 设备接在集线器 2 的 3 号端口上。图 10-29 的下部是主机和该设备对应的路由串,第一层是 0001,第二层是 0011。主机发出的数据包首先送到集线器 1。根据路由串的值,集线器 1 中将数据包从 0 号端口发送到 1 号端口,送达集线器 2 之后,再从 0 号端口发送到 3 号端口,最终到达 USB 设备。主机和集线器的数据传输,都使用 0 号端口。

只有主机向设备发送数据包时才使用路由串。设备向主机发送数据包时,集线器总是编号为 1~15 的某个端口接收数据包,然后发向 0 号端口。因此,输入时无须使用路由串。

每一个设备根据它在整个拓扑结构中的连接位置,都有一个专属的路由串。路由串相当于一个设备的"动态地址",它在主机和设备之间建立了一个虚拟的"专线连接",省却了设备"侦听""译码"的环节,十分有利于高速数据传输的实现。

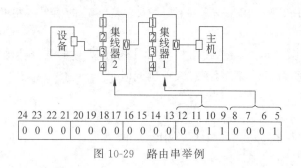

图 10-29 路由串举例

10.5.2 USB 3.0 的分层结构

USB 3.0 是一个分层通信的结构。从低往上依次为物理层、链路层、协议层以及应用层。当然真正的数据传输是在物理层实现的,往上各层只是逻辑分层。USB 3.0 的分层结构如图 10-30 所示。

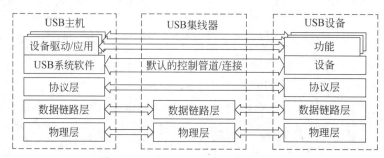

图 10-30 USB 3.0 的分层结构示意图

1. 物理层

USB 3.0 物理层的数据发送和接收如图 10-31 和图 10-32 所示。

图 10-31 USB 3.0 物理层发送

图 10-32 USB 3.0 物理层接收

除了采用和 USB 2.0 类似的差分传输方式之外,USB 3.0 还采用了数据扰码和 8 位/10 位编码来进行数据传送。发送端的物理层从链路层取得 8 位的数据,扰码和编码操作后变成 10 位的数据,然后进行传送。接收端接收到发送端发来的 10 位数据后进行 8 位/10 位解码和扰码恢复,还原成 8 位的数据,提供给链路层。

采用上述技术有利于降低干扰,提高传输性能。USB 3.0 物理层的数据传输速度最高可以达到 5Gb/s,对于链路层而言,能够达到的最高数据传输速度则是 $5 \times 8/10 \mathrm{Gb/s} =$

4Gb/s。

2. 链路层

链路层的职责就是保证主机的端口和某个 USB 设备之间的可靠的数据传输。链路层接收协议层发送来的数据块,加上同步字节后传送给物理层进行传输,链路层通过各种控制字和 CRC 校验来保证数据的可靠传输。

链路层发送的数据包结构如图 10-33 所示。

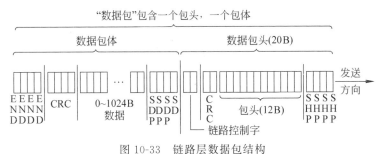

图 10-33　链路层数据包结构

一个数据包由"数据包头"和"数据包体"两个部分组成。

20B 的数据包头由 4B 的数据包头标识信息 SHP(Start Header Packet)、12B 的包头信息、2B 的 CRC 校验码和 2B 的链路控制字构成。

数据包体由 4B 的数据包标识字节 SDP(Start Data Packet)、长度可变的 0～1024B 的数据、4B 的 CRC 码、4B 的数据包结束标识字节 END 构成。

SHP 和 SDP 字节用来标识数据包内不同的部分,使得发送方和接收方取得"同步"。

并不是所有的包都由两部分组成,有些包只有包头没有包体。

3. 协议层

协议层管理 USB 设备和与这个设备所连接的 USB 主机之间的数据流。协议层通过为链路层增设数据包头的信息来达到管理的目的。USB 3.0 协议层采用 4 种类型的包来管理和控制主机和设备之间的数据流传输,分别是链路管理包、事务包、数据包和实时时间戳包,其中链路管理包和事务包各自还有若干子类型。4 种类型包中只有数据包有包头和包体,其余 3 个类型的包只有包头,没有包体。协议层包的具体介绍见 10.5.3 节。

4. 应用层

应用层是 USB 主机的某个端点和 USB 设备的某个端点的管道连接,用来实现应用程序的某些功能。和 USB 2.0 一样,每个 USB 3.0 的设备可以拥有一个以上的端点,不同的端点承担着不同的任务。每一个设备都有一个默认的控制端点,USB 3.0 主机通过此端点对 USB 设备进行设置和管理。USB 3.0 主机和一个 USB 3.0 设备的不同端点可以同时建立多个管道来进行数据传输,满足应用程序的不同需求。

10.5.3　USB 3.0 协议层的包类型

协议层包有链路管理包、事务包、数据包和实时时间戳包等 4 种,通过包头中包类型字段来区分。协议层包头格式如图 10-34 所示,它包含 12B 的包头信息、2B 的 CRC 校验码和

2B 的链路控制字。

31 30 29 28 27 26 25 24 23 22 21 20 19 18 17 16 15 14 13 12 11 10 9 8 7 6 5 4 3 2 1 0

其他的字段	包类型
其他的字段	
其他的字段	
链路控制字	CRC-16

图 10-34　协议层包头结构

包类型字段为 5 位，固定在最前面的 5 位。其他的字段，4 种类型的包各不相同。包类型如表 10-12 所示。

表 10-12　协议层包类型

包 类 型 值	包类型描述	包 类 型 值	包类型描述
00000b	链路管理包	01000b	数据包包头
00100b	事务包	01100b	实时时间戳包

1. 链路管理包

链路管理包的格式如图 10-35 所示。

31 30 29 28 27 26 25 24 23 22 21 20 19 18 17 16 15 14 13 12 11 10 9 8 7 6 5 4 3 2 1 0

子类型的其他字段	子类型	0 0 0 0 0
子类型的其他字段		
子类型的其他字段		
链路控制字	CRC-16	

图 10-35　链路管理包结构

链路管理包用来管理一条链路，它包含设置链路功能、端口配置等 6 个子类型包。

2. 事务包

事务包的格式如图 10-36 所示。

31 30 29 28 27 26 25 24 23 22 21 20 19 18 17 16 15 14 13 12 11 10 9 8 7 6 5 4 3 2 1 0

设备地址	路由	0 0 1 0 0							
Rsvd	Seq Num	NumP	HE	Rsvd	Ept Num	D	rty	Rsvd	子类型
Rsvd	PP	Rsvd	Stream ID / Rsvd						
链路控制字	CRC-16								

图 10-36　事务包结构

事务包有 8 个子类型包，如表 10-13 所示。可以看出，USB 3.0 的事务包实际上起到了握手包的作用。

5 位二进制构成的 Seq Num 字段是这个包的顺序编号，循环使用 0～31 之间的数字：0，1，2，…，31，0，1，……下面会看到，它在传输控制中起着重要的作用。

表 10-13　事务包子类型

事务包子类型值	包类型描述	事务包子类型值	包类型描述
0001b	ACK	0101b	STALL
0010b	NRDY	0110b	DEV_NOTIFICATION
0011b	ERDY	0111b	PING
0100b	STATUS	1000b	PING_RESPONSE

(1) ACK(Acknowledgement)事务包。输入事务中,ACK 包有两个方面的作用。

① 主机向设备发出一个 ACK 包来启动一个输入事务。USB 3.0 用 ACK 包代替了 USB 2.0 中 IN 令牌。

② 主机向设备发出一个 ACK 包,表示收到设备发来的数据包。

但是,如果 ACK 包中的"rty(Retry,重试)"位为 1,则表示接收发生错误,请求重新发送。SeqNum 中是发生接收错误的数据包顺序号。设备需要从这个包开始重新发送,包括出错的数据包之后"超前"发送的数据包。

输出事务中,设备向主机发出 ACK 包,表示设备已经接收到主机发来的数据包,同时表示可以接收下一个数据包。出错重发的处理方法类似于输入事务。

(2) NRDY(Not Ready)事务包,由设备发送给主机。对于输出端口,表示它无法接收主机发来的数据包。对于输入端口,对主机发来的 ACK 包回答 NRDY 表示它无法发送数据给主机。实时传输的时候不使用 NRDY 事务包。

(3) ERDY(Endpoint Ready)事务包。由设备发送给主机,表示设备已经准备好接收和发送数据包。实时传输的时候不使用 ERDY 事务包。

(4) STATUS 事务包。此包由主机发向设备,通知设备的控制端点,主机已经进入了控制传输阶段。这个包只能发给设备的控制端点。

(5) STALL 事务包。设备发向主机,表示端点已被终止,或一个控制传输无效。

(6) DEV_NOTIFICATION(Device Notification)事务包。由设备发向主机,通知主机设备发生的一些事件。

(7) PING 事务包。主机发向设备,在主机启动一个实时传输时使用。

(8) PING_RESPONSE 事务包。设备发向主机,是对一个 PING 包的回复。对每一个 PING 包都应该有一个 PING_RESPONSE 回复包。

3. 数据包

数据包的格式如图 10-37 所示。

一个数据包由一个数据包头和一个数据包体构成。数据包可以由主机或设备发出。输出事务中,主机使用数据包向设备发送数据。输入事务中,主机发出 ACK 包,请求设备发送数据,设备使用数据包将数据发送给主机。

数据包头中的"数据长度"字段,记录数据包体中不包括 CRC 校验码的数据长度。数据包体中可以没有数据,即长度为 0,但 CRC 校验码一定要有。

如果 S 位(Setup,即第二个字的第 15 位)为 0,该包是普通的数据包。如果 S 位为 1,则这个数据包为控制传输中的设置数据包,这个数据包代替了 USB 2.0 的 SETUP 令牌包。

图 10-37　数据包结构

4. 实时时间戳包

实时时间戳包的格式如图 10-38 所示。

31 30 29 28 27 26 25 24 23 22 21 20 19 18 17 16 15 14 13 12 11 10 9 8 7 6 5	4 3 2 1 0
实时时间戳	0 1 1 0 0
保留	总线间隔调整控制
保留	
链路控制字	CRC-16

图 10-38　实时时间戳包结构

这个包将主机的实时时间戳发给所有的活动设备。这个包中没有设备地址和路由信息,因此集线器将这个包采用广播的方式发向所有的端口。主机为了同步的需要向设备发出时间戳包,所有的设备包括集线器都要接收实时时间戳包。

10.5.4　USB 3.0 的数据传输

和 USB 2.0 相同,USB 3.0 也有 4 种类型的端点:批量、控制、中断和实时端点。相应就有批量传输、控制传输、中断传输和实时传输 4 种传输类型,使用场合和 USB 2.0 也一样。

1. 批量传输

批量输入传输时,主机向设备发出顺序号为 0(Seq Num 字段为 0)的 ACK 包(代替 IN 令牌)来启动一次输入传输。设备收到 ACK 包后就可以向主机传输数据包了。批量输入传输过程如图 10-39 所示。

USB 2.0 采用半双工方式进行数据传输,数据源发送数据包,接收方在正确接收之后发送 ACK 信息,数据源收到 ACK 信息后,发送下一个数据包,如此循环往复。也就是说,每一个数据包的传输,都伴随着一次"握手"的过程。传输信道上,数据包和 ACK 信息串行交替出现,数据源和数据接收方都在交替执行发送和接收操作。

USB 3.0 采用全双工的信道,发送和接收在两个独立的信道上进行。如果还像上面一样,对每一个数据包进行一次"握手"操作,"握手"完成之后再进行下一个数据包的传送,那么,全双工的优势就不能得到淋漓尽致的发挥。为此,USB 3.0 采用一种称为"突发数据传输"的方式,允许数据发送方在还没有接收到前一个数据包的 ACK 信息时,就"超前"发送

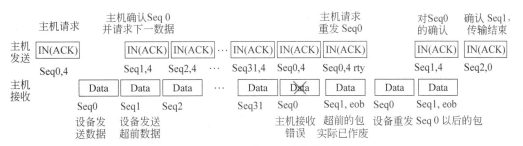

图 10-39   批量输入传输

下一个数据包,但是对超前发送的数据包的数量有所限制。

图 10-39 中,表示 ACK 包的长方形下面标注有"Seq2,4",表示 ACK 包内的顺序号为 2,允许最多"超前"发送 4 个数据包。对于 ACK 包的接收方来说,包内的这个顺序号 2 包含了两种可能:

ACK 包的 rty(Retry,重发)位＝0,顺序号为 1 的数据包已经被正常接收,请求发送顺序号为 2 以及以后的数据包。由于允许"超前"发送,收到这个 ACK 包时,数据发送方可能已经在发送顺序号为 2,甚至顺序号为 3、4……的数据包。

ACK 包的 rty 位＝1,表示顺序号 2 的数据包未能正确接收,请求重发顺序号 2 以及顺序号 2 以后的数据包。在这种情况下,此前在顺序号 2 之后"超前"发送的数据包都将被丢弃。在发生传输错误的情况下,数据发送方可能连续两次收到顺序号为 2 的 ACK 包,甚至更多次。

图 10-39 中,在 Seq31,4 的 ACK 包之后,主机两次发送顺序号为 0 的 ACK 包。第一个 Seq0 的 ACK 包表明,顺序号 31 的数据包已经正确接收,请求发送下一个顺序号为 0 的数据包。第二个伴随着 rty＝1 的 ACK 包(Seq0)则表示,顺序号为 0 的数据包发生了接收错误,请求设备重发。

设备发送完主机需要的数据,或设备主动结束数据传输都可以结束一次批量数据输入传输过程。

主机直接向设备发出一个数据包,就可以启动一次批量输出传输过程,如图 10-40 所示。

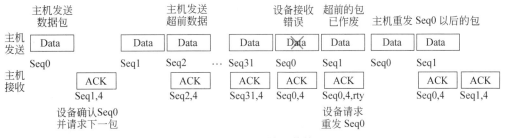

图 10-40   批量输出传输

USB 3.0 没有 OUT 令牌包,主机直接传数据包就可以开始输出传输。设备收到每一个数据包都要回答一个 ACK 包来确认。主机也可以在没有收到 ACK 包的情况下超前发送数据包。设备如果接收某个数据包错误,则要求主机重发从这个数据包开始的全部数据包。主机发送完全部数据后即可结束输出传输过程。

已经看到,USB 3.0 的批量传输过程与 USB 2.0 相比,有了不少变化。这些改进,使得 USB 3.0"全双工"的特点得到了充分的利用,进一步提高了数据的传输速度。

2. 控制传输

USB 3.0 的控制传输同样需要 3 个阶段:设置阶段、读出或写入阶段即数据阶段以及状态阶段。

(1) 控制读出传输。设置阶段,主机发出 SETUP 令牌,设备回答 ACK,如图 10-41 所示。SETUP 令牌实际是用数据包头包来代替的,仅仅是将其中的 S 位置"1"。

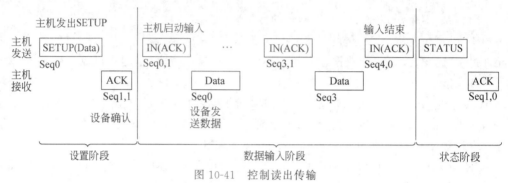

图 10-41 控制读出传输

接下来的数据读出阶段是由主机发出一个 ACK(代替 IN 令牌)开始,然后是设备发出数据包,主机发出 ACK 确认包,直到数据发送结束。

最后主机发出 STATUS 包进入状态阶段,设备发出 ACK 包,结束整个控制输入传输。

(2) 控制写入传输。控制写入传输和读出传输类似,只是其中的数据阶段改成主机输出数据包,设备发出 ACK 包进行确认,过程如图 10-42 所示。

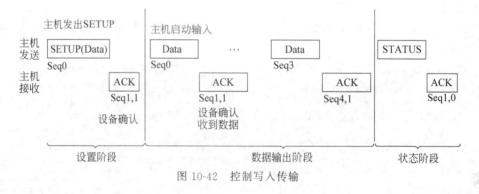

图 10-42 控制写入传输

3. 中断传输

中断传输类似于批量传输,但中断传输中的突发数据传输限于 3 个数据包。

(1) 中断输入传输。图 10-43(a)～图 10-43(c)是中断输入传输的 3 种情况。

常见的情况如图 10-43(a)所示,主机发出 ACK 包,设备发送数据包,主机回答 ACK 后一次数据输入结束。可以重复该过程继续输入数据。

图 10-43(b)是主机接收发生错误的情况,主机通过重发请求,设备再次发送数据包。

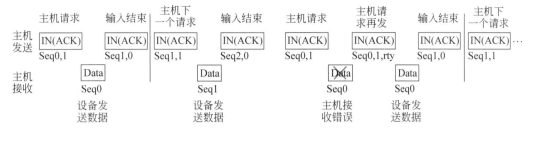

(a) 正常情况　　　　　　　　　　　　　(b) 发生数据传输错误

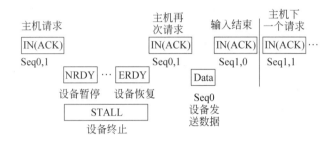

(c) 设备暂停或终止情况

图 10-43　中断输入传输

图 10-43(c) 是主机发出请求后,设备没有准备好或设备已终止的情况。设备回答 NRDY 包或 STALL 包,表示设备暂停或设备终止。当暂停的设备发出 ERDY,或终止的设备隔一段时间已经准备好,主机可再次发出请求要求设备发送数据。

（2）中断输出传输。图 10-44 是中断输出传输的 4 种情况。

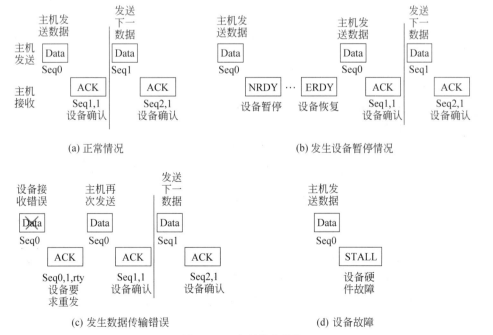

(a) 正常情况　　　　　　　　　　　　　(b) 发生设备暂停情况

(c) 发生数据传输错误　　　　　　　　　(d) 设备故障

图 10-44　中断输出传输

图 10-44(a)所示为正常情况。主机发出数据包,设备接收后发出 ACK 确认包,一次传输结束。

图 10-44(b)所示为主机发出输出数据包后,设备回答 NRDY 表示设备暂停。设备发出 ERDY 表示设备恢复后,主机重新发出数据包,设备接收后回答 ACK 确认,传输结束。

图 10-44(c)所示为主机发出数据包后,设备接收错误,发出再次发送的请求,主机重新发出数据包,设备接收并确认。

图 10-44(d)所示为主机发出数据包后,设备发出 STALL 包,表示设备故障。

4. 实时传输

实时传输的特点是"速度优先",没有握手过程。实时输入传输由主机发出 ACK 开始,然后设备连续发送数据包,直到数据发送结束,如图 10-45(a)所示。

实时输出传输时,主机直接发送数据包到设备,直到数据发送结束,如图 10-45(b)所示。

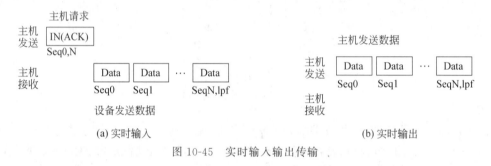

图 10-45　实时输入输出传输

习 题 10

1. 总线的指标有哪几项?它们对总线带宽有什么影响?

2. 比较并行总线和串行总线各自的主要特点并谈谈看法。

3. 新型串行传输总线为什么能够获得很高的带宽?为什么现在才被开发出来?

4. PCI 总线怎样通过信号组合启动一个总线的访问周期,又怎样结束一个访问周期?

5. 一块 PCI 卡上最多可以实现多少路中断信号?

6. 在 PCI 卡配置空间中,基地址寄存器的作用是什么?一个 PCI 设备最少可申请多少存储器地址空间?最少可申请多少 I/O 空间?

7. 用 8086 汇编程序读出 PCI 设备所分配到的存储器或 I/O 空间首地址(注意:32 位)。

8. 两台 PCI 设备之间可直接传输数据吗?两台 USB 设备之间呢?

9. 为什么 PCI/ISA 扩展桥必须对总线上的地址进行负向译码?地址在哪个范围内?

10. 试比较 PCI 与 PCI-Express 两种总线的异同。

11. PCI-Express×16 是 16 路 PCI-Express×1 的并行传输,它和传统的并行传输有什么本质的区别?

12. 一台微型计算机有 5 台 USB 设备,另一台微型计算机有 10 台 USB 设备,各需用几台有 4 个端口的集线器？画出它们的结构图。

13. 从硬件角度来讲，一个 USB 信息传输到 CPU 需经过哪几个环节？

14. USB 主机怎样了解 USB 设备的接入？

15. 为什么 USB 3.0 比起 USB 2.0 有了较大的速度提升？

16. USB 3.0 中的握手包采用的是什么包来代替的？ USB 2.0 中的 IN、OUT 和 SETUP 令牌包在 USB 3.0 中是如何实现的？

17. 试比较 USB 3.0 和 USB 2.0 在批量传输过程中的区别。

附录 A　标准 ASCII 码字符表

ASCII 码	字符	ASCII 码	字符	ASCII 码	字符	ASCII 码	字符
00H	NUL	20H	SP	40H	@	60H	`
01H	SOH	21H	!	41H	A	61H	a
02H	STX	22H	"	42H	B	62H	b
03H	ETX	23H	♯	43H	C	63H	c
04H	EOT	24H	$	44H	D	64H	d
05H	ENQ	25H	%	45H	E	65H	e
06H	ACK	26H	&	46H	F	66H	f
07H	BEL	27H	'	47H	G	67H	g
08H	BS	28H	(	48H	H	68H	h
09H	HT	29H	)	49H	I	69H	i
0AH	LF	2AH	*	4AH	J	6AH	j
0BH	VT	2BH	+	4BH	K	6BH	k
0CH	FF	2CH	,	4CH	L	6CH	l
0DH	CR	2DH	—	4DH	M	6DH	m
0EH	SO	2EH	.	4EH	N	6EH	n
0FH	SI	2FH	/	4FH	O	6FH	o
10H	DLE	30H	0	50H	P	70H	p
11H	DC1	31H	1	51H	Q	71H	q
12H	DC2	32H	2	52H	R	72H	r
13H	DC3	33H	3	53H	S	73H	s
14H	DC4	34H	4	54H	T	74H	t
15H	NAK	35H	5	55H	U	75H	u
16H	SYN	36H	6	56H	V	76H	v
17H	ETB	37H	7	57H	W	77H	w
18H	CAN	38H	8	58H	X	78H	x
19H	EM	39H	9	59H	Y	79H	y
1AH	SUB	3AH	:	5AH	Z	7AH	z
1BH	ESC	3BH	;	5BH	[	7BH	{
1CH	FS	3CH	<	5CH	\	7CH	|
1DH	GS	3DH	=	5DH	]	7DH	}
1EH	RS	3EH	>	5EH	·	7EH	~
1FH	US	3FH	?	5FH	_	7FH	DEL

附录 B 80x86 指令系统

B.1 指令符号说明

符 号	说 明
r8/r16/r32	一个通用 8 位/16 位/32 位寄存器
reg	通用寄存器
seg	段寄存器
mm	整数 MMX 寄存器：MMX0～MMX7
xmm	128 位的浮点 SIMD 寄存器：XMM0～XMM7
ac	AL / AX / EAX 累加寄存器
m8/m16/m32/m64/m128	一个 8 位/16 位/32 位/64 位/128 位存储器操作数
mem	一个 m8 或 m16 或 m32 存储器操作数
I8/I16/I32	一个 8 位/16 位/32 位立即操作数
imm	一个 I8 或 I16 或 I32 立即操作数
dst	目的操作数
src	源操作数
label	标号
m16&32	16 位段界限和 32 位段基地址
d8/d16/d32	8 位/16 位/32 位偏移地址
EA	指令内产生的有效地址

B.2 16 位/32 位 80x86 基本指令

助 记 符	功 能	备 注
AAA	把 AL 中的和调整到非压缩的 BCD 格式	
AAD	把 AX 中的非压缩 BCD 码扩展成二进制数	
AAM	把 AX 中的积调整为非压缩的 BCD 码	
AAS	把 AL 中的差调整到非压缩的 BCD 码	
ADC reg,mem/imm/reg 　　mem,reg/imm 　　ac,imm	$(dst) \leftarrow (src) + (dst) + CF$	

助 记 符	功 能	备 注
ADD reg,mem/imm/reg mem,reg/imm ac,imm	(dst)←(src)+(dst)	
AND reg,mem/imm/reg mem,reg/imm ac,imm	(dst)←(src)∧(dst)	
ARPL dst,src	调整选择器的 RPL 字段	286 起,系统指令
BOUND reg,mem	测数组下标(reg)是否在指定的上下界(mem)之内,在内,则往下执行;不在内,产生 INT 5	286 起
BSF r16,r16/m16 r32,r32/m32	自右向左扫描(src),遇第一个为 1 的位,则 ZF←0,该位位置装入 reg;如(src)=0,则 ZF←1	386 起
BSR r16,r16/m16 r32,r32/m32	自左向右扫描(src),遇第一个为 1 的位,则 ZF←0,该位位置装入 reg;如(src)=0,则 ZF←1	386 起
BSWAP r32	(r32)字节次序变反	486 起
BT reg,reg/i8 mem,reg/i8	把由(src)指定的(dst)中的位内容送 CF	386 起
BTC reg,reg/i8 mem,reg/i8	把由(src)指定的(dst)中的位内容送 CF,并把该位取反	386 起
BTR reg,reg/i8 mem,reg/i8	把由(src)指定的(dst)中的位内容送 CF,并把该位置"0"	386 起
BTS reg,reg/i8 mem,reg/i8	把由(src)指定的(dst)中的位内容送 CF,并把该位置"1"	386 起
CALL reg/mem	段内直接：push(IP 或 EIP),(IP)←(IP)+d16 或 (EIP)←(EIP)+d32 段内间接：push(IP 或 EIP),(IP 或 EIP)←(EA)/reg 段间直接：push CS,push(IP 或 EIP),(CS)←dst 指定的段地址,(IP 或 EIP)←dst 指定的偏移地址 段间间接：push CS,push(IP 或 EIP),(IP 或 EIP)←(EA),(CS)←(EA+2) 或(EA+4)	
CBW	(AL)符号扩展到(AH)	
CDQ	(EAX)符号扩展到(EDX)	386 起
CLC	CF←0	
CLD	DF←0	
CLI	IF←0	
CLTS	清除 CR0 中的任务切换标志	386 起,系统指令
CMC	进位位变反	

助 记 符	功 能	备 注
CMP reg,reg/mem/imm mem,reg/imm	(dst)−(src)，结果影响标志位	
CMPSB	［SI 或 ESI］−［DI 或 EDI］，SI 或 ESI，DI 或 EDI 加 1 或减 1	
CMPSW	［SI 或 ESI］−［DI 或 EDI］，SI 或 ESI，DI 或 EDI 加 2 或减 2	
CMPSD	［SI 或 ESI］−［DI 或 EDI］，SI 或 ESI，DI 或 EDI 加 4 或减 4	
CMPXCHG reg/mem,reg	(ac)−(dst)， 相等：ZF←1,(dst)←(src)， 不相等：ZF←0,(ac)←(src)	486 起
CMPXCHG8B dst	(EDX，EAX)−(dst)， 相等：ZF←1,(dst)←(ECX，EBX)， 不相等：ZF←0,(EDX，EAX)←(dst)	586 起
CPUID	(EAX)← CPU 识别信息	586 起
CWD	(AX)符号扩展到(DX)	
CWDE	(AX) 符号扩展到 (EAX)	386 起
DAA	把 AL 中的和调整到压缩的 BCD 格式	
DAS	把 AL 中的差调整到压缩的 BCD 格式	
DEC reg/mem	(dst)←(dst)−1	
DIV r8/m8 　　r16/m16 　　r32/m32	(AL)←(AX)/(src)的商，(AH)←(AX)/(src)的 余数 (AX)←(DX，AX)/(src)的商,(DX)←(DX，AX)/ (src)的余数 (EAX)←(EDX，EAX)/(src)的商,(EDX)←(EDX， EAX)/(src)的余数	386 起
ENTER I16,I8	建立堆栈帧，I16 为堆栈帧字节数，I8 为堆栈帧 层数	386 起
HLT	停机	
IDIV r8/m8 　　r16/m16 　　r32/m32	(AL)←(AX)/(src)的商,(AH)←(AX)/(src)的 余数 (AX)←(DX，AX)/(src)的商,(DX)←(DX，AX)/ (src)的余数 (EAX)←(EDX，EAX)/(src)的商,(EDX)←(EDX， EAX)/(src)的余数	386 起
IMUL r8/m8 　　r16/m16 　　r32/m32	(AX)←(AL) * (src) (EAX)←(AX) * (src) (EDX，EAX)←(EAX) * (src)	386 起

助 记 符	功 能	备 注
IMUL r16/r32, reg/mem	(r16)←(r16) * (src) 或 (r32)←(r32) * (src)	286 起
IMUL reg,reg/mem,imm	(r16)←(reg/mem) * imm 或 (r32)←(reg/mem) * imm	286 起
IN ac,I8/DX	(ac)←((I8))或(DX)	
INC reg/mem	(dst)←(dst) +1	
INSB	((DI 或 EDI))←((DX)),(DI 或 EDI)←(DI 或 EDI) ±1	
INSW	((DI 或 EDI))←((DX)),(DI 或 EDI)←(DI 或 EDI) ±2	286 起
INSD	((DI 或 EDI))←((DX)),(DI 或 EDI)←(DI 或 EDI) ±4	
INT I8 INTO	push(FLAGS),push(CS),push(IP),(IP)← (I8 * 4),(CS)←(I8 * 4+2) 若 OF=1,则 push(FLAGS),push(CS),push(IP),(IP)←(10H),(CS)←(12H)	
INVD	使高速缓存无效	486 起,系统指令
IRET	(IP)←POP( ),(CS)←POP( ),(FLAGS)←POP( )	
IRETD	(EIP)←POP( ),(CS)←POP( ),(EFLAGS)← POP( )	386 起
JZ/JE d8/d16/d32	如果 ZF=1,则(IP)←(IP)+ d8 或(EIP)←(EIP)+ d16/d32	
JNZ/JNE d8/d16/d32	如果 ZF=0,则(IP)←(IP)+ d8 或(EIP)←(EIP)+ d16/d32	
JS d8/d16/d32	如果 SF=1,则(IP)←(IP)+ d8 或(EIP)←(EIP)+ d16/d32	
JNS d8/d16/d32	如果 SF=0,则(IP)←(IP)+ d8 或(EIP)←(EIP)+ d16/d32	
JO d8/d16/d32	如果 OF=1,则(IP)←(IP)+ d8 或(EIP)←(EIP)+ d16/d32	d16/d32 从 386 起
JNO d8/d16/d32	如果 OF=0,则(IP)←(IP)+d8 或(EIP)←(EIP)+ d16/d32	
JP/JPE d8/d16/d32	如果 PF=1,则(IP)←(IP)+d8 或(EIP)←(EIP)+ d16/d32	
JNP/JPO d8/d16/d32	如果 PF=0,则(IP)←(IP)+d8 或(EIP)←(EIP)+ d16/d32	
JC/JB/JNAE d8/d16/d32	如果 CF=1,则(IP)←(IP)+d8 或(EIP)←(EIP)+ d16/d32	

助 记 符	功 能	备 注
JNC/JNB/JAE d8/d16/d32	如果 CF＝0，则(IP)←(IP)＋d8 或(EIP)←(EIP)＋d16/d32	
JBE/JNA d8/d16/d32	如果，ZF∨CF＝1 则(IP)←(IP)＋d8 或(EIP)←(EIP)＋ d16/d32	
JNBE/JA d8/d16/d32	如果 ZF∨CF＝0，则(IP)←(IP)＋d8 或(EIP)←(EIP)＋ d16/d32	
JL/JNGE d8/d16/d32	如果 SF⊕OF＝1，则(IP)←(IP)＋d8 或(EIP)←(EIP)＋ d16/d32	
JNL/JGE d8/d16/d32	如果 SF⊕OF＝0，则(IP)←(IP)＋d8 或(EIP)←(EIP)＋ d16/d32	
JLE/JNG d8/d16/d32	如果(SF⊕OF)∨ZF＝1，则(IP)←(IP)＋d8 或(EIP)←(EIP)＋ d16/d32	
JNLE/JG d8/d16/d32	如果(SF⊕OF)∨ZF＝0，则(IP)←(IP)＋d8 或(EIP)←(EIP)＋ d16/d32	
JCXZ d8 JECXZ d8/d16/d32	如果(CX)＝0，则(IP)←(IP)＋ d8 如果(ECX)＝0，则(EIP)←(EIP)＋ d8/d16/d32	386 起
JMP label JMP mem/reg JMP label JMP mem/reg	段内直接转移,(IP)←(IP)＋d8/d16，或(EIP)←(EIP)＋d8/d32 段内间接转移,(EIP/IP)←(EA) 段间直接转移,(EIP/IP)← EA, CS←label 决定的段基址 段间间接转移,(EIP/IP)←(EA),CS←(EA＋2/4)	
LAHF	(AH)←(FLAGS 的低字节)	
LAR reg,mem/reg	取访问权字节	286 起,系统指令
LDS reg,mem	(reg)←(mem),(DS)←(mem＋2 或 4)	
LEA reg,mem	(reg)← EA	
LEAVE	释放堆栈帧	286 起
LES reg,mem	(reg)←(mem),(ES)←(mem＋2 或 4)	
LFS reg,mem	(reg)←(mem),(FS)←(mem＋2 或 4)	386 起
LGDT mem	装入全局描述符表寄存器:(GDTR)←(mem)	286 起,系统指令
LGS reg,mem	(reg)←(mem),(GS)←(mem ＋ 2 或 4)	386 起
LIDT mem	装入中断描述符表寄存器:(IDTR)←(mem)	286 起,系统指令
LLDT reg/mem	装入局部描述符表寄存器:(LDTR)←(reg/mem)	286 起,系统指令
LMSW reg/mem	装入机器状态字(在 CR0 寄存器中):(MSW)←(reg/mem)	286 起,系统指令
LOCK	插入 LOCK♯信号前缀	

助　记　符	功　　能	备　　注
LODSB LODSW LODSD	(AL)←((SI 或 ESI)),(SI 或 ESI)←(SI 或 ESI)±1 (AX)←((SI 或 ESI)),(SI 或 ESI)←(SI 或 ESI)±2 (EAX)←((SI 或 ESI)),(SI 或 ESI)←(SI 或 ESI)±4	ESI 自 386 起 自 386 起
LOOP label LOOPZ/LOOPE label LOOPNZ/LOOPNE label	(ECX/CX)←(ECX/CX)−1，(ECX/CX)≠0 则循环 (ECX/CX)←(ECX/CX)−1，(ECX/CX)≠0 且 ZF=1 则循环 (ECX/CX)←(ECX/CX)−1，(ECX/CX)≠0 且 ZF=0 则循环	ECX 自 386 起
LSL reg,reg/mem	取段界限	286 起,系统指令
LSS reg,mem	(reg)←(mem)，(SS)←(mem + 2 或 4)	386 起
LTR reg/mem	装入任务寄存器	286 起,系统指令
MOV reg,reg/mem/imm 　　mem,reg/imm 　　reg,CR0-CR3 　　CR0-CR3,reg 　　reg,DR 　　DR,reg 　　reg,SR 　　SR,reg	(reg)←(reg/mem/imm) (mem)←(reg/imm) (reg)←(CR0-CR3) (CR0-CR3)←(reg) (reg)←(调试寄存器 DR) (DR)←(reg) (reg)←(段寄存器 SR) (SR)←(reg)	 386 起,系统指令 386 起,系统指令 386 起,系统指令 386 起,系统指令
MOVSB MOVSW MOVSD	((DI 或 EDI))←((SI 或 ESI)), (SI 或 ESI)←(SI 或 ESI)±1,(DI 或 EDI)←(DI 或 EDI)±1 ((DI 或 EDI))←((SI 或 ESI)), (SI 或 ESI)←(SI 或 ESI)±2,(DI 或 EDI)←(DI 或 EDI)±2 ((DI 或 EDI))←((SI 或 ESI)), (SI 或 ESI)←(SI 或 ESI)±4,(DI 或 EDI)←(DI 或 EDI)±4	386 起
MOVSX reg,reg/mem MOVZX reg,reg/mem	reg←(reg/mem 符号扩展) reg←(reg/mem 零扩展)	386 起 386 起
MUL reg/mem	(AX)←(AL) * (r8/m8) (DX, AX)←(AX) * (r16/m16) (EDX, EAX)←(EAX) * (r32/m32)	386 起
NEG reg/mem	(reg/mem)← −(reg/mem)	
NOP	无操作	
NOT reg/mem	(reg/mem)←(reg/mem 按位取反)	
OR reg,reg/mem/imm 　　mem,reg/imm	(reg)←(reg)∨(reg/mem/imm) (mem)←(mem)∨(reg/imm)	

助 记 符	功 能	备 注
OUT I8,ac DX,ac	(I8 端口)←(ac) ((DX))←(ac)	
OUTSB OUTSW OUTSD	((DX))←((SI 或 ESI)),(SI 或 ESI)←(SI 或 ESI) ±1 ((DX))←((SI 或 ESI)),(SI 或 ESI)←(SI 或 ESI) ±2 ((DX))←((SI 或 ESI)),(SI 或 ESI)←(SI 或 ESI) ±4	386 起
POP reg/mem/SR POPA POPAD POPF POPFD	(reg/mem/SR)←((SP 或 ESP)),(SP 或 ESP)← (SP 或 ESP)+2 或 4 出栈送 16 位通用寄存器 出栈送 32 位通用寄存器 出栈送 FLAGS 出栈送 EFLAGS	 286 起 386 起 386 起
PUSH reg/mem/SR/imm PUSHA PUSHAD PUSHF PUSHFD	((SP 或 ESP))←(SP 或 ESP)−2 或 4,((SP 或 ESP))←(reg/mem/SR/imm) 16 位通用寄存器进栈 32 位通用寄存器进栈 FLAGS 进栈 EFLAGS 进栈	imm 自 386 起 286 起 386 起 386 起
RCL reg/mem,1/CL/I8	带进位循环左移	I8 自 386 起
RCR reg/mem,1/CL/I8	带进位循环右移	I8 自 386 起
RDMSR	读模型专用寄存器：(EDX,EAX)←MSR[ECX]	586 起
REP REPE/REPZ REPNE/REPNZ	(CX 或 ECX)←(CX 或 ECX)−1,当(CX 或 ECX) ≠0,重复执行后面的指令； (CX 或 ECX)←(CX 或 ECX)−1,(CX 或 ECX)≠0 且 ZF=1,重复执行后面的指令； (CX 或 ECX)←(CX 或 ECX)−1,(CX 或 ECX)≠0 且 ZF=0,重复执行后面的指令；	
RET RET d16	段内：(IP)←POP( ),段间：(IP)←POP( ),(CS)← POP( ) 段内：(IP)←POP( ),(SP 或 ESP)←(SP 或 ESP) +d16 段间：(IP)←POP( ),(CS)←POP( ),(SP 或 ESP)←(SP 或 ESP)+d16	
ROL reg/mem,1/CL/I8	循环左移	I8 自 386 起
ROR reg/mem,1/CL/I8	循环右移	I8 自 386 起
RSM	从系统管理方式恢复	586 起,系统指令
SAHF	(FLAGS 的低字节)←(AH)	
SAL reg/mem,1/CL/I8	算术左移	I8 自 386 起

助 记 符	功 能	备 注
SAR reg/mem,1/CL/I8	算术右移	I8 自 386 起
SBB reg,reg/mem/imm mem,reg/imm	(dst)←(dst)−(src)−CF	
SCASB SCASW SCASD	(AL)−((DI 或 EDI)),(DI 或 EDI)−(DI 或 EDI)±1 (AX)−((DI 或 EDI)),(DI 或 EDI)−(DI 或 EDI)±2 (EAX)−((DI 或 EDI)),(DI 或 EDI)−(DI 或 EDI)±4	386 起
SETcc r8/m8	条件设置:指定条件 cc 满足则(r8/m8)送 1,否则送 0	386 起
SGDT mem	保存全局描述符表寄存器:(mem)←(GDTR)	386 起,系统指令
SHL reg/mem,1/cl/i8	逻辑左移	i8 自 386 起
SHLD reg/mem,reg,i8/CL	双精度左移	386 起
SHR reg/mem,1/cl/i8	逻辑右移	i8 自 386 起
SHRD reg/mem,reg,i8/CL	双精度右移	386 起
SIDT mem	保存中断描述符表:(mem)←(IDTR)	286 起,系统指令
SLDT reg/mem	保存局部描述符表:(reg/mem)←(LDTR)	286 起,系统指令
SMSW reg/mem	保存机器状态字:(reg/mem)←(MSW)	286 起,系统指令
STC STD STI	进位位置 1 方向标志置 1 中断标志置 1	
STOSB STOSW STOSD	((DI 或 EDI))←(ac),(DI 或 EDI)←(DI 或 EDI)±1 ((DI 或 EDI))←(ac),(DI 或 EDI)←(DI 或 EDI)±2 ((DI 或 EDI))←(ac),(DI 或 EDI)←(DI 或 EDI)±4	386 起
STR reg/mem	保存任务寄存器:(reg/mem)←(TR)	286 起,系统指令
SUB reg,mem/imm/reg mem,reg/imm ac,imm	(dst)←(dst)−(src)	
TEST reg,mem/imm/reg mem,reg/imm ac,imm	(dst)∧(src),结果影响标志位	
VERR reg/mem VERW reg/mem	检验 reg/mem 中的选择器所表示的段是否可读 检验 reg/mem 中的选择器所表示的段是否可写	286 起,系统指令 286 起,系统指令

助 记 符	功 能	备 注
WAIT	等待	
WBINVD	写回并使高速缓存无效	486 起,系统指令
WRMSR	写入模型专用寄存器:MSR(ECX)←(EDX,EAX)	586 起,系统指令
XADD reg/mem,reg	TEMP←(src)+(dst),(src)←(dst),(dst)←TEMP	486 起
XCHG reg/ac/mem,reg	(dst)←→(src)	
XLAT	(AL)←((BX 或 EBX)+(AL))	
XOR reg,mem/imm/reg mem,reg/imm ac,imm	(dst)←(dst)⊕(src)	

B.3　MMX 指令

指令类型	助 记 符	功 能
算术运算	PADD[B, W, D] mm, mm/m64	环绕加[字节,字,双字]
	PADDS[B, W] mm, mm/m64	有符号饱和加[字节,字]
	PADDUS[B, W] mm, mm/m64	无符号饱和加[字节,字]
	PSUB[B, W, D] mm, mm/m64	环绕减[字节,字,双字]
	PSUBS[B, W] mm, mm/m64	有符号饱和减[字节,字]
	PSUBUS[B, W] mm, mm/m64	无符号饱和减[字节,字]
	PMULHW mm, mm/m64	紧缩字乘后取高位
	PMULLW mm, mm/m64	紧缩字乘后取低位
	PMADDWD mm, mm/m64	紧缩字乘,积相加
比较	PCMPEQ[B,W,D] mm, mm/m64	紧缩比较是否相等[字节,字,双字]
	PCMPGT[B,W,D] mm, mm/m64	紧缩比较是否大于[字节,字,双字]
类型转换	PACKUSWB mm, mm/m64	按无符号饱和压缩[字压缩成字节]
	PACKSS[WB, DW] mm, mm/m64	按有符号饱和压缩[字/双字压缩成字节/字]
	PUNPCKH[BW, WD, DQ] mm,mm/m64	扩展高位[字节/字/双字扩展成字/双字/4 字]
	PUNPCKL[BW, WD, DQ] mm,mm/m64	扩展低位[字节/字/双字扩展成字/双字/4 字]
逻辑运算	PAND mm, mm/m64	紧缩逻辑与
	PANDN mm, mm/m64	紧缩逻辑与非
	POR mm, mm/m64	紧缩逻辑或
	PXOR mm, mm/m64	紧缩逻辑异或
移位	PSLL[W, D, Q] mm, m64/mm/i8	紧缩逻辑左移[字,双字,4 字]
	PSRL[W, D, Q] mm, m64/mm/i8	紧缩逻辑右移[字,双字,4 字]
	PSRA[W, D]　　　mm, m64/mm/i8	紧缩算术右移[字,双字]

指令类型	助 记 符	功 能
数据传送	MOVD mm，r32/m32 MOVD r32/m32，mm MOVQ m64/mm，mm MOVQ mm，m64/mm	将 r32/m32 送 MMX 寄存器低 32 位,高 32 位清 0 将 MMX 寄存器低 32 位送 r32/m32 (m64/mm)←(mm) (mm)←(m64/mm)
状态清除	EMMS	清除 MMX 状态（浮点数据寄存器清空）

附录 C   DOS 功能调用

AH	功　　能	调 用 参 数	返 回 参 数
00	程序终止（同 INT 21H）	CS＝程序段前缀 PSP	
01	键盘输入并回显		AL＝输入字符
02	显示输出	DL＝输出字符	
03	辅助设备（COM1）输入		AL＝输入数据
04	辅助设备（COM1）输出	DL＝输出字符	
05	打印机输出	DL＝输出字符	
06	直接控制台 I/O	DL＝FF（输入） DL＝字符（输出）	CF＝0,无输入字符 CF＝1, AL＝输入字符
07	键盘输入（无回显）		AL＝输入字符
08	键盘输入（无回显） 检测 Ctrl－Break 或 Ctrl－C		AL＝输入字符
09	显示字符串	DS:DX ＝ 串地址（字符串以′＄′结尾）	
0A	键盘输入到缓冲区	DS:DX ＝ 缓冲区首址 (DS:DX) ＝ 缓冲区最大字符数	(DS:DX＋1) ＝ 实际输入的字符数
0B	检验键盘状态		AL＝00 有输入 AL＝FF 无输入
0C	清除缓冲区并请求 指定的输入功能	AL＝输入功能号(1,6,7,8)	AL＝输入字符
0D	磁盘复位		清除文件缓冲区
0E	指定当前默认的磁盘驱动器	DL＝驱动器号（0＝A,1＝B,…)	AL＝系统中驱动器数
0F	打开文件（FCB）	DS:DX＝FCB 首地址	AL＝00 文件找到 AL＝FF 文件未找到
10	关闭文件（FCB）	DS:DX＝FCB 首地址	AL＝00 目录修改成功 AL＝FF 目录中未找到文件
11	查找第一个目录项（FCB）	DS:DX＝FCB 首地址	AL＝00 找到匹配的目录项 AL＝FF 未找到匹配的目录项
12	查找下一个目录项（FCB）	DS:DX＝FCB 首地址 使用通配符进行目录项查找	AL＝00 找到匹配的目录项 AL＝FF 未找到匹配的目录项
13	删除文件（FCB）	DS:DX＝FCB 首地址	AL＝00 删除成功 AL＝FF 文件未删除

AH	功　　能	调 用 参 数	返 回 参 数
14	顺序读文件（FCB）	DS:DX＝FCB首地址	AL＝读成功 ＝01文件结束,未读到数据 ＝02DTA边界错误 ＝03文件结束,记录不完整
15	顺序写文件（FCB）	DS:DX＝FCB首地址	AL＝00写成功 ＝01磁盘满或是只读文件 ＝02DTA边界错误
16	建文件（FCB）	DS:DX＝FCB首地址	AL＝00建文件成功 ＝FF磁盘操作有错
17	文件改名（FCB）	DS:DX＝FCB首地址	AL＝00文件被改名 ＝FF文件未改名
19	取当前默认磁盘驱动器		AL＝默认的驱动器号 0＝A,1＝B,2＝C,…
1A	设置DTA地址	DS:DX＝DTA地址	
1B	取默认驱动器FAT信息		AL＝每簇的扇区数 DS:BX＝指向介质说明的指针 CX＝物理扇区的字节数 DX＝每磁盘簇数
1C	取指定驱动器FAT信息	DL＝驱动器号	
1F	取默认磁盘参数块		AL＝00无错 ＝FF出错 DS:BX＝磁盘参数块地址
21	随机读文件（FCB）	DS:DX＝FCB首地址	AL＝00读成功 ＝01文件结束 ＝02DTA边界错误 ＝03读部分记录
22	随机写文件（FCB）	DS:DX＝FCB首地址	AL＝00写成功 ＝01磁盘满或是只读文件 ＝02DTA边界错误
23	测定文件大小（FCB）	DS:DX＝FCB首地址	AL＝00成功,记录数填入FCB ＝FF未找到匹配的文件
24	设置随机记录号	DS:DX＝FCB首地址	
25	设置中断向量	DS:DX＝中断向量 AL＝中断类型号	
26	建立程序段前缀PSP	DX＝新PSP段地址	
27	随机分块读（FCB）	DS:DX＝FCB首地址 CX＝记录数	AL＝00读成功 ＝01文件结束 ＝02DTA边界错误 ＝03读部分记录 CX＝读取的记录数

AH	功　能	调　用　参　数	返　回　参　数
28	随机分块写（FCB）	DS:DX＝FCB 首地址 CX＝记录数	AL ＝00 写成功 　＝01 磁盘满或是只读文件 　＝02DTA 边界错误
29	分析文件名字符串（FCB）	ES:DI＝FCB 首址 DS:SI＝ASCIZ 串 AL＝分析控制标志	AL ＝00 标准文件 　＝01 多义文件 　＝FF 驱动器说明无效
2A	取系统日期		CX＝年（1980—2099） DH＝月(1～12) DL＝日(1～31) AL＝星期(0～6)
2B	置系统日期	CX：年(1980—2099) DH：月(1～12) DL：日(1～31)	AL ＝00 成功 　＝FF 无效
2C	取系统时间		CH:CL＝时:分 DH:DL＝秒:1/100 秒
2D	置系统时间	CH:CL＝时:分 DH:DL＝秒:1/100 秒	AL ＝00 成功 　＝FF 无效
2E	设置磁盘检验标志	AL ＝00 关闭检验 　＝FF 打开检验	
2F	取 DTA 地址		ES:BX＝DTA 首地址
30	取 DOS 版本号		AL＝版本号 AH＝发行号 BH＝DOS 版本标志 BL:CX＝序号（24 位）
31	结束并驻留	AL＝返回码 DX＝驻留区大小	
32	取驱动器参数块	DL＝驱动器号	AL＝FF 驱动器无效 DS:BX ＝ 驱动器参数块地址
33	Ctrl-Break 检测	00:取标志状态	DL ＝00 关闭 Ctrl-Break 检测 　＝01 打开 Ctrl-Break 检测
35	取中断向量	AL＝中断类型	ES:BX＝中断向量
36	取空闲磁盘空间	DL ＝驱动器号 　0：默认,1＝A,2＝B,…	成功：AX＝每簇扇区数 　　　BX＝可用簇数 　　　CX＝每扇区字节数 　　　DX＝磁盘总簇数
38	置/取国别信息	AL ＝00 取当前国别信息 　＝FF 国别代码放在 BX 中 DS:DX＝信息区首地址 DX＝FFFF 设置国别代码	BX＝国别代码 （国际电话前缀码） DS:DX＝返回的信息区首址 AX＝错误代码
39	建立子目录	DS:DX＝ASCIZ 串地址	AX＝错误码

AH	功　　能	调 用 参 数	返 回 参 数
3A	删除子目录	DS:DX＝ASCIZ 串地址	AX＝错误码
3B	设置当前目录	DS:DX＝ASCIZ 串地址	AX＝错误码
3C	建立文件（Handle）	DS:DX＝ASCIZ 串地址 CX＝文件属性	成功：AX＝文件代号（CF＝0） 失败：AX＝错误码（CF＝1）
3D	打开文件（Handle）	DS:DX＝ASCIZ 串地址 AL＝访问和文件共享方式 　0＝读,1＝写,2＝读/写	成功：AX＝文件代号（CF＝0） 失败：AX＝错误码（CF＝1）
3E	关闭文件（Handle）	BX＝文件代号	失败：AX＝错误码（CF＝1）
3F	读文件或设备（Handle）	DS:DX＝ASCIZ 串地址 BX＝文件代号 CX＝读取的字节数	成功：AX＝实际读入的字节数 　　　　（CF＝0） 　　　AX＝0 已到文件尾 失败：AX＝错误码（CF＝1）
40	写文件或设备（Handle）	DS:DX＝ASCIZ 串地址 BX＝文件代号 CX＝写入的字节数	成功：AX＝实际写入的字节数 失败：AX＝错误码（CF＝1）
41	删除文件	DS:DX＝ASCIZ 串地址	成功：AX＝00 失败：AX＝错误码（CF＝1）
42	移动文件指针	BX＝文件代号 CX:DX＝位移量 AL＝移动方式	成功：DX:AX＝新指针位置 失败：AX＝错误码（CF＝1）
43	置/取文件属性	DS:DX＝ASCIZ 串地址 AL＝00 取文件属性 AL＝01 置文件属性 CX＝文件属性	成功：CX＝文件属性 失败：AX＝错误码（CF＝1）
44	设备驱动程序控制	BX＝文件代号 AL＝设备子功能代码(0～ 11H) 0＝取设备信息 1＝置设备信息 2＝读字符设备 3＝写字符设备 4＝读块设备 5＝写块设备 6＝取输入状态 7＝取输出状态 BL＝驱动器代码 CX＝读/写的字节数	成功：DX＝设备信息 　　　AX＝传送的字节数 失败：AX＝错误码（CF＝1）
45	复制文件代号	BX＝文件代号1	成功：AX＝文件代号2 失败：AX＝错误码（CF＝1）
46	强行复制文件代号	BX＝文件代号1 CX＝文件代号2	失败：AX＝错误码（CF＝1）

AH	功　　能	调 用 参 数	返 回 参 数
47	取当前目录路径名	DL＝驱动器号 DS:SI＝ASCIZ 串地址（从根目录开始的路径名）	成功：DS:SI＝当前 ASCIZ 串地址 失败：AX＝错误码（CF＝1）
48	分配内存空间	BX＝申请内存数	成功：AX＝分配内存的初始段地址 失败：AX＝错误码（CF＝1） 　　　BX＝最大可用空间
49	释放已分配内存	ES＝内存起始段地址	失败：AX＝错误码（CF＝1）
4A	修改内存分配	ES＝原内存起始段地址 BX＝新申请内存字节数	失败：AX＝错误码（CF＝1） 　　　BX＝最大可用空间
4B	装入/执行程序	DS:DX＝ASCIZ 串地址 ES:BX＝参数区首地址 AL＝00 装入并执行程序 　　＝03 装入程序,但不执行	失败：AX＝错误码
4C	带返回码终止	AL＝返回码	
4D	取返回代码		AL＝子出口代码 AH＝返回代码 　　00＝正常终止 　　01＝用 Ctrl＋C 键终止 　　02＝严重设备错误终止 　　03＝用功能调用 31H 终止
4E	查找第一个匹配文件	DS:DX＝ASCIZ 串地址 CX＝属性	失败：AX＝错误码（CF＝1）
4F	查找下一个匹配文件	DTA 保留 4EH 的原始信息	失败：AX＝错误码（CF＝1）
50	置 PSP 段地址	BX＝新 PSP 段地址	
51	取 PSP 段地址		BX＝当前运行进程的 PSP
52	取磁盘参数块		ES:BX＝参数块链表指针
53	把 BIOS 参数块（BPB）转换为 DOS 的驱动器参数块（DPB）	DS:SI＝BPB 的指针 ES:BP＝DPB 的指针	
54	取写盘后读盘的检验标志		AL＝00 检验关闭 　　＝01 检验打开
55	建立 PSP	DX＝建立 PSP 的段地址	
56	文件改名	DS:DX＝当前 ASCIZ 串地址 ES:DI＝新 ASCIZ 串地址	失败：AX＝错误码（CF＝1）
57	置/取文件日期和时间	BX＝文件代号 AL＝00 读取日期和时间 AL＝01 设置日期和时间 (DX:CX)＝日期,时间	失败：AX＝错误码（CF＝1）

AH	功　　能	调 用 参 数	返 回 参 数
58	取/置内存分配策略	AL＝00 取策略代码 AL＝01 置策略代码 BX＝策略代码	成功：AX＝策略代码 失败：AX＝错误码（CF＝1）
59	取扩充错误码	BX＝00	AX＝扩充错误码 BH＝错误类型 BL＝建议的操作 CH＝出错设备代码
5A	建立临时文件	CX＝文件属性 DS：DX＝ASCIZ 串（以 \ 结束）地址	成功：AX＝文件代号 　　　DS：DX＝ASCIZ 串地址 失败：AX＝错误代码(CF＝1)
5B	建立新文件	CX＝文件属性 DS：DX＝ASCIZ 串地址	成功：AX＝文件代号 失败：AX＝错误代码(CF＝1)
5C	锁定文件存取	AL ＝00 锁定文件指定的区域 　　＝01 开锁 BX ＝文件代号 CX：DX＝文件区域偏移值 SI：DI＝文件区域的长度	失败：AX＝错误代码(CF＝1)
5D	取/置严重错误标志的地址	AL ＝ 06 取严重错误标志地址 AL ＝ 0A 置 ERROR 结构指针	DS：SI＝严重错误标志的地址
60	扩展为全路径名	DS：SI＝ASCIZ 串的地址 ES：DI＝工作缓冲区地址	失败：AX＝错误代码(CF＝1)
62	取程序段前缀地址		BX＝PSP 地址
68	刷新缓冲区数据到磁盘	AL＝文件代号	失败：AX＝错误代码(CF＝1)
6C	扩充的文件打开/建立	AL＝访问权限 BX＝打开方式 CX＝文件属性 DS：SI＝ASCIZ 串地址	成功：AX＝文件代号 　　　CX＝采取的动作 失败：AX＝错误代码(CF＝1)

附录 D　BIOS 功能调用

INT	AH	功　能	调　用　参　数	返回参数
10	0	设置显示方式	AL＝00 40×25 黑白文本,16级灰度 ＝01 40×25 16色文本 ＝02 80×25 黑白文本,16级灰度 ＝03 80×25 16色文本 ＝04 320×200 4色图形 ＝05 320×200 黑白图形,4级灰度 ＝06 640×200 黑白图形 ＝07 80×25 黑白文本 ＝08 160×200 16色图形(MCGA) ＝09 320×200 16色图形(MCGA) ＝0A 640×200 4色图形(MCGA) ＝0D 320×200 16色图形(EGA/VGA) ＝0E 640×200 16色图形(EGA/VGA) ＝0F 640×350 单色图形(EGA/VGA) ＝10 640×350 16色图形(EGA/VGA) ＝11 640×480 黑白图形(VGA) ＝12 640×480 16色图形(VGA) ＝13 320×200 256色图形(VGA)	
10	1	置光标类型	$CH_0 \sim CH_3$＝光标起始行 $CL_0 \sim CL_3$＝光标结束行	
10	2	置光标位置	BH＝页号 DH/DL＝行/列	
10	3	读光标位置	BH＝页号	CH＝光标起始行 CL＝光标结束行 DH/DL＝行/列
10	4	读光笔位置		AX＝0 光笔未触发 AX＝1 光笔触发 CH/BX＝像素行/列 DH/DL＝字符行/列
10	5	置当前显示页	AL＝页号	
10	6	屏幕初始化或上卷	AL＝0:初始化窗口 AL＝上卷行数 BH＝卷入行属性 CH/CL＝左上角行/列号 DH/DL＝右下角行/列号	

INT	AH	功　能	调 用 参 数	返回参数
10	7	屏幕初始化或下卷	AL＝0 初始化窗口 AL＝下卷行数 BH＝卷入行属性 CH/CL＝左上角行/列号 DH/DL＝右下角行/列号	
10	8	读光标位置的字符和属性	BH＝显示页	AH/AL＝属性/字符
10	9	在光标位置显示字符和属性	BH＝显示页 AL/BL＝字符/属性 CX＝字符重复次数	
10	A	在光标位置显示字符	BH＝显示页 AL＝字符 CX＝字符重复次数	
10	B	置彩色调色板	BH＝彩色调色板 ID BL＝和 ID 配套使用的颜色	
10	C	写像素	AL＝颜色值 BH＝页号 DX/CX＝像素行/列	
10	D	读像素	BH＝页号 DX/CX＝像素行/列	AL＝像素的颜色值
10	E	显示字符（光标前移）	AL＝字符 BH＝页号 BL＝前景色	
10	F	取当前显示方式		BH＝页号 AH＝字符列数 AL＝显示方式
10	10	置调色板寄存器（EGA/VGA）	AL＝0,BL＝调色板号,BH＝颜色值	
10	11	装入字符发生器（EGA/VGA）	AL＝0～4 全部或部分装入字符点阵集 AL＝20～24 置图形方式显示字符集 AL＝30 读当前字符集信息	ES:BP＝字符集位置
10	12	返回当前适配器设置的信息（EGA/VGA）	BL＝10H(子功能)	BH＝0 单色方式 BH＝1 彩色方式 BL＝VRAM 容量 (0＝64KB,1＝128KB,…) CH＝特征位设置 CL＝EGA 的开关设置
10	13	显示字符串	ES:BP＝字符串地址 AL＝写方式(0～3) CX＝字符串长度 DH/DL＝起始行/列 BH/BL＝页号/属性	

INT	AH	功　能	调 用 参 数	返 回 参 数
11		取系统设备信息		AX＝返回值(位映像) 0＝对应设备未安装 1＝对应设备已安装
12		取内存容量		AX＝内存容量(单位 KB)
13	0	磁盘复位	DL＝驱动器号 (00,01为软盘,80h,81h,…为硬盘)	失败：AH＝错误码
13	1	读磁盘驱动器状态		AH＝状态字节
13	2	读磁盘扇区	AL＝扇区数 $CL_6 CL_7 CH_0 \sim CH_7$＝磁道号 $CL_0 \sim CL_5$＝扇区号 DH/DL＝磁头号/驱动器号 ES：BX＝数据缓冲区地址	读成功： 　　AH＝0 　　AL＝读取的扇区数 读失败： 　　AH＝错误码
13	3	写磁盘扇区	同上	写成功：AH＝0 　　AL＝写入的扇区数 写失败：AH＝错误码
13	4	检验磁盘扇区	AL＝扇区数 $CL_6 CL_7 CH_0 \sim CH_7$＝磁道号 $CL_0 \sim CL_5$＝扇区号 DH/DL＝磁头号/驱动器号	成功：AH＝0 　　AL＝检验的扇区数 失败：AH＝错误码
13	5	格式化磁盘磁道	AL＝扇区数 $(CL)_{6,7} (CH)_{0-7}$＝磁道号 $CL_0 \sim CL_5$＝扇区号 DH/DL＝磁头号/驱动器号 ES：BX＝格式化参数表指针	成功：AH＝0 失败：AH＝错误码
14	0	初始化串行口	AL＝初始化参数 DX＝串行口号	AH＝通信口状态 AL＝调制解调器状态
14	1	向通信口写字符	AL＝字符 DX＝通信口号	写成功：AH_7＝0 写失败：AH_7＝1 　　$AH_0 \sim AH_6$＝通信口状态
14	2	从通信口读字符	DX＝通信口号	读成功：AH_7＝0, $AH_0 \sim AH_6$＝字符 读失败：AH_7＝1
14	3	取通信口状态	DX＝通信口号	AH＝通信口状态 AL＝调制解调器状态
14	4	初始化扩展 COM		

INT	AH	功　能	调　用　参　数	返　回　参　数
14	5	扩展 COM 控制		
16	0	从键盘读字符		AL＝字符码 AH＝扫描码
16	1	取键盘缓冲区状态		ZF＝0AL＝字符码 　　　　AH＝扫描码 ZF＝1 缓冲区无按键，等待
16	2	取键盘标志字节		AL＝键盘标志字节
17	0	打印字符，回送状态字节	AL＝字符 DX＝打印机号	AH＝打印机状态字节
17	1	初始化打印机，回送状态字节	DX＝打印机号	AH＝打印机状态字节
17	2	取打印机状态	DX＝打印机号	AH＝打印机状态字节
18		ROM BASIC 语言		
19		引导装入程序		
1A	0	读时钟		CH:CL＝时:分 DH:DL＝秒:1/100 秒
1A	1	置时钟	CH:CL＝时:分 DH:DL＝秒:1/100 秒	
1A	6	置报警时间	CH:CL＝时:分（BCD） DH:DL＝秒:1/100 秒（BCD）	
1A	7	清除报警		
33	00	鼠标复位	AL＝00	BX＝鼠标的键数
33	00	显示鼠标光标	AL＝01	显示鼠标光标
33	00	隐藏鼠标光标	AL＝02	隐藏鼠标光标
33	00	读鼠标状态	AL＝03	BX＝键状态 CX/DX＝鼠标水平/垂直位置
33	00	设置鼠标位置	AL＝04 CX/DX＝鼠标水平/垂直位置	
33	00	设置图形光标	AL＝09 BX/CX＝鼠标水平/垂直中心 ES:DX＝16×16 光标映像地址	安装了新的图形光标
33	00	设置文本光标	AL＝0A BX＝光标类型 CX＝像素位掩码或起始的扫描线 DX＝光标掩码或结束的扫描线	设置的文本光标

INT	AH	功　能	调　用　参　数	返回参数
33	00	读移动计数器	AL＝0B	CX/DX＝鼠标水平/垂直距离
33	00	设置中断子程序	AL＝0C　CX＝中断掩码 ES：DX＝中断服务程序的地址	

参 考 文 献

[1] 杨文显,杨晶鑫,黄春华,等.现代微型计算机原理与接口技术教程[M].3版.北京:清华大学出版社,2014.

[2] 杨文显,宓双,胡建人,等.汇编语言程序设计简明教程[M].北京:电子工业出版社,2005.

[3] 吴宁,乔亚男.微型计算机原理与接口技术[M].4版.北京:清华大学出版社,2016.

[4] 杨厚俊,张公敬.奔腾计算机体系结构[M].北京:清华大学出版社,2006.

[5] 易先清,莫松海,喻晓峰.微型计算机原理与应用[M].北京:电子工业出版社,2001.

[6] 洪志全,洪学海.现代计算机接口技术[M].2版.北京:电子工业出版社,2002.

[7] 沈美明,温冬婵.IBM-PC汇编语言程序设计[M].2版.北京:清华大学出版社,2001.

[8] 高光天.模数转换器应用技术[M].北京:科学出版社,2001.

[9] 李肇庆.USB接口技术[M].北京:国防工业出版社,2004.

[10] AXELSON J. USB大全[M].陈逸,等译.北京:中国电力出版社,2001.

[11] BUDRUK R. PCI Express System Architecture[M].[S.l.] Addison Wesley,2003.

[12] ANDERSON D. USB系统体系[M].孟文,译.2版.北京:中国电力出版社,2003.

[13] 张念淮,江浩.USB总线开发指南[M].北京:国防工业出版社,2001.